# 薯类作物
## 病虫害及其防治

◎ 姚英娟 主编

中国农业科学技术出版社

**图书在版编目（CIP）数据**

薯类作物病虫害及其防治 / 姚英娟主编 . —北京：
中国农业科学技术出版社，2019.12
ISBN 978 – 7 – 5116 – 4560 – 9

Ⅰ . ①薯…　Ⅱ . ①姚…　Ⅲ . ①薯类作物 – 病虫害防治
Ⅳ . ①S435.3

中国版本图书馆 CIP 数据核字（2019）第 281036 号

责任编辑　崔改泵
责任校对　贾海霞

出 版 者　中国农业科学技术出版社
　　　　　北京市中关村南大街 12 号　邮编 100081
电　　话　（010）82105169（出版中心）　（010）82109702（发行部）
　　　　　（010）82109709（读者服务部）
传　　真　（010）82105169
网　　址　http：//www.castp.cn
经 销 者　各地新华书店
印 刷 者　北京建宏印刷有限公司
开　　本　787mm×1 092mm　1/16
印　　张　20.5
字　　数　498 千字
版　　次　2019 年 12 月第 1 版　2019 年 12 月第 1 次印刷
定　　价　80.00 元

# 编委会

主　编：姚英娟　江西省农业科学院农业应用微生物研究所

副主编：徐雪亮　江西省农业科学院农业应用微生物研究所
　　　　黄衍章　安徽农业大学植物保护学院

参　编：王奋山　江西省农业科学院农业应用微生物研究所
　　　　刘子荣　江西省农业科学院农业应用微生物研究所
　　　　范琳娟　江西省农业科学院农业应用微生物研究所
　　　　喻吉生　江西省吉安市农业科学研究所
　　　　涂年生　江西省永丰县蔬菜管理局
　　　　康宏波　江西省吉安市泰和县塘洲农业综合服务站
　　　　胡平华　江西省吉安市泰和县塘洲农业综合服务站
　　　　陈　嵘　江西省兴国县农业技术推广中心
　　　　张朝阳　江西省兴国县农业技术推广中心
　　　　王颖娴　江西省恒湖垦殖场

# 前　言

　　马铃薯、甘薯和山药被称为三大薯类作物，是全球公认的人类生活不可缺少的美味与至宝。

　　马铃薯是全球仅次于小麦、玉米和水稻的第四大粮食作物，有 149 个国家种植马铃薯。2014 年全球马铃薯种植面积 1 920 万 $hm^2$，总产量 3.85 亿 t，平均单产 20.5t/$hm^2$。中国是全球马铃薯第一大生产国，2014 年种植面积 565 万 $hm^2$，种植面积占薯类作物种植面积的 62% 左右，总产量 9 614 万 t，平均单产 17.02t/$hm^2$。据 FAO 统计，全球马铃薯消费中，50% 用于鲜食，20% 用于饲料，10% 用于加工。欧美发达国家加工用马铃薯占总产量的 50% 左右。我国生产的马铃薯仅 10% 左右用于深加工，其余用作主食和饲料。随着马铃薯主粮化战略的实施，马铃薯产业必将获得更快的发展。

　　甘薯是全球重要的粮食和饲料作物，常年种植面积约 900 万 $hm^2$，有 111 个国家种植甘薯，90% 以上的面积集中在发展中国家，主要分布在亚洲、非洲和拉丁美洲各国，其中亚洲为甘薯最重要的生产地区。我国是全球最大甘薯生产国，常年种植面积稳定在 500 万 $hm^2$ 左右，鲜薯总产量 1 亿 t 以上，约占全球总产量的 85%。各国甘薯消费随着社会经济发展，一般经历了食用为主，食用、饲用和加工并重，深精加工和食饲兼用阶段。目前不少国家，特别是发达国家，强调甘薯的保健功能以及将茎叶作为优质蔬菜食用，有"蔬菜皇后"之美誉，其经济效益越来越显著。

　　山药是我国最古老的人工栽培的农作物之一，已有 3 000 多年的栽培历史。山药亦是我国原卫生部批准的 73 种药食同源植物中最重要的物种，也是最典型的药食同源植物。山药营养丰富，含有皂苷等 20 多种营养元素，这些营养元素具有诱导产生干扰素、增强人体细胞免疫功能的作用。山药已成为国际性药食兼用和珍稀蔬菜。经常食用山药有健身强体、延缓衰老之功效。具体而言，山药有六大保健功能：滋补修身，延缓衰老；收涩固肠止泻；抑制动脉硬化和冠心病；益智健脑；补虚降血糖，预防糖尿病；益气补肺，止咳定喘。近年来，随着种植业结构调整和优化，山药种植面积逐年扩大，估计全国山药每年种植面积在 20 万 $hm^2$ 以上。山药经济效益高，一般产值为 12 万 ~ 15 万元/$hm^2$，部分特色优良品种高达 15 万 ~ 45 万元/$hm^2$，是农民脱贫致富的一种高效经济作物。

我国马铃薯、甘薯和山药三大薯类作物，无论种植面积或总产量均居全球首位，但单产水平较低。以马铃薯为例，2014 年马铃薯平均单产比全球平均单产低 16.98%，比印度平均单产（22.92t/hm²）低 25.74%，比美国平均单产（47.15t/hm²）低 63.90%。我国马铃薯单产水平较低，原因虽然十分复杂，但病虫害严重是重要原因之一。鉴于马铃薯、甘薯和山药病虫害发生和为害日趋严重，薯类作物病虫害的研究和防治引起了有关部门和广大植保工作者的高度重视和广泛关注。2016 年开始，我们在江西省有关部门的支持下，开展了薯类作物主要病虫害防治研究，取得了大量第一手资料，并在参阅前人研究成果和大量文献资料基础上，编写了这本专著。本书旨在为有关农业科技工作者，特别是为广大基层农技人员在薯类作物主要病虫害发生、为害和防治方面提供较为系统的基础农技知识，从而更加有效、科学地控制其为害。

本书在编写过程中得到江西农业科学院叶正襄研究员和安徽农业大学植物保护学院江彤教授对文稿的审阅修订，在此一并表示感谢。

由于编者专业水平有限，书中疏漏、不妥甚至谬误之处在所难免，敬请同行专家和读者批评指正。

编者

2019 年 10 月于南昌莲塘

# 目　录

## 上篇　薯类作物病害及其防治

**第1章　马铃薯病害** ……………………………………………………… 3

1.1　马铃薯晚疫病 ……………………………………………………… 3

1.2　马铃薯早疫病 ……………………………………………………… 9

1.3　马铃薯疮痂病 ……………………………………………………… 13

1.4　马铃薯粉痂病 ……………………………………………………… 16

1.5　马铃薯黑痣病 ……………………………………………………… 20

1.6　马铃薯干腐病 ……………………………………………………… 23

1.7　马铃薯枯萎病 ……………………………………………………… 28

1.8　马铃薯黄萎病 ……………………………………………………… 31

1.9　马铃薯炭疽病 ……………………………………………………… 35

1.10　马铃薯黑胫病 …………………………………………………… 39

1.11　马铃薯环腐病 …………………………………………………… 43

1.12　马铃薯青枯病 …………………………………………………… 46

1.13　马铃薯软腐病 …………………………………………………… 49

1.14　马铃薯普通花叶病 ……………………………………………… 52

1.15　马铃薯 Y 病毒病 ………………………………………………… 54

1.16　马铃薯卷叶病毒病 ……………………………………………… 56

参考文献 ………………………………………………………………… 58

**第2章　甘薯病害** ……………………………………………………… 71

2.1　甘薯黑斑病 ………………………………………………………… 71

2.2　甘薯根腐病 ………………………………………………………… 75

2.3 甘薯瘟病 ·············································· 78

2.4 甘薯茎腐病 ·········································· 82

2.5 甘薯蔓割病 ·········································· 85

2.6 甘薯疮痂病 ·········································· 88

2.7 甘薯紫纹羽病 ········································ 91

2.8 甘薯干腐病 ·········································· 93

2.9 甘薯病毒病 ·········································· 94

2.10 甘薯茎线虫病 ······································ 101

2.11 甘薯贮藏期病害 ···································· 105

参考文献 ················································ 107

第3章 山药病害 ········································ 113

3.1 山药炭疽病 ·········································· 113

3.2 山药褐斑病 ·········································· 118

3.3 山药根腐病 ·········································· 121

3.4 山药根结线虫病 ···································· 126

3.5 山药根腐线虫病 ···································· 132

参考文献 ················································ 138

## 下篇 薯类作物虫害及其防治

第4章 马铃薯虫害 ······································ 145

4.1 马铃薯块茎蛾 ········································ 145

4.2 马铃薯瓢虫 ·········································· 149

4.3 茄二十八星瓢虫 ···································· 155

4.4 桃蚜 ·················································· 161

4.5 美洲斑潜蝇 ·········································· 167

4.6 豌豆彩潜蝇 ·········································· 174

4.7 甘蓝夜蛾 ············································ 178

4.8 豆芫菁 ·············································· 183

参考文献 ················································ 188

第5章 甘薯虫害 ········································ 194

5.1 甘薯小象甲 ·········································· 194

5.2　甘薯大象甲 ·········································································· 199

5.3　甘薯叶甲 ············································································· 203

5.4　甘薯台龟甲 ·········································································· 207

5.5　甘薯蜡龟甲 ·········································································· 209

5.6　甘薯天蛾 ············································································· 212

5.7　甘薯麦蛾 ············································································· 217

5.8　甘薯潜叶蛾 ·········································································· 221

5.9　斜纹夜蛾 ············································································· 223

5.10　烦夜蛾 ·············································································· 231

5.11　短额负蝗 ··········································································· 234

参考文献 ···················································································· 237

第 6 章　山药虫害 ········································································ 241

6.1　甜菜夜蛾 ············································································· 241

6.2　山药叶蜂 ············································································· 250

6.3　山药红蜘蛛 ·········································································· 252

参考文献 ···················································································· 255

第 7 章　地下虫害 ········································································ 257

7.1　蛴螬 ··················································································· 257

7.2　沟金针虫 ············································································· 264

7.3　细胸金针虫 ·········································································· 267

7.4　小地老虎 ············································································· 271

7.5　单刺蝼蛄 ············································································· 278

7.6　东方蝼蛄 ············································································· 281

参考文献 ···················································································· 285

附　录 ······················································································· 287

马铃薯病害名录 ··········································································· 287

甘薯病害名录 ·············································································· 290

山药病害名录 ·············································································· 293

马铃薯害虫名录 ··········································································· 295

甘薯害虫名录 ·············································································· 302

山药害虫名录 ·············································································· 314

# 上 篇
## 薯类作物病害及其防治

# 第 1 章　马铃薯病害

## 1.1　马铃薯晚疫病

### 1.1.1　分布与为害

晚疫病广泛分布于全球马铃薯各生产国，我国南北各地均有发生。晚疫病是马铃薯生产中一种毁灭性病害，大流行年份不仅给薯农造成巨大经济损失，甚至还导致社会动荡。1845 年，晚疫病在欧洲的爱尔兰大暴发，马铃薯大范围、大面积绝产，800 多万爱尔兰人中因饥饿死亡 160 多万人，另有 100 万人流落异国他乡。其后 100 多年来，晚疫病在全世界马铃薯产区不同程度发生和流行，每年因晚疫病造成的经济损失超过 170 亿美元。我国因晚疫病为害，常年导致马铃薯减产 10% ~ 30%，大发生年则高达 50% 左右。1950 年晚疫病在我国局部地区暴发成灾，晋、察、绥马铃薯产区减产 50% 以上。随后几年，黑龙江、内蒙古[①]、甘肃等省（区）晚疫病大流行，造成重大经济损失。2008—2012 年我国马铃薯晚疫病发病面积 154.9 万 ~ 265.2 万 $hm^2$，年均发病面积 205.4 万 $hm^2$，发病面积占马铃薯种植面积的 30.9% ~ 47.2%，平均减产马铃薯最高 $60kg/667m^2$，最少 $40kg/667m^2$，其中 2012 年晚疫病在北方薯区大暴发，南方薯区偏重发生，全国发病面积 265.2 万 $hm^2$，马铃薯减产 300 万 t。甘肃、湖北晚疫病发病面积占种植面积 8% 左右，病株率 60% ~ 100%，局部地区出现大面积枯死现象，损失惨重。

我国地域辽阔，地形复杂，气候千差万别，马铃薯栽培制度因地而异，致使晚疫病在各地发生和为害程度不尽相同，大致可分为三种类型：

①高发区。该区包括云南、贵州、重庆和陕西南部等地，马铃薯种植制度多为冬种春（夏）收和春种夏（秋）收，有利于菌源积累，同时该种植区气候阴凉，湿度大，早晚露水多、雾大，极有利于晚疫病的发生和流行，为晚疫病高发区、重发区。

②常发区。该区包括黑龙江、吉林、辽宁（除辽东半岛）、河北北部、山西北部、陕西北部、内蒙古、宁夏[②]、青海、甘肃以及新疆[③]天山以北地区，本区晚疫病主要发生在马铃薯开花至薯块膨大期，为害时间集中。温度适宜，雨水天气多，有利于晚疫病的发生和流行，常年发病面积大，为害损失较大。

③偶发区。该区包括河南、山东、江苏、浙江、安徽、江西、广东、广西[④]、福建、

---

①②③④　内蒙古自治区简称内蒙古，全书同；宁夏回族自治区简称宁夏，全书同；新疆维吾尔自治区简称新疆，全书同；广西壮族自治区简称广西，全书同。

海南、湖南、湖北东部以及辽宁、河北、山西南部等地区，本区马铃薯种植面积较小，气候条件通常不利于晚疫病的发生，为害较轻。

### 1.1.2　症状

马铃薯叶、茎和块茎均能被害。叶被害一般多从植株下部叶片开始，在叶尖叶缘处，出现黄化水渍状小斑点，在潮湿环境条件下，病斑迅速扩大，腐败发黑。病健交界处不明显，在雨后或有露水的早晨，病斑边缘长出一圈霜状的白霉，在叶片背面特别明显，此即病菌的孢子梗和孢子囊。晚疫病大流行时，叶片如开水泡过，一片焦黑，发出腐败臭味。在干燥的气候条件下，病斑干枯呈褐色，无论叶片正面或背面均无白霉。当病斑由叶片扩展到叶柄、主脉时，输导组织受到破坏，不能输送水分和养分，从而导致叶片萎蔫下垂，甚至枯死；马铃薯植株基部受到病菌侵染后，在皮层形成长短不一的褐色条斑；块茎受害，典型的症状是块茎形成稍凹下的褐色或紫色病斑，病斑深度1cm以内。土壤干燥时，病部发硬，呈局部性干腐。土壤含水量较高时，病斑上长出白霉，病斑扩展至薯肉内部，同时由于有多种杂菌侵染，导致块茎腐烂。感病薯块入窖后由于窖温较高以及杂菌侵染，感病薯块由干腐转为湿腐。

### 1.1.3　病原物形态和生物学特征

病原物为卵菌门疫霉属致病疫霉 *Phytophthora infestans*（Mont.）de Bary。病菌营养菌丝无色、无隔膜。无性世代产生孢子囊，孢子囊无色、卵圆形，有乳状突起。孢子囊着生在孢子囊梗上，大小为（22～32）μm×（16～24）μm，孢子囊梗无色，有分枝，一般2～3个分枝从叶片气孔或薯块表皮、伤口伸出。孢子囊初为顶生，后因孢子囊梗的伸长而成为侧生。孢子囊梗为节状，各节基部膨大，顶端尖细。在潮湿的环境下，吸水后孢子囊内的原生质分割成6～12块，每块形成有2根鞭毛的游动孢子，游动孢子在水中游动片刻后便失去鞭毛长出芽管。在高温条件下，孢子囊也可直接产生芽管。两种芽管均可从寄主植物绿色部位表皮侵入，特别易从叶片背面气孔侵入。病菌通过薯块的皮孔、伤口或芽眼而侵入。无性生殖产生的卵孢子和菌丝只能在病薯和病残体上越冬，离开寄主在土壤中存活期只有160天左右。

马铃薯晚疫病病菌也可通过有性的卵孢子繁殖。当形态相同、性征有差异的A1交配型和A2交配型菌体同时存在时，能进行异宗配合的有性生殖。两种交配型的菌体配对时，各自分化出雌、雄配子体进行交配，从而产生有性孢子——卵孢子，卵孢子具有坚硬、壁厚的结构，抗逆能力强，能在不良条件下存活多年。有性生殖的卵孢子能在病残体和土壤中越冬。卵孢子在马铃薯生长前期即可侵入寄主，是晚疫病重要的初次侵染源。

病原菌菌丝能在13～30℃温度范围内生长，最适宜温度为20～23℃。相对湿度达到85%以上时，病菌菌丝向空中伸出孢囊梗，孢囊梗形成的温度范围较广，为7～25℃，但对湿度要求非常严格，只有相对湿度达到95%～97%时才能大量形成。孢子囊正常萌发产生游动孢子的温度范围亦较广，为6～15℃，但以10～13℃最为适宜，在该温度下产生游动孢子的时间仅需1～2小时。当外界温度不适时，特别是温度过高，孢子囊则直接萌发为芽管，侵入寄主。孢子囊和游动孢子都要在寄主植物表面有水滴时才能萌发。

晚疫病病菌存在明显的生理分化现象，目前我国晚疫病病菌生理小种有30个，30个生理小种均含有多个毒力基因复合体，其中含有 5 个以上毒力基因的小种有 25 个，约占 83% 。

晚疫病病菌为害马铃薯叶片多从气孔侵入或直接通过表皮侵入，为害薯块则通过伤口、皮孔或芽眼侵入。侵入后潜育期长短与病菌致病力、环境条件有关。病菌致病力强、温湿度适宜，则潜育期短。一般叶片上的潜育期 2 ~ 3 天，块茎上潜育期长达 30 天以上。

晚疫病病菌在田间条件下除为害马铃薯外，番茄是其重要寄主。

### 1.1.4 病害循环

马铃薯晚疫病病菌主要以菌丝体在窖藏病薯上或残留在土中的病薯上越冬，有性繁殖的卵孢子在病残体和土壤中越冬。晚疫病的初次侵染源既可来自病薯上的病菌，也可来自土壤中越冬的卵孢子。

带菌种薯播种后，在其上越冬的菌丝随着薯块发芽而开始活动，侵入幼苗形成病苗。早期感病的幼芽往往未出土就变黑死亡。感病较晚的幼苗，病菌沿皮层纵向扩展，形成条状病斑，幼苗仍能继续生长发育，遇阴雨天气病斑上产生孢子囊，借风雨传播，迅速萌发侵入寄主叶片，导致叶片发病。叶片由下向上形成典型的中心病株。在中心病株叶片上产生孢子囊，借风雨传播到周围植株上进行再侵染，导致病害迅速蔓延。

马铃薯茎叶上孢子囊随雨水或灌溉水进入土中，接触薯块后萌发侵入，使薯块感病，成为翌年初次侵染来源。

在土壤中越冬的卵孢子，马铃薯播种后即可侵入幼芽，比靠气流传播孢子囊发病早，系晚疫病重要的初次侵染源。

### 1.1.5 发生与环境条件的关系

#### 1.1.5.1 与气候的关系

马铃薯晚疫病是一种典型的气候型流行性病害，其发生和流行与温度、湿度、降雨量关系密切。此外，日照时数、风速对其发生和为害也有较大的影响。晚疫病病菌只有在一定温度、湿度条件下才能正常生长发育和侵入寄主。病菌喜日暖夜凉的环境条件，菌丝生长适宜温度为 20 ~ 23℃，相对湿度 90% 左右。孢子囊形成的最适温度为 19 ~ 22℃，冷凉（10 ~ 13℃保持 1 ~ 2h），寄主植物表面有水滴时，有利于孢子囊萌发产生游动孢子；温暖（24 ~ 25℃，持续 5 ~ 8h），寄主植物表面有水滴时，有利于孢子囊直接产生芽管侵入寄主。马铃薯生长期间特别是现蕾至开花期间，降雨频繁、雨日多、雨量较大，田间相对湿度高或多雾多露的气候条件下最易导致晚疫病大流行。我国西北、华北马铃薯主产区 7—9 月降雨较多，温度适宜，如丰雨期与马铃薯开花至薯块膨大的易感病时段相吻合，极易导致晚疫病的发生和为害。如 2012 年甘肃临洮县 7—8 月降雨频繁，达 31 次，降雨量 274mm，田间湿度大，晚疫病发生重，流行速度为 0.27，病株率高达 100%；而 2014 年该县 7—8 月无降雨，病害流行速度慢，只有 0.05，不利于晚疫病发生，病株率只有 28% 。山东滕州，1999 年 4—5 月相对湿度高于 80% 日数为 9 天，雨露雾日数 41 天，最长连续雨日达 13 天，总降雨量 118.1mm，田间湿度大，温度适宜，为 1999—2001 年三年中晚疫病发生最重的一年；2001 年 4—5 月相对湿度高于 80% 的天数只有 4 天，雨露雾日数 22 天，最长连续雨日只有 4 天，总降雨量只有 26.9mm，不利于晚疫病发生，为 1999—2001 年三年中最轻的一年。

日照时数和平均风速对马铃薯晚疫病的发生和为害也有较大的影响。甘肃定西地区，6—10 月日照时数长短与晚疫病发病率呈负相关，天气晴朗、日照充足，田间湿度小，不利于晚疫病的发生和为害；6—10 月平均风速与晚疫病的发生亦呈负相关，风速大、空气交换快、田间湿度小，不利于晚疫病的发生和为害。

### 1.1.5.2　与品种的关系

马铃薯晚疫病的发生和流行与品种抗病性关系密切。一般而言，马铃薯叶片宽大、平滑、叶片黄绿、匍匐型品种易感病；叶片小、茸毛多、叶肉厚、颜色深绿、直立型品种较抗病；大多数早熟品种易感病，多数晚熟品种较抗病；单位叶面积上气孔多的易感病，反之，则较抗病。品种对晚疫病的抗（感）性除与植株形态、株型有关外，还与抗病基因有关。具有垂直抗性的马铃薯品种，只能抗晚疫病病菌的某些生理小种，表现为过敏性反应，由主效基因控制的抗性强，但容易因病菌新的生理小种的不断出现而丧失抗性；具有水平抗性的马铃薯品种，对病菌的多数生理小种都有一定的抗性，即使生理小种发生变化，具有水平抗性的马铃薯品种仍能保持抗病性，亦即水平抗性较稳定，不易丧失抗病性。水平抗性由多个相互补充的微效基因控制，这些微效基因决定了病菌的侵染率，侵染后在寄主体内的发展速度，产生孢子所需时间和产生孢子的多寡。田间抗晚疫病的机制是马铃薯茎叶和薯块组织抗病菌传播。

目前我国马铃薯主产区感病品种栽培面积高达 70% 以上，且规模种植区种植的品种十分单一，种植时间长，是导致马铃薯晚疫病为害严重的重要原因之一。

### 1.1.5.3　与马铃薯生育期的关系

马铃薯不同生育期对晚疫病的抗病性有很大差异。一般生长前期特别是育苗期抗病力最强，生长后期特别是开花末期最易感病。马铃薯生育前期较抗病可能与植株体内茄素含量高有关。

### 1.1.5.4　与栽培技术的关系

科学合理的栽培技术不但能确保马铃薯高产稳产，而且还能促进马铃薯植株健壮生长，提高抗病能力。一般而言，地势低洼、排水不良、土壤板结的田块比排水条件好、沙壤土的地块，晚疫病发病早，发病重；农家肥施用少、偏施氮素化肥比以农家肥为主、合理施用化肥、注意氮磷钾肥科学搭配的田块晚疫病发病早，发病重；土壤瘠薄地比土壤肥沃、有机质含量高的田块晚疫病发生早，发病重；马铃薯长期连作或与茄科农作物轮作的田块比马铃薯与晚疫病非寄主作物轮作换茬的发病早，发病重；感病品种与抗病品种、早熟品种与晚熟品种、种薯与商品薯临近种植又缺乏有效隔离带，均会增加晚疫病的发病几率；马铃薯种植密度大，比合理密植的晚疫病发病早，发病重；旱地轮作比水旱轮作田块晚疫病发病早，发病重。

### 1.1.5.5　与菌原基数的关系

马铃薯长年连作，或马铃薯与茄科作物轮作，导致田间积累了大量晚疫病病菌，发病重。病薯带菌，目前我国马铃薯生产绝大多数为农户自行留种，种薯带菌率高。上述两个原因是我国马铃薯晚疫病连年发生和流行的重要原因。

#### 1.1.6　与 AZ 交配型菌株的关系

致病疫霉 AZ 交配型的存在和迁移是导致晚疫病在我国和世界其他国家流行的重要原因。我国内蒙古、山西、河北、云南、四川、福建、黑龙江等地均存在 AZ 型菌株。AZ型菌株抗逆力强，侵染力、致病力远比 A1 型菌株强。A1 型菌株一般需在阴雨潮湿的气候条件下才能侵染马铃薯叶片和薯块，而 AZ 型菌株在干热的气候条件下也能侵染马铃薯叶片、薯块或茎秆，使之感病。病菌的有性生殖不仅增加了厚壁卵孢子的初次侵染源，同时有性生殖基因重组，加速了病菌生理小种的变异，导致致病力、寄生适合度提高，加重了对马铃薯的为害。

#### 1.1.7　防治方法

##### 1.1.7.1　加强检疫，防止高致病性 B-A$_2$ 基因型的传入

2004 年在荷兰、法国、德国、北爱尔兰等国相继发现马铃薯晚疫病菌高致病性 B-A$_2$（Blue 13）基因型后，马铃薯晚疫病在上述国家暴发成灾，给当地马铃薯生产造成巨大经济损失。该基因型对环境条件适应性强，在低温 8℃ 下即可侵染寄主，对高温也有很强的适应性，在高温下潜育期短，侵染力强，缩短了侵染世代，增加了病害循环，加大了病害扩展速度，同时该基因型已从欧洲传入印度，对我国及其他亚洲国家马铃薯生产带来严重威胁。因此要加强对马铃薯的检疫，防止致病疫霉菌 B-A$_2$ 传入，确保我国马铃薯安全生产。

##### 1.1.7.2　农业防治

（1）建立无病种薯繁育田、选用无病种薯。带菌种薯是晚疫病最主要的初次侵染源。建立无病留种田，确保获得健壮无病种薯是防治马铃薯晚疫病最有效的措施。留种田应选择在山区自然屏障较多的田块或远离马铃薯大田生产 500m 以外的地块，集中繁育无病种薯。留种田以秋播为佳，秋播可有效减轻晚疫病菌的侵染机会，同时秋播还能防止马铃薯退化，提高种性。

（2）选用抗病品种。因地制宜选用高产、优质、抗（耐）病品种是防治晚疫病最有效、最经济、最简便的方法之一。马铃薯种植地域不同，品种的抗病性表现有很大差异。东北薯区种植的马铃薯品种中，块茎表现抗晚疫病的有东农 303、黄麻子、克新 18 号、尤金等，植株表现抗晚疫病的有克新 1 号、克新 12 号、克新 18 号和黄麻子等。甘肃薯区种植的马铃薯品种中，抗晚疫病的有陇薯 7 号、陇薯 6 号、陇薯 3 号、天薯 12 号、庄薯 3 号等。贵州、云南薯区种植的马铃薯品种（系）中，抗晚疫病的有合作 88、脱毒米粒、威薯 3 号、中薯 4 号、CFK-69.1、1-1085 等。湖南薯区种植的马铃薯品种中，抗晚疫病的有克新 1 号、克新 4 号等。山西等薯区种植的马铃薯品种中，抗晚疫病的有晋薯 14 号、晋薯 7 号、同薯 23 号、同薯 20 号。适合北方农作区种植的抗病新品种有冀张薯 11 号、冀张薯 12 号、冀张薯 14 号、冀张薯 18 号、内农薯 1 号、陇薯 8 号和陇薯 9 号等。

（3）精选种薯。①推广 30~50g 健壮小整薯催芽后播种，以减少因刀切传病的机会；②精选种薯。种薯应选取健壮完好、大小一致、表面光滑、芽眼匀称、无凹陷皱缩、无

病斑和无损伤的薯块。刀切繁殖时应将薯肉变色的薯块剔除,减少传病机会。

(4)轮作换茬、间作套种。马铃薯晚疫病菌除以菌丝体在窖藏的病薯上越冬外,有性生殖的卵孢子可在病残体和土壤中越冬,在土壤中积累大量菌源成为翌年晚疫病重要初次侵染源。因此应避免马铃薯长年连作,推广与马铃薯晚疫病菌非寄主作物如水稻、玉米、花生、芝麻等轮作。与水稻轮作年限一年即可,与其他旱作物轮作年限以2~3年为好。马铃薯与玉米间种或套作、双套双(即双行马铃薯、双行玉米),不仅能有效利用土地资源、气候资源,又能提高单位面积产量,而且强大的玉米根系和植株的物理屏障作用,可减少病菌传播机会。

(5)高垄栽培、合理密植。晚疫病重发区和常发区可采用垄上播种或平播后再起垄的栽培方式。高垄栽培既可以增加结薯土层,同时雨后有利于排水,降低田间湿度,创造有利于马铃薯生长发育,而不利于晚疫病发生和为害的环境条件。马铃薯种植前深翻土地,分厢起垄,起垄高度以20~30cm为宜,一般以东西向开厢,厢宽1.1~1.2m,以利于通风透光,最大限度利用光能,提高马铃薯产量。窄行距33cm左右,双沟起垄,株距30cm左右,种植密度4 000株/667m² 左右。每667m² 用种量175kg左右,播种深度10~15cm为宜。合理密植有利于田间通风透光,降低湿度,创造不利于晚疫病发生和为害的环境条件。

(6)加强田间管理。①合理施肥。合理施肥的原则是增施有机肥和磷钾肥,避免偏施氮素化肥,防止植株徒长,降低植株自身的抗病力。②地势低洼的薯田在雨后要特别注意开沟排水,防止积水,降低田间湿度。③中耕除草时结合培土,防止薯块外露变绿,减少病菌侵染机会,降低发病率。④及时疏枝。马铃薯植株分枝性强,生长过旺,不利于营养物质向块茎输导,影响块茎膨大。疏枝时,去除病枝、弱枝、老枝,有利于通风透光,降低田间湿度,创造不利于晚疫病发生和为害的环境条件,减少病害发生和为害。⑤马铃薯收获前化学杀秧或人工割秧。化学杀秧杀死马铃薯地上部植株后,晚疫病菌因失去寄主活体不能存活而死亡。人工将马铃薯地上部植株割掉运出田外,集中处理,使土壤在太阳下暴晒3~5天,杀死地面上的病菌,从而消灭或减少病菌与块茎接触机会,降低病菌对块茎的侵染。⑥晚疫病发生季节,经常进行田间巡查,发现中心病株,立即拔除销毁,用生石灰消毒病穴,并在距发病中心30~50m范围内喷施杀菌剂进行封锁,防止病害扩大蔓延。

### 1.1.7.3 物理防治

(1)非整薯播种的切刀要用沸水或高锰酸钾或酒精严格消毒。当切刀切到病薯时应立即重新消毒,杀灭其上的病菌。

(2)温汤浸种。温汤浸种有两种方法:一种是变温处理,即先将种薯在40~45℃温水预浸1min,然后放入60℃温水中浸15min,种薯与温水的比例为1:4;另一种是45℃恒温浸种30min,晾干后播种。温汤浸种不但有杀灭病原菌的效果,同时还由于水温的刺激作用,能促进薯块发芽和薯苗生长,有提高产量的作用。

### 1.1.7.4 化学防治

药剂防治是控制晚疫病发生和为害的关键措施,必须予以高度重视,不能掉以轻心。

(1)防治时间。发病前的预防:根据天气预报,在阴雨天来临之前,选用保护性杀菌剂，在马铃薯封行前 7 天或初花期喷药 1～2 次，预防病害发生；发病后的防治：当田间出现中心病株后，用内吸性杀菌剂进行全面防治。

（2）防治次数。根据发病程度和气候条件，一般需喷药 3～5 次。施药后遇下雨天气，雨停后应立即补喷 1 次。

（3）防治晚疫病效果好，保产、增产的药剂有 68.75% 氟吡菌胺·霜霉威悬浮剂 800～1 000 倍液、64% 噁霜·锰锌可湿性粉剂 300～500 倍液、50% 烯酰吗啉可湿性粉剂 1 500 倍液、25% 甲霜灵可湿性粉剂 400～600 倍液、77% 氢氧化铜可湿性粉剂 500 倍液、53% 精甲霜灵·代森锰锌可湿性粉剂 500 倍液、66.8% 丙森锌·缬霉威可湿性粉剂 600 倍液或 50% 氟啶胺悬浮剂 22.5g/667m$^2$、25% 双炔酰菌胺悬浮剂 30g/667m$^2$、250g/L 嘧菌酯悬浮剂 30g/667m$^2$、100g/L 氰霜唑悬浮剂 22.5g/667m$^2$、72% 霜脲氰·代森锰锌可湿性粉剂 70g/667m$^2$、10% 氰霜唑可湿性粉剂 0.375L/hm$^2$ 等。上述药剂任选一种喷雾防治。马铃薯开花期，土壤湿度大时，根施 5% 甲霜灵颗粒剂 100～250g/667m$^2$。

药剂防治马铃薯晚疫病应注意不同杀菌机制的农药轮换使用，防止病原菌产生抗药性，延长药剂使用寿命。

## 1.2　马铃薯早疫病

### 1.2.1　分布与为害

马铃薯早疫病又称夏疫病、轮纹病、干枯病。此病于 1892 年在美国佛蒙特州首次被发现为害马铃薯，目前全球马铃薯生产国均有分布，尤其在发展中国家被认为是仅次于晚疫病的马铃薯第二大病害。一般年份减产 5%～10%，大流行年份减产 20% 以上，贮藏期块茎损失高达 30% 左右。我国早疫病在马铃薯产区均有不同程度发生，并且呈上升趋势，主要发生在宁夏、陕西、河北、内蒙古、山东、黑龙江和贵州等省（区）。近年来全国早疫病发病面积 90 万 hm$^2$ 左右，发病面积占种植面积的 10% 以上，其中宁夏早疫病发病面积 18 万 hm$^2$，占种植面积的 65%，该区西吉县 2006—2007 年早疫病发生面积 6.3 万 hm$^2$ 左右，损失鲜薯 6.27 万 t，经济损失 3 762.6 万元。甘肃早疫病发病面积 25 万 hm$^2$，占种植面积的 35% 以上。河北北部坝上地区因早疫病为害，马铃薯减产 30% 左右。2008 年黑龙江海伦、绥化等地，早疫病为害马铃薯，在用药 1～2 次的情况下，平均发病株率和病情指数分别高达 67% 和 11。南方马铃薯产区早疫病发生和为害轻于北方。重庆、四川、云南等省（市）发病面积占种植面积的 5%～10%，为害程度亦远远低于北方薯区。

早疫病为害导致马铃薯减产的根本原因是叶片被害后迅速萎蔫枯死，植株不能进行光合作用，影响块茎膨大。早疫病除危害马铃薯外，还可侵染番茄、辣椒、烟草、龙葵等茄科植物，是番茄上最重要的病害之一。

### 1.2.2　症状

早疫病主要为害叶片，也能侵染薯块。早疫病发病早于晚疫病，先从植株下部老叶发病，渐次向中、上叶片蔓延。叶片上的病斑最初呈褐色小斑点，其后逐渐扩大为近圆形褐色病斑，病斑坏死部分与健康组织界限分明，病斑周围有窄的黄色圈，褐色病斑上生有黑色霉状同心轮纹即病菌分生孢子。多个病斑连成不规则大病斑。干枯的斑点不呈水渍状的晕圈，发病严重时导致叶片干枯而死亡。薯块很少感病，其病斑圆形或不规则形，暗色，略下凹，边缘清晰。病斑在表皮下深达0.5cm左右。感病薯块薯肉变为褐色、干腐，下面有一层木栓化组织。

### 1.2.3　病原物形态和生物学特性

由隶属于半知菌类、丝孢纲、黑色孢科、链格孢属 *Alternaria* spp. 侵染所致的一种病害。国外报道引起马铃薯早疫病的病原物有 *A. alternata*（以色列）、*A. grantis*（巴西）、*A. interrupta*、*A. tenuissima*、*A. dumosa*、*A. arborescens* 和 *A. infectoria*（伊朗）。我国马铃薯早疫病病原物只有两种：*A. soloni* 和 *A. alternata*。

链格孢菌的菌丝暗褐色，在寄主植物细胞间及细胞内生长，分生孢子梗单生或簇生，圆筒形，有1~7个隔膜，暗褐色，大小为（40~90）μm×（6~8）μm。分生孢子长棍棒状，具有4~9个横隔和0~4个纵隔，隔膜处略有缢束，分生孢子大小为（45~96）μm×（12~16）μm。分生孢子顶端有细长嘴孢，无色或淡褐色，长24~114μm，宽1.8~3μm，有数个隔膜。

早疫病菌的生长发育受外界环境条件的影响和制约，当环境条件有利于生长发育时，菌丝生长好，产生孢子数量多，孢子萌发快。反之，菌丝生长差，产生孢子数量少，孢子萌发慢。

（1）温度对菌丝生长、产孢量、孢子萌发的影响。10~35℃温度范围内菌丝都能生长，最适温度为20~30℃；在10~25℃温度范围内，随温度升高，产孢数量随之增多，25℃产孢数量最多，温度超过28℃，产孢数量明显下降；分生孢子萌发的温度范围广，5~40℃温度下均可萌发，适宜萌发的温度为25~35℃，最适萌发温度为30℃，在此温度下3h和10h，萌发率分别高达92.4%和98.3%，45℃以上高温分生孢子不能萌发，在57℃水温中处理10min，分生孢子即死亡。

（2）水滴和相对湿度对孢子萌发的影响。分生孢子在水滴存在的条件下1h开始萌发，萌发率9.7%，4h和8h后萌发率分别高达94%和98.4%；分生孢子在相对湿度80%以下不能萌发，相对湿度85%以上才能萌发，但萌发率低。随着相对湿度的提高，萌发率相应增加，在91%、96%和100%相对湿度下，萌发率分别为1%、3.3%和4.7%。早疫病分生孢子的萌发必须有水滴存在。

（3）pH值对菌丝生长、产孢数量和孢子萌发的影响。早疫病菌菌丝在pH值4~10范围内均能生长，以pH值6~8对菌丝生长最为有利。在pH值4~10范围内均能产生分生孢子，以pH值为7~8产生的分生孢子较多，尤以pH值8产生的分生孢子最多；pH值低于4或高于12时，孢子不能萌发。

（4）光照对菌丝生长、产孢量和孢子萌发的影响。光照对菌丝生长有一定的促进作用，在24h全光照条件下，菌落扩展最快，光暗交替条件下次之，24h全黑暗条件下，菌丝生长最慢；光照2h时，产孢量最高，其后随着光照时间的延长，产孢量逐渐减少。光照对孢子萌发有明显的抑制作用，全黑暗条件下，孢子萌发率最高，达90%；1h光照和 1h 黑暗条件下，孢子萌发率为 75.4%；全光照条件下，萌发明显受到抑制，萌发率只有 60.7%。

（5）紫外线对产孢量和孢子萌发的影响。紫外线照射对产孢量和孢子萌发也有较大的影响。紫外线照射 2h 产孢量最大，随着照射时间的延长，产孢量随之下降。紫外线照射对孢子萌发有明显的抑制作用，照射时间越长，萌发率随之降低，照射 10min、30min、60min，孢子萌发率分别为 92.35%、81.6% 和 64.4%。

（6）氮源对孢子萌发的影响。不同氮源对孢子萌发有一定影响。在无机氮溶液和硝态氮溶液中孢子萌发优于铵态氮溶液，在尿素溶液中孢子萌发率最低，只有 58.2%；在有机氮溶液中，分生孢子在甘氨酸和丙氨酸溶液中萌发率最高，分别为 99% 和 98.8%，在半胱氨酸和谷氨酸溶液中，孢子萌发率最低，分别只有 70.3% 和 41.0%。

（7）碳源对孢子萌发的影响。分生孢子对碳源的要求不严格，自身碳源可以满足萌发的要求。

### 1.2.4　病害循环

马铃薯早疫病菌以菌丝体和分生孢子随寄主植物病残体遗落于土壤中越冬，也可在窖藏病薯和其他感病植物上越冬，翌年春季马铃薯播种后，分生孢子借气流传播，成为病害的初次侵染源。再次侵染来自感病老叶上的分生孢子，马铃薯开花后最易感病。早疫病菌分生孢子既可从寄主叶片气孔和伤口侵入，也可从叶片表皮直接侵入。

### 1.2.5　发病与环境条件的关系

#### 1.2.5.1　与气候的关系

宁夏西吉薯区，5 月下旬马铃薯苗期，降雨量较常年偏少，气温较常年偏低，马铃薯幼苗生长发育不良，抗病能力差，有利于早疫病菌的侵染；6 月中旬马铃薯处于现蕾期，在较高的温湿度条件下，适合病菌生长、传播、扩散侵染，此阶段降雨量与病害的流行呈显著的正相关关系；7 月中下旬马铃薯处于盛花期，少雨干旱，温度偏高，温雨系数与病害流行呈显著的负相关关系，如 2008 年 5 月开始长达 90 天没有降雨，2009 年 5—7 月仅降雨 61.9mm，比历年同期少 116.9mm，不利于早疫病的发生和为害，2008—2009 年均为轻发生年。内蒙古薯区马铃薯 X 生长前期（5—6 月）降雨量、降雨频次是决定早疫病以后能否大发生的重要气象因子，如马铃薯生长期降雨量较大，降雨次数多，有利于早疫病菌的侵染、发病重，为后期病害的流行积累了大量菌源。马铃薯生长后期（开花后）雨季来临后，早疫病就会大暴发。反之，如前期干旱，后期即使降雨量大、频次多，早疫病也不会大流行。山区、半山区，早晚露水多、雾多、雾大、湿度大，有利于病菌侵染，山区、半山区早疫病的发生和为害重于平原地区。在有灌溉的半沙漠地区种植马铃薯，晚间温度偏低，薯叶上结有露水，有利于病菌侵染，发病重。

#### 1.2.5.2　与品种的关系

马铃薯不同品种对早疫病的抗性有很大差异。长年种植感病品种，特别是高感品种，早疫病发生重，反之，种植抗病品种，病害发生轻。一般而言，晚熟品种较早熟品种更抗病。

### 1.2.5.3 与马铃薯生育期的关系

幼嫩叶片对早疫病有较强的抗性，随着植株生长发育进程，抗病性随之减弱，马铃薯开花期最易感病；未充分成熟的薯块易感病，成熟的薯块较抗病，不易受到早疫病的侵染。

### 1.2.5.4 与土壤质地的关系

土壤瘠薄、保水保肥能力差、植株脱肥、植株生长不良，这些条件均可降低马铃薯的抗病能力，发病重。

### 1.2.5.5 与连作的关系

马铃薯长期连作，土壤中积累了大量病原菌，有利于发病；薯田邻近辣椒、番茄大棚的田块，感染早疫病的番茄、辣椒上病菌分生孢子通过气流从大棚传播到附近马铃薯田，该类田块早疫病发病早，发病重。

## 1.2.6 防治方法

### 1.2.6.1 农业防治

（1）选用抗病品种。因地制宜选用高产、优质、抗（耐）病品种是防治早疫病最经济、最有效的措施。早疫病抗（耐）品种有晋薯 14 号、晋薯 7 号、同薯 23 号、同薯 20 号、陇薯 6 号、陇薯 3 号、克新 1 号、克新 4 号、克新 12 号、克新 13 号、克新 18 号和 1998 - 1 - 1 等。

（2）优选种薯、切刀消毒。生产田积极推广一级种薯，重病区最好采用原种种植，提倡整薯播种。播种前把种薯放在室内堆放 5 ~ 6 天，进行晾种，并及时剔除病薯。种薯切块时，用 75% 酒精或 3% 来苏水或 0.5% 高锰酸钾溶液浸泡切刀 5 ~ 10min，采用多把切刀轮换使用，防止切块过程中病菌的传播。

（3）加强田间管理。①马铃薯收获后，及时处理残留田间的病残体，带出田外烧毁或深埋，并深耕灭茬，减少翌年来自土壤的初次侵染源；②发病初期，及时摘除病叶，带出田外处理；③搞好清沟排渍工作，防止雨后田间积水，降低田间湿度，减少早疫病菌的侵染机会；④尽量选择地势高燥、土壤肥沃地块种植马铃薯；⑤增施有机肥、绿肥，促进马铃薯健壮生长，提高抗病性；⑥干旱季节，根据土壤墒情及时灌溉，防止植株迅速早衰，提高抗（耐）病能力；⑦结薯期喷施 2 ~ 3 次含有微量元素马铃薯专用叶面肥，提高植株抗（耐）病能力。

（4）搞好马铃薯收获工作，防止病薯入窖。马铃薯收获前 4 ~ 5 天化学杀秧，增强块茎抗病性；抢晴收获，在收获、运输过程中，尽量避免薯块创伤；入窖前剔除病薯和有伤口的薯块。

### 1.2.6.2 化学防治

（1）种薯切块后药剂杀菌。种薯切块后用 20% 农用链霉素可湿性粉剂（12 ~ 15g/100kg 薯块）或 70% 甲基硫菌灵可湿性粉剂（150 ~ 200g/100kg 薯块）对水浸种。

（2）田间防治。提高药剂防治效果的关键是加强田间调查，搞好预测预报，指导大田药剂防治。

　　早疫病发病前喷施保护性杀菌剂，能有效阻止病菌侵染马铃薯，在病菌侵染前将其杀死。保护性药剂有 75% 百菌清可湿性粉剂 600～800 倍液、70% 代森锰锌可湿性粉剂 600～800 倍液等；早疫病发病后，则应喷施治疗剂即内吸性杀菌剂，杀死侵入马铃薯植株的早疫病菌。常用且治疗效果好的杀菌剂有 50% 腐霉利可湿性粉剂 800～1 000 倍液、50% 异菌脲可湿性粉剂 1 000～1 500 倍液、72% 霜脲·锰锌可湿性粉剂 600～800 倍液、60% 氟吗啉·代森锰锌可湿性粉剂 600～800 倍液、75% 肟菌酯·戊唑醇水分散剂 5 000～6 000 倍液或 42.4% 吡唑醚菌酯·氟唑菌酰胺悬浮剂 7.5～8g/667m$^2$、10% 苯醚甲环唑水分散粒剂 100g/667m$^2$、18.7% 丙环唑·嘧菌酯悬浮剂 40ml/667m$^2$、25% 嘧菌酯悬浮剂 40ml/667m$^2$、19% 唑醚菌酯·烯酰吗啉水分散剂 25g/667m$^2$、40% 百菌清·苯醚甲环唑悬浮剂 120ml/667m$^2$、40% 氟啶胺·异菌脲悬浮剂 62.5ml/667m$^2$ 等对水喷雾。上述药剂任选一种于早疫病发病初期喷雾，每隔 7～8 天用药 1 次，根据病情连续用药 4～5 次，不但能有效控制早疫病的为害，而且能提高马铃薯的产量。药剂防治早疫病时，为了防止病菌抗药性的产生，应交替使用不同杀菌机制的药剂。

## 1.3　马铃薯疮痂病

### 1.3.1　分布与为害

　　马铃薯疮痂病于 1841 年首次在德国发现，至 1883 年蔓延至欧洲各国，目前全球马铃薯主产区均有疮痂病的发生和为害。我国于 1899 年在东北发现疮痂病为害马铃薯，其后随着种薯的无序调运，病害迅速扩大蔓延，除东北三省原有老病区外，内蒙古、宁夏、新疆、西藏①、山西、陕西、甘肃、四川、贵州、云南、河北、山东、广东、广西、江苏、浙江、福建、江西、湖北、安徽等省（区）均有疮痂病的发生和为害。

　　马铃薯疮痂病是一种世界性病害，给马铃薯生产造成巨大经济损失。疮痂病对马铃薯的为害主要有两个方面。

　　（1）被害薯块表面凹凸不平，布满病斑，外观变劣，商品价值大大降低，影响市场竞争力，同时，马铃薯感染疮痂病后，增加小薯比例，感病薯块不易清洗，增加去皮厚度，不能用来加工炸薯片、薯条，对马铃薯加工业造成严重影响。

　　（2）种薯感病，特别是脱毒种薯感病，严重制约种薯产业的发展，从而导致疮痂病在全国范围的扩展蔓延和远距离传播。

　　加拿大因疮痂病为害马铃薯，每年造成经济损失 1.53 亿～1.72 亿美元。疮痂病已成为影响美国马铃薯品质和产量的第一大病害，每年需花费大量人力、物力防治疮痂病，仍然造成较大的经济损失。我国东北、华北、西北、西南各地马铃薯商品薯发病率 6%～10%，脱毒微型薯发病率高达 30%～60%，其中内蒙古 11 县（旗、市）18 个马铃薯种薯生产基地疮痂病发病率 83%～100%；甘肃省农业科学院马铃薯脱毒种薯疮痂病发病率高达 90% 以上；新疆阿尔泰地区马铃薯疮痂病发病率为 37.5%；近年来马铃薯疮痂病在广西蔓延迅速，2016 年全自治区种植马铃薯 7.1 万 hm$^2$，疮痂病发病面积占种植面积的 37.5%，是我国南方马铃薯冬作区疮痂病发生为害严重的薯区之一。

---

　　① 西藏自治区简称西藏，全书同。

### 1.3.2 症状

疮痂病主要侵染马铃薯块茎和匍匐茎，不侵染地上部分。块茎感病后在块茎组织的病健交界处的颜色呈现枯黄或半透明状，发病初期，块茎表皮上产生褐色或深褐色小斑点，其后病斑呈不规则形扩大，并产生大量木栓化细胞，导致病斑处表皮变粗糙，后期表面形成或深或浅凹凸不平的疮痂病斑，发病严重的薯块小病斑相连合并，造成薯块表面大部分形成痂斑。根据块茎病斑凹凸程度分为凹状病斑、平状病斑和凸状病斑；根据块茎表面病斑形状分为普通疮痂病、网斑形疮痂病和酸性疮痂病。

### 1.3.3 病原物形态和生物学特性

疮痂病为放线菌的多种链霉菌（*Streptomyces* spp.）侵染所致的一种病害。最先报道的病原菌有疮痂链霉菌（*S. scabies*）、酸性疮痂链霉菌（*S. acidiscabies*）、肿痂链霉菌（*S. turgidiscabies*）和加利利链霉菌（*S. galilaeus*）等。目前全球已报道的侵染马铃薯引起的疮痂病菌有 20 多种。我国引起马铃薯疮痂病的病原菌十分复杂，地域不同，引起马铃薯疮痂病的病菌种类不尽相同。陕西、甘肃侵染马铃薯的链霉菌有 *S. diastatochromogenes*、*S. turgidiscabies*、*S. scabies* 和 *S. enissocaesilis* 4 种。河北、山西、内蒙古侵染马铃薯的链霉菌有 *S. scabies*、*S. bobili* 和 *S. galilaeus* 3 种。山东侵染马铃薯的链霉菌有 *S. scabies*、*S. diastatochromogenes*、*S. setonii* 3 种。四川侵染马铃薯的链霉菌有 *S. bobili* 和 *S. scabies* 2 种。黑龙江侵染马铃薯的链霉菌有 *S. bobili*、*S. scabies*、*S. turgidiscabies*、*S. acidiscabies* 和 *S. europaeiscabies* 5 种。全国而言，侵染马铃薯的链霉菌优势种为 *S. scabies*、*S. galilaeus* 和 *S. bobili* 3 种。

我国优势种疮痂病菌形态和生物学特性如下：

疮痂链霉菌 *S. scabies* 的孢子丝呈 3~4 个以上紧密螺丝状，孢子圆柱形，表面光滑，大小为 1.445μm×0.767μm。菌落白色，产生黑色素；能以 ISP 中的 9 种糖为单一碳源，能以甲硫氨酸、组氨酸、羟脯氨酸为单一碳源，对结晶紫（0.5μg/ml）不敏感，产生硫化氢，能在 pH 值 5.0 以上培养基上生长；对链霉菌（20μg/ml）、苯酚（0.1%）及青霉素（10IU/ml）敏感。明胶液化弱，产生褐色色素。

包比利链霉菌 *S. bobili* 的孢子丝螺旋状，孢子表面光滑，卵圆形或长圆形，大小 1.227μm×0.928μm。菌落白色或灰色，产生黄褐色素和黑色素；除不能利用 D-甘露醇外，能以 ISP 中的 8 种糖为单一碳源，能以组氨酸和羟脯氨酸为碳源，对结晶紫（0.5μg/ml）和青霉素（10IU/ml）不敏感，产生硫化氢，能在 pH 值 4.5 以上的培养基生长；不能以甲硫氨酸为单一碳源，对链霉素（20μg/ml）和苯甲酸（0.1%）敏感。明胶液化强，产生灰褐色色素。

加利利链霉菌 *S. galilaeus* 的孢子丝松散螺旋状，孢子圆柱形，表面光滑，大小为 1.401μm×0.983μm。菌落灰色，有黄褐色素产生，产生黑色素；不能利用 ISP 中的甘露醇为单一碳源，能以羟脯氨酸为单一碳源，对结晶紫（0.5μg/ml）及青霉素（10IU/ml）不敏感，产生硫化氢，能在 pH 值 4.5 以上培养基生长；对链霉素（20μg/ml）和苯酚（0.1%）敏感。明胶液化强，产生褐色素。

马铃薯疮痂病菌除侵染马铃薯外，还为害胡萝卜、萝卜、甘蓝、甜菜、芜菁和大头菜等农作物。马铃薯疮痂病菌从气孔、皮孔和伤口侵入寄主。

### 1.3.4 病害循环

疮痂病菌在病薯和土壤中越冬，为翌年初次侵染源，带病种薯是该病远距离传播的主要途径。病菌只侵染马铃薯块茎，土壤中积累的大量菌源是疮痂病发生和流行的首要因素。

### 1.3.5 发病与环境条件的关系

#### 1.3.5.1 与温湿度的关系

温度在 25 ~ 30℃，易发病，高温对病害有抑制作用，发病轻。在马铃薯块茎膨大期，相对湿度在 30% 左右，天气持续干旱、无雨，有利于病菌繁殖和侵染，发病重。

#### 1.3.5.2 与连作的关系

马铃薯长年连作，土壤中积累了大量的病菌是导致近年来疮痂病发生和为害日趋严重的重要原因。在网室或温室生产脱毒微型薯时，由于反复使用带有病菌的基质，微型薯发病率越来越高。据报道，内蒙古连续使用 4 年的基质生产微型薯，发病率高达 35%。

#### 1.3.5.3 与品种的关系

马铃薯不同品种对疮痂病的抗感性有很大差异，种植抗病品种，发病轻，种植感病品种，特别是高感品种易导致疮痂病的大流行，给薯农造成巨大经济损失。品种熟期与疮痂病发生有一定关系。一般晚熟品种比早熟品种发病重。

#### 1.3.5.4 与施用农家肥的关系

据报道，四川马铃薯田施用鸡粪作基肥，并用稻草覆盖的薯田疮痂病发病重。黑龙江马铃薯田施用炉渣灰或未充分腐熟的农家肥，发病重。内蒙古马铃薯田施用羊粪的发病重。

### 1.3.6 防治方法

#### 1.3.6.1 严格实行检疫制度

严禁从疫区调运种薯到非疫区，防止病害扩大蔓延。

#### 1.3.6.2 农业防治

（1）建立无病留种基地，选用无病种薯。选择未种过马铃薯的田块种植留种用马铃薯，并对薯块进行挑选，淘汰病薯，选用健壮的薯块作留种田种薯，尽量减少留种田疮痂病的发病率。

（2）种植抗（耐）病品种。因地制宜，选用适合当地高产、稳产、优质、抗（耐）病品种，淘汰感病品种特别是高感品种，是控制疮痂病发生和为害最有效的措施。广西经抗性鉴定，高抗疮痂病的品种（系）有 D825、D731、D517、D862 等；抗疮痂病的品种（系）有丽薯 6 号、兴佳 2 号、云薯 506、云薯 105、D740、SO1452 等。一般认为白色薄皮品种易感病，褐色厚皮品种较抗病；早熟品种较抗病，晚熟品种易感病。

（3）轮作换茬。有条件的薯区，最好实行水旱轮作 1 ~ 2 年，可从根本上消灭土壤中的病原菌；无条件实行水旱轮作的薯区，可实行马铃薯与非茄科农作物如玉米、小麦、大豆、芝麻、花生等作物轮作，轮作年限不少于 5 年，可明显减少甚至消灭土壤中的病原菌。

（4）加强管理，提高植株抗（耐）病性。①马铃薯收获后，深耕灭茬，深翻土壤 25～35cm，将潜居在土壤中的病原菌翻到表土层，通过冻晒，杀死病菌，减少菌源；②提倡高垄栽培；③干旱季节及时灌溉，但要避免大水漫灌，防止菌源随流水传播；④施用充分腐熟的有机肥和绿肥，适时追施钙、磷、锰肥，增施酸性肥料，提高土壤酸度，创造不利于疮痂病菌繁殖和侵染而有利于马铃薯健壮生长的环境条件，提高植株抗（耐）病能力；⑤马铃薯收获后，及时收集残留田间的病薯，带出田外，烧毁或深埋，减少菌源。

### 1.3.6.3 化学防治

（1）药剂处理种薯。10 亿/ml 枯草芽孢杆菌悬浮液对水 5 倍浸种薯 5min，或 40% 福尔马林液 100ml 对水 20kg 浸种 2h，或对苯二酚 20kg 对水 20kg 配成 0.1% 溶液浸种 30min，晾干后播种。

（2）大田防治。药剂灌根。马铃薯块茎形成初期（现蕾前期）用 1.8% 辛菌胺水剂 5～10kg/hm$^2$，或 1.5% 噻霉酮水乳剂 10kg/hm$^2$，或白鲜碱提取物 10kg/hm$^2$ 对水灌根。发病严重地块，第一次灌根后隔 7 天再灌根一次，防治效果更好。也可用 58% 甲霜灵·代森锰锌可湿性粉剂 500 倍液于结薯前灌根，隔 7 天再灌一次，连灌 3 次。

（3）马铃薯收获后，入窖前防治。用 72% 农用硫酸链霉素可湿性粉剂 2000 倍液或 50% 多菌灵可湿性粉剂 800 倍液均匀喷施于马铃薯薯块上，晾干后入窖贮藏。

（4）基质消毒杀菌。贵州生产微型薯消毒基质松针土的杀菌剂为 70% 敌磺钠可湿性粉剂 25g + 64% 噁霜灵·代森锰锌可湿性粉剂 25g + 50% 多菌灵可湿性粉剂 25g + 50% 辛硫磷乳油 40g + 硫黄粉 60～80g/m$^3$ 对基质进行熏蒸消毒，防治效果高达 99%，方法是将杀菌剂与基质充分拌匀，覆盖塑料薄膜熏蒸 10 天，揭膜后晾晒 5 天即可。辽宁用 0.5% 甲醛液 3kg/m$^2$ 施于基质上，覆膜闷 7 天，再播种马铃薯。福建用 1：50 甲醛液 3kg/m$^2$ 消毒基质，覆膜 20 天，然后播种，防治原种疮痂病，防治效果 58.92%，病情指数 14.99，病薯仅占总薯的 35.8%。山西选用新的基质配方（蛭石 4 份：火山石 1 份：炉灰渣 1 份：草木灰 1 份：糠醛渣 1 份），可有效控制脱毒微型小薯疮痂病的发生，所生产的微型薯商品率明显提高，生产成本大幅度降低。

## 1.4 马铃薯粉痂病

### 1.4.1 分布与为害

马铃薯粉痂病于 1841 年发现于德国，大约 5 年后在英国第 1 次记录粉痂病为害马铃薯，1855 年此病遍及欧洲各国，1891 年传播到南美洲，1911 年北美洲相继报道粉痂病为害马铃薯，其后除非洲外，粉痂病遍及全球马铃薯生产国。粉痂病目前为影响英国、德国、瑞士等国马铃薯优质高产的一大生物灾害，每年给马铃薯生产带来巨大经济损失。

我国于 1957 年在福建福州发现粉痂病为害马铃薯已相当普遍，1964 年原农业部组织全国植保工作者进行粉痂病的普查，发现内蒙古、吉林、甘肃、福建、江西、贵州、云南、广东、浙江、江苏等省（区）局部地区粉痂病为害马铃薯较为普遍，其后此病扩大蔓延到河北、湖北、黑龙江等地。

马铃薯感染粉痂病后，不但导致产量大幅度降低，而且还影响到薯块的品质。2004年云南会泽县粉痂病平均发病率59%，最重的发病率77%，最轻的发病率也有50%，病情指数0.170~0.181。昭通市粉痂病平均发病率35%，最轻发病率31%，最重发病率63%，病情指数0.063~0.127，一般减产10%~20%，严重的减产50%左右。湖北恩施1976年粉痂病发病面积14.87万 $hm^2$，发病面积占播种面积的61%。马铃薯感病后，薯块生长受阻，产量下降，病薯率8%，每667$m^2$减产60kg；病薯率34.7%，每667$m^2$减产167kg；病薯率37.5%，每667$m^2$减产292kg。内蒙古包头的固阳达茂旗、武川等地，马铃薯受粉痂病侵染，发病率30%以上，部分地块发病率高达80%~90%。粉痂病不但影响薯块产量，而且感病薯块品质变劣，食味差，煮不烂，淀粉含量较健全薯块降低2.02%，感病薯块不耐贮存，发芽率下降。

### 1.4.2 症状

粉痂病病菌主要侵染马铃薯块茎和根系，地下茎亦可感病。

块茎感病。最初在表皮出现针尖状大小的褐色小疱斑，近圆形，病斑边缘有1~2mm宽的半透明晕环，后病斑逐渐隆起，膨大成直径3~5mm的疱斑。感病部位病健组织之间形成木栓化的环，致使疱斑表皮呈星状破裂、反卷，散发出许多深褐色粉末，此即病原菌休眠孢子囊球。病斑凹陷呈火山口状，表皮下组织呈橘红色。土壤潮湿时病变部分深入薯肉，变色皱缩。感染杂菌后，进一步形成更深更大的火山口状的病斑，有时导致干腐。

根系、匍匐茎、地下茎感病后，最初出现小疱状突起，其后发展成直径1~2mm的小疱，初为白色，随病情扩展，小疱逐渐变大，形成大小不等、形状各异的黑褐色根瘿或肿瘤。

### 1.4.3 病原物

由鞭毛菌亚门根肿菌纲真菌粉痂菌 *Spongospora subterranea* f. sp. *subterranean* 侵染所致的一种土传病害。休眠孢子囊球卵圆形或不规则形，直径15~85μm；有不规则的空穴；休眠孢子球形至多角形，直径3.5~4.5μm，具平滑、黄色或黄绿色的壁。原质团大，长径达70μm，变形虫状，不规则，形成一至数个休眠孢子囊球，成熟时呈褐色粉末。游动孢子卵形、球形、前生异形双鞭毛。在扫描电子显微镜下观察，病菌形态特征因病菌寄生不同马铃薯品种而有一定差异，侵染丽薯2号和PBO6的病原菌休眠孢子囊大小相似，但形态特征有较大差异，前者卵圆形，后者不规则形，但两者空腔皆明显。侵染合88马铃薯品种的病菌休眠孢子囊稍小、圆形、中空明显，侵染米粒马铃薯品种的病原菌休眠孢子囊最小，近圆形，中腔穴不明显。

马铃薯粉痂病菌主要从薯块细根皮孔和伤口侵入，亦可直接从表皮侵入。马铃薯粉痂病菌除为害马铃薯外，还能侵染番茄、茄子、龙葵等茄科植物。

### 1.4.4 病害循环

马铃薯粉痂病菌在感病种薯、土壤中病残体上越冬，病菌在土壤中能存活5~6年。

带病种薯上的病原菌是翌年最主要的初次侵染源,其次是带菌土壤中的病原菌,此外,用病薯喂猪后,猪排泄出的粪便中亦有大量病原菌,粪便施入大田,亦是粉痂病的初次侵染源之一。远距离系通过种薯无序调运而传播。

马铃薯现蕾前后,在适宜的条件下,病菌休眠孢子囊球产生变形体,从马铃薯匍匐茎、细根的皮孔、伤口侵入寄主细胞内,产生大量多核的原生质体,再形成次生游动孢子,进一步扩散进行再次侵染,侵入马铃薯根和茎。

### 1.4.5 发生与环境条件的关系

#### 1.4.5.1 与温湿度、降雨量的关系

湖北利川,5 月中旬平均温度 12℃,粉痂病开始发生,6 月上旬平均温度 17.5℃,病害迅速蔓延,进入发病高峰期,6 月中旬平均温度 18.2℃,病害不再扩展,其后温度进一步升高后,病害停止发展。土温低、湿度高、呈酸性是粉痂病发生为害最有利的环境条件,最适发病土温为 12~28℃,在海拔 1 400m 左右的马铃薯种植区,5 月上、中旬平均土温达 12℃以上时,开始发病,6 月上旬平均土温上升到 17℃时,进入发病高峰期,6 月下旬,土温达 20℃以上时,病害停止发展,新长出的块茎很少感病。

粉痂病发病期间如遇多雨而凉爽的气候条件,有利于病害的流行。湖北利川薯区,1975 年 5 月上旬至 6 月上旬雨日天数 27 天,旬平均气温 12.4~17.0℃,粉痂病发生重,病薯率高达 90%,而 1974 年同期雨日天数较 1975 年少 2 天,旬平均气温低 1.3~1.4℃,病薯率较 1975 年低 33.3%。

#### 1.4.5.2 与土壤含水量和 pH 值的关系

土壤含水量 75%左右,最有利于病菌侵染、为害和蔓延,土壤干燥对病菌有明显的抑制作用,不利于病害的发生;粉痂病菌喜在酸性土壤中生活,pH 值 4.7~5.9 范围内,有利于病菌繁殖、存活和侵染,发病重,pH 值在 6 以上,发病轻。湖北利川薯区,pH 值 6 时,病薯率 80.4%,随着 pH 值增加,病害逐渐减轻,pH 值 6.5 时的病薯率 30.9%,pH 值 8.5 时的病薯率 19.2%,在强碱性土壤(pH 值 10)条件下,粉痂病菌不能存活。

#### 1.4.5.3 与海拔高度的关系

随海拔高度升高,雾大、露重、温度适宜、湿度大,有利于粉痂病发生和为害。湖北利川 700m 海拔的低山区,粉痂病平均病薯率 9.4%;海拔 1 100m 的高山区,平均病薯率为 15%;海拔 1 300~1 600m 的高山区,平均病薯率高达 56.7%。湖北长阳薯区,海拔 450m,薯块发病率 5.4%,病情指数 1.1;海拔 800m,薯块发病率 10.3%,病情指数 7.3;海拔 1 600m,病薯率 27.1%,病情指数 7.5;海拔 1 800m,病薯率高达 40.5%,病情指数高达 16.9。

#### 1.4.5.4 与薯田地势的关系

粉痂病的发生和为害与薯田地势有一定关系。一般情况下,平地发病重,薯块发病率 36%,病情指数 12.1。坡地种植马铃薯,薯块发病率只有 25.7%,病情指数低于 9.7,其原因是雨后坡地排水快,田间湿度低,从而不利于粉痂病菌的侵染。

#### 1.4.5.5　与连作的关系

粉痂病是一种土传病害，马铃薯长期连作，由于病菌能在土壤中存活 6 年左右，连作时间越长，土壤中病菌基数越大，粉痂病的发生越重。

#### 1.4.5.6　与品种的关系

马铃薯品种不同，对粉痂病的抗病性或感病性相差悬殊。大面积种植感病品种发病重，如马 S88、Kennebec、Shepody、F5 – 6 等品种，发病率均为 100%，病情指数分别为 80.0、60.33、57.83 和 89.50。种植抗病品种，则发病轻，如会 – 2 发病率 50.0%，病情指数 15.0；Russet Burbank 发病率为 20.0%，病情指数为 3.33。

马铃薯不同品种抗病性强弱与薯块形态结构以及薯块多元酚氧化酶的活性有关。抗病品种薯块皮孔少，周皮细胞厚，从而减少和阻止病菌由皮孔或直接从表皮侵入的机会，而感病品种薯块皮孔多，周皮细胞薄，从而有利于病菌的侵入。抗病品种薯块内多元酚氧化酶活性强，色泽为深褐色，含醌类物质多，能杀死侵入薯块内的粉痂病菌，感病品种特别是高感品种，薯块内多元酚氧化酶的活性低，色泽淡，醌类物质含量少，杀菌力弱。

### 1.4.6　防治方法

#### 1.4.6.1　严格实施检疫制度

严禁从疫区调运马铃薯种薯，防止病害扩大蔓延。

#### 1.4.6.2　农业防治

（1）建立无病留种基地。选择未种过马铃薯的田块作留种田，并对薯块进行严格挑选，淘汰病薯，选用健壮的薯块繁殖种薯，必要时对种薯进行消毒处理。高山地区种植夏播马铃薯作种薯，能有效降低粉痂病的为害。湖北恩施薯区，春播马铃薯作种薯的病薯率高达 32.5%，而夏播马铃薯作种薯的病薯率只有 7.3%。

（2）选用无病种薯。选用无病薯作种薯应认真做到把好收获、贮藏、播种关，即选择晴天收获马铃薯，挑选无病健壮薯块贮藏；贮藏过程中勤检查，发现病薯及时剔除销毁；翌年播种前精选健壮薯块，并进行消毒处理后播种。

（3）避免连作、实行轮作。粉痂病菌能在土壤中营腐生生活，可存活 6 年左右。因此，连作是加重病害发生的重要原因之一，为了有效控制病害的发生和为害，有条件的薯区，应实行轮作换茬，提倡马铃薯与非茄科农作物如玉米、豆类、小麦、芝麻、花生等轮作，轮作年限不少于 5 年，方能从根本上消灭土壤中的病原菌。有条件的地方，实行水旱轮作，效果最好，轮作年限 1～2 年。

（4）推广抗（耐）病品种。因地制宜选用适合当地栽种的高产、稳产、品质优良的抗（耐）病品种，特别是要淘汰高感品种。目前较抗病且抗性稳定、产量高的品种有会 – 2、Russet Burbak 等，上述品种在云南、河南均表现抗粉痂病。米拉（Mira）虽能抗病，但抗性不稳定。

（5）加强田间管理。①马铃薯收获后及时清除田间病残体，带出田外深埋或烧毁；②雨后及时清沟排水，降低田间湿度，创造不利于粉痂病菌侵染的环境条件，同时还可降低病菌随流水传播到其他薯块上；③提倡配方施肥，避免偏施氮素化肥，增施磷、钾肥，促进马铃薯健壮生长，提高抗（耐）病性；④播种时穴施豆饼 80kg/667$m^2$，每穴施

17g，或生石灰，施用量为 50～100kg/667m²，每穴施 16g，可减轻粉痂病的为害，特别是施用豆饼防效尤为明显，发病率只有 34.2%，病情指数 7.76。

### 1.4.6.3 化学防治

药剂防治马铃薯粉痂病包括药剂浸种、药土沟施以及药剂灌根。药剂浸种防治效果好的药剂有 50% 氟啶胺悬浮剂 100～150 倍液浸种 30min，晾干后播种，亦可用 1：200 福尔马林浸种 5～10min，然后闷种 2h，晾干后播种；药剂浸种 + 药剂拌干细土沟施防效好的药剂为 50% 氟啶胺悬浮剂 100～150 倍液浸种 30min，播种时再用 50% 氟啶胺悬浮剂 5.25L/hm² 拌干细土施于播种沟内，然后播种马铃薯；粉痂病特别严重的地区或田块，除上述处理外，还应在马铃薯块茎开始膨大时，用 50% 氟啶胺悬浮剂 4.5L/hm² 对水灌根，可明显降低粉痂病对马铃薯的为害。

## 1.5 马铃薯黑痣病

### 1.5.1 分布与为害

马铃薯黑痣病又称丝菌核病、茎基腐病、立枯丝核菌病、丝核菌溃疡病、黑色粗皮病、黑痂病等。1858 年美国密苏里州发现黑痣病为害马铃薯，其后很多国家分别报道黑痣病对马铃薯的为害，该病广泛分布于全球马铃薯主产区。我国于 1922 年和 1923 年分别在台湾和广东发现马铃薯受到黑痣病的侵害，其后蔓延扩散到全国部分马铃薯产区，东北、华北、西北、华东、华南分布普遍，为害较重，其中黑龙江、吉林、辽宁、内蒙古、甘肃、陕西等地发病尤为严重。黑痣病侵染马铃薯幼芽不能出苗，枯死于土中，造成缺苗断垄，严重时甚至翻耕重播；侵染茎秆后因养分、水分运输受阻，叶片枯萎，植株倒伏枯死；侵染薯块降低商品价值，给薯农造成重大经济损失。20 世纪 80 年代黑痣病在甘肃部分薯区暴发成灾，尤以海拔 2 000m 以上的冷凉山区发病最重，田间发病率 10%～15%，重病区薯块平均感病率 28.4%～43.65%，病情指数高达 22.25～42.6。植株发病后，不仅结薯少，而且品质变劣，重病区减产 51.1%；黑龙江、吉林、辽宁等地马铃薯因黑痣病为害，发病株率一般为 5%～10%，严重的田块病株率高达 70%～80%；陕西榆林薯区，因黑痣病为害，减产 15% 左右，少数田块甚至绝产；内蒙古围场薯区、乌兰察布薯区黑痣病为害率一般为 4%～6%，严重的高达 90% 左右。

### 1.5.2 症状

马铃薯黑痣病主要为害幼芽、茎基部和薯块，也能侵染匍匐茎。幼芽感病早现黑褐色斑点，导致生长点坏死，影响幼苗生长发育，有时从基部节上长出芽条，种芽常在出土前腐烂死亡，感病轻的出苗较晚，幼苗生长衰弱。苗期主要侵染地下茎，其上产生指印形状或环剥的褐色病斑。病苗生长发育受阻，植株矮小，顶部丛生，病重的植株顶端萎蔫，顶部叶片向上卷曲，并褪绿；茎秆感病，首先在近地表处茎基部产生红褐色长形病斑，病斑扩展后，整个茎基部变黑腐烂，其上产生灰白色菌丝层或有油菜籽大小的菌核；匍匐茎感病，其上产生淡褐色病斑，匍匐茎顶端不再膨大，不能形成薯块，感病轻的能形成薯块，但薯块很小，有时导致匍匐茎生长杂乱，影响结薯或产生畸形薯。薯块感病后表面有大小不一、形状各异、坚硬的菌核即病菌的休眠体。菌核初期为白色，后逐渐变为黑褐色，大小为 0.5 ~ 5mm，薯块表皮呈痂状，部分病薯表皮龟裂，有锈斑，一端坏死。

### 1.5.3　病菌物形态和生物学特征

病原物属于半知菌类、革菌科、丝核菌属。无性世代为 *Rhizoctonia solani* Kuehn，是一种不产生无性孢子，以菌丝或菌核形态存在于自然界的一种土壤习居菌。有性世代为 *Tanatephorus cucameris*（Frank）Donk。菌丝初为白色，其后逐渐变为淡褐色至深褐色，粗细较均匀，直径为 4.98 ~ 8.71μm；分隔距离较长，主分枝隔距为 92.13 ~ 236.55μm，分枝呈直角或近直角，分枝处大多缢缩，并在附近有一隔膜；新分枝菌丝渐变为淡褐色变粗变短，纠结在一起形成菌核。菌核初为白色，后渐变为淡褐色至深褐色，大小为 0.5 ~ 5mm，多数为 0.5 ~ 2.0mm。田间相对湿度较高的条件下，有性世代产生担子和担孢子，担子短圆形，大小为（12 ~ 18）μm ×（8 ~ 11）μm，顶生有 2 ~ 4 个小柄，其上着生担孢子，后期变为触角状，大小为（5.5 ~ 12）μm ×（1.5 ~ 3.5）μm；担孢子椭圆形或长椭圆形，透明，大小为（7 ~ 12.5）μm ×（4 ~ 6）μm，担孢子不能侵染马铃薯，进入土壤中形成腐生菌丝。

菌丝生长最适温度为 23℃ 左右，最低温度 4℃，最高温度 32 ~ 33℃，温度超过34℃，菌丝不能生长；菌核形成最适温度为 23 ~ 28℃，所需时间 3 ~ 4 天，温度 4℃ 时形成菌核需 30 天左右；病菌对酸碱度要求不严格，pH 值 2 ~ 11 范围内菌丝均能生长，pH 值 6 ~ 7 时菌丝生长发育最好。病菌以可溶性淀粉为碳源时生长最好，菌落直径达6.0cm，显著大于其他碳源的菌落直径；以 L - 阿拉伯糖、D - 甘露醇为碳源不能形成菌核；以尿素、硝酸钾、硝酸铵为氮源菌丝生长良好；以碳酸铵为氮源菌丝生长差，菌落直径仅 1.3cm；农家肥浸出液有利于菌丝生长，但因 C/N 较低，不利于菌核的形成。

立枯丝核菌在田间表现出多种形态特征和生态习性，国际上运用菌丝融合技术将立枯丝核菌分成不同的融合群（Anastomosis group），目前全球立枯丝核菌融合群有 12 个（AG1 ~ AG12），融合亚群至少有 18 个，其中 AG3、AG9、AG4、AG1 - 1B 融合群为马铃薯黑痣病的致病病原菌，其他类群为其他农作物和植物的致病病原菌。在墨西哥 AG3和 AG 发生率分别为 73.5% 和 26.5%，AG3 只在马铃薯花期被发现，而 AG 存在于马铃薯生长的各个时期，AG9 则为马铃薯一种弱致病菌。我国内蒙古和陕西榆林薯区，立枯丝核菌有 3 个菌丝融合群，即 AG3、AG - 1 - 1B 和非融合类，AG3 和 AG - 1 - 1B分别占测试菌株的 83.36% 和 2.27%，非融合类占 11.3%，上述薯区黑痣病的优势菌群为 AG - 3 融合群。

立枯丝核菌主要通过马铃薯植株伤口侵入马铃薯。该菌寄主范围十分广泛，可侵染43 科 263 种植物，除为害马铃薯外，还能侵染水稻、玉米、甘蔗、大豆、辣椒、花菜、白菜、小麦、萝卜、芹菜、茄子、油菜、番茄、甜菜、瓜类以及狗尾草、鹅观草等野生植物，但立枯丝核菌融合群 AG - 3 等寄主范围窄，仅能侵染马铃薯。

### 1.5.4　病害循环

马铃薯黑痣病菌以菌核在感病薯块或土壤中越冬，亦可以菌丝体在土壤中的病残体上越冬。病菌在土壤中能存活 2～3 年。翌年春季马铃薯播种后，菌核萌发，产生菌丝以及在土壤中越冬的菌丝从伤口侵入幼芽、幼茎，使幼芽、幼茎感病，随着马铃薯生长发育，病菌进一步侵染根、地下茎、匍匐茎和块茎。带菌种薯是翌年黑痣病最主要的初次侵染源，也是远距离传播的最重要的途径。

### 1.5.5 发生与环境条件的关系

#### 1.5.5.1 与气候条件的关系

较低的土壤温度（18～20℃）以及较高的土壤湿度有利于丝核菌的侵染，同时土温低、湿度大，马铃薯幼苗生长缓慢，推迟了幼苗出土时间，增加了病菌对幼苗的侵染机会，所以发病重，其后随着温度的升高，病害发展受到抑制。结薯后土壤湿度大，特别是雨后排水不良的田块，有利于病菌对薯块的侵染，发病重。

#### 1.5.5.2 与连作的关系

立枯丝核菌在土壤中能存活 2～3 年，马铃薯长期连作，土壤中积累了大量菌源，增加了对马铃薯侵染机会，发病重。

#### 1.5.5.3 与品种的关系

栽培感病品种如夏波蒂、紫花白、大西洋、陇薯 3 号，发病重，抗病品种则发病轻。此外，黑痣病的发生还与品种混杂程度有一定关系，凡品种混杂，长期种植单一品种，抗病力减退，发病重，如甘肃部分薯区马铃薯品种极为混杂，种薯带菌率高达 16%～83%，而新品种如渭薯以及种性纯的品种，种薯带菌率只有 15%。

#### 1.5.5.4 与其他条件的关系

一般而言，早播发病重，适时晚播发病轻；山区发病重，平川发病轻；雨后田间积水、排水不良，发病重；黏土发病重，沙土发病轻；播种前种薯未晒种催芽，未经药剂处理的发病重。

### 1.5.6 防治方法

#### 1.5.6.1 农业防治

（1）建立无病留种田，选用无病种薯。选择未种过马铃薯或黑痣病菌其他寄主植物的田块作留种田，并对留种田的种薯进行严格挑选，淘汰病薯，选用健壮薯块繁殖种薯，并对种薯进行药剂消毒杀菌处理。

（2）轮作换茬。实行与黑痣病菌非寄主植物轮作 3～4 年，有条件的地方实行水旱轮作效果最好，轮作年限 1～2 年即可。

（3）种植抗病品种。当前生产上较抗黑痣病的品种有同薯 23 号、冀张薯 3 号、冀张薯 8 号、费乌瑞它、布尔班克、荷兰薯等，各地可因地制宜推广种植。

（4）适当晚播、浅播。播种过早，温度低、出苗迟；播种过深，推迟出苗时间，增加黑痣病菌侵染机会，有利于发病。土壤温度 7～8℃播种，有利于马铃薯快出苗、早出苗、出苗整齐，减少病菌对幼芽的侵染和为害。

（5）加强田间管理。①马铃薯收获后，及时清洁田园，将病薯及其他病残体带出田外，深埋或烧毁，减少田间越冬菌源；②马铃薯生长期间，经常进行检查，发现病株立即拔除，集中处理，并在病穴处撒施生石灰等进行消毒，杀灭病菌；③适当提早收获，不但可以减少病菌对薯块的侵染，而且还可以有效减少第二年黑痣病的发生和为害，病情指数明显降低。

### 1.5.6.2 化学防治

（1）药剂浸种。常用的药剂有50%多菌灵可湿性粉剂400倍液，或2.5%咯菌腈悬浮剂200倍液，或20%甲基立枯磷乳油1 000倍液，或40%菌核净可湿性粉剂800倍液，或50%敌磺钠可溶性粉剂1 000倍液。上述药剂任选一种浸种薯10～20min，晾干后播种。

（2）药剂拌种。常用的药剂有25%嘧菌酯悬浮剂200ml拌种100kg种薯，或23%噻呋酰胺悬浮剂20ml拌种100kg种薯，或75%百菌清可湿性粉剂15g拌种100kg种薯，或22.2%抑霉唑乳油4.5ml拌种100kg种薯。上述药剂任选一种用适量水稀释后进行种薯处理。

（3）处理土壤。马铃薯播种前将下列药剂沟施于土壤中，然后播种，主要药剂有22.2%抑霉唑乳油450ml/hm$^2$，或75%百菌清可湿性粉剂630g/hm$^2$，或23%噻呋酰胺悬浮剂675ml/hm$^2$，或25%嘧菌酯悬浮剂600ml/hm$^2$。上述药剂任选一种拌细土沟施。

（4）生长期喷雾防治。常用药剂有20%甲基立枯磷乳油1 200倍液，或25%嘧菌酯悬浮剂1 000倍液，或36%甲基硫菌灵悬浮剂600倍液。上述药剂任选一种在黑痣病发病初期进行喷雾防治，每隔7天防治1次，共用药2～3次。

## 1.6 马铃薯干腐病

### 1.6.1 分布与为害

马铃薯干腐病广泛分布于全球马铃薯主要生产国，是最重的贮藏期病害之一，往往造成大量烂窖，影响薯块的品质，商品率明显下降。感病种薯翌年播种后常常引起烂薯、烂芽和死苗，导致缺苗断垄，严重的需重新播种。加拿大等国因干腐病为害而导致产量损失6%～25%，贮藏期薯块发病率最高达60%；美国干腐病为害每年造成的经济损失2.5亿美元。我国干腐病对马铃薯的为害北方薯区重于南方薯区，内蒙古因干腐病为害，贮藏期薯块损失率一般为20%～30%，该自治区包头薯区贮藏期薯块发病率平均9.0%，高的达17.8%～30.0%，感病种薯翌年播种烂薯率60%左右；甘肃定西薯区，贮藏期因干腐病等病害的为害，薯块平均发病率20.6%，高的达30%。2003年对40户薯农进行调查，贮藏期平均发病率27.5%，其中88.5%为干腐病菌侵染所致，该省民乐县贮藏期病薯率15%～35%，重灾年损失率在50%以上；新疆干腐病是马铃薯贮藏期首要病害，窖内湿度大时导致软腐病等细菌性病菌从干腐病病斑处进行二次侵染，引起薯块大量腐烂，感病轻的薯块翌年播种后，有50%左右的薯块不能发芽或在幼苗期感病死亡，有的植株虽能继续生长发育，但长势差，发育不良、结薯少、产量低。

### 1.6.2 症状

马铃薯干腐病菌主要侵染薯块，在马铃薯刚收获时其症状不显现，一般在贮藏30天左右才逐渐显现病症，其症状因病原菌及环境条件不同而有一定差异，典型症状为：感病薯块表皮颜色变暗变黑，在薯块上出现较小褐色病斑，其后逐渐扩大，凹陷呈环状皱缩。环境适宜时，病斑上出现同心轮纹，其上长满灰白色绒状颗粒，即病菌子实体。后期病薯内部变褐色，呈空心、空腔状，内长满菌丝，薯肉变为灰褐色或深褐色，最终整个薯块僵缩或干腐。条件适宜时，薯块表面长出粉红色、白色霉层，此即病菌的菌丝、分生孢子梗和分生孢子，或蓝色、绿色的分生孢子座或黏孢团即病菌的分生孢子堆。

### 1.6.3 病原物形态和生物学特征

由隶属于半知菌类、束梗孢目、镰刀菌属的多种病菌引起的一种真菌病害。目前全球报道的干腐病菌有17个种和5个变种，我国报道的有15个种和4个变种。名录如下：

茄病镰刀菌 *Fusarium solani*

茄病镰刀菌蓝色变种 *F. solani* var. *coeruleum*

串珠镰刀菌 *F. moniliforme*

串珠镰刀菌中间变种 *F. moniliforme* var. *intermedium*

串珠镰刀菌浙江变种 *F. moniliforme* var. *zhejiangense*

接骨木镰刀菌 *F. sambucinum*（有性阶段），*F. sulphureum*（无性阶段）

拟枝孢镰刀菌 *F. sporotriioides*

拟丝孢镰刀菌 *F. trichothecioides*

尖孢镰刀菌 *F. oxysporum*

尖孢镰刀菌芳香变种 *F. oxysporum* var. *redolens*

木贼镰刀菌 *F. eguiseti*

三线镰刀菌 *F. tricinctum*

锐顶镰刀菌 *F. acuminatum*（无性阶段），*Gibberella acuminatat*（有性阶段）

黄色镰刀菌 *F. culmorum*

半裸镰刀菌 *F. semiteatum*

燕麦镰刀菌 *F. avenaceum*

*F. compactum*

*F. proliferatum*

*F. scirpi*

尖孢镰刀菌形态特征及生物学特征。该菌在PSA培养基上菌落白色、稍隆起、较紧密、菌丝呈淡紫色、菌落背面呈米黄色；在水琼脂培养基上菌落半径为2.4cm，在PDA培养基上菌落正面呈淡白色、致密、毡絮，略隆起、菌落背面中部呈淡紫黑色，边缘呈米白色；菌丝无色、有隔、直径为$1.2 \sim 2.9 \mu m$。在PSA培养基产生小型分生孢子，呈短杆状或肾形、两端圆，少数稍弯曲，单孢大小平均为$9.88 \mu m \times 2.13 \mu m$，产孢梗呈单瓶梗，大小平均为$9.8 \mu m \times 1.76 \mu m$；不产生大型分生孢子；厚垣孢子近球形，单生或对生，直径为$5 \sim 8 \mu m$。孢子萌发对营养有一定要求，在清水中，25℃条件下，经24h不能萌发，麦芽汁中，24h萌发率100%。萌发适宜的温度范围为$16 \sim 34$℃，以28℃最为适宜。病菌在pH值$5 \sim 8$均能生长，以pH值6生长最好。

木贼镰孢菌形态特征。该菌在PSA培养基上菌落生长较稀疏，初期白色，后期肉色，稍隆起，菌落背面淡黄色，生长 4 天的菌落直径 6.6cm；在水琼脂培养基上 4 天的菌落直径 4cm，无色；在 PDA 培养基上菌落淡黄色至土黄色，稍隆起，絮绒状较密。菌丝直径 4.7~7.1μm，淡黄褐色，菌丝结成较深颜色的菌索，粗细不等；大型分生孢子具 2~4 个分隔，多数为 3 个隔；基孢有足跟，一端明显变小，呈弯月形、刀形或弯曲、大小平均为 16.8μm×4.4μm；不产生小型分生孢子；产孢梗呈单瓶梗、刀状或瓶状，常聚生呈扫帚状，大小平均为 15.1μm×1.8μm。

三线镰孢菌形态特征。在 PSA 培养基上菌落正面白色、隆起、致密，菌落背面淡褐色，生长 4 天菌落半径 2.3cm；在水琼脂培养基上菌落无色、生长 4 天菌落半径 2.2cm；在 PDA 培养基上菌落正面白色、底部淡紫色、隆起、致密，菌落背面暗红色。菌丝无色或淡紫色，直径 1.8~4.7μm；小型分生孢子柠檬形、梨形或瓜子形，大小平均 12.3μm×4.6μm；大型分生孢子有 2~3 个隔膜，半月牙形，平均大小 42.6μm×4.1μm；产孢梗单瓶梗；厚垣孢子串生或单生，大小为 6.1~9.8μm。

茄病镰刀菌形态特征及生物学特征。茄病镰刀菌在 PDA 培养基上，一般产生灰白色至乳白色、稀疏、羊毛状菌丝。培养基表面产生大量乳白色至蓝绿色分生孢子座。大多数菌株在培养基中不产生色素，少数菌株的菌落背面能见到墨绿色不规则或扇形斑，或轮纹上有墨绿色斑点；在 PSA 培养基上菌落白色至浅灰色、淡蓝色，稍隆起、较致密，菌落背面土黄色，且中间颜色深，生长 4 天后菌落半径 2cm；在 PDA 培养基上菌落正面白色、致密、细绒状，背面淡黄色；菌丝无色，小型分生孢子肾形或长椭圆形，单孢，大小平均 11.05μm×3.06μm；大型分生孢子马特形，具 3~5 个隔膜，基孢或有圆形足跟，顶孢稍尖，孢子稍弯曲，大小平均为 34.8μm×5.53μm；产孢梗呈单瓶梗、较长，平均长度 56.45μm。生长速度：在 PDA 培养基上 25℃培养 72h 的生长直径 2.0~3.1cm，30℃培养 72h 生长直径 2.4~3.6cm。茄病镰刀菌对马铃薯的致病力强。

接骨木镰刀菌形态特征及生物学特征。在 PDA 培养基上，大多数菌株的菌丝稀疏、颜色为淡橘红色。菌落中央产生大量橘红色分生孢子座，随菌落扩展，PDA 培养基的颜色逐渐变为淡橘红色；在 CLA 培养基上，产生大量橘红色分生孢子座。大型分生孢子通常有 3~5 个隔膜，顶细胞乳状突明显，足细胞不呈典型的足跟状。分生孢子座的产孢梗分枝或不分枝，单瓶梗。有时产生小型分生孢子，椭圆形、0~1 个隔膜。培养 6~7 周后产生厚垣孢子。厚垣孢子表面光滑，近无色，串生或聚生。生长速度：在 PDA 上 25℃培养 72h 的生长直径 2.5~3.5cm，30℃培养 72h 的生长直径 1.0~2.0cm。在 PSA 上培养 7 天（23℃、12h 光照/天）菌落形态：气生菌丝白色、薄、絮状，在培养基表面形成大量肉色粉状孢子堆，培养物呈肉色至淡橙红色，故又称为硫色镰刀菌。只产生大型分生孢子，分生孢子弯曲、纺锤形或披针形，具有明显的顶端和足细胞，成熟时具（1~3）~（5~6）个分隔。厚垣孢子极稀疏、间生、球形，或单生，呈短串状着生、或生于大型分生孢子的细胞中。生于菌丝中的厚垣孢子大小为 12.45~22.24μm，平均 17.60μm。

锐顶镰刀菌和黄色镰刀菌生物学特征。两种镰刀菌最适宜生长的培养基为 PDA，其次为 PSA，在葡萄糖蛋白胨培养基上生长最慢。菌丝在 3~35℃范围内均能生长，最适温度为 25℃，在 40℃温度下菌丝不能生长。在 pH 值 5.0~11.0 范围内菌丝均能生长，pH 值 6.0~7.0 时较适宜生长，最适宜锐顶镰刀菌菌丝生长的 pH 值为 7.0，最适宜黄色镰刀菌菌丝生长 pH 值为 6.0。pH 值在 4.0 及 12.0 时，两种病菌菌丝均不能生长。锐顶镰刀菌最适碳源为麦芽糖，其次为蔗糖、淀粉，果糖最不利于菌丝生长。最适氮源为尿素，其次为碳酸钠，麦芽糖最不利于菌丝生长。黄色镰刀菌最适宜的碳源为蔗糖，其次为淀粉，最不适宜的氮源为硝酸钾，其次为硝酸钠，硫酸铵最不利于菌丝生长。

### 1.6.4　病害循环

马铃薯干腐病菌以菌丝体、分生孢子、菌核或厚垣孢子在病薯以及土壤中越冬，抗逆性强，能在土壤中存活 5~6 年。初次侵染源来自感病种薯，受病菌污染的装卸和运输工具、贮藏器具，并随装卸病薯传播。播种受侵染的种薯和切块腐烂后污染土壤，导致土壤带菌。马铃薯收获时，病菌黏附在薯块表皮上，贮藏时通过伤口侵入薯块。病菌先在寄主薄壁细胞生长，分泌果胶酶、纤维素酶分解寄主细胞壁，进入细胞到达木质部、维管束，菌丝分枝并产生大量分生孢子，继续侵入周边的维管束，最后导致感病薯块失水变干、腐烂。在贮藏期间环境条件有利于病害发展时，病菌继续侵入健康薯块，导致病害的扩展蔓延。翌年马铃薯播种前切薯产生伤口，播种后附着在种薯上的病菌或存活土壤中的病菌从伤口侵入，引起田间发病。马铃薯块茎形成时，病菌分生孢子污染薯块，当收获薯块造成伤口，即从伤口侵入，开始新一轮的致病过程。

干腐病菌主要通过薯块创伤、地下害虫、线虫为害造成的伤口侵入，亦可从其他病害如晚疫病、黑胫病等病害的病斑上侵入。干腐病病菌除为害马铃薯外，还能侵染茄科、豆科、百合科、禾本科等科的农作物和野生植物。

### 1.6.5　发生与环境条件的关系

#### 1.6.5.1　与贮藏期间温湿度以及播种后降雨的关系

病原菌不同，引起薯块腐烂的适宜温度有明显差异。5℃条件下，尖孢镰刀菌、茄病镰刀菌、木贼镰刀菌致病力最弱，几乎不引起薯块腐烂，腐烂率分别只有 3.38%、2.24% 和 2.24%。接骨木镰刀菌致病力最强，薯块腐烂率 19.24%。锐顶镰刀菌致病力次之，薯块腐烂率 14.49%；25℃条件下，锐顶镰刀菌、尖孢镰刀菌、茄病镰刀菌致病力最强，薯块腐烂率分别为 60.04%、57.84% 和 40.31%。木贼镰刀菌和接骨木镰刀菌致病力较弱，薯块腐烂率分别只有 20.58% 和 29.24%。接骨木镰刀菌、锐顶镰刀菌、尖孢镰刀菌引起薯块腐烂的最适宜温度为 25℃，木贼镰刀菌和茄病镰刀菌引起薯块腐烂最适温度分别为 15~25℃ 和 25~35℃。

马铃薯播种时，温度低、降雨多，土壤含水量高，土温回升缓慢，马铃薯出苗慢，有利于病菌侵染，发病重。马铃薯贮藏期间，相对湿度高，温度在 15~20℃ 的条件下，有利于病菌侵染，病害发展迅速。低温不利于侵染，可延缓病害的扩展。贮藏温度在 25~30℃，伴以高湿，易导致薯块感病而腐烂。

#### 1.6.5.2　与品种的关系

马铃薯品种不同，对干腐病菌的抗病性有明显的差异，种植抗病品种发病轻，反之，则发病重。一般而言，早熟品种较晚熟品种易感病。甘肃张掖薯区，种植的马铃薯品种对接骨木镰刀菌和茄病镰刀菌均表现为感病或高感，导致干腐病年年发病重、损失大，主栽品种发病情况如表 1-1 所示。

表 1 - 1　不同马铃薯品种干腐病发病情况

| 品种 | 平均发病率（%） | 病情指数 |
| --- | --- | --- |
| 大西洋 | 55.5 | 36.1 |
| 陇薯 3 号 | 38.0 | 24.6 |
| 费乌瑞它 | 33.3 | 14.8 |
| 青薯 168 | 28.6 | 11.3 |
| 克新 1 号 | 27.2 | 9.1 |
| 青薯 9 号 | 23.1 | 7.4 |

#### 1.6.5.3　与土壤质地的关系

透气性好的壤土发病轻，平均病薯率 24.4%；黏性土壤发病重，平均发病率 41.5%。

#### 1.6.5.4　与播种迟早、栽培管理的关系

播种早发病重，适当迟播发病轻，其原因可能是早播土温低、出苗迟，增加了病菌侵染的机会。甘肃张掖薯区先起垄覆膜后播种的地块发病轻，平均发病率 40.0%，而先播种后起垄覆膜的地块，平均发病率 54.5%。先起垄覆膜后播种的，一般起垄覆膜 7～10 天后才播种，垄内温度较先播种后起垄覆膜的高 2～3℃，有利于马铃薯发芽出苗，同时播种后破膜，透气性强，减缓病害的发展。

#### 1.6.5.5　与其他因素的关系

马铃薯贮藏期间，经常翻窖、倒窖，易造成薯块大量伤口，有利于病菌侵染，发病重；播种前切薯后进行药剂处理的发病轻，平均发病率只有 16.7%；切好种薯后摊薄 2～3 层晾晒，待伤口愈合后再播种的发病轻，平均发病率为 32.2%，较之切后立刻播种的平均发病率低 26.7 个百分点。

### 1.6.6　防治方法

#### 1.6.6.1　农业防治

（1）选用抗病品种。马铃薯品种之间对干腐病的抗病性有很大差异。利用抗病品种防治干腐病是最经济、有效、安全的措施。菌株混合接种法鉴定结果表明，对接骨木镰刀菌表现出抗病的品种有 Lenope、Redpontic、青薯 7 号、白头翁（Anemone）、夏波蒂、Maygeen、冀张薯 7 号、中薯 3 号、陇薯 7 号、庄薯 3 号、青薯 168；中抗品种有底西瑞、LK99、晋薯 2 号、大西洋、青薯 2 号、青薯 1 号、中薯 9 号、甘农 2 号、青薯 8 号、Chipta、甘农 1 号、卡它丁、冀张薯 5 号、新大坪、黄麻子、青薯 3 号、Norchip。对茄病镰刀菌有抗性的品种有底西瑞、冀张薯 7 号、Norchip、甘农 1 号、夏波蒂、青薯 8 号、陇薯 7 号、中薯 3 号、甘农 2 号、中薯 9 号、LK99、大西洋、中薯 10 号；中抗品种有黄麻子、陇薯 6 号、Chipta、郑薯 6 号、青薯 7 号、Maygeen、Redpontic、新太坪、青薯 2 号、白头翁、卡它丁、青薯 3 号、Lenope、青薯 168。同一马铃薯品种对接骨木镰刀菌和茄病镰刀菌，同时表现抗病的品种有夏波蒂、冀张薯 7 号、陇薯 3 号、中薯 3 号等 4 个品种；Chipta、黄麻子、新太坪、青薯 2 号、青薯 3 号、卡它丁等 6 个品种表现中抗。各地可

因地制宜，选用产量高、品质优又抗病的品种种植，减少镰刀菌干腐病为害造成的损失。

（2）轮作换茬。马铃薯与镰刀菌非寄主作物轮作换茬 3~4 年，可明显减轻对马铃薯的为害，有条件的薯区实行水旱轮作效果更为明显。

（3）种植地选择及适时播种。种植马铃薯宜选地势平坦、土层深厚、质地疏松、土壤肥沃、排水良好的半沙壤土种植，土壤黏性大的地块应先起垄后播种，促使马铃薯健壮生长，提高抗病能力；播种时间，春薯要适时早播，夏薯要适时晚播，避开高温多雨季节，减少病害的发生和为害。

（4）加强田间及收获期管理。①肥水管理。增施有机肥和酸性化肥，特别增施磷肥和钙肥，严禁施用碱性化肥。磷、钙肥可提高马铃薯薯块细胞壁钙含量，提高抗病能力。马铃薯生长后期和收获前科学管水，尤其在雨后要及时清沟排渍，降低田间湿度和土壤含水量，创造不利于病菌发生发展的环境条件，减少为害。②先起垄覆膜后播种，提高地温，促进马铃薯早发芽、早出苗，减少病菌侵染幼芽的机会。③及时培土和防治地下害虫。马铃薯后期培土和防治地下害虫，减少薯块伤口，可降低病菌侵染薯块的机会，降低发病率。④病害流行年份，收获前 10~12 天割秧，避免薯块与病株接触，降低薯块带菌率。⑤适时收获。大部分植株叶片和茎秆由绿变黄，薯块停止膨大，薯块表皮韧性大、皮层较厚时抢晴收获，可明显减少收获和贮运过程中因相互摩擦、碰撞、挤压造成的伤口，减少病菌侵染。⑥收获晾晒薯块数小时，贮运过程中轻拿、轻运，尽量减少薯块伤口。⑦入窖前剔除病薯、有伤口的薯块。

### 1.6.6.2　化学防治

药剂防治包括旧窖消毒杀菌、切刀消毒杀菌、入窖前薯块消毒杀菌以及播种前种薯消毒杀菌。

（1）旧窖消毒杀菌。用 40% 福尔马林 50 倍液，或 1% 高锰酸钾溶液喷雾贮窖四周及地面，亦可用百菌清烟雾剂 $15g/m^3$，或 $7g/m^3$ 高锰酸钾，或 40% 福尔马林 10ml 密闭熏蒸 48h 后，通风 2 天即可贮藏薯块。

（2）切刀消毒。可参考马铃薯早疫病的方法。

（3）入窖前薯块消毒杀菌。常用药剂有 75% 百菌清可湿性粉剂 500 倍液消毒薯块，或 80% 代森锰锌可湿性粉剂 500 倍液，或 58% 甲霜灵·代森锰锌可湿性粉剂 600 倍液消毒薯块，亦可用 32.5% 苯醚甲环唑·嘧菌酯 2.5g/L，或枯草芽孢杆菌 100g/L，或 10% 抑霉唑可溶性液剂 100~150ml/t 薯块，或 25% 抑霉唑硫酸盐可溶性粒剂 20g/t 薯块。上述药剂任选一种对水喷雾于待贮藏的薯块上，待药液稍干后入窖贮存，可明显降低干腐病菌对薯块的为害。

（4）播种前种薯消毒杀菌。常用的消毒杀菌剂有 58% 甲霜灵·代森锰锌可湿性粉剂 150g + 2.5% 咯菌腈悬浮剂 50ml + 100 万单位农用链霉素 8g 对水 2~3kg 稀释后喷雾于 250kg 种薯上，晾干后播种，并可兼治晚疫病等病害。

## 1.7　马铃薯枯萎病

### 1.7.1　分布与为害

马铃薯枯萎病又称马铃薯镰刀菌萎蔫病，广泛分布于全球马铃薯产区，国内分布各马铃薯主要产区，内蒙古、甘肃、河北、山东、山西、宁夏、新疆、广东、贵州等省（区）为重发区。马铃薯枯萎病是马铃薯生长期一种重要病害，大发生时导致马铃薯大幅度减产，造成巨大经济损失。内蒙古马铃薯主产区2011年主栽品种克新1号的平均发病率16%～43%，夏波蒂的平均发病率25%～60%，严重地块发病率高达78%，两个品种平均减产10%～30%；2015年该区乌兰察布、包头、呼和浩特等马铃薯种植区，荷15号品种平均发病率32%～65%，严重的高达84%，平均减产15%～33%；贵州亦是枯萎病重灾区。2011—2013年马铃薯主栽品种威芋5号和宣薯2号，平均发病率均在25%以上，严重的高达84%，平均减产20%～40%。

## 1.7.2　症状

马铃薯枯萎病系由多种镰刀菌侵染所致的一种真菌病害，其症状既有共同点又有一定差异。典型的症状表现在感病植株根部和茎基部的表皮组织，维管束变色和茎基部腐烂、叶片失绿、黄化，茎叶呈古铜色、丛生，在叶腋处长出气生块茎，植株提早枯死。但因病菌种类不同以及环境条件的差异，症状亦有所不同。

茄病镰刀菌枯萎病。马铃薯感染茄病镰刀菌典型症状是根系腐烂，茎下部的髓和地下茎有木质化组织碎片、茎叶萎蔫黄化。空气相对湿度大时顶端丛生并有气生块茎。与其他几种枯萎病不同之处是维管束不变色。

燕麦镰刀菌枯萎病。马铃薯感染燕麦镰刀菌，其症状出现在马铃薯生长中、后期，有时整个植株显示病征，亦可植株的一边显示病征。在温度高湿度低的条件下，植株出现萎蔫症状。在有利于马铃薯生长发育的条件下，出现各种症状，如顶叶的基部失绿，植株基部小簇叶失绿、节间短，碳水化合物在植株地上部积累，呈红色、紫色的色素。叶腋下产生气生块茎。剖视茎部，维管束变色。马铃薯生长前期发病严重时，植株严重矮化，与黄矮病症状颇为相似。

尖孢镰刀菌枯萎病。马铃薯感染尖孢镰刀菌其典型症状是维管束萎蔫，症状往往在马铃薯生长中期才显示出来，植株下部叶片开始黄化，逐渐向上部发展，靠近地表茎的维管束褪色受到限制，褪色一般发生在维管束部位，茎端不腐烂。感病植株一般提早死亡。

## 1.7.3　病原物形态及生物学特征

由多种镰刀菌侵染所致的一种真菌病害。我国马铃薯枯萎病致病菌共计有7个种，名录如下：

尖孢镰刀菌　*Fusarium oxysporum*

茄病镰刀菌　*F. solani*

串珠镰刀菌　*F. moniliforme*

三线镰刀菌　*F. tricinctum*

接骨木镰刀菌　*F. sambucinum*

锐顶镰刀菌　*F. acuminatum*

燕麦镰刀菌　*F. avenaceum*

茄病镰刀菌、接骨木镰刀菌、尖孢镰刀菌、三线镰刀菌和锐顶镰刀菌的形态和生物学特性见马铃薯干腐病。

燕麦镰刀菌形态及生物学特性。病原菌在 PSA 培养基上菌落粉红色、桃红色，菌落隆起，繁茂、较厚、致密，菌落中部有橙黄色层，四周菌丝白色，菌落紫红色；分生孢子无色透明，大型分生孢子镰刀形，稍弯曲，两端渐细，有 2~5 个隔膜，以 3 个为主，大小为（12.5~30）μm×（2.5~5）μm；小型分生孢子长椭圆形、肾形、双孢，大小为（4.30~12.94）μm×（1.76~2.35）μm。

病菌对温度适应能力广，在 5~20℃ 范围内随温度升高，菌丝生长速率随之加快，20℃ 以上，随温度升高菌丝生长速率逐渐下降，0℃ 和 45℃ 下，菌丝不能生长；培养基不同，菌丝生长速率不同，在燕麦培养基上菌丝生长最差；碳源对菌丝生长有一定影响，以果糖为碳源菌丝生长最快，其次为木糖、麦芽糖、甘露糖、氯醛糖、蔗糖，可溶性淀粉对菌丝生长不利，菌丝生长速度最慢；氮源中亮氨酸对菌丝生长有明显的促进作用，氯醛糖、碳酸铵对菌丝生长有明显的抑制作用，菌丝生长最慢。

马铃薯枯萎病菌寄主范围较广，除为害马铃薯外，还能侵染番茄、瓜类、亚麻、棉花和香蕉等农作物。

马铃薯枯萎病一般发病始于开花前后，病菌菌丝从马铃薯根毛侵入根部，产生毒素和降解酶，降低根的活力，堵塞维管束，影响水和营养物质的运输，最后造成寄主植物萎蔫而死。

### 1.7.4 病害循环

马铃薯枯萎病为典型的土传病害，以菌丝体、厚垣孢子随寄主植物病残体在土壤中越冬或在感病薯块上贮藏窖中越冬。初次侵染源来自土壤中越冬的病菌和窖藏中染病种薯上的病菌。翌年马铃薯播种后，病菌从植株根毛侵入导致植株发病，再次侵染来自病菌分生孢子借雨水、灌溉水等传播。远距离传播途径主要来自带菌种薯的无序调运。

### 1.7.5 发病与环境条件的关系

#### 1.7.5.1 与温湿度关系

田间湿度大、土温高于 28℃ 以上，特别是马铃薯在干热的气候条件下生长，导致植株生长不良，抗病性降低，有利于尖孢镰刀菌、燕麦镰刀菌和茄病镰刀菌繁殖和侵染，发病重。

#### 1.7.5.2 与连作的关系

马铃薯枯萎病菌属典型的土壤传播的病害，马铃薯长年连作，土壤中积累大量病原菌，是导致病害暴发成灾的最根本原因。

#### 1.7.5.3 与栽培条件、田间管理的关系

（1）马铃薯种植地块土壤黏重、低畦地、雨后易积水，土壤含水量高，有利于枯萎病菌繁殖和侵染，发病重。

（2）马铃薯种植密度大、田间通风透光差，温度、湿度适中，有利于病菌侵染，发病重。

（3）大水漫灌、串灌，有利于病菌随水流传播，增加了再次侵染机会，发病重。

（4）田间管理粗放、缺肥、缺水，马铃薯生长不良，降低了抗病能力，发病重。

### 1.7.6 防治方法

#### 1.7.6.1 农业防治

（1）建立无病留种基地，繁育无病种薯。播种时用无病小种薯播种。

（2）实行轮作换茬，避免长年连作。重病区实行马铃薯与十字花科、禾本科农作物轮作 2~3 年。有条件的地方，最好实行水旱轮作，消灭土壤中的病原菌。

（3）加强栽培管理。①选择地势高燥、排水良好的地块种植马铃薯。②高垄地膜覆盖栽培。③合理密植。行距 85cm 左右，株距 23cm 左右，每公顷播种 55 150 株。④增施有机肥和磷钾肥作基肥，避免偏施氮肥，促使植株健壮生长，提高抗（耐）病能力。⑤雨后及时开沟排水，降低田间湿度，干旱季节避免大水漫灌、防止病菌随水流传播。⑥搞好中耕培土，防止薯块外露，增加病菌侵染机会。⑦发现病株及时拔除带出田外销毁，病穴用生石灰消毒杀菌。

（4）及时收获。马铃薯植株干枯 90% 以上时，选择晴天收获，收获时要尽量避免损伤薯块，收获后晾晒 2~3 天，促使薯块水分蒸发和表皮进一步老化增厚；入窖前剔除病薯、有伤口的薯块、腐烂的薯块。

#### 1.7.6.2 化学防治

化学防治包括药剂灌根、喷雾和种薯切口消毒杀菌。灌根常用的药剂有 72% 农用硫酸链霉素可湿性粉剂 4 000 倍液，或 25% 络氨铜水剂 500 倍液，或 77% 氢氧化铜可湿性微粒粉剂 2 000 倍液，或 50% 百菌清可湿性粉剂 400 倍液，或 47% 春雷·王铜可湿性粉剂 700 倍液，或 12.5% 增效多菌灵可溶性粉剂 300 倍液。上述药剂任选一种于发病初期灌根，每株灌药液 0.3~0.5kg，每隔 10 天灌 1 次，共用药 2~3 次。药剂喷雾常用药剂有 72% 甲霜灵可湿性粉剂 185.3g/667m²，或 72% 霜脲氰·代森锰锌可湿性粉剂 222.3g/667m²。上述药剂任选一种对水 30~45kg，于发病初期喷雾防治，共用药 2~3 次。

## 1.8 马铃薯黄萎病

### 1.8.1 分布与为害

马铃薯黄萎病又称早死病、早熟病。1879 年在德国首次发现黄萎病菌为害马铃薯，1916 年美国明尼苏达州发现该病零星为害马铃薯，至 1963—1965 年，美国已有 76% 的马铃薯地块不同程度发生黄萎病，每公顷减产 5~12t，目前黄萎病已成为一种世界性病害，给马铃薯生产造成重大经济损失。

我国于 1944 年在四川首先发现黄萎病为害马铃薯，该病已广泛分布于四川、河北、陕西、新疆、北京、黑龙江、甘肃、宁夏、贵州、内蒙古、山东等省（市、区），已成为影响马铃薯高产稳产的重要病害之一。2000 年黄萎病在贵州长顺县大发生，马铃薯一般减产 20%~30%，严重的地块减产高达 50% 以上；甘肃定西 2011 年黄萎病大发生，陇薯 3 号开花期感病，马铃薯植株较正常植株提前 2 个多月枯死，减产 50% 以上；新疆薯区黄萎病近年来有逐年加重的趋势，发病严重的地块 50% 以上的马铃薯植株提前枯死；

陕北马铃薯产区因黄萎病为害,一般年份减产 12% 左右,大发生年份减产高达 20% 以上;河北冀南薯区黄萎病为害减产 30% ~ 50%。

### 1.8.2　症状

黄萎病主要为害马铃薯茎叶,亦可侵染薯块,在马铃薯整个生育期均可染病。苗期感病症状不明显,开花后逐渐显现病症,开花结束后进入发病高峰期。马铃薯植株感病后,通常植株下部叶片先显现症状,后逐渐向上部叶片蔓延,部分情况下只有一条茎或茎一侧的小枝叶片萎蔫。发病初期,病叶由叶尖沿叶缘以及主脉间出现褪色黄斑,并从叶脉逐渐向内黄化,边缘变软、叶片下垂,但主脉及附近的叶肉仍保持绿色,呈西瓜皮状。其后随着病情的进一步发展,整个叶片由黄变褐干枯,全部复叶死亡,但叶片仍在茎秆上不脱落;根茎感病,初期无明显症状,发病后期除植株叶片有明显症状外,根茎处维管束组织变为褐色,随后地上茎维管束也变为褐色,随着病菌侵染的扩展,维管束系统逐渐褪色,导致皮层组织死亡,茎秆呈条纹状坏死,表皮下形成大量黑色微菌核,病茎变为蓝色和铅灰色。根系感病,从地面至薯块的皮层组织腐朽,易剥落,侧根局部变褐,须根坏死,病株易拔出。薯块感病始于蒂部,维管束变为淡褐色或褐色,但无水渍状症状,多数薯块端部的维管束很少变色。纵切病薯,可见"八"字形或半圆形的变色环。发病严重的薯块,薯块内的病部可扩展到髓部,造成洞穴,粉红色或棕褐色变色围绕芽眼发展,或者在被侵染的表面形成不规则的斑点。

马铃薯黄萎病除了上述典型症状外,不同病原菌侵染其症状不尽相同。黑白轮枝菌侵染马铃薯的植株与大丽轮枝菌侵染后症状有如下几点差异:植株出现分枝、变红或变黄,顶端成簇生长;导致植株死亡,特别是开花前后植株出现死株高峰;感病茎秆变黑;引起的失绿和坏死症状严重,叶片上坏死病斑呈环状、宽约几毫米,大丽轮枝菌侵染马铃薯后不会出现上述症状。

### 1.8.3　病原物形态及生物学特征

我国已知侵害马铃薯的轮枝菌有 6 种,其中 5 种轮枝菌隶属于半知菌类(无性态真菌)、丝孢纲、丝孢目、淡色菌科、轮枝菌属,1 种隶属于 Plectosphaerellaceae 科 *Gibellulopsis* 属。其名录如下:

黑白轮枝菌　*Verticillium albo-atrum* Reink et Berthold

大丽轮枝菌　*V. dahliae* Kleb

非苜蓿生轮枝菌　*V. nonalfalfae* Inderb.

云状轮枝菌　*V. nubilum* Pethybridge

三体轮枝菌　*V. tricorpus* Isaac

变黑轮枝菌　*Gibellulopsis nigrescens*(Pethybr.)Zare,异名为 *V. nigrescens*

上述 6 种马铃薯黄萎病病原真菌以黑白轮枝菌、大丽轮枝菌最为重要,是为害马铃薯最主要的病原真菌,其他 4 种轮枝菌为弱寄生菌或营腐生生活,对马铃薯的为害较小。

大丽轮枝菌形态及生物学特征。大丽轮枝菌在 PDA 培养基上菌落初为白色、絮状;经 7 天左右菌落上形成黑色、厚壁、休眠的拟菌核(微菌核),菌核直径 30.0 ~ 60.0μm,但不产生休眠有隔的暗色菌丝束;经 14 ~ 20 天整个菌落变为黑色;营养菌丝无色、纤细、有隔膜，分生孢子梗基部透明不变为暗色，一般由 2 ~ 4 层轮枝和一个顶枝组成，个别情况下可由 8 层轮枝组成，长 110 ~ 130μm，每层间隔 20 ~ 45μm，每轮 3 ~ 4 分枝，有时 3 ~ 5 个分枝，产孢细胞大小为（13.7 ~ 21.4）μm ×（2.3 ~ 2.7）μm，顶层产孢细胞下部膨大，而尖端细削，直径为 2 ~ 4μm，每小枝产孢细胞顶生 1 至数个分生孢子，分生孢子无色、单孢、球形或椭圆形或长卵圆形或卵形或梭形，大小为（2.3 ~ 5.5）μm ×（1.5 ~ 3.0）μm。

在 10 ~ 35℃ 条件下菌丝均能正常生长，适宜温度为 25 ~ 30℃，尤以 25℃ 时菌丝生长最快，在 10℃ 和 35℃ 温度下菌丝生长缓慢；pH 值 5.0 ~ 12.0 菌丝均能生长，适宜的 pH 值为 7.0 ~ 8.0，pH 值为 7.5 时最有利菌丝生长；病菌在葡萄糖、淀粉、乳糖、甘油、蔗糖 5 种碳源培养基上均能正常生长，但以含蔗糖培养基上菌丝生长最快，乳糖、淀粉次之，含甘油培养基上菌丝生长最慢；病菌在脲、磷酸氢二胺、硫酸铵、磷酸铵、硝酸钠 5 种氮源培养基上菌丝均能正常生长，但以含硝酸钠和硫酸氢二胺培养基上菌丝生长最快，其次为磷酸铵，含硫酸铵培养基上菌丝生长最慢；培养基不同，对菌丝生长也有较大的影响，病菌在改良的查氏 2 号培养基上菌丝生长最快，其次为 PDA 培养基，但查氏培养基和梅干煎汁培养基上菌丝生长亦较好，而在 Christen 培养基上菌丝生长最慢。

黑白轮枝菌形态和生物学特征。在 PDA 培养基上菌落为乳白色、致密、平铺，气生菌丝发达，边缘整齐，培养 14 ~ 20 天后菌落中部背面因产生暗色休眠菌丝而呈灰黑色。营养体为有隔菌丝，菌丝直径 2.0 ~ 4.0μm，透明或浅色，胞壁较薄；从感病马铃薯植株上分离的菌体在人工培养基上培养时，产生黑色菌丝束，即菌丝膨大，胞壁增厚，形成念珠状暗褐色休眠菌丝，有时休眠暗褐色菌丝集结而形成瘤状菌丝结，但不产生微菌核。病菌在寄主上产生的分生孢子梗分枝，有横隔膜，基部 1 ~ 3 个细胞细胞壁增厚，颜色较深但透明，略膨大；梗上通常有 2 ~ 3 层轮生的产孢细胞，少数有 7 ~ 8 层，每层间隔 30 ~ 40μm，每轮 1 ~ 5 个小分枝，多为 3 ~ 4 个，即产孢细胞。产孢细胞瓶状、直或微弯曲，基部有隔膜，基部较宽、向上顶端渐细。黑白轮枝菌分生孢子梗基部形成放射状、暗色菌丝体，此为其独有特征，但在人工培养基上经多次转接后上述特征易消失，且分生孢子梗略微变长、变窄。分生孢子在产孢细胞顶端不断产生，聚集形成易分散的孢子球，分生孢子单孢、无色、长卵圆形。

黑白轮枝菌在 10 ~ 35℃ 范围内均能生长，最适合生长的温度 20 ~ 25℃，在 20℃ 条件下，菌丝生长最快，在 10℃ 和 35℃ 下，菌丝生长缓慢；在 pH 值 5.0 ~ 11.0 时菌丝均可生长，较适合菌丝生长的 pH 值为 6.0 ~ 8.5，尤以 pH 值 8.0 时菌丝生长最快；菌丝均可利用葡萄糖、淀粉、乳糖、甘油和蔗糖作为碳源，但以含有甘油的培养基上菌丝生长最快，在含淀粉培养基上菌丝生长最慢，在含蔗糖、葡萄糖和乳糖培养基上，菌丝生长速度无明显差异。氮源中脲对菌丝生长影响最大，生长速度最慢，菌丝生长速度最快的是含磷酸铵的培养基，菌丝生长最慢的是含磷酸氢二铵的培养基。不同培养基对黑白轮枝菌菌丝生长也有一定的影响，在梅干煎汁培养基上，菌丝生长最快，其次为改良查氏 2 号培养基，查氏培养基、PDA 培养基，在 Christen 培养基上菌丝生长最差。

大丽轮枝菌和黑白轮枝菌除为害马铃薯外，其他寄主还有大豆、棉花、番茄、茄子、苜蓿、三叶草等农作物和牧草。大丽轮枝菌为优势种病原菌，对马铃薯等农作物的为害远远超过黑白轮枝菌。

大黑轮枝菌和黑白轮枝菌一般通过根毛或伤口等侵染寄主。

### 1.8.4 病害循环

病原菌均以休眠菌丝或拟菌核在土壤中的病残体及病薯上越冬。大丽轮枝菌在土壤中的拟菌核至少可以存活7年，但黑白轮枝菌厚壁菌丝体在寄主植物病残体腐烂后，菌丝不能在土壤中单独存活而死亡。休眠菌丝和拟菌核是翌年初次侵染源。病菌侵染寄主后菌丝在细胞内和细胞间向木质部扩展，进入导管并在其内大量繁殖，随液流迅速向上向下扩展至全株，导致植株萎蔫，组织中毒变褐；分生孢子在田间随雨水、灌溉水、农事活动而传播，进行再次侵染，也可通过寄主植物根的接触而传播，病薯调运是远距离传播的主要途径。

### 1.8.5 发生与环境条件的关系

#### 1.8.5.1 与温湿度、降雨量的关系

黄萎病的发生与温度、湿度、降雨有密切的关系。两种轮枝菌对温度的要求不尽相同，一般而言，土壤温度22～27℃有利于大丽轮枝菌的繁殖和侵染，而土壤温度16～22℃则有利于黑白轮枝菌的繁殖和侵染；马铃薯开花至薯块膨大期，久雨后遇高温天气或者久旱后遇暴雨天气，此种气候条件一则有利于病原菌侵染，同时异常天气也影响马铃薯正常生长发育，植株生长衰弱，抗病能力明显下降，从而导致病害的大流行。

#### 1.8.5.2 与马铃薯长年连作的关系

大丽轮枝菌具有顽强的生命力，在土壤中能存活6～7年，马铃薯长年连作，土壤中积累了大量病菌，为病害的发生和流行提供了菌源，长年连作地块发病重。

#### 1.8.5.3 与地势、土壤质地的关系

地势低洼、土质黏重、阴凉的地块发病重；土壤贫瘠、缺肥缺水，马铃薯生长不良，发病重。

#### 1.8.5.4 与田间管理的关系

田间管理粗放，马铃薯收获后，田间存留大量病残体，有利于病菌在田间的积累，发病重；旱季灌溉时大水漫灌、串灌，有利于病菌随水流传播，发病重；播种时未精选无病种薯，切刀未进行消毒杀菌，发病重。

#### 1.8.5.5 与品种的关系

马铃薯不同品种对黄萎病抗性存在明显不同，大量种植感病品种，发病重。国外对黄萎病菌具有一定抗性的品种有 Alpha、Calwhite、Russet Nugget、Chipeta、Gemchip 等，我国马铃薯品种对黄萎病的抗性研究较少，目前已知虎头较抗病，坝薯7号则高感黄萎病，该品种发病时间早、病情指数高、病株枯死快，产量损失大。

### 1.8.6 防治方法

#### 1.8.6.1 农业防治

（1）建立无病留种田、繁殖无病种薯。选取未被黄萎病等病菌污染的田块作繁育田，

选用无病薯块作种薯，最好选用 30~50g 小整种薯播种，需用切块播种，切刀必须进行严格消毒处理，确保种薯质量。

（2）选用抗（耐）病品种。较抗黄萎病的马铃薯品种有青薯 9 号、底西芮、克新 1 号、秦紫 1 号、大白花等，各地可因地制宜选用既高产稳产、品质较优且抗病的品种，淘汰感病品种。

（3）轮作换茬。实行马铃薯与禾本科作物轮作，特别是实行水旱轮作对控制黑白轮枝菌引起的黄萎病效果尤为明显，轮作年限 1 年即可；对控制大丽轮枝菌引起的黄萎病也有一定的效果，但轮作年限需 4~5 年以上。轮作换茬的作物应选择两种轮枝菌的非寄主植物，特别要避免与茄科作物轮作。

（4）改善栽培条件，加强田间管理。①起垄作畦种植马铃薯，有利于雨后及时排水，降低土壤湿度；②适时播种，避开春季低温和薯块成熟期的雨季，减轻病害发生；③科学施肥，增施磷钾肥、合理施用氮肥，每公顷施用氮素化肥 180kg 左右，可明显降低黄萎病的发病率，且增产效果显著，施用农家肥必须充分腐熟，以杀灭黄萎病菌；④避免大水漫灌、串灌，防止病菌随水流传播；⑤收获后及时清除残留田间的病残体，减少侵染源。

### 1.8.6.2　化学防治

马铃薯黄萎病的药剂防治包括种薯消毒杀菌、药剂灌根和茎叶喷雾处理。种薯药剂消毒杀菌的常用药剂有 50% 多菌灵可湿性粉剂 20g，或 72% 农用链霉素 50g，或 50% 多菌灵可湿性粉剂 100g + 72% 农用链霉素 15g，或 72% 霜脲氰·代森锰锌可湿性粉剂 100g + 72% 农用链霉素 15g，或 50% 甲霜灵·代森锰锌 100g + 72% 农用链霉素 15g。上述药剂任选一种与 1~2kg 滑石粉混合均匀后与 100kg 切好的马铃薯拌种，晾干后播种。

药剂灌根或喷雾常用药剂有 50% 敌磺钠可湿性粉剂 500~1 000 倍液，或 50% 瑞毒霉·琥珀酸铜可湿性粉剂 1 000 倍液，或 25% 咪鲜胺可湿性粉剂 800~1 000 倍液，或 3% 甲霜灵·噁霉灵可湿性粉剂 500 倍液，或 20% 丙硫唑可湿性粉剂 2 000 倍液。上述药剂任选一种，于黄萎病发病初期灌根或喷雾，隔 7~8 天喷雾或灌根一次，连续 2~3 次，均可获得较好的防治效果。

## 1.9　马铃薯炭疽病

### 1.9.1　分布与为害

马铃薯炭疽病是马铃薯生产上一种毁灭性病害。国外分布多达 50 多个国家，主要分布在美洲的加拿大、美国；欧洲的英国、法国、意大利、希腊、荷兰、奥地利等国；非洲的苏丹、乌干达、埃塞俄比亚和南非等国；亚洲的日本等国。国内分布于山东、河北、甘肃、新疆、吉林、贵州及浙江等省（区）。炭疽病菌侵染马铃薯叶片、茎、根、葡萄枝以及块茎，导致马铃薯产量下降，品种变劣、薯块商品率明显降低。国外感病马铃薯品种减产 22%~30%；我国炭疽病重发区的甘肃定西、陇南、武威等马铃薯主产区，2010—2012 年，平均发病率 12.6%，重病田病株率 30% 以上，感病品种黑美人、克新 1 号、新太坪发病率高达 50% 以上，马铃薯块茎贮藏期引起烂窖，损失尤为严重；河北唐山、秦皇岛薯区 2016—2017 年，一般病叶率 5%~15%，重的达 20%~30%，引起马铃薯产量和薯块商品率明显下降，造成重大经济损失。

### 1.9.2 症状

炭疽病菌主要为害马铃薯叶片、地下茎和薯块。叶片感病早期症状不明显，其后叶色由绿逐渐变淡，植株顶端叶片稍反卷，在叶片上形成圆形至不规则形坏死病斑，赤褐色至褐色，后期变为灰褐色，边缘明显。随着病情进一步发展，病斑相互融合形成不规则的坏死病斑，严重时全株枯死；叶柄、小叶感病，其上形成褐色至黑褐色病斑；马铃薯生长中期茎秆感病，在其上形成褐色条形病斑，条形病斑进一步扩大后，在病斑上形成分生孢子盘，发病严重时后期茎秆萎蔫枯死，在病死的茎秆表皮或皮层内形成大量黑色颗粒状物及小菌核；薯块感病在其上形成近圆形或不规则形褐色或灰色大斑，后逐渐变褐腐烂，腐烂处略下凹，病部和健部界限明显，其上有黑色小点，即病菌的分生孢子盘。

### 1.9.3 病原物形态及生物学特征

由隶属于半知菌类、腔孢纲、黑盘孢目、炭疽菌属的球炭疽菌 *Colletotrichum coccodes* (Wallr.) Hughes 侵染所致的一种真菌病害，异名为 *C. atramentarium* (Berk. et Br.) Taub.。球炭疽菌在 PDA 培养基上初生菌丝、老熟菌丝均为浅褐色，有隔膜，分生孢子盘黑褐色，长 88 ~ 120μm，平均 109.0μm，常寄生于寄主表皮下，分生孢子盘上产生褐色、有分隔、顶端渐尖的刚毛 6 ~ 7 根，刚毛长 40 ~ 90μm，平均 61.8μm；分生孢子梗无色、具分隔、紧密排列在分生孢子盘上，单个顶生分生孢子；分生孢子无色、单孢、长椭圆形或杆状，大小为 (16 ~ 19) μm × (3.6 ~ 4.8) μm。

马铃薯炭疽病菌对温度的适应能力强，在 5 ~ 40℃ 范围内均能生长，温度低于 15℃ 和高于 35℃，菌丝生长缓慢，25 ~ 35℃ 较适宜于菌丝生长，30℃ 为最适温度，此温度下在 PDA 培养基上培养 7 天，菌落直径平均 7.58cm，且产生大量分生孢子盘。炭疽病菌对碳源要求不严格，能利用多种碳源，但利用能力有一定差异，利用能力由高至低依次为蔗糖 > 葡萄糖 > 甘露醇 > D - 木糖 > 麦芽糖 > D - 半乳糖 > 乳糖 > D - 果糖 > 可溶性淀粉 > D - 阿拉伯糖 > 氯醛糖，阿拉伯糖和氯醛糖对菌丝生长有明显的抑制作用；病菌能利用多种氮源，但对不同氮源利用能力有明显差异，其中硝酸铵对病菌生长有显著促进的作用，而碳酸铵、L - 谷氨酸、尿素、大豆蛋白胨、L - 组氨酸、L - 精氨酸、亮氨酸、蛋白胨和甘氨酸对菌丝生长有一定的抑制作用。不同培养基对病菌生长影响不同，在 PDA 培养基上生长最快，其次为麦芽汁培养基，在水琼脂培养基上菌丝生长最慢。

温度、湿度、pH 值、光照以及浸提液对分生孢子的萌发有明显的影响。分生孢子在 5 ~ 40℃ 范围内均可萌发，25℃ 为最适萌发温度，温度低于 5℃ 和高于 40℃ 分生孢子不能萌发，在 5 ~ 25℃ 条件下，随温度升高，孢子萌发速率随之提高，温度超过 25℃，孢子萌发率随温度升高而呈下降趋势；分生孢子在水滴中萌发率最高，达 93.33%，相对湿度 99% 时萌发仅 18.8%，随相对湿度下降萌发率迅速下降；分生孢子在 pH 值 4.53 ~ 9.18 范围内，均可萌发，但以 pH 值 6.7 时萌发率最高，可达 90% 左右；分生孢子对光照条件不敏感，有无光照均能萌发；浸提液对分生孢子萌发有一定影响，薯块浸提液最有利分生孢子萌发，其次为叶片浸提液，分生孢子在根浸提液中萌发率最低。

马铃薯炭疽病菌主要通过寄主植物伤口侵入，也可直接侵入寄主。

马铃薯炭疽病菌寄主范围很广，可寄生茄科、葫芦科等 13 科 35 种农作物和野生植物上，尤以喜欢寄生马铃薯、番茄以及胡椒等农作物。

### 1.9.4　病害循环

马铃薯炭疽病菌主要以小菌核和菌丝体在薯块表面和薯块内以及土壤中的病残体上越冬，为翌年初次侵染源。小菌核在薯块表面和薯块内以及土壤中可存活 1 年半左右。马铃薯生长季节，特别是生长中期，病菌从土壤 3cm 深处侵染马铃薯基部皮层，温湿度适宜时，菌丝迅速扩展到维管束，进入叶片，导致马铃薯整个植株发病。病菌产生大量分生孢子，借雨水飞溅传播蔓延，进行再次侵染。马铃薯薯块膨大期病菌侵染薯块，导致薯块染病。

### 1.9.5　发生与环境条件的关系

#### 1.9.5.1　与温湿度、降雨量的关系

马铃薯炭疽病菌菌丝生长最适温度 28℃ 左右，分生孢子萌发最佳温度 22℃ 左右，分生孢子在水滴中萌发率最高，因此，在马铃薯生长中、后期，温度适宜，有利于菌丝生长，分生孢子萌发，此时暴风雨频繁，造成植株大量伤口，且雨后田间湿度大，马铃薯植株上有大量水滴，极有利于病菌的侵染和为害，发病重；山区、半山区早晚露水多、雾大，也为病菌侵染提供了良好的环境条件，这类地区炭疽病发生和为害往往重于平原地区。

#### 1.9.5.2　与长年连作的关系

马铃薯炭疽病菌具有顽强的生命力，Culle 等人应用 PCR 技术于 2012 年从英国 3 个地区 5 年、8 年、13 年未种植马铃薯的土壤中均检测到炭疽病菌。马铃薯长年连作或马铃薯与炭疽病菌其他寄主植物番茄、茄子、辣椒等农作物轮作，土壤中积累大量菌源是导致炭疽病大流行的重要原因。

#### 1.9.5.3　与品种抗病性的关系

马铃薯品种不同，炭疽病的发病率存在明显差异，甘肃定西 2009—2011 年调查，感病品种黑美人、克新 1 号、新太坪的发病率分别高达 66.7%、52.2% 和 50.0%，高抗品种青薯 9 号、庄薯 3 号田间未感病，大白花、陇薯 3 号、陇薯 9 号、陇薯 6 号、陇薯 8 号发病率分别只有 2.67%、3.86%、5.60%、7.35% 和 8.93%。

#### 1.9.5.4　与其他因素的关系

（1）沙质土、壤土发病轻，黏土发病重，其原因可能是沙质土、壤土雨后排水好，降低了田间湿度，而黏土保水性能好，田间湿度大，有利于病菌侵染和病害流行。

（2）露地栽培的马铃薯发病轻，薄膜覆盖的马铃薯发病重，前者发病率仅为 5.2%，后者发病率为 12.7%，其原因是薄膜覆盖，土壤温度高，含水量高，有利于病害发生和为害。

（3）田间管理粗放，基肥少，追肥不及时，马铃薯生长衰弱，降低了抗病能力，发病重。

（4）土壤贫瘠、马铃薯生长不良，发病重。

### 1.9.6 防治方法

#### 1.9.6.1 农业防治

（1）选用抗病品种。因地制宜选用产量高、品质优、抗病或耐病的马铃薯品种，目前较抗炭疽病菌的品种有大白花、陇薯 3 号、陇薯 6 号、陇薯 9 号、青薯 9 号、庄薯 3 号等。

（2）建立无病留种田，生产无病种薯。选择 5 年以上未种过马铃薯的田块作留种田，选用无病整薯播种，加强田间管理，确保生产无病种薯供大田应用。

（3）轮作换茬。选择非炭疽病菌寄主的农作物如禾本科作物与马铃薯轮作，轮作年限不少于 5 年以上，有条件的薯区最好实行水旱轮作，可明显减轻病害的发生和为害。避免与番茄、辣椒、茄子等茄科作物轮作。

（4）加强田间管理。①马铃薯收获后及时清除病残体，带去田外集中烧毁或深埋。②配方施肥。多施有机肥和腐熟的农家肥作基肥，增施磷钾肥，控制氮肥用量。一般按生产 1 000kg 马铃薯需 N 5.5kg、$P_2O_5$ 2.2kg 和 $K_2O$ 10.2kg，根据当地土壤养分含量实测值，参照上述比例进行配方施肥。钾肥以磷酸二氢钾、硫酸钾为主，不宜施用氯化钾，适当施用稀土微肥，增强植株抗病能力。③雨季做好开沟排水，防治田间积水，降低土壤含水量，并进行中耕培土。④马铃薯采用高垄单行或双行栽培模式，行距 80cm，做到旱能灌水、涝能及时排水。⑤避免大水漫灌，做到小水勤灌。⑥及时收获。薯块达到商品薯标准时及时收获，收贮时避免薯块损伤，造成破皮。

#### 1.9.6.2 药剂防治

药剂防治包括切刀消毒、种薯处理、土壤处理和大田药剂灌根和喷雾。

（1）切刀消毒。参考马铃薯早疫病防治方法进行。

（2）种薯处理。应用杀菌剂处理种薯，杀灭种薯上的病原菌，常用的药剂有 25% 溴菌腈可湿性粉剂 600 倍液，或 70% 甲基硫菌灵可湿性粉剂 600 倍液，或 70% 丙森锌可湿性粉剂 450 倍液 +70% 甲基硫菌灵可湿性粉剂 600 倍液 + 中生菌 1 000 倍液。上述药剂任选一种，播种前浸种 5~10min，晾干后播种，亦可用 250g/L 嘧菌酯悬浮剂 100ml 适量对水拌 150kg 种薯，经一天的晾干，使薯块切口木栓化后播种。

（3）药剂处理土壤。药剂处理土壤，杀灭土壤中的病原菌，主要药剂有 250g/L 嘧菌酯悬浮剂，方法是马铃薯播种开沟时用 250g/L 嘧菌酯悬浮剂 100ml 对水 45kg，均匀喷施在薯种周围的播种沟内，然后播种。

（4）药剂灌根杀菌。马铃薯生长期间，炭疽病发病初期，选用下列药剂进行灌根处理。250g/L 嘧菌酯悬浮剂，用量 135~225g/hm²，或 10% 苯醚甲环唑水分散粒剂 100~150g/hm²，或 23% 络氨铜水剂 800~1 000ml/hm。上述药剂任选一种对适量水灌根，每穴灌 0.3~0.5kg 稀释液，一般灌根一次即可。

（5）大田喷雾。马铃薯现蕾至开花初期，田间出现病株立即用药防治，常用的药剂有 60% 吡唑醚菌酯·代森联可湿性粉剂 1 500 倍液，或 25% 嘧菌酯悬浮剂 1 500 倍液，或 75% 百菌清可湿性粉剂 600~800 倍液，或 25% 溴菌腈可湿性粉剂 500~600 倍液，或

70% 甲基硫菌灵可湿性粉剂 1 000 倍液，或 40% 多硫悬浮剂 400 ~ 500 倍液，或 25% 咪鲜胺可湿性粉剂 1 200 倍液，或 10% 苯醚甲环唑水分散粒剂 1 500 倍液。上述药剂任选一种进行喷雾，每隔 7 ~ 8 天防治 1 次，共喷药 2 ~ 3 次。提倡不同药剂轮换使用，以延缓病菌产生抗药性。

## 1.10　马铃薯黑胫病

### 1.10.1　分布与为害

又称黑脚病，1879 年德国首次发现黑胫病为害马铃薯，其后欧洲、美洲、亚洲部分国家先后报道黑胫病为害马铃薯，此病已成为马铃薯的世界性病害。我国黑龙江于 1956 年从国外引进的马铃薯品种上发现黑胫病，其后随着种薯大规模无序调运，至 20 世纪 60 年代，黑胫病在全国多数马铃薯种植区均有发生和为害。田间由于病菌侵染芽和幼苗，经常造成缺苗断垄，严重的需要重新播种；马铃薯生长期间感病，由于植株茎基部和根系受害，影响水分、养分的正常输导，植株迅速枯萎死亡；块茎贮藏期若窖温偏高，湿度偏大，有利于病菌的侵染，往往造成大量薯块腐烂，甚至烂窖，导致巨大经济损失。我国东北、华北、西北黑胫病已成为影响马铃薯产业健康发展的一大生物灾害，常年发病株率在 3% ~ 5%，严重的高达 40% ~ 50%。青海湟中县地膜覆盖的马铃薯，黑胫病发病率一般为 2% ~ 5%，严重的达 25% ~ 40%，造成田间缺苗断垄和块茎腐烂；山西太原近年来黑胫病发生和为害有加重趋势，2014 年气候有利于此病发生，一般发病率 3% 左右，严重时发病率高达 30% 左右；黑龙江克山农场 2005—2006 年，马铃薯发病率 13% ~ 18%，该省北部薯区因黑胫病为害，马铃薯减产 20% ~ 40%；辽宁熊岳地区，2009 年引进新品种荷兰 7 号，平均病株率 8.5%，减产 20% 以上；近年来我国南方和西南薯区，黑胫病的发生和为害日趋严重，广东惠州、广州等地冬种马铃薯，2012 年黑胫病为害，发病率高达 20% 以上，广西因黑胫病为害，马铃薯减产 3% ~ 68%，黑胫病已成为影响南方冬作区马铃薯产业发展的一大制约因素。

### 1.10.2　症状

黑胫病最典型的症状是茎基部黑褐色，植株呈萎蔫状态，多数感病植株生长受阻，矮化，叶色淡绿或微黄，植株上部小叶片的边缘明显向内卷曲，叶片和叶柄坚挺向上。早期感病植株凋萎枯死，不能结薯，根系发育不良，极易从土中拔出。横切病株，可见三条维管束全部变为褐色。茎基发黑部分直达与母薯连接的部位，导致母薯软化腐烂。

由于马铃薯种薯感病程度不同，侵染植株时间不同，发病条件不同，田间症状不尽相同。若种薯严重感病，又有适宜病菌繁殖和侵染的环境条件，种薯播种后即腐烂成黏团状，不能发芽或刚发芽即烂死在土中，不能出苗，造成田间缺苗断垄；若种薯感病轻，播种后能正常出苗和生长发育，感病植株长至 16 ~ 20cm 高时开始出现症状，感病植株矮小，生长衰弱，叶色褪绿黄化，地下茎基部呈现黑色褐腐，皮层髓部均发黑，表皮组织破裂，根系发育受阻，并发生水渍状溃烂；若病害发展缓慢，病株维管束邻近的纤维组织增厚，导致皮层硬化，植株表现坚硬直立，病株最终枯萎死亡；马铃薯生长后期感病，植株不呈现任何症状，植株仍可结薯，所结薯块小。薯块感病一般从连接匍匐茎的脐部开始变褐，呈放射状向髓部扩展，病部黑褐色，横切薯块，可见维管束亦呈黑褐色，用手压挤皮肉不分离。湿度大时，病薯变为黑褐色，腐烂发臭；感病轻的薯块，脐部呈很小的黑斑，有时能看到薯块横切面维管束呈现黑色小点状或断线状；感病最轻的薯块，病薯内部无明显症状，这种病薯往往是翌年病害发生的初次侵染源。

### 1.10.3 病原物形态和生物学特征

由隶属于 γ–变形菌门、肠杆菌科、果胶杆菌属、黑腐果胶杆菌 *Pectobacterium atro-septicum* 引起的一种病害，异名为 *Erwinia carotovora* var. *atroseptica*（Van Hall）Dye。菌体短杆状，两端钝圆，菌体周围有多根鞭毛、能运动。革兰氏染色为阴性，不产生芽孢，孢囊是兼性厌气细菌。在普通洋菜培养基上，病菌发育中等，培养 48h 后产生菌落，菌落为灰白色半透明奶油状，平滑、圆形、中部稍高，带有湿润光亮，但培养基中部菌落白色透明，培养基变色后无臭味，不产生荧光色素，好气性、能使明胶液化，耐盐性好（5% NaCl），对红霉素不敏感。过氧化氢酶和蔗糖还原试验反应均为阳性，氧化酶、吲哚产生和磷酸酶活性试验均为阴性。可利用乳糖、麦芽糖、棉籽糖、蜜二糖、纤维二糖、柠檬酸盐和 α–甲基酮葡萄糖苷，不能利用山梨醇、d–阿拉伯糖和丙二酸盐。在 pH 值 6.2~8.2 范围发育良好。病菌适宜生长温度范围为 10~38℃，最适生长温度 23~27℃，最高温度 36~42℃，高于 45℃ 或低于 0℃，病菌失去活力。

马铃薯黑胫病菌主要通过伤口侵入寄主。该病菌的寄主植物包括茄科、葫芦科、豆科、藜科等 100 多种农作物和野生植物。

### 1.10.4 病害循环

感病种薯和田间未完全腐烂的病薯是马铃薯黑胫病的初次侵染源，土壤一般不带菌。病菌必须经过伤口才能侵染寄主，用刀切种薯是病害进一步蔓延的主要途径。感病种薯播种后，病菌沿维管束侵入薯块幼芽，随着马铃薯植株的生长发育，病菌侵染根、茎、匍匐茎和新结薯块，并从维管束向四周扩展，侵入附近薄壁组织的细胞间隙，分泌果胶酶溶解细胞壁的中胶层，使细胞离析，导致组织解体，呈腐烂状。田间病菌也可通过灌溉水、雨水、昆虫活动等传播，经伤口侵入寄主。

### 1.10.5 发生与环境条件的关系

#### 1.10.5.1 与气候的关系

黑胫病发生和为害与温度、土壤湿度、降雨量关系密切，黑胫病菌喜潮湿的土壤和相对冷凉的温度（低于 18℃），在此种环境条件下，发病重，反之，在温暖（23~25℃）和干燥的土壤条件下，不利于病菌存活和侵染，发病轻。青海马铃薯生长期间，低温高湿的气候条件有利于黑胫病发生，尤其是马铃薯出苗后（一般在 6 月）雨水多、田间湿度大，往往导致黑胫病暴发成灾；河北承德薯区，2015 年马铃薯生长期间降雨量多于 2014 年，田间湿度大，黑胫病大流行，发病率高达 70%，给薯农造成巨大经济损失。马铃薯贮藏期间，温度高、湿度大、通风条件差，有利于病菌繁殖和侵染，往往导致窖藏期间黑胫病大发生，造成烂窖。

#### 1.10.5.2　与地势、土壤质地的关系

一般而言，坡耕地发病轻，沟坝地、平川地发病重；土壤黏重、保水能力强，发病重。其原因可能是黏重土土温低，植株生长不良，不利于寄主植物组织木栓化的形成，降低了抗侵染能力，同时黏重土含水量高，有利于病菌繁殖和侵入。

#### 1.10.5.3　与种植密度和播种期的关系

单位面积播种量大、植株生长茂密、通风透光差、田间湿度大，有利于病菌侵入，发病重，反之，适度密植，可减轻病害的发生和为害。河北承德薯区，每公顷播种 5.25 万穴的比播种 6.0 万穴的发病率低 0.8% ~ 1.4%；适当晚播可明显降低黑胫病的发病率。山西高寒山区马铃薯播种期较正常播种期推迟 15 天左右，发病率降低 50% 以上。其原因是晚播延长了病薯发病的时间，有利于播种前进一步淘汰病薯，同时迟播地温较高，有利于早出苗、快出苗，减少病菌对薯芽侵染机会，发病轻。相反，播种早、地温低，马铃薯发芽慢，推迟了幼苗出土时间，增加了病菌侵染的机会，发病重。

#### 1.10.5.4　与种植感病品种、种薯带菌的关系

青海等地种植的马铃薯品种多数为感病品种，甚至是高感品种，种薯带菌多，同时播种前选种关、切薯关、播种消毒关把关不严，带菌播种是导致黑胫病在该省暴发流行的根本原因。

#### 1.10.5.5　与灌溉的关系

大水漫灌、串灌有利于病菌随水流传播，喷灌和滴灌黑胫病的发病率也不尽相同，滴灌发病率较喷灌低 2.3% ~ 2.5%。

### 1.10.6　防治方法

#### 1.10.6.1　加强检疫

黑胫病初次侵染源来自带菌种薯，因此严禁从疫区调入种薯是控制黑胫病扩大蔓延的根本措施。

#### 1.10.6.2　农业防治

(1) 健全种薯繁育体系。建立无病留种基地，生产合格无病种薯供生产上应用。

(2) 选用抗病品种。马铃薯不同品种对黑胫病的抗性差异悬殊，生产上应坚决淘汰感病品种，因地制宜种植产量高、品质优、抗病力强的品种。北方和西北薯区抗黑胫病的马铃薯品种有东农 303、克新 3 号、克新 13 号、青薯 2 号、青薯 168、陇薯 3 号和阿尔法等品种，河北抗病品种有荷兰 14 号、荷兰 15 号、夏波蒂等品种。

(3) 整薯播种。选用 50g 左右整薯播种较之切薯播种可减轻发病率 50% ~ 80%，提高出苗率 70% ~ 95%，增产 25% 左右。小整薯播种所用种薯要经过严格挑选，选择薯块脐部和表皮无任何病变、色变，薯形、皮色正常，芽眼均匀的薯块作种薯。整薯播种的关键是解决小种薯的来源问题，生产上常用的方法是改善栽培条件，采取密植深播和分层培土等方法，可有效提高小薯比例。

(4) 选用无病种薯。选用无病种薯要做到：①收获时仔细挑选无病薯块，淘汰病薯和有伤口的薯块。②晾干。将选好的种薯置于阴凉通风处 2 ~ 3 天，入窖前再一次对种薯

进行精选，淘汰病薯和有伤口的薯块。③翌年春天出窖后播种前晒种，晒种既具有催芽作用，提高抗病性，同时经过晒种，诱导病薯症状的显现，进一步将病薯剔除，选用健壮薯块作种薯。

（5）田间科学管理。①尽量选择地势高燥、排水良好的地块种植马铃薯。避免在低洼易涝、排水不良的田块种植马铃薯。②根据当地气候条件，尽量早播种、早出苗，幼苗生长期避开高温高湿天气。③薯田开深沟、筑高畦，雨后及时清沟排渍，降低田间湿度。④科学施肥。施足基肥，控制氮素化肥用量，防止马铃薯疯长，增施磷钾肥，增强植株抗（耐）病能力。⑤及时培土。薯块膨大期及时进行 1 ~ 2 次高培土，防止薯块外露。⑥及时拔除病株。加强田间调查，发现病株应及时拔除、集中销毁，并在病穴及其周围撒施生石灰，消毒杀菌。⑦马铃薯块茎成熟后，病株连同薯块提前收获，避免与健壮植株薯块同时收获，防止薯块之间病菌的传播。

### 1.10.6.3　化学防治

药剂防治黑胫病包括播种前的切刀消毒、种薯浸种、拌种和马铃薯生长期间的药剂灌根和喷雾防治。

（1）切刀消毒杀菌。我国马铃薯的种植主要采用将大薯切成约 50g 小薯块播种，切薯是黑胫病传播蔓延的重要途径，对切刀进行消毒杀菌是控制其为害的有效措施。切刀消毒的具体做法是切薯时，每人准备两把切刀，一盆药水，每切完一个薯块特别是病薯后，对切刀进行消毒杀菌处理。消毒药剂有 5% 石炭酸液、0.1% 高锰酸钾液、5% 食盐水、75% 酒精等。

（2）药剂浸种杀菌。药剂浸种常用的杀菌剂有 0.05% ~ 0.1% 春雷霉素、0.2% 高锰酸钾 200 ~ 300 倍液、30% 琥胶肥酸铜悬浮剂 400 倍液、20% 噻菌铜悬浮剂 600 倍液等。上述药剂任选一种浸种 20 ~ 30min，也可选用 50% 多菌灵可湿性粉剂 800 倍液，或 72% 农用链霉素可溶性粉剂 1 000 倍液浸种 10min，取出晾干后播种。

（3）药剂拌种杀菌。常用的药剂有 25% 病克净超微可湿性粉剂 25g 对水 3 ~ 5kg 拌种薯 300kg，或用 72% 农用链霉素可湿性粉剂 10g + 70% 甲基硫菌灵可湿性粉剂 100g + 滑石粉 10kg 拌 100kg 种薯，亦可用种薯重量 0.1% ~ 0.2% 敌磺钠可湿性粉剂拌种，拌种后立即播种，超过 24h 播种易发生药害。

（4）马铃薯生长期的药剂防治。马铃薯生长期药剂防治包括喷雾和灌根。无论是喷雾防治和灌根防治，药剂防治适期为黑胫病发病前或发病初期，错过防治适期药效明显下降，为害将明显加重。喷雾防治常用药剂有 40% 氢氧化铜水分散颗粒剂 600 ~ 800 倍液、20% 噻菌铜悬浮剂 1 000 倍液、20% 喹菌酮可湿性粉剂 1 000 ~ 1 500 倍液、88% 水合霉素可溶性粉剂 1 000 倍液、72% 甲霜灵·代森锰锌可湿性粉剂 600 ~ 800 倍液、72% 农用硫酸链霉素可溶性粉剂 1 000 倍液 + 60% 百菌清可湿性粉剂 500 倍液等。上述药剂任选一种喷雾，注意不同药剂交替使用，防止病菌产生抗药性，延长药剂使用寿命。灌根药剂有 72% 农用链霉素可湿性粉剂 150g/hm² 对水 750kg 灌根、5% 水杨菌胺可湿性粉剂 300 ~ 500 倍液、5% 丙烯酸·噁霉灵·甲霜水剂 800 ~ 1 000 倍液、50% 苯菌灵可湿性粉剂 + 5% 福美双可湿性粉剂 500 倍液等。上述药剂任选一种灌根，每株灌稀释液 300 ~ 500ml。

## 1.11　马铃薯环腐病

### 1.11.1　分布与为害

马铃薯环腐病又称轮腐病，1906 年首次发现于德国，其后迅速传播到欧洲其他国家以及亚洲、北美洲、中美洲和南美洲大部分国家，成为当地马铃薯生产上一个重要病害。我国于 20 世纪 50 年代中期分别在江西南昌和黑龙江首次发现环腐病为害马铃薯，其后随着种薯频繁调运，病区迅速扩大，吉林、辽宁、内蒙古、新疆、甘肃、青海、宁夏、河北、山东、山西、湖北、广西、浙江、福建、北京、上海等地均有环腐病的发生和为害。

马铃薯感染环腐病后苗期引起死苗，成株期引起死株，贮藏期引起薯块腐烂，块茎品质下降、不能食用，严重的导致烂窖。田间一般减产 10% ~ 20%，严重的高达 30%，个别严重的减产 60% 以上。吉林松源薯区因品种不同，病薯率在 6.3% ~ 43%；山东费县一般病株率 12% ~ 15%，严重的高达 22%，块茎发病率 7.6% ~ 10.2%；山西高寒地区环腐病发病面积占马铃薯种植面积的 10% 左右，减产 10% ~ 20%，严重的减产 30% ~ 60%；新疆巴里坤县马铃薯平均发病率 3% ~ 5%，最高 30%；福建惠安县因环腐病为害，一般减产 20% 左右，严重的减产 30% 左右，个别田块减产高达 60% 以上，马铃薯贮藏期薯块发病亦很严重；1956 年南昌近郊发现环腐病为害马铃薯，仅局部为害，20 世纪 70 年代末环腐病在庐山大暴发，减产 30% 左右。

### 1.11.2　症状

马铃薯环腐病其症状特点是病株地上部发生萎蔫、地下块茎维管束呈环状腐烂。

植株地上部症状因品种等不同症状有很大变化，主要有萎蔫型和枯斑型两种症状。萎蔫型症状一般从马铃薯现蕾期开始发生，开花期进入发病高峰期。发病初期自植株顶端复叶开始萎蔫，叶片自下而上萎蔫枯死，叶缘向叶面纵卷，似缺水状，刚开始此症状在中午表现最明显，早晚因露水可恢复原样，叶片不变色，其后随着病情进一步发展，叶片开始褪色，向内卷、下垂，但叶片不脱落，最后病株枯死。剖视病株茎基部维管束呈淡黄色或黄褐色。

枯斑型症状。一般从植株下部复叶的顶端小叶开始发病，叶尖或叶缘褐色，叶脉间呈黄绿色或灰绿色，有明显斑驳，而叶脉仍为绿色，叶尖向内纵卷并逐渐枯黄。植株顶端小叶出现枯斑后，其他小叶亦随之出现枯斑，最后全株枯死。剖视茎基部维管束呈褐色。一般从叶片出现症状至植株枯死平均 15 天。

薯块症状。薯块轻度感病，外部无明显症状，随着病情发展，表皮变暗色，有的病薯表皮龟裂，芽眼变黑枯死。纵切薯块自尾部开始维管束呈乳黄色或褐色，感病轻的薯块维管束仅局部变色，呈不连续的点状变色；感病严重的薯块，维管束变色部分连成一圈，故称环腐病。腐烂严重时，皮层与髓部分离，用手挤压变色部分，有乳白色或黄色菌液溢出。环腐病造成的薯块腐烂和青枯病造成的薯块腐烂颇为相似，两者均有菌浓，不同的是环腐病菌浓需用手挤压才能溢出，而青枯病菌浓无须手挤压，菌浓会自行溢出。

### 1.11.3　病原物形态及生物学特征

由放线菌门棒形杆菌属密执安棒杆菌环腐病亚种 *Clavibacter michiganense* subsp. *sepedonicus*（Sp. et Kotth.）Davis et al. 侵染所致的一种细菌病害。细菌杆状或短杆状，大小为（0.4~0.6）μm×（0.8~1.2）μm，有时亦呈棒状或球状，当菌体分裂快时，还可见到"V"形或"L"形的菌体，所以该菌属多形菌体。无夹膜和芽孢，无鞭毛，不能游动。属好气性细菌，生长缓慢，在固体培养基上经 8~10 天才能形成很小的菌落。菌落白色，薄而透明，有光泽。明胶液化能力弱，不能还原硝酸盐，不产生吲哚、氨和硫化氢。对葡萄糖、乳糖、果糖等糖以及甘露醇、甘油等均能利用产酸，不能利用鼠李糖，淀粉水解极少。最大特点是革兰氏染色呈阳性，而通常植物病原细菌皆为阴性，因此，可以根据革兰氏染色反应，以区分侵染马铃薯块茎的软腐病、青枯病和黑胫病等细菌病害。

### 1.11.4　病害循环

马铃薯环腐病菌在贮藏期的病薯上越冬，为翌年病害的初次侵染源，病菌不能在土壤中长期存活，前一年收获时遗留在田间的病薯不能成为翌年初次侵染源。马铃薯采用切块播种时，切刀传播是扩大侵染的主要途径，切一刀病薯至少能传染 24~28 个健薯。病薯播种后在薯块萌发幼苗出土的同时，环腐病菌即从病薯的维管束蔓延到芽的维管束组织中，随着马铃薯生长发育，茎叶的形成，病菌在导管中逐渐发展为系统侵染。病菌自病茎蔓延至茎秆、叶柄，导致植株地上部萎蔫枯死，与此同时病菌沿维管束到达地下部的匍匐茎，进一步扩展到新形成的薯块维管束组织中，引起薯块环腐。马铃薯收获后，病薯进入贮藏窖，侵染健薯，引起烂窖。

环腐病菌只能从伤口侵入马铃薯，不能通过皮孔、气孔、水孔侵入。环腐病菌在田间条件下，只为害马铃薯，不侵染其他农作物和杂草，人工接种可侵染番茄、茄子、辣椒、西瓜、菜豆、豌豆等农作物。

### 1.11.5　发生与环境条件的关系

#### 1.11.5.1　与温度的关系

马铃薯环腐病的发生与气候条件特别是温度关系密切，最适病害发生的土壤温度为 19~23℃，土温低于 19℃或超过 31℃均不利于病菌侵染，发病轻；贮藏期窖温 20℃以上，有利于发病，薯块发病率高达 22%~28%，在窖温 1~3℃条件下贮藏，不利于病菌侵染，发病率只有 10%~12%。

#### 1.11.5.2　与播种期、收获期的关系

马铃薯播种早发病重，反之，则发病轻；适时早收可明显降低病薯率。其原因是早收和晚播都缩短了马铃薯在田间的生长时间，减少了病菌侵染机会；夏播马铃薯比春播马铃薯发病轻。

#### 1.11.5.3　与品种的关系

环腐病的发生与为害因品种的抗病性而异，种植抗病品种发病轻，目前我国大面积

种植的马铃薯品种均高感或中感环腐病，这是环腐病在各地暴发成灾最主要原因。

### 1.11.6　防治方法

#### 1.11.6.1　严格检疫

种薯调运前，应对种薯进行严格的产地检疫和调运检疫，确保调入的种薯安全无病，严把质量关。

#### 1.11.6.2　农业防治

（1）选用抗病品种。因地制宜选用品质优、产量高、抗病性好的品种是防治环腐病最主要的措施。我国选育的抗环腐病的品种主要有克新1号、克新5号、克新6号、克新7号、克新10号、克疫、东农303、春薯1号、春薯2号、乌盟601、宁薯1号（固红2号）、固红1号、高原1号、高原3号、高原7号、郑薯4号、长薯4号、长薯5号、晋薯2号、晋薯5号、同薯18号、坝薯8号、坝薯10号、郑薯4号等，上述品种农艺性状和抗病程度、适应性各不同，可按当地条件选择种植。

（2）建立无病留种田，生产无病种薯。选择土壤肥沃、疏松、地势高燥、排水良好的沙壤土田作留种田，选用无病小整薯（50g左右）播种；最好夏播留种，如春播留种，则宜适当推迟播种期；加强田间管理，适量施用过磷酸钙作种肥，增施钾肥；出苗后，结合中耕于植株开花期去杂去劣；及时拔除病株，集中处理；收获种薯，实行单株收获；播种前淘汰病薯，选择健薯播种。

（3）大田小整薯播种及播前种薯处理。避免切刀传病，应推广小整薯播种。小整薯播种能提高马铃薯出苗率70%～95%，减轻发病率5%～8%，增产20%～30%；播前晾种和晒种。播种前5～7天，将种薯取出，堆放室内晾种，然后晒种。晾种和晒种的目的是促使环腐病病症显现，播种前将其剔除，减少大田发病机会，同时晒种有催芽作用，有利于播种后早出苗，快出苗，减少环腐病菌侵染幼芽的机会。

#### 1.11.6.3　化学防治

药剂防治包括切刀药剂消毒杀菌、药剂拌种、药剂浸种和大田药剂灌根。

（1）切刀消毒杀菌使用的药剂和方法参见黑胫病的防治。

（2）药剂拌种。马铃薯播种前药剂拌种，杀灭寄生于种薯上的环腐病菌，常用的药剂有：95%敌磺钠可溶性粉剂210g拌种薯100kg，或55%敌磺钠膏剂100～200g拌种薯100kg。

（3）药剂浸种。用0.004%～0.01%春雷霉素，或36%甲基硫菌灵悬浮剂800倍液，或47%春雷霉素·王铜可湿性粉剂500倍液，或新植霉素5 000倍液浸种30min，或10%次氯酸钠配成浓度为0.001%溶液浸种15s，或50mg/kg硫酸铜稀释液浸种10min。上述药剂任选一种于播种前浸种，晾干后播种。

（4）药剂灌根。马铃薯生长期间、环腐病发病前或发病初期药剂灌根，可获得较好的防治效果。常用的药剂有72%农用链霉素可湿性粉剂4 000倍液，或77%氢氧化铜可湿性粉剂1 500倍液，或25%荧光假单胞杆菌可湿性粉剂800倍液进行灌根处理，每穴灌0.25～0.50ml药液；也可用25%络氨铜水剂500倍液，或50%百菌清可湿性粉剂400倍液，或47%春雷霉素·王铜可湿性粉剂700倍液灌根，每穴灌药液0.3～0.5L。每隔

7 天灌 1 次，连续灌根 2 ~ 3 次。

## 1.12 马铃薯青枯病

### 1.12.1 分布与为害

马铃薯青枯病又称细菌性萎蔫病，是一种世界性病害，广泛分布于亚洲的中国、日本、韩国、尼泊尔、泰国、印度、印度尼西亚、土耳其等国；欧洲的意大利、西班牙、荷兰、葡萄牙等国；美洲的美国、加拿大、巴西、乌拉圭、危地马拉等国；非洲的埃及、埃塞俄比亚、喀麦隆等国以及澳洲的澳大利亚等国。自 20 世纪 90 年代以来，马铃薯青枯病在上述国家经常暴发成灾，给薯农造成巨大经济损失。

我国 20 世纪 50 年代以前未见青枯病为害马铃薯的报道，60 年代中期上海奉贤青枯病严重为害马铃薯，对秋播马铃薯造成毁灭性灾害，70 年代中后期青枯病的发生和为害与日俱增，分布范围越来越广，长江流域以南湖南、湖北、上海、重庆、四川、云南、贵州、广东、广西、江苏、浙江等省（区、市）均有青枯病的发生和为害，其后进一步扩展到长江流域以北的山东、北京、天津、河北等省市。青枯病已成为影响我国马铃薯产业健康发展的一大生物灾害，四川凉山州 20 世纪 80 年代初马铃薯青枯病零星发生，少数田块个别植株出现青枯病的为害，至 80 年代末青枯病已遍及全州 17 个县（市），发生普遍，为害严重，平均病株率最低 2%，最高 47.3%，90 年代中后期，为害进一步加重，减产幅度达 20% ~ 40%，严重的则高达 50% 以上；1983—1986 年山东 8 个地区 18 个县（市）有 16 个县（市）青枯病为害马铃薯较为严重，病株率轻的 5% 左右，严重的高达 30% ~ 40%；湖南新晃县 1978 年，马铃薯发病面积占种植面积的 33.9%，减产马铃薯 50 多万 kg，该省黔阳地区农科所秋马铃薯病株率 71%，每 667 m$^2$ 仅收薯块 240 kg；20 世纪 80 年代福建春马铃薯减产 20% ~ 30%；贵州六盘水地区 1995 年马铃薯青枯病发病株率一般 1% ~ 3%，严重的则高达 8% ~ 10%，贮藏期薯块发病率 33% ~ 50%，导致大量烂窖，损失惨重，经大力防治，至 2001—2003 年，青枯病的为害有所下降，发病率只有 5% ~ 20%，严重的也控制在 30% 以下，贮藏期薯块感病率下降到 10% 左右；浙江景宁县 2002 年马铃薯病株率 13% ~ 35%，严重的高达 55%，全县马铃薯减产 17 000 t，产值 1 020 万元。

### 1.12.2 症状

青枯病为害马铃薯地上部茎秆、叶片和地下块茎，属典型的维管束病害。多发生在马铃薯生长发育前期或中期。植株感病初期，茎叶晴天萎蔫，傍晚后至第二天早晨太阳出来之前又恢复正常，持续 4 ~ 5 天后，全株逐渐枯萎死亡，但叶片仍然保持绿色，病叶不会脱落，仍保留在植株上。一般先从植株下部叶片开始萎蔫，逐渐由下向上发展。也有少数植株感病后，顶部叶片首先开始萎蔫，个别植株复叶或小叶先萎蔫；感病茎秆表皮粗糙，常有不定根长出，茎秆上有褐色条纹，纵剖茎秆可见维管束有暗褐色至黑褐色条纹，四周呈水渍状，横切茎秆，用手挤压，切面上有乳白色的黏液流出，感病后期，茎秆内部腐烂变空；薯块感病轻的无明显症状，感病重的脐部呈灰褐色、水渍状，切开薯块维管束呈褐色，挤压时溢出白色黏液；有的薯块芽眼被侵染后呈灰褐色水渍状，不能发芽而腐烂。

### 1.12.3　病原物形态及生物学特征

由薄壁菌门劳尔氏菌属的细菌（青枯菌）*Ralstonia solanacearum*（E. F. Smith）引起的一种病害，青枯病的学名原为 *Pseudomona solanacearum* E. F. Smith Dowson。青枯病菌是一类非常复杂的细菌，根据不同来源菌株对不同寄主的致病性差异分为 5 个生理小种以及根据不同菌株对 3 种双糖和 3 种乙醇的代谢能力不同分为 5 种生化型。生理小种 1 中包含生化型 1 号、3 号和 4 号；生理小种 2 中包含生化型 1 号、3 号；生理小种 3 中包含生化型 2 号；生理小种 4 包含生化型 4 号；生理小种 5 包含生化型 5 号。我国青枯病菌主要是 1 号生理小种（包含生化型 3 号和 4 号）和 3 号生理小种（包含生化型 2 号），其中生理小种 3 号是为害我国马铃薯的优势菌（系），属低温型菌系（适温 27℃左右），严重威胁马铃薯的高产稳产。

马铃薯青枯病菌短杆状，两端钝圆，有 1 ~ 3 根单极生鞭毛，大小为（0.9 ~ 2.0）μm ×（0.5 ~ 0.8）μm，革兰氏染色阴性。在琼脂培养基上形成污白色、平滑光亮，初呈半透明状，后变为褐色圆形菌落。不能液化明胶。石蕊牛乳变蓝，不凝固而消化。

生化型 2 号（生理小种 3 号）能使乳糖、麦芽糖、纤维二糖氧化产酸，不能使甜醇、甘露醇、山梨醇氧化产酸；生化型 3 号（生理小种 1 号）能使乳糖、麦芽糖和甘露醇、山梨醇氧化产酸。

青枯病菌属喜温性细菌，生长最适温度 36 ~ 37℃，最高 41℃，最低 10℃，发病适温 27 ~ 30℃，最适酸碱度为 pH 值 6.6。

青枯病菌主要通过线虫、地下害虫以及中耕除草等农事操作造成的伤口而侵入寄主植物的根系，继而进入维管束蔓延至导管等植物组织，造成植物萎蔫死亡。

青枯病菌寄主范围非常广泛，可为害单子叶植物、双子叶植物 54 科 450 种植物，农作物中除为害马铃薯外，番茄、茄子、芝麻、花生、辣椒等农作物受害也很严重。

### 1.12.4　病害循环

青枯病菌主要随寄主植物病残体在土壤中越冬，在土壤中最少能存活 14 个月，最长可达 6 ~ 7 年，此外，病菌还可随病薯在贮藏窖中越冬，成为翌年初次侵染源，田间通过灌溉水、雨水等传播，进行再次侵染；通过病薯调运作远距离传播。

### 1.12.5　发生与环境条件的关系

#### 1.12.5.1　与气候条件的关系

温暖、潮湿、多雨的气候条件最有利于马铃薯青枯病的大流行，一般在黄河流域以南马铃薯产区都具备这样的条件，在一些海拔较高的丘陵山区和纬度较高的地区，虽然气候较凉爽，但在马铃薯生长季节，气候条件基本上均适合于青枯病的发生和为害，特别是青枯病菌生化型 2 号（生理小种 3 号），雨水充足是最重要的因素。山东多数薯区马铃薯生长期间月平均温度在 18.1 ~ 26.6℃，均能满足青枯病发生对温度的要求，青枯病发生迟早、发病轻重关键是降雨量，降雨日多、降雨量较大、土壤含水率 30% 左右，有利于病菌繁殖和侵染，发病重；反之，降雨少、土壤干燥，不利于病菌繁殖和侵染，发病轻。该省枣庄薯区，春薯青枯病发病高峰在 5 月下旬，秋薯发病高峰在 10 月上旬，降雨多集中在 5 月中旬和 9 月上中旬或下旬，每次降雨后 4 ~ 5 天即出现一次发病高峰。浙江西南部山区，春薯生长期间的 4 月上中旬连续梅雨，降雨频繁，土壤含水量高，雨停转晴，气温迅速上升，是导致青枯病蔓延流行的主要气候因子。

#### 1.12.5.2 与连作的关系

青枯病菌在土壤中最长能存活 6 年左右，马铃薯长期连作，土壤中积累了大量病原菌，加重了病害的为害。山东枣庄调查，脱毒马铃薯种植在重茬地（9 茬）青枯病平均发病率为 8.93%，种植在从未种过马铃薯的田块（前茬为玉米、小麦），平均发病率只有 0.25% ~ 4.22%。

#### 1.12.5.3 与种薯带菌、农家肥带菌以及带菌种薯切块的关系

种薯带菌、农家肥带菌、带菌种薯切块是导致马铃薯青枯病发生和为害的重要原因之一。在四川带菌种薯切块播种发病株率最高为 14.32%；其次为带菌种薯切块和带菌农家肥互作，发病株率 9.85%；第三为带菌农家肥，发病株率为 8.66%；无病整薯播种、带菌整薯播种发病率最低，分别只有 5.8% 和 8.3%。湖南黔阳薯区，种薯带菌是影响青枯病是否重发的重要原因，种薯由病株率达 82% 的秋薯中留种，翌年种植后病株率高达 80% ~ 90%，而用无病田留种的，翌年种植后发病株率只有 0.2%。

#### 1.12.5.4 与地势及肥料的关系

地势高燥、排水良好的地块发病轻，地势平坦、排水不良、雨后田间积水，土壤含水量高，有利于发病，为害重；农家肥未经充分腐熟、高温杀菌施用后增加田间菌量，有利发病；过量施用磷肥会加重病害的发生；施用硝酸钙比施用硝酸铵发病轻；多施钾肥可抑制病害的发生。

#### 1.12.5.5 与品种的关系

种植感病品种会增加病害发生和为害，抗病品种可明显减轻病害的发生和为害。

#### 1.12.5.6 与马铃薯种植季节的关系

一般春薯发病轻、秋薯发病重。山东枣庄薯区，秋薯播种后 20 天左右即开始发病，平均病株率 5.3%，最高 14.19%。而春薯平均发病率只有 2.13%，最高也只有 4.6%。其原因可能与秋薯生长期间温度高、降雨较多、湿度大，有利于青枯病的传播、侵染有关。

#### 1.12.5.7 与地下害虫及线虫的关系

青枯病菌主要通过根系伤口侵染马铃薯，因此地下害虫如金针虫、蛴螬、地老虎以及线虫等地下害虫种群密度大，害虫取食马铃薯根部造成大量伤口，有利于青枯病菌侵染，发病重。

### 1.12.6 防治方法

#### 1.12.6.1 农业防治

（1）建立无病留种田、繁育无病种薯。选用未种过马铃薯及青枯病其他寄主植物的地块繁育种薯。青枯病重发区，用脱毒种薯繁殖原原种、原种，供生产上应用，能有效控制青枯病的发生和为害。也可用实生苗留种，避免或减少种薯带菌。

（2）种植抗（耐）病品种。因地制宜选用产量高、品质优、抗（耐）病品种是防治青枯病最经济、最有效的方法。当前较抗青枯病的品种有东农 303、金冠、坝薯 10 号、克新 2 号、克新 3 号、白化 1 号、安农 5 号、怀薯 6 号以及四川凉山州农科所选育的抗青 1 号等。

（3）轮作换茬。提倡马铃薯与玉米、小麦、燕麦等禾本科作物轮作，轮作年限应不少于 4 年，有条件的地方实行水旱轮作效果最好，轮作年限 1~2 年，可基本消灭在土壤中生活的青枯病菌。应避免与茄科作物、大豆、花生等作物轮作。

（4）加强田间管理。①选择排水良好、土质疏松、肥沃的地块种植马铃薯，整地播种时做好深沟高畦，利于排水。②避开高温期，实行春薯适当早播，秋薯适当迟播。③播种前剔除病薯，实行切刀消毒。④科学施肥。以有机肥为主，农家肥必须经过高温堆沤，杀灭其中的病菌，无机肥以钾肥为主，每 667m$^2$ 施纯氮 6kg，氮：磷：钾为 1：（0.5~0.6）：2 为好。⑤雨后及时排水，防止田间积水，旱季灌溉时不能大水漫灌，以避免病菌随水流传播。⑥及时拔除病株，并用生石灰消毒病穴。⑦马铃薯收获后及时清除田间病残株，集中烧毁或深埋。

### 1.12.6.2　化学防治

药剂防治包括切刀消毒杀菌、播种前药剂浸种和马铃薯生长期间药剂灌根。

（1）切刀消毒杀菌。切刀药剂消毒杀菌用药种类和方法参见黑胫病药剂防治。

（2）药剂浸种杀菌。马铃薯播种前用 72% 农用链霉素可湿性粉剂 3 000 倍液，或 40% 福尔马林 200 倍液浸种种薯 20min，晾干后播种。

（3）药剂灌根。青枯病发病前和发病初期用下列药剂灌根，72% 农用链霉素可湿性粉剂 3 000~4 000 倍液、50% 氯·溴·异氰尿酸粉剂 900~1 000 倍液、53.8% 氢氧化铜悬浮剂 500~1 000 倍液。上述药剂任选一种灌根，每穴灌药液 0.25~0.5ml，每隔 7~8 天灌 1 次，连续灌 2~3 次，可获得满意的防治效果。

## 1.13　马铃薯软腐病

### 1.13.1　分布与为害

马铃薯软腐病广泛分布于全球马铃薯主要生产国，亦是我国马铃薯最重要的细菌性病害，分布全国多数马铃薯产区。在田间和贮藏期以及运输过程中均可发生和为害，系破坏性最大的细菌性病害之一。马铃薯播种后引起烂种和死芽、死苗，严重时导致缺苗断垄，甚至重新播种；最为严重的是为害贮藏期的薯块，导致薯块腐烂，严重的甚至烂窖。欧美部分马铃薯生产国因软腐病为害，损失率为 3%~68%，平均 15% 左右。我国东北、华北和西北部分薯区田间病株率轻的 2%~5%，严重的高达 40%~50%，薯块贮藏期损失率 3%~68%，平均 15%，南方部分薯区薯块贮藏期损失率 30%~50%。2000 年福建福鼎市软腐病大流行，发病面积 3 766hm$^2$，占马铃薯种植面积的 82%，损失率在 20% 以上，贮藏期薯块腐烂率 17%~25%，给薯农造成重大经济损失。

### 1.13.2　症状

马铃薯软腐病菌既可侵染生长期的植株，又能侵染成熟的薯块和贮藏期的薯块，尤以对后者的为害更为严重。马铃薯生长期感病，靠近地面的老叶最先显现病症，叶片、叶柄上形成暗绿色或暗褐色不规则病斑，其后病斑迅速扩大腐烂，植株顶部叶片呈萎蔫状；茎秆感病多始于伤口处，再向其他部位蔓延，形成暗褐色条斑，其后茎髓部软腐消解成空腔，造成植株倒伏枯死；薯块成熟期和贮藏后期为软腐病发病高峰期，发病初期皮孔略凸起，其后逐渐呈现黄褐色或淡黄色，圆形或近圆形水渍状病斑，病斑直径1～3mm，初期出现的软腐仅仅是胡萝卜软腐病菌，欧文氏杆菌胡萝卜亚种侵染引起，其后欧文氏杆菌侵染形成两种细菌混合侵染，病斑扩展成不规则大斑，最终导致薯块腐烂，发出难闻的恶臭味。30℃以上高温高湿条件下，病薯组织崩解，常常溢出泡状黏稠液体。薯块腐烂过程中，温度低、湿度小，病斑干枯，扩展缓慢或停止扩展，呈灰色粉渣状。抗病品种上病斑外围常呈现褐色环带。

### 1.13.3 病原物形态特征及生物学特征

由肠杆菌科、果胶杆菌属（*Pectobacterium* spp.）病原菌引起的一种细菌病害，常见的病原菌有软腐果胶杆菌胡萝卜亚种［*Pectobacterium carotovorum* subsp. *carotovorum*（Pcc）（syn. *Erwinia carotovorum* subsp. *carotovorum*）］、黑腐果胶杆菌［*P. atrosepticum*（Pa）（syn. *E. carotovorum* subsp. *atrosepticum*）］、山葵果胶杆菌［*P. wasabiae*（Pw）（syn. *E. carotovorum* subsp. *wasabiae*）］、软腐果胶杆菌甜菜亚种［*P. betavasculorum*（Pbv）（syn. *E. carotovorum* subsp. betavasculorum）］和软腐果胶杆菌巴西亚种［*P. carotovorum* subsp. Brasiliense（Pcb）］等。Pa通常在温带寄主植物上存活，而Pcb和Pw通常在热带和亚热带地区引起马铃薯软腐病和黑胫病。据早期相关报道，马铃薯软腐病为软腐欧氏杆菌中的胡萝卜欧氏菌软腐亚种 *Erwinia carotovora* var. *Carotovora*（Jones）Borgey et al.（Ecc.）、胡萝卜欧氏杆菌马铃薯黑胫菌亚种 *E. carotovora* var. *Atroseptica*（Van Hall）Dyel（Eca）以及欧氏杆菌 *E. chrysanthemi* Burkholder et al.（Ech）所侵染引起的一种细菌病害，不同病原菌地理分布有很大差异，其中以Ecc分布最广，全球马铃薯生产国均有分布，为优势病原菌，其次为Eca，Ech分布仅局限在少数马铃薯生产国。我国马铃薯软腐病致病菌也以Ecc为优势种，广泛分布于全国马铃薯产区；Eca分布于黑龙江、河北、青海、甘肃和四川；Ech分布于四川、江苏、江西、河北、内蒙古、云南；中间型Ⅰ分布于四川、江苏、内蒙古；中间型Ⅱ分布于海南、江西、四川、青海；云南马铃薯细菌性软腐病Ecc为优势种，占65%，其次为Ech，占15%，其他为中间型。

软腐果胶杆菌胡萝卜亚种（Pcc），菌体短杆状，四周有鞭毛2～8根；在老培养基上呈单杆状；在液体培养基上为链状，无荚膜，不产生芽孢；在洋菜培养基上菌落白色、圆形至变形虫形，稍带荧光性，边缘清晰；埋在肉汁培养基中的菌落多半为圆形或长圆形；在肉汁胨琼胶板上3～5天形成针尖大小的菌落，圆形或近圆形，有湿润光泽。在斜面上培养形成薄的透明层，边缘光滑，透过直射光可见有淡蓝色乳光；在液体培养基中浑浊，能形成菌膜；革兰氏反应阴性。生长温度范围0～40℃，最适宜生长温度为32～33℃，在厌氧条件下也能生长发育，在pH值3～9.3范围内均能生长，最适宜生长的pH值为7.2，不耐干旱和日晒。

软腐果胶杆菌主要经伤口、皮孔等自然孔口侵入寄主，除为害马铃薯外，还能侵染番茄、辣椒、胡萝卜、莴苣、豌豆、菜豆、大葱等农作物和野生植物。

### 1.13.4 病害循环

马铃薯软腐病菌潜伏于薯块皮孔、表皮以及土壤的病残体中越冬。初次侵染源，主要来自带菌薯块、带菌土壤以及病菌污染的农家肥等，翌年马铃薯播种发芽及植株生长过程中，环境条件有利于病菌侵染时，从伤口及马铃薯自然孔口侵入寄主，导致植株发病，薯块形成后，病菌侵入薯块，引起薯块发病，薯块收获后进入贮藏窖，引起薯块腐烂；田间通过被污染的灌溉水、带菌昆虫、被污染的农具等传播，进行再次侵染；种薯带菌是软腐病远距离传播的主要途径。

### 1.13.5 发生与环境条件的关系

#### 1.13.5.1 与温度、湿度的关系

高温、高湿、缺氧，尤其是清洗薯块后，其表面有薄水层，造成缺氧环境，薯块伤口难以愈合，有利于附着在薯块芽眼、表皮上的病菌侵入，薯块发病重；薯块窖藏期窖内温度高、湿度大，亦有利于病菌的繁殖和侵入，易导致薯块大量感病，引起烂窖。

软腐欧氏杆菌对马铃薯的致病性与温度高低关系密切，在（21±1℃）温度条件下，病菌三个亚种对薯块致病力强弱顺序为 Eca > Ecc > Ech；在（26±2℃）温度条件下，致病力强弱为 Ecc > Ech > Eca；而在35℃温度条件下，致病力强弱为 Ech > Ecc > Eca，Ecc 和 Ech 随温度升高，致病力随之增强。

马铃薯生长期间，降雨多，持续时间长，田间湿度大，有利于病菌繁殖和侵染，发病重；干旱季节，大水漫灌、串灌，病菌随灌溉水传播，造成多次再次侵染，发病重。

#### 1.13.5.2 与薯田地形、地势的关系

地形、地势影响薯田小气候，间接影响病害发生的轻重。内蒙古阿尔山薯区，处于两山夹一沟，且沟较窄，山上林木茂盛，结薯期间，清晨雾大，田间湿度大，马铃薯叶片上有水滴存在，有利于病菌侵染，发病重。

#### 1.13.5.3 与品种抗病性关系

马铃薯品种对软腐病的抗性存在明显差异，其抗性可分为薯块表皮、皮孔抗侵染的抗性和伤口侵染抗扩展的抗性两种完全独立的类型。两类抗性兼有的品种有高原4号、Murlur、Diamant、Snongtvia Epoka、湘薯783-3、新芋5号、紫花白、坝丰收等。抗皮孔侵入的高抗品种有 Raritan、Gulzow633、临薯7号、乌606、临7421-3、紫花白等，抗伤口侵入的高抗品种有 Murlur、Vester Isola、高原4号、长薯4号、平凉薯、东农303、新薯3号、春薯1号等。

#### 1.13.5.4 与其他因子的关系

马铃薯种植过密、施用氮素化肥过多，导致植株生长过旺、枝叶繁茂，通风透光差，田间湿度大，有利于病菌侵染，发病重；马铃薯收获、运输、贮藏过程中造成伤口多，有利于病菌从伤口侵入，发病重。

### 1.13.6 防治方法

#### 1.13.6.1 农业防治

（1）建立繁育基地，生产无病种薯。选择未种植过马铃薯、土壤未被软腐病等病菌污染的地块作种薯繁殖基地，选用无病小整薯播种，加强田间管理，及时拔除病株，并对病穴做消毒处理，确保生产高质量无病种薯。

（2）选用抗（耐）病品种和小整薯播种。因地制宜选用适合当地种植的优质、高产、稳产、抗（耐）病品种，并采用小整薯播种，减少伤口侵染是防治软腐病最有效、最经济的方法。

（3）加强田间管理。①合理施肥，避免偏施氮素化肥，增施磷肥、钙肥和钾肥，钙元素可提高马铃薯细胞壁钙含量，磷元素有利于增强马铃薯植株酚含量，可明显增强薯块的抗（耐）病能力；施用充分腐熟的农家肥，避免农家肥带菌。②科学管水。雨后及时开沟排水，避免田间积水。防止大水漫灌、串灌，增加传病机会。③发现病株及时拔除，并用生石灰消毒病穴，杀死病菌。④适时中耕培土，避免薯块外露，增加病菌侵染机会。

（4）适时收获，安全贮藏。马铃薯薯块成熟后，土壤温度低于20℃时，抢晴收获；收获、贮运过程中避免造成薯块伤口，入库前剔除病薯和有伤口的薯块；贮藏中早期窖温控制在13~15℃，经10~15天薯块伤口愈合后，在5~10℃温度条件下贮藏，注意通风，防止潮湿和二氧化碳浓度过高。

#### 1.13.6.2 化学防治

田间软腐病发病初期可用下列药剂进行喷雾防治：50%氯溴异氰尿酸可溶性粉剂 28g/667m$^2$，或72%农用硫酸链霉素可溶性粉剂18g/667m$^2$，或20%噻菌铜悬浮剂18g/667m$^2$，或100亿芽孢/克枯草芽孢杆菌可湿性粉剂55g/667m$^2$ 对水30~35kg喷雾，亦可用50%琥胶肥酸铜可湿性粉剂500倍液，或14%络氨铜水剂300倍液，或77%氢氧化铜微粒粉剂500倍液。上述药剂任选一种进行喷雾处理，每隔7~8天防治1次，连续防治2~3次，可获得较好的防治效果。注意不同药剂交替使用，防止或延缓病菌产生抗药性。

## 1.14 马铃薯普通花叶病

### 1.14.1 分布与为害

马铃薯普通花叶病（Potato virus X，PVX）又称马铃薯X病毒病、马铃薯轻花叶病、马铃薯潜隐病毒病。马铃薯普通花叶病广泛分布于包括我国在内的全球马铃薯生产国，是马铃薯生产中一种常见的病毒病，可使马铃薯减产10%~20%，与其他病毒如PVA、PVY复合侵染可导致马铃薯减产50%左右。甘肃渭源县PVX侵染马铃薯一般减产15%以上。

### 1.14.2 症状

马铃薯PVX病毒侵染马铃薯的症状因马铃薯品种、病毒株系和环境条件不同而有一定差异。多数常见病毒株系引起的病症表现为非常轻的花叶或潜隐症状，叶片颜色深浅不一，但叶片平展，不变小、不变形、不坏死；有的病毒株系在部分马铃薯品种上引起过敏反应，产生植株顶端坏死；有的病毒株系引起叶片皱缩，植株矮化；PVX 病毒与PVA 病毒或与 PVY 病毒复合侵染马铃薯，其症状表现为叶片卷曲、皱缩或坏死；薯块感病一般无明显症状。马铃薯 PVX 病毒侵染马铃薯的症状受温度影响较大，在 16～20℃条件下，症状表现明显，而在 28℃以上高温条件下无明显症状，甚至出现隐症现象。

### 1.14.3　病毒形态及生物学特征

马铃薯普通花叶病（Potato virus X，PVX）隶属于马铃薯 X 病毒属，由一条正链RNA 组成的线性病毒，RNA 长约 6.4kbp，病毒粒子长杆状，长×宽为 515nm×13nm，稀释限点 100 000～1 000 000 倍，钝化温度 68～75℃，体外存活期 1 年以上。

马铃薯 X 病毒株系主要根据 PVX 侵染携带不同抗病基因（$N_x$ 和 $N_b$）的马铃薯植株所表现的症状，将 PVX 株系分为 4 组，即 $X_1$、$X_2$、$X_3$ 和 $X_4$。$X_1$ 组（如 CS35 株系）在含 $N_x$、$N_b$ 基因的马铃薯上均能引起过敏反应，$X_2$ 组（如 CP 株系）只在含有 $N_b$ 基因的马铃薯上引起高抗（HR），$X_3$ 组（如 VK3、DX 株系）只在含有 $N_x$ 基因的马铃薯上引起高抗（HR）。$X_4$ 组（如 DX4、CP4、HB 株系）则能完全克服 $N_x$、$N_b$ 的抗性。

马铃薯 PVX 病毒寄主范围广，能侵染 16 科 240 多种农作物和野生植物，茄科植物为主要寄主，农作物中除为害马铃薯外，茄子、辣椒、西葫芦受害最为严重。

### 1.14.4　病害循环

病毒在感病种薯上越冬，带毒种薯是马铃薯普遍花叶病的初次侵染源。田间主要通过感病植株与健株相互接触，相互摩擦时的汁液而传播。此外还可通过农事操作而传播病毒，某些咀嚼式口器昆虫如异黑蝗（Melanoplus differentialis）、绿丛螽斯（Tettigonia viridissima）等取食马铃薯时通过口器机械传毒，菟丝子（Cuscuta campestris），集合油壶菌（Synchytium endobiotcum）的游动孢子也能传播 PVX 病毒，但实生种子、蚜虫均不能传毒。

### 1.14.5　防治方法

1.14.5.1　农业防治

（1）建立无毒种薯繁育基地。种植脱毒无毒种薯（方法参见马铃薯 Y 病毒防治）。

（2）种植抗病或耐病品种。在马铃薯 X 病毒病严重发生和为害的薯区，淘汰感病品种，推广适合当地种植的产量高、品质优，又抗病、耐病的马铃薯品种如高原 8 号、克新 2 号、克新 1 号、克新 4 号、中薯 3 号、晋薯 16 号、虎头、东农 303、北薯 1 号、冀张薯 8 号等品种，以减轻马铃薯 PVX 病毒病的为害。

（3）加强田间管理。①小整薯播种，防止切刀传播病毒。②尽量减少田间农事操作，避免接触传播病毒。③增施有机肥作底肥，追肥注意氮肥、磷肥和钾肥的合理搭配，最好实施测土配方施肥。④合理灌溉。通过合理施肥，科学管水，促使马铃薯健壮生长，提高植株的抗病或耐病能力，减轻为害。

1. 14. 5. 2 化学防治

发病初期用下列药剂进行喷雾防治：0.5% 几丁聚糖水剂 1 000 倍液，或茄类蛋白多糖水剂 300 倍液，或 5% 菌毒清水剂 500 倍液，或 1.5% 植病灵乳油 1 000 倍液，或 15% 病毒必克可湿性粉剂 500 倍液喷雾，亦可用 5% 盐酸吗啉胍可湿性粉剂 703 ~ 1 406g/hm$^2$，或 5.9% 辛菌胺·吗啉胍水剂 196.9 ~ 225g/hm$^2$，或 20% 吗胍·乙酸·铜可湿性粉剂 500 ~ 750g/hm$^2$ 对水喷雾，每隔 7 ~ 10 天防治一次，共防 2 ~ 3 次。

## 1.15 马铃薯 Y 病毒病

### 1.15.1 分布与为害

马铃薯 Y 病毒病（PVY）又称马铃薯重花叶病、马铃薯条斑花叶病，广泛分布于包括我国在内全球马铃薯生产国。马铃薯 Y 病毒病是马铃薯上最常见的一种病毒病，也是马铃薯病毒病中为害最严重的一种病害之一，通常可导致马铃薯减产 30% ~ 50%，PVY 与 PVX 或 PVA 复合侵染马铃薯，减产率高达 80% 左右。云南合作 88 马铃薯品种种薯带毒率达到 65% 时，产量只有不带毒品种的 52.9%。

### 1.15.2 症状

马铃薯 Y 病毒侵染马铃薯后，其病症因病毒株系、亚株系以及马铃薯品种和环境条件不同而有较大差异。其典型症状是感病植株叶片变小，病株叶脉、叶柄和茎上均呈现黑褐色环条斑；初期叶片呈现斑驳花叶或有枯斑，后期植株下部叶片干枯，但不脱落，仅表现垂叶坏死。

马铃薯 Y 病毒普通株系（PVY$^O$）和马铃薯点条斑株系（PVY$^C$）侵染马铃薯后，初期症状主要表现在叶片坏死、斑驳，后期表现为植株矮化、叶片皱缩、斑驳和卷曲；马铃薯病毒褐脉株系（PVY$^N$）侵染马铃薯后症状初期表现为不同程度的花叶，后期表现为花叶和斑驳，当温度低于 10℃ 或高于 25℃，花叶症状消失。

马铃薯 Y 病毒亚株系侵染不同马铃薯品种，其症状也有很大差异，其中 PVY$^{IV-Wi}$ 亚株系侵染克新 13 号、克新 18 号、费乌瑞它和兴佳 2 号 4 个马铃薯品种后，表现的症状较轻，仅表现花叶症状；PVY$^{NTN/NW}$（SYRI）亚株系和 PVY$^{NTN/NW}$（SYRⅡ）亚株系侵染费马瑞它、克新 13 号、克新 18 号 3 个马铃薯品种，其症状不但呈现花叶，而且可导致主茎坏死、茎坏死和叶片黑色点斑点等症状，且克新 13 号、克新 18 号的症状更为明显，出现主茎坏死、叶片大面积呈现黑色点斑，叶片萎蔫甚至植株提早死亡；PVY$^{N:O}$ 则可导致克新 13 号、克新 18 号和费乌瑞它 3 个马铃薯品种植株主茎坏死、叶脉坏死，并使部分叶片出现褐色点斑，而克新 13 号在感病 30 天左右死亡，致病力比 PVY$^{N-Wi}$ 强，但弱于 PVY$^{NTN-NW}$。

### 1.15.3 病毒形态及生物学特征

马铃薯 Y 病毒（Potato virus Y，PVY）隶属于马铃薯 Y 病毒科、马铃薯病毒属。病毒粒体线形，大小为 730nm × 11nm，病毒汁液稀释限点 100 ~ 1 000 倍，纯化温度 52 ~ 62℃，体外存活期 2 ~ 3 天。属单链正义 RNA 病毒，基因组长约 9.7kb。

马铃薯 Y 病毒分化为多种不同株系和亚株系，各株系和亚株系的毒力、侵染能力、传播能力、基因型、血清型等均有很大差异。根据病毒对不同抗病基因的马铃薯品种的致病性分为 5 个株系即 PVY$^C$、PVY$^O$、PVY$^N$、PVY$^Z$、和 PVY$^E$，其中 PVY$^N$ 和 PVY$^O$ 通过基因突变或重组又形成了新的亚株系如 PVY$^{N-Wi}$、PVY$^{N:O}$、PVY$^{NTN-NW}$（SYRI）和 PVY$^{NTN-NVO}$（SYRⅡ），其中 PVY$^{NTN-NW}$ 致病力最强，PVY$^{N:O}$ 致病力中等，PVY$^{N-Wi}$ 致病力最弱。上述 4 个亚株系广泛分布于全球各马铃薯生产国。

马铃薯 Y 病毒寄主范围广，主要为害隶属于茄科的马铃薯、番茄、茄子、烟草、辣椒等，还能侵染苋科、藜科和豆科等农作物以及观赏植物，如大丽花、矮牵牛、白英、龙葵等和其他野生植物。

### 1.15.4　病害循环

马铃薯 Y 病毒主要在多年生杂草、周年栽培的茄科蔬菜以及马铃薯种薯上越冬，初次侵染源来自上述带毒寄主。主要传毒媒介昆虫为多种蚜虫，蚜虫传毒为非持久性传毒。田间再次侵染除带毒有翅蚜外，无翅蚜也能传毒。此外，田间染病植株与健株相互接触、相互摩擦后也能传播病毒，田间农事操作也能传播病毒。

### 1.15.5　发生与环境条件的关系

#### 1.15.5.1　与毒源的关系

马铃薯田四周种植大量马铃薯 Y 病毒的寄主作物，如烟草、茄子、番茄等以及其他野生寄主植物，而这些植物又感染了马铃薯 Y 病毒，毒源丰富，有利于有翅蚜吸毒和传毒，发病重。

#### 1.15.5.2　与传毒蚜虫的关系

能传播马铃薯 Y 病毒的蚜虫种类多达 50 多种，其中传毒能力最强，发生普遍的蚜虫有桃蚜（烟蚜）*Myzus persicae*、豆蚜 *Aphis glycines*、棉蚜 *Aphis gossipii*、萝卜蚜 *Lipaphis erysim*、豌豆蚜 *Acyrthosphon pisum*、禾谷缢管蚜（粟缢管蚜）*Rhopalophum padi* 等，这些蚜虫在有利的气候条件下，种群数量增长迅速，在毒源植物上吸毒后，迁飞至马铃薯田为害，马铃薯即可感染病毒而发病，在马铃薯上取食的蚜虫胎生大量无翅蚜，无翅蚜亦能传播病毒。马铃薯 Y 病毒的发生与马铃薯田蚜虫种群数量呈正相关关系，蚜虫数量越大，病害越严重。

#### 1.15.5.3　与温度的关系

一般在马铃薯生长季节，尤其在结薯期如遇高温，可导致马铃薯 Y 病毒病大发生，其原因是高温有促进病毒增殖的作用，在高山、冷凉地区种植马铃薯，由于温度较低，低温对病毒有抑制作用，并能使症状减轻，甚至呈潜隐状态，可减轻为害。

#### 1.15.5.4　与品种的关系

马铃薯品种不同，对 PVY 的抗性存在明显差异，种植感病品种如克新 13 号、克新 18 号等发病重，反之种植抗病品种克新 2 号、广红 2 号、中薯 3 号、丰收白以及耐病品种兴 602 号，则发病轻。

### 1.15.6 防治方法

#### 1.15.6.1 农业防治

（1）建立无病种薯基地，种植脱毒、无毒种薯。马铃薯 Y 病毒脱毒种薯生产过程分为 4 个步骤：①在室内通过茎尖脱毒技术或茎尖脱毒与热处理技术相结合脱去 PVY，获得马铃薯组织培养试管苗；②在温室或网室内进行微型薯即原原种生产；③在田间进行原种生产；④在田间生产一级种薯即生产上用的种薯，薯块质量 50～100g。在生产各级种薯过程中，必须对各级种薯携带 PVY 的情况进行检测，严格控制种薯带毒率。田间进行原种生产和一级种薯生产时应采取防蚜、避蚜措施，严防蚜虫传播病毒。避蚜、防蚜的方法是将种薯生产基地设在蚜虫少的高山或冷凉地区，或有翅蚜不易降落的海岛，或有森林为天然屏障的隔离地带，从而确保生产的种薯不带毒。

（2）种植抗病或耐病品种，淘汰感病品种。在马铃薯 Y 病毒病发生严重的薯区，应采取有效措施淘汰高感品种，因地制宜种植既抗病或耐病又高产稳产且品质优良的马铃薯品种，如西薯 1 号、丰收白、克新 1 号、沙杂 15 号、坝薯 9 号、郑薯 2 号、呼薯 1 号、内薯 2 号等。

（3）加强栽培管理。①小整薯播种，避免切刀传毒；②留种田改为夏播，结薯期避开高温期，增强马铃薯抗病能力，也可避开蚜虫传毒高峰期；③田间农事操作尽量避免损伤植株，减少汁液摩擦传毒机会；④及时拔除留种田病株，集中销毁；⑤防治传毒蚜虫，包括药剂拌种和田间喷雾防治。药剂拌种可用 60% 吡虫啉悬浮种衣剂 20～30ml 对水 1～2 L 处理种薯 100kg，晾干后播种；马铃薯生长期间，有翅蚜密度达到 0.1～0.5 头/m² 时，立即喷药治蚜，常用的杀虫剂有 40% 氰戊菊酯乳油 4 000 倍液，或 2.5% 溴氰菊酯乳油 4 000 倍液，或 10% 吡虫啉可湿性粉剂 1 500～2 000 倍液，或 2.5% 高效氯氟氰菊酯乳油 3 500～4 000 倍液，或 50% 吡蚜酮·异丙威可湿性粉剂 750 倍液。上述药剂任选一种喷雾，隔 7 天左右防治 1 次，一共防治 2～3 次。

#### 1.15.6.2 化学防治

药剂防治适期为病毒病发病初期。常用药剂有 20% 吗呱乙酸铜可湿性粉剂 500 倍液，或 0.5% 氨基寡糖素可湿性粉剂 500 倍液，或 45.5% 氨基·乙胺·烷胺可湿性粉剂 1 000 倍液，或 0.5% 菇类蛋白多糖水剂 300 倍液，或 5% 菌毒清水剂 500 倍液或 1.5% 植病灵乳油 1 000 倍液，或 20% 病毒宁可湿性粉剂 500 倍液，亦可用 5% 盐酸吗啉胍可溶性粉剂 703～1 406g/hm² 或 5.9% 辛菌胺·吗啉胍水剂 196.9～225g/hm²。上述药剂任选一种对水后进行叶面喷雾，隔 7～10 天防治 1 次，连续防治 2～3 次。

## 1.16 马铃薯卷叶病毒病

### 1.16.1 分布与为害

马铃薯卷叶病毒病（PLRV）又称马铃薯黄疸病，广泛分布于全球马铃薯生产国，是为害马铃薯最严重的病毒病之一，一般造成 30% 以上的产量损失，严重的再次侵染减产高达80%左右。我国南北薯区均有卷叶病毒病的发生和为害，但北方薯区为害远远低于南方薯区。2009—2010年内蒙古马铃薯病虫害普查结果，卷叶病毒病病株率最低只有0.1%，最高也只有13.0%，而且发病严重的仅为个别薯区局部地块。卷叶病毒病是为害云南马铃薯最主要的病毒病，分布广、为害重，检出率达33%。广东惠州冬作马铃薯生长后期，卷叶病毒病病株率高达50%～91.3%，马铃薯感病后，生长发育严重受阻，结薯少、结薯小，一般减产40%～60%，严重的减产高达90%左右。

## 1.16.2　症状

马铃薯植株感病后，顶部叶片直立，淡黄色，沿中脉向上卷曲，严重时卷成圆筒形；小叶基部边缘紫红色；叶片硬而脆，叶柄与茎呈锐角着生；有的品种感病后，叶片粉红色、红色或紫色；植株生长受到抑制、矮化；感病植株所结薯块小、数量少，薯块尾部薯肉呈褐色，脐部薯肉由浅褐色变为褐色，维管束暗褐色或黑褐色，薯肉有浅褐色网状纹，称为网状坏死，网状坏死既可发生在田间薯块上，也可发生在收获后贮藏期间，症状继续发展。

## 1.16.3　病毒形态及生物学特征

马铃薯卷叶病毒（Potato leaf roll virus，PLRV）隶属于马铃薯卷叶病毒属，病毒粒体呈六边形等轴对称，直径25～26nm，基因全长5～9kb。病毒稀释限点10 000倍，钝化温度70～80℃，体外存活期因温度高低而异，在25℃温度条件下，可存活12～24h，2℃温度条件下存活期可达3～5天。

马铃薯卷叶病毒除为害马铃薯外，还可侵染烟草、茄子、番茄等茄科农作物和野生植物。

## 1.16.4　病害循环

马铃薯卷叶病毒在带毒种薯上越冬，翌年马铃薯播种出苗后即感染卷叶病毒，成为田间初次侵染源。在自然条件下由多种蚜虫传播病毒，进行再侵染，导致病毒病的大流行。传播马铃薯卷叶病毒的蚜虫主要有桃蚜 *Myzus persicae*、大戟长管蚜 *Macrosiphu euphor-biae*、鼠李蚜 *Aphis nasturtii* 等，其中以桃蚜传毒效率最高。蚜虫经一定时间饲毒后，才能成为带毒蚜，带毒蚜虫经24～28h潜伏期才能传毒。蚜虫一旦获毒，即可终生传毒，但病毒不能传给子代。带毒无翅蚜以近距离传毒为主，带毒有翅蚜随气流迁飞进行远距离传毒。

## 1.16.5　田间发病规律

马铃薯卷叶病毒病是广东惠州马铃薯生产上为害严重的病毒病之一，该病在惠州冬作马铃薯发病规律表现为马铃薯生长前期发病轻，1月上旬平均发病率仅为2.5%，其后随着马铃薯生长发育，病情越来越重，2月中旬末发病率平均上升至12.67%，至马铃薯生长后期，达到发病高峰，2月下旬末平均发病率高达70.2%。

### 1.16.6 发生与环境条件的关系

#### 1.16.6.1 与毒源植物的关系

马铃薯卷叶病毒毒源广泛分布于自然界，多种茄科农作物和野生植物均为该种病毒的寄主。特别是近年来蔬菜种植业的迅速发展，尤其是温室、大棚种植的推广，多种茄科蔬菜种植面积不断扩大，不仅为马铃薯卷叶病毒提供了广泛寄主植物，也为该种病毒的积累和扩散提供了良好条件，有利于马铃薯卷叶病毒的发生和流行。

#### 1.16.6.2 与传毒媒介昆虫的关系

马铃薯卷叶病毒在田间的再侵染主要依靠传毒昆虫，特别是桃蚜的吸毒、传毒，田间蚜虫数量多，发病越重，特别是环境条件如高温干旱有利于其生长发育和繁殖时，种群数量迅速增长，吸毒传毒随之加快，易导致卷叶病毒的大流行。

#### 1.16.6.3 与品种抗病（耐）性的关系

我国马铃薯生产区种植的品种多数不抗卷叶病毒，也是马铃薯卷叶病毒严重发生的原因之一。

### 1.16.7 防治方法

#### 1.16.7.1 农业防治

（1）建立无病种薯繁育基地，种植脱毒、无毒种薯。具体方法参见马铃薯 Y 病毒防治。

（2）热处理脱毒。山西试验，仅用热处理对马铃薯卷叶病毒进行脱毒处理，也能获得很好的防治效果。马铃薯开花期、现蕾期和茎叶枯黄期检测植株病毒，均未发现卷叶病毒，而且能大幅度提高薯块产量。具体做法是将种薯置于温室铁架筛网上进行热处理，处理温度 38℃，湿度控制在 75% ~ 85%，共计处理 24 天。热处理脱毒温度超过 40℃，影响马铃薯发芽。该方法虽然持续时间较长，但效果好、操作简便、成本低廉。

（3）种植抗（耐）病品种。马铃薯不同品种对卷叶病毒的抗性不尽相同，生产上应淘汰感病品种，种植抗（耐）病品种，抗卷叶病毒的品种有春薯 2 号、克新 2 号、中薯 3 号等。各地因地制宜引种种植。

（4）加强田间管理。①发现病株及时处理，减少毒源；②实施配方施肥，避免偏施氮素化肥，促使马铃薯健壮生长，提高植株抗（耐）病能力，减轻为害；③防治传毒昆虫，方法参见马铃薯 Y 病毒蚜虫防治方法。

#### 1.16.7.2 药剂防治

方法参见马铃薯 Y 病毒病防治方法。

## 参考文献

Theron D J，Holz G，廖晓兰，等 . 1991. 温度对接种不同镰刀菌的马铃薯干腐病发展的影响 ［J］. 国外农学：杂粮作物（6）：30 - 33.

Lootsma M，Scholte K，杨哲，等 . 1997. 土壤消毒与收获方式对翌年马铃薯 *Rhizoctonia so-*

lani 病害发生的影响 [J]. 国外农学：杂粮作物 (2)：44 - 46.

安小敏，胡俊，武建华，等.2017. 马铃薯枯萎病病原菌研究概述 [J]. 中国马铃薯，31 (5)：302 - 306.

白晓东，杜珍，范向斌，等.2002. 基质对马铃薯疮痂病抑制效果研究初报 [J]. 中国马铃薯，16 (6)：332 - 333.

白艳菊，韩树鑫，高艳玲，等.2017. 马铃薯 Y 病毒对不同马铃薯品种的致病力 [J]. 山西农业学报，26 (1)：1713 - 1720.

蔡春锡，鹿秀云.2017. 马铃薯黄萎病综合防治技术 [J]. 现代农业科技 (7)：30.

曹春梅，李文刚，张建平，等.2009. 马铃薯黑痣病的研究现状 [J]. 中国马铃薯，23 (3)：171 - 173.

曹艳秋，阮俊，房鹏，等.2008. 凉山州5—7月气象因素对马铃薯晚疫病发生流行的影响 [J]. 中国农业气象，29 (4)：481 - 484.

陈爱昌，魏周全，刘小娟.2017. 定西市马铃薯黑痣病综合防治技术规程 [J]. 甘肃农业科学 (7)：86 - 88.

陈爱昌，魏周全，骆得功，等.2012. 马铃薯炭疽病发生情况及室内药剂筛选 [J]. 植物保护，38 (5)：162 - 164.

陈爱昌，魏周全，马永强，等.2013. 甘肃省马铃薯黄萎病病原分离与鉴定 [J]. 植物病理学报，43 (4)：412 - 420.

陈爱昌，魏周全，孙兴明，等.2015. 不同药剂组合对马铃薯晚疫病的防治效果分析[J]. 中国马铃薯，29 (6)：265 - 367.

陈春艳，陈玉章，王朝贵，等.2014. 马铃薯枯萎病的防治药剂筛选 [J]. 贵州农业科学，42 (7)：43 - 45.

陈方景，胡华伟，程丽敏.2002. 几种药剂对马铃薯青枯病的防治试验 [J]. 现代农药 (4)：43.

陈方景.2003. 马铃薯青枯病的发生特点与防治对策 [J]. 广西植保 (2)：19 - 20.

陈红梅，李金花，柴兆祥，等.2012.35 个马铃薯品种对镰刀菌干腐病优势病原的抗病性评价 [J]. 植物保护学报，39 (4)：308 - 314.

陈慧，薛玉凤，蒙美莲，等.2016. 内蒙古马铃薯枯萎病病原菌鉴定及其生物学特性[J]. 中国马铃薯，30 (4)：226 - 234.

陈能柱.2016. 几种药剂浸种对马铃薯环腐病的防效 [J]. 农业科技与信息 (11)：96.

陈士华，刘晓磊，张晓婷，等.2011. 中国部分马铃薯产区马铃薯 Y 病毒 (PVY) 的株系分化与鉴定 [J]. 河南农业大学学报，45 (2)：548 - 551.

陈书珍，陈泰祥，季绪霞，等.2017. 甘肃省岷县马铃薯窖藏干腐病鉴定及药剂筛选[J]. 草业科学，34 (11)：2218 - 2225.

陈素华，侯琼.2002. 乌盟地区马铃薯晚疫病滋生和蔓延的气象条件分析及预报模式的建立 [J]. 中国马铃薯，16 (5)：281 - 284.

陈素华，潘进军，王志春.2006. 气候变化对内蒙古马铃薯晚疫病流行的影响 [J]. 干旱地区农业研究，24 (6)：48 - 51.

陈万利.2012. 马铃薯黑痣病的研究进展 [J]. 中国马铃薯，26 (1)：49 - 51.

陈学俭，古丽森，朱晓玲.2010.马铃薯环腐病发生规律及防治技术 ［J］.农业科技
(7)：45.

陈亚兰，张健.2016.5 种药剂对贮藏期马铃薯干腐病防效试验 ［J］.甘肃农业科技 (3)：
42－43.

陈延熙，张敦华，段霞渝，等.1985.关于 RHIZOCTONIA SOLANI 菌丝融合分类和有性
世代的研究 ［J］.植物病理学报，15 (3)：139－143.

陈虞超，聂峰杰，张丽，等.2016.马铃薯 X 病毒研究进展 ［J］.长江蔬菜 (18)：
39－44.

陈云，岳新丽，王娟，等.2015.马铃薯黑胫病及其防治 ［J］.农业技术与装备 (12)：
40－42.

陈云，岳新丽，王玉春.2010.马铃薯环腐病的特征及综合防治 ［J］.山西农业科学，38
(7)：140－141.

陈兆贵，林于绵，黄成.2010.冬种马铃薯卷叶病田间调查及 RT－PCR 检测技术研究
［J］.湖北农业科学，49 (9)：2134－2137.

陈兆贵，施招婉，陈静敏.2012.惠州马铃薯卷叶病毒病原分子鉴定及序列分析 ［J］.作
物杂志 (4)：45－48.

陈兆贵，张蒙，肖军委，等.2016.惠州市冬种马铃薯卷叶病毒病的发生、鉴定及气象影
响因子研究 ［J］.湖南农业科学 (3)：65－68.

程清海，薛建海，王新红，等.2003.二季作区春马铃薯病虫害发生规律及防治 ［J］.中
国马铃薯，12 (2)：114－115.

池再香，卢瑶，肖钧，等.2009.气象因子对马铃薯晚疫病发生规律的影响 ［J］.贵州农
业科学，37 (9)：69－71.

崔凤英，张丽.2006.马铃薯环腐病症状表现及防治对策 ［J］.新疆农业科技 (6)：33.

丁海滨，卢扬，邓禄军.2006.马铃薯晚疫病发病机理及防治措施 ［J］.贵州农业科学，
34 (5)：76－81.

丁俊杰，郑天琪，马淑梅，等.2005.马铃薯晚疫病发生因素研究 ［J］.中国农学通报，
21 (2)：253－255.

董爱书，胡新，邵晓梅，等.2012.12 个马铃薯品种对晚疫病抗性比较与药剂防治 ［J］.
中国马铃薯，26 (5)：302－307.

杜志游，陈集双.2003.马铃薯 X 病毒湖南分离物的鉴定与分组研究 ［J］.中国病毒学，
18 (2)：119－123.

段锦蕊.2014.马铃薯病毒病的种类及防治方法 ［J］.甘肃农业 (24)：77，79.

恩施地区天池山农业科学研究所.1978.马铃薯粉痂病的消长规律与综合防治技术总结
［J］.湖北农业科学，8 (11)：17－19.

恩施地区植保站.1976.马铃薯粉痂病的发生规律及防治 ［J］.湖北农业科学，6 (11)：
38－39.

范国权，白艳菊，高艳玲，等.2013.中国马铃薯主要病毒病发生情况调查与分析 ［J］.
东北农业大学学报，44 (7)：74－79.

范子耀，孟润杰，王文桥，等.2010.马铃薯早疫病菌化学防治及抗药性研究进展 ［J］.

河北农业科学，14（8）：24 – 27.

范子耀，王文桥，孟润杰，等 .2013.马铃薯早疫病病原菌鉴定及其对不同药剂的敏感性
　［J］.植物病理学报，43（1）：69 – 74.

费永祥，张建朝，邢会琴，等 .2010.甘肃省马铃薯细菌性病害种类及 1 种新纪录病害
　［J］.河西学院学报，26（2）：51 – 54.

高虹 .2004.马铃薯环腐病的发生及防治 ［J］.现代化农业（1）：10 – 11.

高晶 .1989.温室秋播生产微型薯防治马铃薯疮痂病试验 ［J］.辽宁农业科学（5）：
　33 – 36.

龚浩，陈家旺，古国强，等 .2010.马铃薯病虫害综合防治技术集成与效果 ［J］.广东农
　业科学（6）：120 – 121.

郭志乾，董凤林 .2004.马铃薯病毒性退化与防治技术 ［J］.中国马铃薯，18（1）：
　48 – 49.

哈斯，张晓霞，刘佳，等 .2016.新型杀菌剂对马铃薯早疫病的田间防效 ［J］.北方农业
　学报，44（1）：72 – 75.

韩国珍 .2010.神农架林区马铃薯病虫草害发生及无公害防治措施 ［J］.湖北植保（4）：
　17 – 18.

韩升高，张治军 .2017.陕北山旱地区马铃薯黄萎病防治的拌种药剂筛选 ［J］.陕西农业
　科学，63（6）：14 – 16，20.

韩彦卿，秦宇轩，朱杰华，等 .2010.2006—2008 年中国部分地区马铃薯晚疫病菌生理小
　种的分布 ［J］.中国农业科学，43（17）：3684 – 3690.

韩志华，李兴洲 .2018.马铃薯 Y 病毒病与根结线虫病发生关系研究 ［J］.安徽农业科
　学，46（15）：131 – 133，137.

郝智勇 .2017.马铃薯种薯疮痂病成因及防治措施 ［J］.黑龙江农业科学（1）：
　158 – 159.

郝智勇 .2017.马铃薯种薯粉痂病形成因素、危害及防治措施 ［J］.黑龙江农业科学
　（2）：139 – 140.

郝智勇 .2017.马铃薯种薯环腐病形成及防治措施 ［J］.黑龙江农业科学（4）：
　154 – 155.

郝智勇 .2017.马铃薯种薯立枯丝核菌病的形成因素、危害及防治措施 ［J］.黑龙江农业
　科学（10）：127 – 128.

何虎翼，谭冠宁，何新民，等 .2017.马铃薯品种（系）资源的疮痂病抗性鉴定 ［J］.植
　物遗传资源学报，18（4）：786 – 793.

何凯，杨水英，黄振霖，等 .2012.马铃薯早疫病菌的分离鉴定和生物学特性研究 ［J］.
　中国蔬菜（12）：72 – 77.

何礼远，华静月 .1985.马铃薯细菌性青枯病的发生和危害 ［J］.植物保护，11（2）：
　10 – 12.

何新民，谭冠宁，唐洲萍，等 .2014.冬作区马铃薯黑胫病防控药剂筛选研究 ［J］.农业
　科技通讯（2）：63 – 65.

洪枫，刘映红 .2011.马铃薯 Y 病毒属病毒的蚜传机制研究进展 ［C］//中国植物保护学

会学术年会.

侯忠艳.2012.马铃薯干腐病的发生与防治［J］.现代农业科技（10）：173-179.

胡新喜，何长征，熊兴耀，等.2009.马铃薯 Y 病毒研究进展［J］.中国马铃薯，23（5）：293-300.

虎青龙.2010.马铃薯环腐病的防治［J］.农业科技与信息（3）：47，50.

黄冲，刘万才.2016.近几年我国马铃薯晚疫病流行特点分析与监测建议［J］.植物保护，42（5）：142-147.

黄冲，刘万才.2016.近年我国马铃薯病虫害发生特点与监控对策［J］.中国植保导刊，36（6）：48-52.

黄宁，沈会芳，张景欣，等.2012.广东冬种马铃薯软腐病发生与病原菌鉴定［J］.广东农业科学（20）：58-59.

霍燃华.2015.马铃薯黑胫病综合防治技术［J］.农业开发与装备（11）：117.

贾霁，肖启明，刘剑峰，等.2013.马铃薯 Y 病毒病的检测技术及防治策略［J］.园艺与种苗（1）：1-5，47.

姜戈，杨春玲.2010.马铃薯黑胫病的发生规律及防治方法［J］.吉林蔬菜（1）：49-50.

蒋颖，吴石平，陈小均.2016.贵州马铃薯炭疽病的诊断及病原鉴定［J］.贵州农业科学，44（7）：33-35.

康蓉，王生荣.2013.甘肃马铃薯疮痂病病原初步鉴定［J］.植物保护，39（3）：78-82.

李成军.2000.黑龙江省马铃薯晚疫病发生发展规律及防治［J］.中国农学通报，16（6）：71-72.

李殿军，宋景荣，于平，等.2016.四种环保药剂对马铃薯疮痂病的防效试验［J］.北方农业学报，44（5）：51-53.

李广存，金黎平，谢开云，等.2004.马铃薯青枯病研究进展［J］.中国马铃薯，18（6）：350-353.

李建军，刘世海，惠娜娜，等.2010.马铃薯黑胫病田间防治药剂筛选［J］.植物保护，36（4）：181-183.

李金花，柴兆祥，王蒂，等.2007.甘肃马铃薯贮藏期真菌性病害病原菌的分离鉴定［J］.兰州大学学报：自然科学版，42（3）：39-42.

李金花，柴兆祥，王蒂，等.2010.华北地区马铃薯贮藏病害种类调查及病原菌鉴定［J］.内蒙古农业大学：自然科学版，31（4）：53-57.

李金花，王蒂，柴兆祥，等.2011.甘肃省马铃薯镰刀菌干腐病优势病原的分离鉴定［J］.植物病理学报，41（5）：456-463.

李莉，曹静，杨靖芸，等.2013.马铃薯黑痣病发生规律与综合防治措施［J］.西北园艺：蔬菜（9）：51-52.

李莉，杨静，刘文成.2017.马铃薯软腐病的辨别及防治方法［J］.园艺与种苗（8）：63-64，79.

李乾坤，孙顺娣，李敏权.1988.马铃薯立枯丝核菌病的研究［J］.中国马铃薯，2（2）：

79 – 84.

李拴曹, 李存玲. 2016. 马铃薯疮痂病的发生与防治 [J]. 陕西农业科学, 62 (1): 76 – 77.

李万先. 1980. 马铃薯青枯病的发生规律及其防治 [J]. 湖南农业科技 (1): 14.

李霞. 2014. 宁南山区马铃薯环腐病的综合防治 [J]. 北京农业 (27): 106.

李夏隆. 2014. 马铃薯主要病虫害预测及综合防治技术 [J]. 陕西农业科学, 60 (8): 118 – 121.

李映, 卢瑶, 胡秋舲. 2008. 贵州省六盘水市马铃薯青枯病病原菌的初步研究 [J]. 中国马铃薯, 22 (5): 288 – 290.

梁家燕, 贺海雄, 潘晓莲, 等. 2016. 马铃薯晚疫病的发生、流行规律及其对产量的影响 [J]. 长江蔬菜 (2): 81 – 82.

梁伟伶. 2009. 马铃薯对早疫病抗性机制及化学防治研究 [D]. 大庆: 黑龙江八一农垦大学.

梁远发. 2001. 马铃薯青枯病田间发病主要因素初步研究 [C] //中国作物学会马铃薯专业委员会 2001 年年会论文集. 192 – 197.

凌永胜, 沈清景, 叶贻勋, 等. 2004. 药剂浸种防治夏种马铃薯青枯病初探 [J]. 中国马铃薯, 18 (2): 90 – 91.

刘宝康, 吕金殿. 1992. 马铃薯萎蔫病种薯及秸秆带菌检查初报 [J]. 植物保护, 18 (2): 8 – 9.

刘宝玉, 胡俊, 蒙美莲, 等. 2011. 马铃薯黑痣病病原菌分子鉴定及其生物学特性 [J]. 植物保护学报, 38 (4): 329 – 380.

刘宝玉, 胡俊, 石立航, 等. 2009. 马铃薯黑痣病病原菌生物学特性初步研究 [C] //中国植物保护学会 2009 年学术年会论文集: 997.

刘宝玉, 蒙美莲, 胡俊, 等. 2010. 5 种杀菌剂对马铃薯黑痣病的病菌毒力及田间防效 [J]. 中国马铃薯, 24 (5): 306 – 310.

刘波微, 李洪浩, 彭化贤, 等. 2013. 防治马铃薯晚疫病新农药筛选及经济效益评价[J]. 西南农业学报, 26 (2): 595 – 600.

刘华, 冯高. 2002. 热处理防治马铃薯卷叶病毒的研究 [J]. 中国马铃薯, 16 (6): 340 – 341.

刘会梅, 王向军, 封立平. 2007. 马铃薯炭疽病研究进展 [J]. 植物检疫, 21 (1): 38 – 41.

刘慧萍. 2015. 西吉县马铃薯病毒病的症状表现及防治措施 [J]. 现代农业科技 (23): 147 – 151.

刘佳, 哈斯, 张建平. 2018. 抑霉唑对马铃薯干腐病的防效 [J]. 中国马铃薯, 32 (2): 108 – 112.

刘金成. 1995. 马铃薯青枯病的发生与防治 [J]. 福建农业 (2): 14.

刘军, 陈埼, 吕忠诚, 等. 2008. 马铃薯黑胫病的诊断及防治方法 [J]. 内蒙古农业科技 (7): 64.

刘普明. 2016. 马铃薯黄萎病田间药剂防治试验报告 [J]. 农业与技术, 36 (13):

87 - 88.

刘世怡, 张佩. 1995. 贵州西部马铃薯青枯菌菌系的初步研究 [J]. 贵州农业科学 (2): 27 - 28.

刘霞, 冯蕊, 杨艳丽, 等. 2014. 云南省田间防治马铃薯疮痂病初探 [C] //2014 年中国马铃薯大会会议论文集: 374 - 378.

刘霞, 杨艳丽, 罗文富. 2006. 云南马铃薯粉痂病发生情况初步研究 [J]. 植物保护, 32 (3): 63 - 67.

刘霞, 杨艳丽, 罗文富. 2007. 云南马铃薯粉痂病病原研究 [J]. 植物保护, 33 (1): 105 - 108.

刘玉华, 王文桥. 2010. 河北省一季作区马铃薯病虫害发生及综合防控 [J]. 中国马铃薯, 24 (3): 159 - 164.

柳玲玲, 芶久兰, 秦松. 2016. 马铃薯晚疫病研究进展 [J]. 耕作与栽培 (2): 73 - 75.

龙国, 张绍荣, 曹曦, 等. 2010. 基质消毒对脱毒马铃薯原原种生产中疮痂病的防效[J]. 贵州农业科学, 38 (1): 137 - 139.

卢丙发. 2007. 马铃薯环腐病的发病原因及防治对策 [J]. 吉林蔬菜 (6): 34 - 35.

罗燕娜, 刘江娜, 王航. 2015. 马铃薯病毒种类及主要病毒检测方法 [J]. 新疆农垦科技 (3): 65 - 67.

马宏. 2007. 我国马铃薯软腐病防治的研究进展 [J]. 生物技术通报 (1): 42 - 44.

马雪青, 王永刚, 周贤婧, 等. 2010. 马铃薯病毒研究新进展 [J]. 食品工业科技, 30 (10): 429 - 434.

闵凡祥, 王晓丹, 胡林双, 等. 2010. 黑龙江省马铃薯干腐病菌种类鉴定及致病性 [J]. 植物保护, 36 (4): 112 - 115.

纳添仓. 2009. 防治马铃薯枯萎病药效试验 [J]. 长江蔬菜 (20): 60 - 61.

牛志敏. 2002. 马铃薯黑胫病的发生与防治 [J]. 中国马铃薯, 16 (2): 116 - 117.

裴慧兰, 王爱军. 2017. 马铃薯干腐病发生规律及防治措施 [J]. 现代农业科学 (7): 123, 127.

彭学文, 朱杰华. 2008. 河北省马铃薯真菌病害种类及分布 [J]. 中国马铃薯, 22 (1): 31 - 33.

邱彩玲, 董学志, 魏琪, 等. 2014. 不同马铃薯软腐病菌的致病力分析 [J]. 中国马铃薯, 28 (2): 90 - 93.

邱广伟. 2009. 马铃薯黑痣病的发生与防治 [J]. 农业科技通讯 (6): 133 - 134.

裘月娥. 2004. 马铃薯环腐病的发生及防治对策 [J]. 新疆农业科学 (F08): 88 - 89.

全健瑞, 任冲, 董勤成. 2009. 马铃薯环腐病和青枯病的区别及防治 [J]. 吉林蔬菜 (4): 44 - 45.

任彬元, 杨普云, 赵中华. 2015. 我国马铃薯病虫害防治现状与前景展望 [J]. 中国植保导刊, 35 (10): 27 - 31.

沙俊丽. 2014. 马铃薯环腐病的发生与防治 [J]. 农业科技与信息 (22): 28, 30.

尚玉儒. 2017. 马铃薯炭疽病药剂防治试验 [J]. 河北农业 (4): 29 - 30.

佘小漫, 蓝国兵, 何自福, 等. 2015. 广东马铃薯黑胫病的病原鉴定 [J]. 植物病理学报, 45 (5): 449-454.

时新瑞, 范书华, 邵广忠, 等. 2015. 利用新型土壤颗粒剂防控马铃薯疮痂病 [J]. 中国马铃薯, 29 (6): 362-364.

宋伯符, 王军, 张志铭, 等. 1996. 我国马铃薯晚疫病研究的进展和建议 [J]. 马铃薯杂志, 10 (3): 138-142.

孙彦良, 孟兆华. 2008. 马铃薯黑胫病的发生及防治方法 [J]. 中国马铃薯 (6): 371-372.

孙忠科, 牛畅, 杨淑慎. 2006. 马铃薯晚疫病研究 [J]. 生命科学研究, 10 (2): 71-75.

谭宗九, 郝淑芝. 2007. 马铃薯丝核菌溃疡病及其防治 [J]. 中国马铃薯, 2 (2): 109-109.

谭宗九, 王文泽, 丁明亚, 等. 2001. 气象因素对马铃薯晚疫病发生流行的影响 [J]. 中国马铃薯, 15 (2): 26-28.

汤红玲, 沈清景, 林涛, 等. 2003. 网棚秋繁马铃薯原种疮痂病防治试验 [J]. 福建农业科学 (1): 28-29.

唐建锋, 谈孝凤. 2014. 马铃薯晚疫病发病规律调查 [J]. 植物医生, 27 (6): 16-17.

田绍义. 1984. 马铃薯黄萎病初步观察 [J]. 河北农学报 (1): 38-41.

田晓燕, 蒙美莲, 张笑宇, 等. 2011. 马铃薯黑痣病菌菌丝融合群的鉴定 [J]. 中国马铃薯, 25 (5): 298-301.

王成华, 朱国庆. 1999. 凉山州马铃薯青枯病发生、危害及调查防治试点情况浅析 [C] //中国作物学会马铃薯专业委员会1999年年会论文集: 303-305.

王德江. 2016. 不同施氮水平对马铃薯生长、产量及黄萎病发病率的影响 [D]. 沈阳: 东北农业大学.

王金生, 韦忠民, 方中达. 1985. 马铃薯软腐病细菌的鉴定 [J]. 植物病理学报, 15 (1): 25-30.

王金生, 张学君, 方中达. 1986. 马铃薯块茎对软腐病抗性的评价方法及我国部分地区主要马铃薯品种的反应 [J]. 中国农业科学 (4): 43-49.

王金生, 张学君, 方中达. 1990. 几种软腐欧氏杆菌对马铃薯致病性及块茎感病性的研究 [J]. 南京农业大学学报, 13 (4): 41-45.

王金生, 章忠民, 方中达. 1988. 引起马铃薯软腐的菊欧氏杆菌的生物型和血清型 [J]. 植物病理学报, 18 (3): 151-156.

王久恩, 陈军, 李治伟, 等. 2016. 马铃薯粉痂病发病规律及对策 [C] //2016年中国马铃薯大会论文集: 508-510.

王立春, 盛万民, 朱杰华, 等. 2012. 马铃薯品种黑胫病抗性筛选与评价 [J]. 黑龙江农业科学 (11): 5-7.

王丽丽, 蔡超, 罗明, 等. 2017. 马铃薯黄萎病研究现状 [J]. 生物安全学报, 26 (1): 30-38.

王丽丽, 符桂华, 马金贵, 等. 2014. 乌昌地区马铃薯黄萎病菌分离与鉴定 [J]. 新疆农业科学, 51 (4): 667-672.

王丽丽, 李芳, 日孜旺古丽, 等.2014.马铃薯黄萎病菌生物学特性及室内药剂筛选[J]. 新疆农业大学学报, 32 (3): 218－223.

王丽丽, 李洪涛, 日孜旺古丽·苏皮, 等.2014.乌昌地区窖藏马铃薯菌物病害调查及病原鉴定 [J]. 新疆农业大学学报, 37 (6): 469－473.

王丽丽, 日孜旺古丽·苏皮, 李克梅, 等.2011.乌昌地区马铃薯真菌性病害种类及5种新记录 [J]. 新疆农业科学, 48 (2): 266－270.

王丽丽, 徐韬, 李琳, 等.2016.马铃薯干腐病病菌生物学特性及室内药剂筛选 [J]. 新疆农业大学学报, 39 (3): 222－226.

王利亚, 孙茂林, 杨艳丽, 等.2005.云南马铃薯晚疫病区域性流行学的研究 [J]. 西南农业科学, 18 (2): 157－162.

王利亚, 杨艳丽, 刘霞, 等.2012.不同马铃薯品种对粉痂病的抗性研究 [J]. 河南农业科学, 41 (1): 103－105, 109.

王鹏, 李芳弟, 郭天顺, 等.2014.马铃薯品种 (系) 晚疫病抗性鉴定 [J]. 中国马铃薯, 28 (5): 264－269.

王世彬, 綦玉梅.2014.建平县马铃薯病毒病的发生及防治 [J]. 现代农业 (5): 41.

王晓丽, 蒙美莲, 薛玉凤, 等.2012.马铃薯枯萎病初侵染来源及栽培与发病的关系[J]. 中国马铃薯, 26 (3): 169－173.

王晓明, 金黎平, 尹江.2005.马铃薯抗病毒病育种研究进展 [J]. 中国马铃薯, 19 (5): 285－290.

王玉琴, 杨成德, 陈秀蓉, 等.2014.甘肃省马铃薯枯萎病 (*Fusarium avenaceum*) 鉴定及其病原生物学特性 [J]. 植物保护, 40 (1): 48－53.

王育彪, 张果斌, 焦建平, 等.2015.7种杀菌剂对马铃薯干腐病菌的抑制及病害防治效果 [J]. 内蒙古农业科技, 43 (6): 83－85.

王云龙, 闵凡祥, 高云飞, 等.2014.10种药剂处理对马铃薯晚疫病的防治效果分析[J]. 中国马铃薯, 28 (2): 94－99.

王针针, 沈艳芬, 陈家吉, 等.2017.中国马铃薯疮痂病研究进展 [C]. 2017年中国马铃薯大会论文集. 贵州: 204－210.

魏巍, 朱杰华, 张宏磊, 等.2013.河北和内蒙古马铃薯干腐病菌种类鉴定 [J]. 植物保护学报, 40 (4): 296－300.

魏周全, 陈爱昌, 骆得功, 等.2012.甘肃省马铃薯炭疽病病原分离与鉴定 [J]. 植物保护, 38 (3): 113－115.

魏周全, 张廷义, 杜玺.2006.马铃薯块茎干腐病发生危害及防治 [J]. 植物保护, 32 (2): 103－105.

吴玲霞.2014.3种药剂处理对马铃薯黑胫病防效初报 [J]. 甘肃农业科技 (6): 49－50.

吴秋云, 黄科, 刘明月, 等.2014.马铃薯晚疫病抗病基因研究进展 [J]. 中国马铃薯, 28 (3): 175－179.

吴兴泉, 李月, 孙强, 等.2015.马铃薯Y病毒的株系种类、分子特征及鉴定方法研究进展 [J]. 河南农业科学, 44 (3): 5－8.

吴志会, 韩晓清, 张尚卿, 等.2018.冀东地区马铃薯炭疽病的鉴定及综合防控技术[J].

蔬菜（3）：52 - 54.

吴志会,彭学文,韩晓清,等.2018.冀东地区马铃薯病害种类及主要病害的发生情况与防控技术 [J].长江蔬菜（5）：50 - 53.

奚启新,杜凤英.2000.调节土壤 pH 值和药剂防治马铃薯疮痂病 [J].中国马铃薯,14（1）：57 - 58.

夏江文,王玲波,肖勇,等.2012.马铃薯青枯病药剂筛选试验研究 [J].农业科技与信息（9）：24 - 25.

夏明聪,李丽霞,樊会丽,等.2012.马铃薯环腐病的发生及其综合防治技术 [J].中国果蔬（9）：49 - 50.

肖雅,何长征,聂先舟,等.2008.马铃薯病毒病防治策略 [J].中国马铃薯,22（2）：106 - 110.

谢成君,刘普明,谢强,等.2014.马铃薯晚疫病优化防治决策 [J].中国马铃薯,28（6）：357 - 361.

邢莹莹,吕典秋,魏琪,等.2016.黑龙江省部分地区马铃薯疮痂病菌种类及致病性鉴定 [J].植物保护,42（1）：26 - 32.

徐德江,黄永良,王丽华.2002.阿尔山市马铃薯腐烂病的发生因素分析及其防治对策 [J].中国马铃薯,16（1）：50 - 51.

徐金兰,徐金龙,吴颜春.2010.马铃薯环腐病发病原因及防治对策 [J].中国园艺文摘（8）：145.

徐丽娜,季志强,邝光伟,等.2017.承德市马铃薯黑胫病的发生规律及防治措施 [J].现代农业科技（18）：91 - 92.

许福民,张越,李娟,等.2014.2014 年太原市马铃薯黑胫病现状与对策探讨 [J].种子科技（11）：37 - 38.

许永锋,张建朝,张文斌.2016.马铃薯播种后干腐病发生原因调查及综合防治技术 [J].中国蔬菜（2）：81 - 82.

严亚玲,耿生玲.2013.马铃薯黑胫病发生规律及防控技术 [J].西北园艺（1）：44 - 45.

颜永杰,吴宽,谢海峰.2010.陕西马铃薯卷叶病病原的分子生物学鉴定 [J].西北农林科技大学学报：自然科学版,38（5）：87 - 92.

杨成德,陈秀蓉,姜红霞,等.2013.马铃薯炭疽病菌的生物学特性及培养性状研究 [J].植物保护,39（4）：40 - 45.

杨成德,姜红霞,陈秀蓉,等.2012.甘肃省马铃薯炭疽病的鉴定及室内药剂筛选 [J].植物保护,38（6）：127 - 133.

杨殿贤,苑凤瑞.2007.25%嘧菌酯悬浮剂防治马铃薯早疫病田间药效试验 [J].农业科学与管理,28（8）：28 - 29.

杨会亮,丁明亚,朱杰华,等.2014.7 种杀菌剂对马铃薯早疫病田间防效试验 [C]//2014 年中国马铃薯大会会议论文集：385 - 389.

杨兰芳,吴德喜,赵剑锋,等.2014.不同杀菌剂对马铃薯晚疫病的田间防效试验 [J].中国马铃薯,28（3）：172 - 174.

杨艳丽，王利亚，罗文富，等.2007.马铃薯粉痂病综合防治技术初探［J］.植物保护，33（3）：118-121.

杨艺玲，侯丽英，莫建军，等.2018.马铃薯青枯病的发生与防治［J］.南方农业，12（12）：17-18.

杨志敏，王毅，王蒂.2012.马铃薯干腐病菌硫色镰孢的生物学特性［J］.菌物学报（5）：78-79.

姚玉璧，张存杰，万信，等.2010.气候变化对马铃薯晚疫病发生发展的影响——以甘肃省定西市为例［J］.干旱区资源与环境，24（1）：173-178.

叶琪明，王拱辰.1995.浙江马铃薯干腐病病原研究初报［J］.植物病理学报（25）：148.

尹江，孟兆军，杨素梅，等.2001.马铃薯抗PLRV育种的家系遗传分析［J］.中国马铃薯，15（5）：265-270.

于恒纯，滕丽雅，闫明宇.2003.黑龙江省马铃薯细菌病害调查初报［J］.中国马铃薯，17（2）：122-123.

于俊琴.2002.马铃薯种薯贮藏期间干腐病的发生及防治措施［J］.天津农林科技（4）：9.

苑智华.2013.马铃薯病毒病防治技术研究进展［J］.安徽农业科学，41（25）：10295-10298.

张成礼.2004.马铃薯黄萎病的发生与防治［J］.植物医生，17（5）：6.

张厚桐.2002.春季马铃薯晚疫病的气象因素分析［J］.山东气象，22（2）：12-13.

张建成，张慧丽，顾建锋.2011.马铃薯炭疽病菌分离与鉴定［J］.安徽农业科学，39（1）：225-227.

张建平，程玉臣，哈斯.2013.内蒙古马铃薯病虫害种类、分布与危害［C］//2013年中国马铃薯大会论文集：465-472.

张建平，哈斯，林团荣，等.2013.不同杀菌剂对马铃薯疮痂病的防效试验［J］.中国马铃薯，27（2）：83-86.

张建平，尹玉和，闫任沛，等.2013.内蒙古马铃薯疮痂病发生与防治途径［J］.中国马铃薯，27（1）：56-59.

张建平.1991.马铃薯早疫病菌分生孢子传播和病害发生的规律及与降雨的关系［J］.中国马铃薯，5（4）：209-213.

张丽荣，郭成瑾，沈瑞清，等.2016.42.4%唑醚氟酰胺SC对马铃薯早疫病的田间防效评价［J］.农药，55（12）：934-936.

张萌，刘伯，于秀梅，等.2010.中国马铃薯疮痂病菌生物学特性分析［J］.中国农业科学，43（2）：2603-2610.

张天晓.1984.*Rhizoctonia solani* 菌丝融合群的研究［J］.湖南师范大学自然科学学报（2）：69-72.

张廷义，魏周全.2006.马铃薯贮藏期块茎干腐病药剂防治试验［J］.中国马铃薯，20（6）：348-349.

张威，白艳菊，高艳玲，等.2010.马铃薯主产区病毒病发生情况调查［J］.黑龙江农业

科学 (4)：71 – 73.

张祥林，毋跃文，张振华 . 2004. 不同营养和培养条件对黑白轮枝菌生长的影响 [J]. 新疆农业科学，41 (5)：283 – 287.

张学君，王金生，方中达，等 . 1992. 我国马铃薯品种（系）对软腐病的抗性鉴定 [J]. 南京农业大学学报，15 (1)：54 – 58.

张彦红，魏艳芳，高林广 . 2011. 马铃薯疮痂病防治技术 [J]. 西北园艺：蔬菜 (4)：42 – 43.

张治军 . 2016. 马铃薯黄萎病与枯萎病防治 [J]. 西北园艺：蔬菜 (11)：40.

张智芳，杨海鹰，云庭，等 . 2016. 几种化学药剂处理对马铃薯粉痂病的防治效果 [J]. 中国马铃薯，30 (3)：175 – 180.

张仲凯，丁铭，方琦，等 . 2003. 云南马铃薯病毒种类及脱病毒种苗筛选技术体系 [J]. 云南农业科技 (z1)：121 – 130.

赵冬梅，魏巍，张岱，等 . 2017. 马铃薯干腐病室内药剂筛选及防病研究 [J]. 湖北农业科学，56 (17)：3268 – 3271，3279.

赵生山，牛乐华 . 2008. 马铃薯贮藏期病害调查及药剂防治研究 [J]. 农业技术与信息 (11)：44 – 46.

赵伟全，杨文香，李亚宁，等 . 2006. 中国马铃薯疮痂病菌的鉴定 [J]. 中国农业科学，39 (2)：313 – 318.

赵伟全，杨文香，刘大群，等 . 2004. 中国马铃薯疮痂病研究初报 [J]. 河北农业大学学报，27 (6)：74 – 77，92.

赵雨佳，李义江，黄振霖，等 . 2013. 几种药剂对马铃薯早疫病的防治效果 [J]. 中国马铃薯，27 (3)：166 – 168.

赵志坚，方琦 . 2000. 云南马铃薯细菌性软腐病原菌的分离鉴定 [J]. 云南农业大学学报，15 (4)：324 – 326.

赵中华，朱杰华，朱晓明 . 2012. 马铃薯晚疫病发生特点与防治对策 [J]. 中国植保导刊，32 (4)：16 – 17.

郑寰宇，马力，左豫虎，等 . 2010. 马铃薯早疫病菌分生孢子萌发条件的研究 [J]. 植物保护，36 (6)：91 – 95.

郑慧慧，王泰云，赵娟，等 . 2013. 马铃薯早疫病研究进展及其综合防治 [J]. 中国植保导刊，33 (1)：18 – 22.

郑继法，吕庆凤，杨合同，等 . 1988. 山东省马铃薯青枯病的发生规律及防治研究 [J]. 山东农业大学学报，19 (1)：47 – 52.

郑小江，滕树锐 . 2017. 19% 吡唑醚菌酯·烯酰吗啉水分散粒剂对马铃薯早疫病与晚疫病的防治试验 [J]. 湖北民族学院学报：自然科学版，35 (2)：167 – 170，215.

周倩，秦玉芝，吴秋云，等 . 2016. 马铃薯晚疫病抗病育种研究进展 [J]. 分子植物育种，14 (4)：929 – 934.

周阳，中华，杨普云，等 . 2014. 近年马铃薯晚疫病发生特点与防控对策 [J]. 中国植保导刊，34 (6)：63 – 66.

周远平，贝近灵，孙红兰 . 2005. 75% 肟菌戊唑醇 WG 对马铃薯早疫病的药效试验初报

[J]. 福建农业 (1)：91 - 92.

朱国庆，王成华，李艳，等. 2005. 四川省凉山州马铃薯青枯病综合防治措施 [J]. 中国
马铃薯，19 (5)：295 - 296.

邹雪玉. 2013. 长乐市马铃薯病毒病流行原因与防治技术 [J]. 福建农业科技 (9)：
52 - 54.

# 第 2 章　甘薯病害

## 2.1　甘薯黑斑病

### 2.1.1　分布与为害

甘薯黑斑病又称黑疤病。广泛分布于世界各甘薯产区，1890 年首先发现于美国，1919 年传入日本，1937 年由日本鹿儿岛传入我国辽宁盖县，随后由北向南蔓延为害，目前已成为严重为害我国甘薯生产的三大病害之一，每年该病为害造成减产一般为 5% ~ 10%，为害严重时减产幅度高达 20% ~ 50%，甚至更高。病薯产生甘薯黑疱霉酮等呋喃萜类有毒物质，人畜食用后可引起中毒，严重时甚至导致人畜死亡。用病薯作发酵原料时，能毒害酵母菌和糖化酶菌，延缓发酵过程，降低酒精产量和质量。

### 2.1.2　症状

甘薯黑斑病在甘薯育苗期、大田生长期和贮藏期都能发病，但主要为害薯苗茎基部和薯块，不为害甘薯地上绿色部分。

苗期症状。育苗期幼芽即可受到病菌侵染，幼芽基部产生凹陷的圆形或梭形小病斑，以后逐渐纵向扩展。病斑上产生灰色霉层即病菌的菌丝体和分生孢子，病斑进一步扩大后，幼苗基部变黑腐烂，造成烂床、死苗。

生长期症状。病苗移栽大田后，病重的不能生根，叶片发黄脱落，基部发黑腐烂而死亡。病轻的在接近表土处长出侧根，但生长衰弱，叶片发黄脱落，遇干旱病苗易枯死。病苗即使能成活，也表现为结薯少、结薯小、产量低。感染薯藤的病菌可进一步侵染新结薯块，在伤口处产生黑色病斑，病斑为圆形或不规则形，中央稍凹下，生有黑色刺状物和粉状物，即病菌的子囊壳和厚垣孢子，感病部位的薯肉呈墨绿色，一般深入表皮下 5cm 以内，病薯味苦，不能食用。

贮藏期症状。贮藏期薯块上病斑多发生在伤口和芽眼上，初为黑色小点，逐渐扩大呈圆形、椭圆形或不规则形膏药状病斑，病斑轮廓清晰，健部与病部分界明显，病斑中央稍凹下。病部组织坚硬，薯肉为黑绿色，味苦。温湿度适宜时病斑上生有灰色霜状物或散生黑色刺状物，顶端常附有黄白色蜡状小点。贮藏后期常与其他真菌、细菌病害并发，从而导致烂窖。

### 2.1.3　病原物及生物学特性

病原无性态为无性孢子类根串珠菌属根串珠霉菌 *Thielaviopsis basicola*（Berk. Et Br.）

Ferr.，有性态为子囊菌门长喙壳属 *Ceratocystis fimbriata* Ellis et Halsted。菌丝体初为无色透明、老熟后呈深褐色或黑褐色，寄生于寄主细胞间，亦偶有分枝伸入细胞内。病菌有性繁殖产生基部圆球形的长颈烧瓶状子囊壳。子囊壳直径 105 ~ 140μm，喙部长 350 ~ 800μm。子囊壳内有多个梨形或卵圆形的子囊，每个子囊内有 8 个子囊孢子。子囊壁薄，成熟后消解，子囊孢子散生在子囊壳内。子囊壳吸水后，子囊孢子随同黏液由喙口喷出。子囊孢子无色、单孢、扁圆形、状如钢盔、壁薄。病菌无性繁殖产生分生孢子和厚垣孢子。分生孢子和厚垣孢子着生在分生孢子梗内。分生孢子无色、单孢、圆筒形、棍棒形或哑铃形，两端较平截。厚垣孢子暗褐色、椭圆形、具厚壁，内含 2 ~ 3 个油点。

甘薯黑斑病病原菌菌丝生长温度范围较广，最高温度为 34 ~ 36℃，最低温度为 9 ~ 10℃，最适生长温度为 27.0 ~ 28.5℃。菌丝及子囊孢子、分生孢子和厚垣孢子致死温度为 51 ~ 53℃（10min）。病菌三种孢子的形成温度不尽相同，分生孢子在 10℃经 30 天即可形成，厚垣孢子在较高温度（16℃，经 8 天）才能形成，子囊孢子则需要更高的温度（15℃、15 天，20℃、45 天）才能形成。病原菌生长的 pH 值范围较广，为 3.7 ~ 9.2，最适合生长的 pH 值为 6.6。

分生孢子和子囊孢子形成后如环境条件满足其发育要求就能立即萌发侵染，厚垣孢子形成后需经过一定时间的休眠才能萌发。分生孢子寿命短，子囊孢子和厚垣孢子寿命长，抗逆力强。

甘薯黑斑病为同宗结合，易产生有性态。种内存在生理分化现象，不同菌系致病力存在明显差异。在田间主要侵染甘薯，人工接种能侵染月光花、牵牛花、绿豆、红豆、四季豆、大豆、椰子、可可、菠萝、李子、橡胶树、扁桃等农作物和其他植物。

### 2.1.4　病害循环

甘薯黑斑病病菌以菌丝体、子囊孢子、厚垣孢子在薯块和土壤病残体上越冬，在田间 7 ~ 9cm 深处的土壤内，病菌能存活 2 年以上。带菌种薯和薯苗为主要初次侵染源，其次为带菌土壤和带菌肥料。附着于种薯表皮或潜伏在种薯表皮组织内的病菌，在甘薯育苗期可产生大量孢子，侵染附近的健康种薯和薯苗，发病轻的薯苗能正常生长，发病重的造成植株枯死，导致烂床。带病薯苗栽插大田后，污染土壤，导致大田发病，重病苗短期内枯死，轻病苗生根后，在近土表的薯藤上，病斑易形成愈伤组织，一般不会导致死苗。病苗携带的病菌侵染薯块，使薯块感病。此外，地下害虫、田鼠、雨水可将土壤中的病菌传播到薯块上，使薯块感病。带菌土壤和带菌肥料传播病害的几率相对较小。由此可见，病薯、病苗、病土、带菌肥料等，各个环节相互联系、互为因果，造成窖内、苗床和大田的病害流行，而以带菌种薯和薯苗是病害防治的关键。

### 2.1.5　发病与环境条件的关系

#### 2.1.5.1　与温度、湿度、土壤含水量的关系

温度、湿度和土壤含水量是影响甘薯黑斑病发生发展的主要环境因子，病菌的发育温度和有利于病害发生和流行的环境温度相吻合才会导致病害的大流行。田间适宜发病的土温为 15 ~ 30℃，但以 25℃左右最为适宜，10℃以下或 35℃以上不利于病菌萌发和侵染，病害受到抑制。苗期和大田期病害的发生与土壤含水量高低也有一定的关系，一般

而言土壤含水量高，病害随之加重，土壤含水量低，不利于病害的发生和流行。

在窖藏期间，窖温 9 ~ 13℃时，不利发病，超过 14℃，病害发生、发展逐渐加快，23 ~ 27℃伴随高湿环境最有利于病害的流行。窖温超过 35℃或低于 9℃则可抑制病害的发生。窖藏初期，如温度超过 20℃，持续时间 15 天以上，窖内通风不良、湿度大，则有利于病害发生和蔓延，常导致烂窖。其后温度逐渐降低，窖温维持在 10 ~ 13℃，则不利于病害的发生。翌年春季，温度回升，湿度较大，病情又会进一步发展。

育苗期苗床温度在 25℃左右，湿度大，有利病菌侵染，发病重。高温育苗、种薯上炕温度保持在 34 ~ 36℃，可促进种薯发芽及其健壮生长，发病则轻。拔苗前床温降至 20 ~ 22℃进行炼苗，则不利于病菌侵染，发病轻。种薯上炕时温度低于 20℃，其后炕温较低，或时高时低，苗床湿度大，易导致病害严重发生。

### 2.1.5.2　与土壤质地、pH 值的关系

沙质土壤、偏酸的土壤发病轻，偏碱性土壤、黏性土壤因易引起薯块生理裂口，有利病菌侵染，发病重。

### 2.1.5.3　与地下害虫、田鼠为害的关系

金针虫、蝼蛄、蛴螬等地下害虫和鼠类种群数量多，啃食薯块造成的伤口多，有利于病菌从伤口侵入，发病重。

### 2.1.5.4　与土壤含菌量、施用带菌农家肥的关系

甘薯收获后残留田间的病薯、病残体是翌年病害初次侵染来源。在我国北方，病菌在土壤中能存活 3 年左右，因此，甘薯长年连作，土壤中积累大量病原菌，有利于病害的发生和流行。用带菌农家肥作薯地基肥，特别是苗床基肥，也是黑斑病初次侵染来源之一。

### 2.1.5.5　与甘薯品种抗（耐）病性的关系

甘薯不同品种对黑斑病的抗（耐）病性存在显著差异。薯块皮厚、质地坚硬、含水量少的品种较抗病。甘薯酮对黑斑病病菌孢子萌发、菌丝生长以及菌丝的呼吸有抑制作用，凡甘薯酮含量较高的品种表现出较强的抗（耐）病性。品种的抗（耐）病性还与薯块和地下茎愈伤木栓层形成有关，抗（耐）病品种的愈伤木栓形成层厚且细胞层数多，形成速度快而较完全，易产生离层脱落。感病品种的愈伤木栓形成层薄，细胞层数少。品种的抗（耐）病性强弱与愈伤木栓形成能力呈正相关。

## 2.1.6　防治方法

### 2.1.6.1　农业防治

（1）建立无病留种田。建立无病留种田是控制甘薯黑斑病发生和为害最重要、最有效的措施之一。无病留种田要选用生地或至少 3 年未种过甘薯的地块。所用的种薯、种苗必须经过严格挑选、消毒处理、温床育苗、两次高剪苗以及施用充分腐熟不带病菌的粪肥，甘薯收获后用新窖贮藏种薯。根据群众经验，建立无病留种田最好是早稻收割后扦插秋薯留种。由于秋薯来自夏薯上的高剪苗，生活力强，带菌机会少，同时秋薯一般在立秋前后扦插，生长期短，田间遭遇病菌侵染的机会少，而且薯皮光滑、薯块生活力

旺盛，贮藏期间抗病力强。

（2）培育无病壮苗。①严格挑选种薯。育苗前剔除病薯、受冻薯，选用表皮光滑、健壮薯块作种薯。②选好苗床、科学育苗。苗床应选择向阳避风、坐北朝南、土壤肥沃、排水良好的高燥地作苗床；床土最好选用生土如水稻土，以免熟土带菌传病；苗床不能施用带有黑斑病病菌的厩肥、堆肥等农家肥；育苗初期采用高温催苗，有利于甘薯愈伤组织的形成，不利于黑斑病病菌的侵染；种薯上床后，4 天内温度保持在 34～36℃，以后将温度降至 30℃左右，出苗后维持床温在 25～28℃。高温育苗要注意床温均匀，防止烧苗；排薯不宜过密，浇水次数不宜过多，但每次浇水要足。

（3）轮作换茬。在黑斑病流行地区，土壤中存在大量的病原菌是病害流行的初次侵染源，因此实行轮作换茬能有效控制病害的发生和流行。甘薯与水稻轮作，轮作年限1 年；与玉米、花生、棉花等作物轮作，轮作年限不少于 2 年。

（4）加强大田管理。田间管理主要抓好如下几个环节：①以厩肥、堆肥等农家肥作基肥时，要充分腐熟，以杀死潜藏其中的黑斑病病菌；②当土壤干旱时，适时灌水，防止畦面开裂，薯块暴露于表土，有利于病菌的侵染和虫鼠的为害，但灌水时不能大水漫灌，防止病菌随水流传播；③及时防治甘薯地下害虫和鼠害，防止虫鼠传播病菌；④在土壤、肥料带菌较多的薯田，每 667m$^2$ 施用新鲜未发酵的大豆、花生饼粉 30～55kg，撒施在垄顶 6～9cm 深的沟中，然后覆土扦插薯苗，做到随施随插，能明显减轻黑斑病的发生和为害。

（5）栽培抗（耐）病品种。栽培抗（耐）病品种是防治黑斑病最经济、最有效的防治措施。甘薯品种间抗（耐）黑斑病差异很大，要因地制宜引进和推广适合当地的抗病品种。当前已育成的抗黑斑病品种有苏薯 9 号、徐薯 23 号、苏渝 303、苏渝 76、苏渝153、冀薯 18、烟紫薯 1 号、鲁薯 7 号等。

（6）适时收获、科学贮藏。适时收获是预防黑斑病最根本的措施，其原因是收获太迟，低温易造成薯块冻伤，降低对黑斑病的抵抗能力。种薯收获时间应在霜降前抢晴收获，食用薯可适当推迟收获，但亦应在第一次轻霜后及时收获。收获时易造成薯块伤口，应做到轻刨轻放，防止撞伤，减少病菌侵入机会。

科学贮藏应做到下面几点：①新窖贮藏。新窖贮藏是防止黑斑病在窖内发生流行，造成烂窖的最有效的措施。②旧窖贮藏。应将窖内四壁旧土刨去，移出窖外，并用 1%福尔马林或 1∶30 的石灰水消毒处理。③加强薯窖检查，及时调节窖内温湿度。薯块入窖15 天左右最易引起窖内高温高湿，导致病害发生和迅速蔓延。此时应保持薯窖通风，降低窖内温度和湿度。寒冬季节气温低，应注意保温，防止薯块受冻烂窖。

### 2.1.6.2　化学防治

（1）药剂处理种薯。用杀菌剂消毒种薯能有效杀灭附着在种薯上的黑斑病病菌。常用的处理种薯杀菌剂及其处理方法有：50%多菌灵可湿性粉剂 800～1 000 倍液浸种5min；50%代森铵水剂 200～300 倍液或 50%甲基硫菌灵可湿性粉剂 800 倍液浸种 10min；50%乙基托布津可湿性粉剂 500 倍液浸种 10min。晾干后播种，配一次药液可连续浸种 10次以上。

（2）药剂处理苗床。用 70%甲基硫菌灵可湿性粉剂 1 000 倍液、50%多菌灵可湿性粉剂 800 倍液或 90%晶体敌百虫 800 倍液喷洒于苗床种薯上，喷 1～2 次，待种薯淋湿后，即可覆盖沙土。

（3）药剂浸苗。扦插前薯苗剪取后用 50% 甲基硫菌灵可湿性粉剂 800～1 000 倍液浸苗 10min 或用 50% 多菌灵可湿性粉剂 800～1 000 倍液浸蘸薯苗基部 10min。

## 2.2　甘薯根腐病

### 2.2.1　分布与为害

甘薯根腐病俗称烂根病、烂根开花病。1972 年最先在山东发现甘薯根腐病，其后随着病薯、病苗远距离调运，迅速蔓延到河南、河北、北京、江苏、安徽、湖北、湖南、福建、广西、江西、陕西等省（市），现已成为制约我国甘薯高产、稳产的三大病害之一。甘薯根腐病发病轻的减产 20%～30%，发病重的减产 40%～50%，严重的植株根茎全部变黑、腐烂，植株枯萎死亡，造成毁产绝收。福建莆田沿海甘薯产区，根腐病为害一般减产 10%～30%，重则达 50%；北京地区，发病轻的减产 10%～20%，发病重则减产 40%～50%。20 世纪 80 年代前，湖北根腐病常年发病面积占种植面积的 10%，一般减产 20%～50%。

### 2.2.2　症状

甘薯根腐病主要发生在甘薯大田生长期，苗床期虽能发病，但一般发病轻，有时苗床期发病不表现症状或症状不明显。

苗床期。病薯出苗较健薯晚、出苗率低。薯苗感病，在根尖端或中部出现黑褐色病斑，严重时逐渐腐烂。地上部分植株矮小、生长迟缓、叶色发黄。

大田期。大田期植株感病，根、茎、叶和薯块均有明显症状。根是主要受侵害部位，发病时，先从根尖端（个别从中部）变黑，逐渐向上蔓延到根茎，形成黑褐色病斑，其后病斑表皮纵裂，皮下组织变黑疏松，重病株地下根茎大部分变黑腐烂。发病较轻的病株，地下茎近地表处能长出新根，但不结薯，少数根虽能结薯，但薯块小。由于感病根系受到破坏，影响植株水分、养分的正常输送，地上部植株生长发育受阻。感病严重的植株矮小、节间缩短、分枝少、直立生长，叶片变黄、增厚、缩小、硬化、发脆和卷缩，其后自下而上干枯脱落，仅剩薯藤顶端 2～3 片嫩叶，主茎由上而下逐渐枯死，以致全株枯死，造成大面积死株。发病稍轻的植株，生长缓慢、主茎上分枝短小，入秋后气温下降，薯藤继续生长，在叶腋处出现花蕾，开几朵或十几朵小花，此为根腐病重要特征。感病薯块小，表皮粗糙，布满很多大小不一的黑褐色病斑。病斑初期表皮完好，至中后期表皮纵横龟裂，皮下组织变黑，但无苦味，煮熟无硬心和异味。

### 2.2.3　病原物及生物学特征

病原无性态为无性孢子类镰刀菌属腐皮镰刀菌甘薯专化型 *Fusarium solani*（Mart.）Sacc. f. sp. *batatas* MeClure，有性态为子囊菌门丛赤壳属血红丛赤壳菌 *Nectria haematococca* Berk. et Br.。甘薯根腐病有性阶段在田间尚未发现，但在人工诱发下可大量产生有性世代。

病菌无性阶段。菌丝灰白色，由稀茸毛至密茸状、絮状并带有环状轮纹，培养基底色淡黄至蓝绿或蓝褐色。小型分生孢子卵圆形至短杆状，多数单胞，少数有一个分隔，聚合成假头状，着生于瓶状小梗上。小型分生孢子梗较长、分枝少，每个分枝顶端有一至数个端部略窄细的钻形瓶状小梗。大型分生孢子梗短，有侧生瓶状小梗。大型分生孢子纺锤形，第 2 ~ 3 个细胞最宽、壁厚、分隔明显，顶细胞圆形似喙状，具 3 ~ 8 个分隔，以 5 个分隔居多。黏孢团淡米黄色、乳酪黄或暗蓝绿色。厚垣孢子生于侧生菌丝或大型分生孢子上，单生或两个联生，球形或扁球形，表面光滑或有小疣状突起。菌核灰褐色至灰紫色，扁球形。

病菌有性阶段。甘薯根腐病病原菌有性世代在田间尚未发现，但在人工诱发下可产生大量有性世代。子囊壳散生或聚生，着生在假膜壁组织的子座垫上，呈不规则球形。子囊壳初期呈浅橙色，表面光滑，后期逐渐变为红至棕色，表面有小疣状突起，最后呈浅褐色。子囊壳表面有浅黄色胶状物，带条纹状，色浅、透明，稍有突起。子囊棒形，内有 8 个子囊孢子，子囊孢子椭圆形或卵形，中央有一分隔，隔膜处稍缢缩，透明，后呈紫褐色并具纵条纹。

根腐病病菌对 pH 值的适应范围较广，一般在 pH 值为 5 ~ 8 均能正常生长，但在 pH 值为 8 时生长最好。

甘薯根腐病病菌除为害甘薯外，还能侵染圆叶牵牛、牵牛花、田旋花、月光花、圆叶乌蔹等旋花科植物。

根腐病菌主要通过伤口侵入寄主植物，此外，还可从幼嫩的根尖侵入寄主植物。

### 2.2.4　病害循环

甘薯根腐病初次侵染源主要来自带菌土壤、病残体、牲畜粪肥、病薯等。田间初次侵染源主要来自受根腐病菌污染的灌溉水，中耕除草等农事操作也能传播病原菌。

带菌土壤传病。甘薯长年连作，土壤中累积的大量病菌是根腐病最重要的初次侵染源。病菌在土壤中存活期长达 10 年以上。病菌在土壤中的分布因土层深浅而异，一般表土至土深 45cm 处均有病菌存活，但以耕作层含菌量较多。表土至 15cm 土层含菌量最多，发病最重，其次为 16 ~ 25cm 土层，含菌量次之，发病亦较重。土层加深，含菌量逐渐减少，发病程度相应减轻，但土层深达 100cm 处仍有少量病菌存活，仍可导致大量甘薯植株发病，但病情指数小，对甘薯生长发育和结薯影响小（表 2 – 1）。

**表 2 – 1　甘薯根腐病病菌在土壤中的垂直分布**

| 土层深度（cm） | 调查植株数（株） | 病株率（%） | 死亡率（%） | 病情指数 | 生长情况 |
|---|---|---|---|---|---|
| 0 ~ 20 | 20 | 100 | 10 | 68.7 | 烂根多、不结薯 |
| 20 ~ 40 | 20 | 100 | 0 | 66.2 | 烂根多、不结薯 |
| 40 ~ 60 | 20 | 100 | 0 | 35.5 | 烂根少、结薯小 |
| 60 ~ 80 | 20 | 100 | 0 | 33.8 | 烂根少、结薯 |
| 80 ~ 100 | 20 | 100 | 0 | 0 | 根多、结薯多、大 |

病残体传病。甘薯收获后残留田间的病根、地下病茎、病薯等病残体上潜伏有大量病原菌。每年遗留田间的病残体和土壤中积累大量病原菌，均可导致甘薯根腐病流行。

肥料传病。用病薯、病株饲喂牲畜所沤积的农家肥，用病土垫栏，用清洗病薯的水倒入牲畜栏内，以及用病薯加工剩下的粉渣作肥料均能带菌，均可成为甘薯根腐病的初次侵染源。

病薯、病苗传病。用病薯育苗，病菌侵染幼苗而感病，病苗栽插大田后成为再次侵染源。从病区调运的病薯、病苗是根腐病远距离传播的主要途径。

### 2.2.5 发生与环境条件的关系

#### 2.2.5.1 与温度、降水量、土壤湿度的关系

温度、降水量及土壤含水量是影响甘薯根腐病发生和流行的关键因子。湖北江汉平原及丘陵地区，麦茬薯一般在 6 月底 7 月初开始发病，7 月中旬进入发病高峰期，有利发病温度为 21～29℃，最适温度 27℃左右。7—8 月降雨量、雨日对根腐病发生影响最大，此段时间雨日较多，雨量较大，薯田墒情好，不利发病，反之则发病重。甘薯根腐病在山东发病始期，春薯一般在栽插后 20 天左右，即 5 月中下旬；夏薯在栽插后 7～10 天，6 月下旬至 8 月进入发病高峰期，9 月以后，随温度逐渐降低，发病程度有所减轻。发病温度范围在 21～30℃，最适温度 27℃左右。发病期间如遇干旱、无雨、土壤含水量 10% 以下、伏天大旱，病情迅速发展，植株枯萎死亡。一般而言，高温干旱有利于根腐病的发生和为害，但在常年温度变化不大的情况下，雨量多寡及其分布是影响根腐病大流行的关键因子。

#### 2.2.5.2 与甘薯栽插期的关系

据湖北、山东等地调查，春薯早栽发病轻，迟栽发病重。春薯迟栽发病重的原因可能与土温有关。根腐病菌是一种喜高温的病原菌，迟栽土温高，对病菌的繁殖和侵入有利。适当早栽温度较低，不利于病菌侵染、为害，有利于甘薯早生根、早返苗，当温度逐渐升高、有利发病时，甘薯根系已基本形成，抗病能力增强，发病轻。福建福清薯区，凡端午节前 10 天左右栽插的发病轻，节后栽插的发病重。

#### 2.2.5.3 与连作的关系

根腐病病菌在土壤中能长期存活，甘薯长年连作，土壤中积累了大量病原菌，所以连作地发病重。甘薯与根腐病非寄主植物轮作换茬，病菌因缺少寄主植物而死亡，所以轮作地发病轻或不发病。

#### 2.2.5.4 与土壤质地、土壤肥力的关系

丘陵薄地、瘦瘠沙土地保水、保肥能力差，甘薯生长不良，抗病力弱，发病重。肥沃的壤土，保水、保肥能力强，甘薯生长健壮，根系发达，抗病能力强，发病轻。

#### 2.2.5.5 与土层深度的关系

根腐病菌主要分布在表土至 20cm 耕作层土壤中，其次为中层土（20～40cm），底层土（40～100cm）虽然仍有根腐病病菌分布，但土壤含菌数量随土层深度增加而减少，为害明显减轻（表 2-1）。

#### 2.2.5.6 与甘薯品种的关系

甘薯品种不同抗（耐）病性有明显差异，如徐薯 18 等高抗根腐病，胜利百号高感根腐病。抗病品种抗病性可能与薯块中积累的大量呋喃萜类化合物如甘薯酮、甘薯醇有关。

### 2.2.6 防治方法

甘薯根腐病病原菌具有很强的生命力，在土壤中可存活 10 年以上，一旦发生难以根除，至今尚无有效的杀菌剂。因此，根腐病的防治应选用抗病品种为主的综合防治措施，以控制病害的发生和蔓延。

#### 2.2.6.1 杜绝病原传入

甘薯根腐病虽未列入国内植物检疫名单，为了防止病菌传入无病区，或根腐病发生少的甘薯种植区，应严禁从疫区调运病薯、病苗，杜绝病原的传入。

#### 2.2.6.2 农业防治

（1）种植抗（耐）病品种。目前较抗根腐病且产量高的品种有济薯 21、徐薯 25、苏渝 33、豫薯 13、苏薯 7、福薯 26、金山 57、湘薯 75 – 55、徐薯 18、宁 180、501 – 1 等品种（系）。同一抗病品种在同一地区连茬种植，其抗病力随着种植年限的延长而下降。因此，抗病品种在种植过程中要不断提纯复壮，并实行不同品种轮换种植。

（2）建立无病留种田，杜绝种苗传病。①选择无病地建立无病采集圃和无病留种田；②育苗时选用无病菌苗床，施用无病菌污染的农家肥、用无病菌污染的灌溉水；③选用无病、无伤、无冻害的种薯。

（3）轮作换茬。有条件的地方实行甘薯与水稻轮作，防病效果最为理想。无条件实行水旱轮作的薯区，可推行甘薯与小麦、玉米、高粱、谷子、棉花等农作物轮作换茬。实行水旱轮作，轮作年限一般为 1 ~ 2 年，实行与其他旱作物轮作的，轮作年限不少于3 ~ 4年。一般轮作年限越长，发病越轻。

（4）加强田间管理。加强薯田管理对控制根腐病的发生和为害效果显著，应予高度重视。加强薯田管理的措施：①深翻耕作层，将含菌量最多的表土翻入底层，可有效减少病原菌的侵染；②施用充分腐熟、不带病原菌的农家肥；③干旱季节，用无病菌污染水适时灌溉；④因地制宜，春薯适当提早栽插；⑤甘薯收获后，及时清除田间病残体，并集中烧毁或深埋；⑥增施磷、钾肥，严格控制氮肥用量，促使甘薯生长健壮，提高抗（耐）病能力。

#### 2.2.6.3 化学防治

恩益碧（NEB）对根腐病有一定防治效果，其主要成分为丛枝孢囊菌根菌，防病机理是根菌与甘薯根系形成共生系统，促进作物根系有益微生物群落大量繁殖，吸收根腐病菌的营养，分泌抗生素，抑制土壤中根腐病菌的生长，使甘薯形成大量根系，从而提高抗病性。该制剂中有效孢子 2 亿个/ml，每 667m² 用量 66.7ml，于甘薯定植时结合浇水一次性施入定植穴中。恩益碧不但对根腐病有一定的防治效果，对提高甘薯产量、改善甘薯块茎品质也有一定的作用。

## 2.3 甘薯瘟病

### 2.3.1 分布与为害

甘薯瘟病又称细菌性枯萎病、青枯病或薯瘟，是一种蔓延迅速、具有毁灭性的细菌病害。1946 年广东、广西首次发现瘟病为害甘薯，1958 年传播至湖南、江西，1963 年随着种薯、种苗的调运，此病传入浙江平阳，1971 年进一步扩展到福建多个县（市），对甘薯产量和品质造成巨大影响。福建因薯瘟猖獗为害，病轻的减产 20% ~ 30%，重的减产 70% 以上，个别田块甚至绝收。甘薯瘟病被列为国内检疫对象。

## 2.3.2　症状

甘薯瘟病是一种典型的枯萎型维管束病害，从苗期至结薯期均能感染，其症状因甘薯生育期不同而有很大差异。

苗期症状。育苗期或栽插后 10 ~ 15 天如遇温暖潮湿的天气，有利于病害的发生。薯苗感病后，最初在幼苗基部出现水渍状斑点，随着病斑进一步扩大，病斑色泽逐渐加深，维管束变为黄褐色。幼苗长势衰弱，叶色暗淡、无光泽，晴天太阳光强烈，病株失水萎蔫。苗期感病轻的植株，病症不明显。苗期染病植株栽插大田后不发根，不久即枯萎死亡。栽插健康植株后感病，薯苗长至 35 ~ 40cm 时才表现出症状，薯叶尖端呈萎蔫状，地下部的切口及其附近组织变为黑褐色。剖视维管束呈黄褐色，感病严重的植株向外扩展到皮层，向内扩展到髓部，茎基部和地下茎变黑、腐烂，发出酸臭味，感病植株迅速死亡，造成缺株断垄，重的成片枯死。

成株期症状。感病薯藤叶色暗淡、无光泽，地下根茎变色腐烂，晴天太阳光强烈，地上部植株叶片萎蔫。如感病植株长出不定根，一般不表现萎蔫症状，仅植株基部叶片变黄，植株长势不良。剖视茎蔓，可见维管束变为褐色，每经翻藤后，植株萎蔫枯死。

薯块症状。薯块感病初期外表无明显症状。如纵剖薯块，可见维管束呈黄褐色至黑色条纹状；横切薯块，则为褐色斑块或斑点，汁液明显减少，病薯味苦，有刺鼻气味，薯块表面呈现水渍状灰褐色病斑，最后薯块全部腐烂。

## 2.3.3　病原物及生物学特性

由细菌侵染所引起的一种病害。致病细菌有三种，分别为甘薯假极毛杆菌 *Pseudomonas batatae*、黄单孢杆菌 *Xanthomonas batatae* 和有孢杆菌 *Bacillus kwangsinensis*。其中有孢杆菌数量少，致病力弱，其他两种病原细菌在病区普遍存在，致病力较强。甘薯瘟病病原复杂且尚存争议，近年来，有报道称甘薯瘟病系由普罗特斯菌门劳尔氏菌属茄劳尔氏菌（*Ralstonia solanacearum* E. F. Smith）侵染所引起的一种细菌性病害。

甘薯假极毛杆菌为两端钝圆的管状菌，多数单生，少数形成双链。菌体大小为（1.24 ~ 1.53）μm × （0.50 ~ 0.63）μm。不形成芽孢和荚膜。革兰氏染色呈阴性。鞭毛 1 ~ 4 根极生，以 1 ~ 2 根为主。在 28℃ 恒温下，于肉汁胨琼脂培养基平面上培养 40 ~ 48h，出现乳白色菌落，菌落小，圆或近似圆形，直径 1 ~ 2mm，中央乳白色，略微凸起，表面光滑发亮，边缘稀淡、透明、平整。27 ~ 34℃ 为最适宜生长温度，最高为 40℃，最低为 20℃。53℃ 条件下 10min 即可致死。病菌生长的 pH 值为 5.0 ~ 9.0，最适 pH 值为 6.8 ~ 7.2。

甘薯假极毛杆菌和甘薯黄单孢杆菌除在形态、大小方面差异较小外，在培养特征、生理、生化等性状方面有明显的区别（表 2 - 2）。

表 2 – 2 甘薯瘟病两种病原菌的主要特征比较

| 指标 | 甘薯假极毛杆菌 | 黄单孢杆菌 |
|---|---|---|
| 形态 | 杆状、两端钝圆、多数单生、少数形成双链 | 杆状、两端钝圆、偶形成双链 |
| 大小 | $(1.24 \sim 1.51)\mu m \times (0.57 \sim 0.63)\mu m$ | $(0.18 \sim 0.55)\mu m \times (0.55 \sim 0.76)\mu m$ |
| 鞭毛 | 极生双鞭毛、多数 1～2 根 | 极生单鞭毛 |
| 菌落 | 乳白色、后变淡褐色 | 乳白色、后呈浅黄色 |
| 革兰氏染色 | 呈阴性反应 | 呈阴性反应 |
| 乳糖发酵 | 不产酸、产气 | 能产酸、产气 |
| 明胶液化 | 液化明胶能力强 | 液化明胶能力弱 |
| 石蕊牛奶反应 | 碱性、牛奶不凝固、不胨化 | 呈微酸性、牛奶凝固、胨化 |
| 淀粉水解 | 能力中等 | 在固体或液体培养基均不水解 |
| V.P. 和甲基红测定 | 呈阴性反应 | 呈阴性反应 |

甘薯瘟病菌除为害甘薯外,还能侵染马铃薯、番茄、辣椒、白菜、烟草、南瓜、月光花等。

### 2.3.4 病害循环

甘薯瘟病病原菌在病薯、病藤、薯田带菌土壤和带菌粪肥中越冬。初次侵染源为病薯、病藤、薯田带菌土壤和带菌肥料。远距离传播主要通过调运感病种薯和种苗。用病薯育苗在苗床引起发病,随着病苗栽插大田而传播,使大田继续发病。苗床土壤带菌或用带菌粪肥作苗床肥料也能引起薯苗发病而传播到大田。薯苗栽插大田后,薯田土壤中越冬的病菌从插条的切口侵入健苗或从薯苗的侧根、须根侵入,引起发病。病菌的再次侵染主要通过流水、农事操作及昆虫活动而传播。

甘薯瘟病菌具有很强的生命力,在旱地土壤中能存活 2～3 年,但不耐水淹,在田间有水条件下,经半年左右病菌全部死亡。

### 2.3.5 发生与环境条件的关系

#### 2.3.5.1 与气候条件的关系

温度、湿度、降雨量是影响薯瘟发生和流行的重要气候因子。薯瘟喜高温高湿,低温低湿不利其发生和为害。病菌在 20～40℃ 均能生长繁殖,田间温度在 27～34℃、相对湿度 80% 以上时,最有利于病菌繁殖、萌发和侵入寄主。福建南部薯区 5—11 月均能发生薯瘟,但以平均温度 28～32℃ 的 7—9 月为发病盛期,发病高峰期为 7—8 月。广东各地 4—11 月均能发生薯瘟,而以 10 月秋薯生长期发病最重,11 月下旬病害逐渐减少。浙江南部地区 5—10 月均能发生薯瘟,其中以 6—9 月发病最重,6 月忽晴忽雨天气往往导致病害大流行,甘薯死苗严重,7 月中下旬至 8 月中下旬因少雨干旱,不利其发病,其后秋雨连绵,病害又重新流行,10 月以后,气温下降,天气晴燥,病势趋于停止。广西在 6 月遇上时晴时雨天气,温度适宜,湿度适中,有利于薯瘟的发生和为害。江西、湖南薯瘟发生时间为 5 月下旬至 10 月下旬,尤其以 6 月和 9 月发病最重,其原因是 6 月正处于梅雨季节,降雨多、温度适中,而 9 月中下旬台风多、降雨多、温度适中,有利于病害流行,为害加重。

#### 2.3.5.2　与耕作制度、栽培技术的关系

甘薯瘟病病菌在土壤中越冬，且在旱地土壤中能存活两年以上，病区甘薯长年连作，尤其是春薯和秋薯连作，土壤中积累了大量菌源，有利于病菌侵染，发病重。

甘薯育苗的苗床和大田施用带菌牲畜粪肥，有利于病害的发生和流行。甘薯收获后未及时清除薯田中病藤、病薯等枯枝落叶，菌源多，发病重。薯田大水漫灌，通过水流传播病菌，造成再次侵染，发病重。

#### 2.3.5.3　与薯田地势、土质和 pH 值的关系

薯田地势低洼、排水不良、田间湿度大、土质黏重的薯田发病重。旱坡地和沙质土壤薯田，有利于雨后及时排水，降低土壤含水量，因此发病轻。土壤酸碱度高低对薯瘟的发生也有一定的影响，pH 值 7.5 ~ 8.0 的微碱性薯田发病轻，而 pH 值 6.0 ~ 6.5 的微酸性土壤则发病重。

#### 2.3.5.4　与甘薯品种抗（耐）病性的关系

不同甘薯品种对薯瘟病菌的抗（耐）病性不尽相同。有些品种抗（耐）病性强，如广西抗病丰产良种有台农三号、选一、桂农一号、台农 46 号等。广东广薯 95 – 145、广薯 88 – 70 和湘薯 75 – 55 为高抗薯瘟品种，中抗品种有晋薯 24 和广薯 87 等，此外对薯瘟有一定抗病性的品种还有岑农 259、台农 31、台湾薯、假豆沙等。浙江平阳抗病品种有华北 48、湘农黄皮、南京 92 等。福建通过抗性鉴定确定抗薯瘟病菌 I 、II 菌群的品种有豆沙薯、湘薯 75 – 55、湘薯 6 号、青农 2 号等，通过杂交育种选育出的抗病品种有甘茹 329、甘茹 330、惠薯 2 号等。

### 2.3.6　防治方法

#### 2.3.6.1　严格实行植物检疫制度

严禁从疫区调进种薯、种苗、薯藤。与疫区相邻的薯田，要加强田间检查，避免在这些薯田选留种薯，以防瘟病传入。

#### 2.3.6.2　农业防治

（1）培育无病壮苗。瘟病流行区，培育无病壮苗是防治甘薯瘟病为害最有效、最根本的措施。具体做法：①选择无病大田繁殖种薯。②选择地势高燥、排水方便、土质疏松的无薯瘟病菌沙壤土作苗床。③育苗前严格挑选种薯。方法是用刀横切种薯两端，凡切口有黄褐色斑点的薯块，可能带菌，应严格予以淘汰，切口不变色的为健康薯块，可作种薯用。④选用不带薯瘟病原菌的农家肥作苗床基肥。⑤加强苗床管理，搞好开沟排水工作，防止病田的水流入苗床。⑥剪藤工具用 75% 酒精消毒。⑦薯苗栽插前用 80% 乙蒜素乳油 400 倍液浸苗 10min，促进伤口愈合，减少病菌侵染机会。⑧加强甘薯小象甲等害虫防治工作，防止病菌从虫伤口侵入。

（2）合理轮作。轮作换茬是防止甘薯瘟病最有效的措施之一。甘薯瘟病病原菌属好气性细菌，在水田仅能存活 12 个月左右，而在旱地则可存活数年。因此，有条件的薯区应实行水稻与甘薯轮作 1 年，基本上能消灭土壤中的病菌。不能实行水旱轮作的地区，可推广甘薯与玉米、小麦、高粱、大豆、甘蔗、棉花等农作物轮作，轮作年限不少于

3 年。应避免与马铃薯、烟草、番茄、辣椒、茄子、萝卜、白菜、四季豆等农作物轮作。

（3）改进栽培技术、控制薯瘟。改进栽培技术，控制薯瘟的发生和为害，主要措施有：①清洁田园。病薯、病藤等病残体带有大量病菌，是翌年最主要的初次侵染源。甘薯收获后应及时清除田间的病残体，集中烧毁或带出田外深埋，以减少初次侵染源。②严禁猪牛等畜肥用作甘薯苗床用肥及大田用肥，防止病菌随牲畜粪肥传播。薯瘟流行地区应大面积种植绿肥，如紫云英、苜蓿等作基肥。③排灌时严防病田水流入无病田，防止病菌随水流传播。④新病区一旦发生薯瘟病株时，应及时带土挖除病株，并在病穴及其周围撒施生石灰消毒杀菌。⑤夏天高温时翻耕病土，暴晒于太阳下 10 ~ 15 天，可杀死病菌以减少侵染源，降低病害发生。⑥调节土壤酸碱度。薯瘟病菌不适应微碱性（pH值 7.5 ~ 8.0）土壤环境，因此在种植甘薯前翻耕土壤时可每 $667m^2$ 撒施石灰 75 ~ 100kg或石灰氮 25 ~ 50kg，既可消毒土壤还可起到调节土壤酸碱度的作用。

（4）选用高产、优质、抗（耐）病品种。选用抗（耐）品种是防治甘薯瘟病有效的措施之一。薯区应因地制宜选用高产、优质、抗（耐）品种，以减轻发病，降低为害。抗病品种除如前述的外，还有甘薯 330、丰薯 2 号、潮薯 1 号、广薯 15、R7、广薯 16、1714 等，这些品种（系）还兼抗蔓割病、疮痂病、根结线虫病。此外据广东鉴定，湘薯75 – 55、广薯 95 – 145 为高抗甘薯瘟病品种，广薯 87 中抗甘薯瘟病。

### 2.3.6.3 化学防治

甘薯瘟病的化学防治仍在探索之中，至今尚未找到一种防治薯瘟较好的杀菌剂。药剂浸苗结合垄沟泼浇对防治甘薯生长前期瘟病有一定防效，可选杀菌剂有 80% 波尔多液悬浮剂 500 倍液、50% 灭菌丹可湿性粉剂 1 000 倍液、80% 乙蒜素乳油 500 倍液。上述药剂任选一种在薯苗栽插前浸苗 10min，并结合垄沟泼浇，可一定程度上减轻甘薯生长前期薯瘟的发生和为害。

## 2.4 甘薯茎腐病

### 2.4.1 分布与为害

甘薯茎腐病又称细菌性茎根腐烂病、甘薯黑腐病。该病于 1974 年在美国佐治亚州首次暴发流行，严重影响该州甘薯加工业，其后于 1999 年南美洲的委内瑞拉发现茎腐病为害甘薯，对甘薯生产造成一定的影响。我国于 20 世纪 80 年代在福建沿海甘薯产区发现茎腐病为害甘薯，1990 年该省莆田、惠安、晋江等地部分甘薯种植区暴发成灾，导致甘薯减产 30% ~40%，严重的高达 80% 以上。福建连城 1997 年茎腐病在春薯上发生流行，2002 年全县发病面积 200hm² 以上，其中 100hm² 病株率在 20% 以上，给甘薯生产造成了巨大损失。广东自 2006 年发现茎腐病为害甘薯以来，该病在惠州、湛江、增城、河源、海丰、博罗、惠东、广州等甘薯产区普遍发生，有逐年加重的趋势，发病严重的田块，成畦的薯苗枯死，甚至全田薯苗死亡。2015 年浙江在疫情普查时，首次发现茎腐病为害甘薯，目前该病已迅速蔓延到黄岩、临海、温岭、萧山、临安、桐庐、乐清等 16 个县（市），发病田平均病株率 10% ~ 20%。甘薯茎腐病已由南方薯区扩展到北方薯区。2013 年河北文安县首次发现茎腐病为害甘薯，病株率为 5% 左右，被害植株不能结薯而绝产。至今甘薯茎腐病已蔓延到江西、广西、海南、河南、重庆、江苏、河北、广东、福建等省（区、市），已成为我国南方甘薯产区发病面积最大、为害最重的毁灭性病害之一。

### 2.4.2　症状

甘薯不同生育期茎腐病症状不尽相同。育苗期染病，种薯开始腐烂，颜色逐渐变黑，并出现水渍状的腐烂，散发出臭味，感病轻的病薯能正常出苗，但出苗后不久薯苗萎蔫腐烂，感病重的薯块不能出苗，腐烂于苗床上。薯苗栽插大田后，甘薯茎枝在感病初期，外表并无明显症状，与未感病植株相比，仅表现为生长发育缓慢。随着病情进一步发展，在与土壤接触的茎基部出现褐色水渍状病斑或茎基部腐烂，刨开表土地下茎也已腐烂。天气干燥时，太阳暴晒下植株出现严重萎蔫，阴雨天萎蔫症状不明显。剖开感病薯茎，内部变为褐色，根茎维管束组织有明显的黑色条纹，髓部消解成空腔，并有恶臭。在高温高湿的条件下，茎部腐烂迅速向植株上部扩展，茎叶组织开始变软、腐烂，最后多数植株枯萎死亡。发病轻的植株能结薯，但如用该植株茎、枝繁殖和种薯繁殖薯苗，会导致病害传播和扩散。感病薯块表皮有黑色凹陷病斑，有的感病薯块外表无明显病症，但内部已开始腐烂并伴有恶臭。

### 2.4.3　病原物及生物学特性

根据新的分类系统，甘薯茎腐病系由达旦提狄克氏菌 *Dickeya dadantii* Samson et al.（又名 *Erwinia chrysanthemi*）侵染引起的一种细菌性病害。达旦提狄克氏菌隶属于原核生物界、变形菌门、γ - 变形菌纲、肠杆菌目、肠杆菌科、狄克氏菌属。病原细菌短杆状，大小为（0.5～0.7）μm×（1.0～2.5）μm，鞭毛周生多根。革兰氏染色为阴性，无芽孢和荚膜，能运动。在 NA 平板上菌落背面稍凸、不透明、边缘整齐、淡土黄色、表面稍皱缩。兼性厌氧，37℃生长正常，能使葡萄糖氧化发酵，接触酶阳性，可还原硝酸盐，能利用柠檬酸盐、丙二酸、纤维二糖、麦芽糖、蔗糖、果糖、半乳糖等。氧化酶、苯丙氨酸脱氢酶、脲酶、卵磷脂酶、硫化氢、海藻糖、乳糖等测试均呈阴性。达旦提狄克氏菌生长温度范围为 5～35℃，37℃高温下仍可正常生长，环境温度超过 50℃即迅速死亡。

该细菌广泛分布于世界各地，寄主范围广，能侵染甘薯、马铃薯、玉米、水稻、胡萝卜、番茄、烟草、大豆、菠萝、香蕉、菊花、兰花、卷心菜、牵牛花、矮牵牛花、菟丝子等 50 多种农作物、花卉以及野生植物。

### 2.4.4　病害循环

甘薯茎腐病病原菌在病薯、病藤、土壤和其他寄主植物上越冬，为翌年初次侵染源，种薯、种苗调运是病害远距离传播的主要途径。茎腐病再次侵染主要来自田间带菌灌溉水、感病植株、农事活动被污染的农具以及害虫、害鼠活动传病。

### 2.4.5　发生与环境条件的关系

#### 2.4.5.1　与气候的关系

气候是影响甘薯茎腐病发生和流行最重要的环境因子。高温高湿有利于病菌侵染，侵入寄主后，潜伏期短，短期内病害在田间迅速流行。据福建连城调查，甘薯栽插时土壤潮湿或栽插当天降雨量大于 5mm，发病重，病株率高。如 2002 年秋薯主栽期 7 月 6～13 日降雨量 94.7mm，平均日降雨量 11.8mm，18～21 日降雨量 54.1mm，平均日降雨量 13.5mm，在此期间栽插的甘薯病株率 40.5%～45%、死株率 12%～32%。7 月 14—17 日和 21—25 日晴天栽插的甘薯病株率和死株率分别只有 11%、20.9% 和 2.0%、2.5%。甘薯生长中后期，8 月上中旬多阵雨，秋薯中耕除草、施肥和翻藤等造成大量伤口，有利病菌侵染，使病害出现流行高峰。9 月高温多雨，病害流行成持续状态，特别是 10 月中下旬多阵雨，造成甘薯膨大期病害再次流行，病株率高、为害重。此外台风季节，由于台风造成甘薯大量伤口，也有利于病菌从伤口侵入，发病重。

#### 2.4.5.2　与栽培条件的关系

甘薯施用大量氮素化肥，易导致甘薯贪青徒长、枝叶繁茂、田间湿度大、通风透光条件差，为病菌侵染创造了良好的条件，发病重。甘薯前茬作物种类对茎腐病发生也有一定的影响。据福建连城调查，前茬为烤烟和毛豆比前茬为水稻、甘薯的发病重，前者病株率 20.0%～50.4%（大部分病株率为 36%～41%），死株率 19%～35%，后者病株率 16.8%～20%，死株率 7.5%～9.3%。茎腐病的发生和为害与薯田地势、土壤质地也有一定关系。一般而言，丘陵坡地、红壤地、沙质地，土壤瘠薄、保水保肥能力弱，甘薯生长不良，抗病能力差、发病重；薯田地势低洼、排水不良，田间易积水的薯田发病重。此外，薯田处于山口风大，大风造成薯藤伤口，有利于病菌侵入，发病重。茎腐病病原菌属厌氧细菌，厌氧环境有利于病害的发生，塑料薄膜覆盖育苗要及时通风，可减轻病害发生和为害。

#### 2.4.5.3　与品种抗病性的关系

不同甘薯品种抗病性存在很大差异。据福建调查，莆薯 50－3、金山 57、泉薯 3101 和湘薯 75－55 等品种对茎腐病为抗至中抗水平。但湘薯 75－55，广东接种鉴定该品种对茎腐病的抗性差。广薯 87 对茎腐病有较强的抗性。抗病品种抗性机制可能与薯块中含有的酚类化合物能有效抑制茎腐病病菌的生长有关。

### 2.4.6　防治方法

#### 2.4.6.1　严格执行植物检疫法规

达旦提狄克氏菌列为我国三大检疫性有害生物之一，因此应严格进行产地检疫、杜绝病害扩大蔓延。按照《甘薯种苗产地检疫规程》的操作要求，在甘薯生长期间，定期检查茎腐病发生情况，发现疫情及时处理；认真搞好调运检疫关，严防病薯、病苗非法调运。

#### 2.4.6.2　农业防治

（1）轮作换茬。合理轮作换茬能有效防止甘薯茎腐病在茬口间传染。因病原菌不能在土壤中单独存活，实行甘薯与该病菌非寄主植物轮作，可恶化病原菌生存环境，有效减轻病害的发生和为害。

（2）选用抗病品种。不同甘薯品种间的抗（耐）病性存在很大差异，因地制宜选用相对抗性较高的甘薯品种是防治茎腐病的重要措施。目前，抗（耐）病性较强的品种有广薯 87、莆薯 50－3、金山 57、泉薯 3101、湘薯 75－55 等。

（3）培育无病壮苗。选用无病菌污染的地块作育苗地，用健壮无病种薯育苗。育苗期间如发现病株，要及时铲除病薯和病土，并用生石灰进行消毒，实行高剪苗即剪取离地面 5cm 以上的薯苗栽插，防止带病薯苗移栽到大田，从源头减少茎腐病发生风险。

（4）改进栽培技术。①实行高畦栽插。有利于雨后及时排水，降低田间湿度，创造有利于甘薯生长发育而不利于茎腐病病菌侵染的环境条件。②科学施肥。施足基肥，少施氮肥，适当增施磷钾肥，补施微肥，促进甘薯植株健壮生长，提高抗（耐）病能力。③重病区选择地势高燥、地下水位低、通气性好的地块种植甘薯，减少病害的发生。④中耕除草、翻藤等农事操作过程尽量减少对薯藤造成的伤口，降低病菌侵染的机会。

#### 2.4.6.3　化学防治

药剂防治包括两个方面的措施：①用 72% 农用硫酸链霉素可湿性粉剂 500 倍液浸泡种薯和薯苗 10min，晾干后排种或栽插；②田间喷药防治，防治适期为发病初期，用 72% 农用硫酸链霉素可湿性粉剂 500 倍液淋根、泼浇或喷雾。

## 2.5　甘薯蔓割病

### 2.5.1　分布与为害

甘薯蔓割病又称蔓枯病、枯萎病、萎蔫病，世界主要甘薯生产国均有分布。该病最早发现于美国，20 世纪 50 年代蔓割病在美国大流行，给美国南部各州甘薯生产造成重大经济损失，部分地区甘薯减产幅度高达 50% 以上。后经夏威夷和日本随甘薯品种引进而传入我国，目前国内主要分布在沿海的山东、浙江、福建、广东、广西、海南、湖北和台湾等省（区），近年来有向长江中下游蔓延的趋势。早在 20 世纪 60 年代初，福建平潭即有蔓割病的发生和为害，株发病率 1%～2%，其后发病面积逐渐扩大，为害日趋严重。1977 年发病面积达 3 333.3hm²，株发病率平均为 7.7%，最高达 45%。20 世纪 90 年代蔓割病在福建沿海沙质壤土薯区大流行，一般减产 10%～20%，高的达 50% 以上。2011 年湖北宜昌、荆州、武汉和十堰等甘薯产区蔓割病发生普遍，为害严重，部分田块株发病率高达 30% 以上，严重影响甘薯高产稳产。

### 2.5.2　症状

甘薯蔓割病属典型的导管系统病害，甘薯幼苗期和大田生长期均能受到病菌侵染而发病，主要发生在薯藤茎基部，有时叶柄和薯块亦能受到侵害。幼苗感病，叶脉间叶肉变黄，幼苗基部的白色部分常呈紫色，剖视薯茎维管束变为褐色。少数幼苗感病后症状不明显，移栽大田后 10～15 天才逐渐显现病症，再经 15～20 天达到发病高峰，发病严重的薯田出现大量死苗，造成缺株断垄，甚至全田翻耕重栽。其后病情发展缓慢，直到薯块开始形成时，病情又进一步发展，植株基部叶片开始发黄、枯死脱落，病害逐渐向薯藤上部发展，有时老叶枯死后又能长出新的小叶。茎基部膨大，呈现青晕，剖视茎基部，维管束变为黑褐色。当茎基部完全被破坏后，基部表皮开裂呈丝状，裂开长度多数在 5～15cm，短的则小于 5cm，有时茎基部仅出现断续开裂，其后植株枯萎死亡。田间湿度大时病部产生红色霉状物，此即病菌的菌丝体和分生孢子。

甘薯生长后期感病以及感病轻的植株，能继续生长发育，但往往出现分枝增生和节间缩短的现象。

薯块感病后，维管束变褐色，蒂部腐烂。横切薯块上部，可见褐色圆环状斑点。发病严重时，地上部藤蔓枯死，但薯块不会腐烂，在地表处薯茎上长出许多小蔓。

### 2.5.3 病原物及生物学特性

病原物为半知菌门镰孢属尖镰孢甘薯专化型（*Fusarium oxysporum* f. sp. var. *batatas*）。病菌产生厚垣孢子和大小两型分生孢子。大型分生孢子无色、镰刀形，顶端稍尖，末端稍弯曲，有 3 ~ 7 个分隔，大小为（66 ~ 110）μm ×（6.6 ~ 8.0）μm。厚垣孢子褐色、球形，直径 7 ~ 10μm。病菌对温度的适应范围广，10 ~ 38℃ 均能生长，最适温度为 30℃，温度高于 35℃ 或低于 15℃，生长受到影响。

病菌寄主范围较广，除为害甘薯外，还能侵染马铃薯、烟草、番薯、菜豆、大豆、扁豆、玉米、棉花、甘蓝以及黄秋葵的根部，但被害寄主不表现出明显的病症。

### 2.5.4 病害循环

病菌以菌丝体在病薯、染病的薯藤等病残体上越冬，也可以菌丝和厚垣孢子在薯田土壤中越冬或以腐生状态在土壤中存活。染病种薯和病土是苗期发病的初次侵染源，病菌通过插条的剪口、薯块和根系伤口侵入，也可直接侵入生长不良、抗病性弱的幼苗。

在土壤中越冬的病菌于翌年甘薯栽插后直接侵入新栽的薯株，也可以病苗方式随藤苗的移栽而传播。大田发病后，以菌丝体和分生孢子进行再侵染而传播。

病菌除通过病薯、病苗和土壤传播外，还能通过被污染的灌溉水、农家肥、农具、昆虫等途径传播，带病种薯、种苗是远距离传播的主要途径。

病菌对不良环境条件有很强的抵抗力，在土壤中能存活 3 年以上。

### 2.5.5 发生与环境条件的关系

#### 2.5.5.1 与温度、降雨量的关系

甘薯蔓割病属于高温型病害，在一定温度范围内，温度越高发病越重。旬平均温度高于25℃时开始发病，随着温度升高发病随之加重，温度超过27℃有利于病害的流行。我国南方甘薯产区，6—9月都能满足病害流行对温度的要求。但流行与否取决于降雨量的多寡，盛夏和秋季雨量大、雨日天数多、田间湿度大、土壤含水量高是造成蔓割病大流行的关键气候因子。甘薯扦插后，阴雨天多，苗期发病重，一般栽后15 ~ 20天出现死苗高峰。甘薯生长中后期降雨量大、雨日多，病害继续蔓延。此外，干旱季节薯田灌水亦有利于病害的流行。

#### 2.5.5.2 与种植制度的关系

凡实行春花生或大豆—晚薯、马铃薯—早薯或小麦—早稻—晚薯种植制度的地区，土壤中积累了大量的病原菌，有利于病害的发生和流行。甘薯长年连作、土壤中病原菌多，发病重；甘薯与蔓割病非寄主植物轮作3年以上的发病轻。

#### 2.5.5.3 与土壤质地的关系

土壤黏重、pH 值高的碱性土壤，发病轻；土壤贫瘠的沙壤土、pH 值偏低的酸性土

壤发病重。

### 2.5.5.4　与品种的关系

大面积种植感病品种是引起蔓割病流行的重要因子。福建平潭 1963 年仅个别薯区发生蔓割病，危害轻，几年后扩大到全县甘薯种植区，病株率由原来的 1% ~2% 迅速增加到 7.7%（全县平均），严重的高达 45%，其原因之一是大面积种植感病品种如新种花、惠红早、康栽，上述三个品种病株率分别为 6% ~27%、17% ~41%、4% ~30%，而抗病品种接禹、643 等没有发病或零星发病。福建全省 20 世纪 90 年代以前蔓割病在主栽品种新红花、岩 8-6、惠红早、禹北白、猴毛红等高感品种上流行，而抗病品种发病轻。日本甘薯蔓割病从 1975 年起随感病新品种红小町的迅速推广而蔓延。南美洲巴西部分薯区蔓割病的流行与主栽品种 Santa cruz-z 高感蔓割病有密切关系。

### 2.5.5.5　栽扦早晚与产量损失的关系

甘薯大田生长期，发病越早减产幅度越大，发病越晚损失越小。据福建平潭调查，早薯在 6 月底前发病的基本绝收，7 月发病的减产约 86%，8 月发病的减产 71% ~72%，9 月发病的减产 31% ~54%，9 月以后发病的仅减产 8% ~29%。

## 2.5.6　防治方法

### 2.5.6.1　农业防治

（1）种植高产、优质、抗（耐）病品种。高抗蔓割病的品种有金山 57、豆沙薯、丰薯 2 号、湘薯 6 号、潮薯 1 号、R17、岩薯 5 号、福薯 2 号、湛薯 96 – 24、浙 6052、济薯 16、绵薯 6 号、冀薯 98、C180、北京 183、华北 48、台农 26、福薯 0037、莆薯 2716、泉薯 3101、三角宁、吊丝红等。其中金山 57 农艺性状优良，属早熟、高产、优质新品种，在病区种植表现高抗蔓割病，未见发病，鲜薯增产 25.9%；而中感品种岩 8 – 6，病株率达 18.5% ~36.9%。此外，豆沙薯、华北 48、丰薯 2 号、湘薯 6 号、广薯 16、潮薯 1 号、湘薯 75 – 55 还高抗疮痂病，湘农黄皮中抗疮痂病，华北 48、甘薯 330、潮薯 1 号还中抗根结线虫病；上述抗蔓割病的甘薯品种还能兼抗薯瘟三个菌群中的一个菌群。中抗蔓割病的品种有华北 48、甘薯 330、湘农黄皮、广薯 15 号、湘薯 75 – 55 等。各地应根据蔓割病及甘薯其他病害发生为害情况，因地制宜选用抗病品种。

（2）建立无病留种地，培育无病壮苗。①选用水田作留种田。如旱地作留种田则必须选用 3 年未种过甘薯或蔓割病菌其他非寄主植物的地块作留种田。②选用无病种薯。育苗前将薯块一端横向切开，如发现维管束有变色不能作种薯应予以淘汰。③种薯药剂处理。选作育苗的种薯用 25% 苯来特可湿性粉剂 200 倍液浸种 1min，晾干后排种，可预防种薯带菌感染。④选用无病苗床、无病肥料育苗。苗床土应选用无病菌污染的水田土或生土。育苗用肥必须经过高温堆沤杀菌的农家肥作基肥。⑤加强苗床管理。发现病苗连同薯块一并拔起，带出苗床深埋或烧毁，病穴用生石灰消毒杀菌。

（3）轮作换茬，避免连作。有条件的薯区最好实行甘薯与水稻轮作 1 年，防病效果最佳。与其他旱地作物如芝麻、花生等轮作年限应在 3 年以上，可收到较好的防病效果。

（4）清洁田园。甘薯收获后，及时将病薯、病藤等病残体予以清除，集中烧毁或深埋，以减少侵染源。

（5）搞好开沟排渍、防止田间积水。雨季要搞好开沟排水，做到雨停田干，防止田间积水。旱季灌水时，防止串灌漫灌，避免水流传播病菌。

### 2.5.6.2 化学防治

栽插前药剂处理薯苗，严防病苗栽插大田。常用的杀菌剂有 0.2% 乙蒜素浸苗 10min，或 70% 甲基硫菌灵可湿性粉剂 700 倍液浸苗 5min，或 80% 超微多菌灵可湿性粉剂 0.8g/L 溶液浸苗 20min，或 50% 多菌灵可湿性粉剂 1.0g/L 溶液浸苗 20min，或用 20% 噻森铜悬浮剂 600 倍液浸苗 10min。上述药剂任选一种进行薯苗处理，晾干后栽插于大田。

甘薯收获后用 25% 苯来特可湿性粉剂 5g/L 悬浮液浸薯块 1min，取出晾干后贮藏，可预防贮藏期间薯块腐烂。

## 2.6 甘薯疮痂病

### 2.6.1 分布与为害

甘薯疮痂病又称缩芽病、麻风病。该病广泛分布于世界各国，我国于 1933 年首次在台湾省发现，目前广泛分布于广东、广西、海南、福建、浙江等省（区）。疮痂病作为我国南方甘薯产区传统三大病害之一，近年来在广东、福建等地有重新暴发流行的趋势。广东湛江甘薯感病后减产 5%～20%，严重的高达 50% 以上。福建泉州因疮痂病为害，甘薯发病率常高达 50% 以上。一般而言，疮痂病对甘薯的为害程度因发病早晚不同而异，甘薯大田生长前期（夏至前）感病，产量损失一般为 30%～40%，严重的高达 60%～70%；中期（夏至—立秋）感病，产量损失 20%～30%；后期（立秋后）感病，产量损失明显减少，一般只有 10% 左右。该病不但造成甘薯产量大幅度下降，而且病薯中淀粉含量减少、品质降低。

### 2.6.2 症状

甘薯疮痂病主要为害嫩梢、叶片、叶柄和薯藤，尤以嫩梢和叶片最易感病。病害症状最突出的特点是受害组织形成疮疤，向外突起，呈木栓状，病斑中间凹凸不平，表面粗糙，有时病斑会开裂，田间湿度大、温度适中，病斑表面产生粉红色的毛状物，此即病原菌的分生孢子梗和分生孢子。

叶片被害，病菌由叶片背面的叶脉侵入，亦可从叶肉组织侵入。病斑初呈油渍状小斑点，后扩大成灰褐色粗糙突起疮疤，叶脉弯曲成"屈膝状"，严重时叶片扭曲畸形生长，随着病情的发展，最终导致全叶枯萎脱落。

叶柄受害，其上密生许多紫红色圆形或长圆形小斑点，圆形病斑直径小于 0.1cm，长圆形病斑直径 0.1～0.2cm，随着病情的发展，细小斑点彼此愈合成大的病斑。叶柄皮层粗糙，略为弯曲，发病严重的叶柄逐渐失水干枯。

嫩梢受害后皱缩，不能正常生长，称为缩芽。

薯藤受害后，初生紫褐色圆形小病斑，病斑扩大后，中央凹陷、病斑呈淡黄色，四周的皮层则为紫红色，病斑大小为（2～6）cm×（1～3）cm。感病重的薯藤多数小病斑愈合成大病斑，后期薯藤表面粗糙、木栓化，薯藤先端硬化、僵直。

薯块受害，表面凹凸不平，呈木栓化。发病严重的植株结薯少、薯块小、淀粉含量少、品质降低。

### 2.6.3　病原物及生物学特性

病原物无性态为半知菌类、痂圆孢属、甘薯痂圆孢（*Sphaceloma batatas* Sawada），有性态为子囊菌门、痂囊腔菌属、甘薯痂囊腔菌［*Elsinoe batatas*（Sawada）Viegas & Jensen］。致病菌田间常见的是无性阶段。

病菌的菌丝体在寄主表皮细胞间和表皮细胞的下层组织中蔓延，环境条件适宜时，在病斑上形成分生孢子盘、分生孢子梗和分生孢子。分生孢子盘浅盘状，其上着生分子孢梗。分生孢子梗短小，单孢、无色、圆柱形、不分枝、顶端稍尖细。分生孢子梗上着生分生孢子，分生孢子单孢、近球形至卵圆形、无色，两端各具一个油点。在特殊条件下，菌丝在干枯的病斑上形成子座，其上着生单列、球形的子囊，子囊球形，大小为（10～12）$\mu$m×（15～16）$\mu$m，内生 4～6 个子囊孢子，子囊孢子透明、弯曲、有隔，大小为（3～4）$\mu$m×（7～8）$\mu$m。

疮痂病菌仅为害甘薯，尚未发现有其他寄主。

### 2.6.4　病害循环

甘薯疮痂病主要以菌丝体在薯藤等病残体上越冬，带菌病苗、薯藤为田间主要初次侵染源。用带菌藤蔓垫床育苗，可导致薯苗感病，其发病率高达90%以上。此外我国南方部分薯区采用直接剪藤栽插，培育过冬薯苗，或采用老蔓留种育苗，潜伏在病组织中的菌丝体越冬后，产生大量分生孢子，随风雨、气流将其传播到苗床上，引起薯苗初次侵染。上述三种感病薯苗移栽到大田后环境条件适宜时，产生大量分生孢子，成为大田早期发病中心，并不断进行再侵染，使病害在田间迅速扩大蔓延。病害远距离传播主要靠病苗调运。病菌从伤口或表皮侵入寄主，潜伏期一般为 7～12 天。

### 2.6.5　发生与环境条件的关系

#### 2.6.5.1　与气候的关系

温度、湿度及降雨量是影响甘薯疮痂病发生和流行的重要气象因子。该病的发生和蔓延一般要求温度在20℃以上，最适温度为25～28℃。浙江温州地区5—9月均可发病，7—8月为病害流行期，8—9月为发病高峰期，雨日天数多，特别是台风暴雨天气最有利于病害的发生和流行。福建泉州4—9月为疮痂病的发病期，5—6月梅雨季节为发病盛期，此时温度适宜，15天内连续9天下雨最有利于病害流行，蔓延速度快，病株率成倍增长，雨季过后病情发展缓慢，为害减轻，10月左右台风暴雨来临时，导致全年第二个流行高峰。广东湛江地区4—10月为疮痂病发病期，6—9月为病害流行盛期，此时温度适中，6月雨量充沛，9月下旬台风频繁、多暴雨，有利病菌繁殖、侵染和病害流行。

#### 2.6.5.2　与品种的关系

不同甘薯品种对疮痂病的抗（耐）病能力差异悬殊。感病品种如广薯75－55、南薯

99、金山1255、金山57和新种花等，病情指数高达50~69。中感品种如潮薯1号、岩薯5号、胜利百号等，病情指数亦为34~43。高抗品种广薯11、广薯88-70，病情指数分别只有8.5和7.6。大面积种植感病品种是导致疮痂病流行的重要因素之一。

### 2.6.5.3 与薯田地势、土壤质地的关系

薯田地势高低、土壤质地优劣对疮痂病发生轻重有较大影响。薯田地势愈低，发病愈重。水田种植甘薯发病最重，溪地次之，山坡地最轻，山坡地又以山下薯田比山上薯田发病重。黏土较沙性土发病重，其原因可能是黏土保水能力好，田间湿度大，有利病菌繁殖和侵染。

### 2.6.5.4 与栽插期的关系

据浙江平阳调查，一般早栽（4月14日至5月1日）地块发病轻，迟栽（5月7日至6月8日）地块发病重，其原因可能是苗床前期苗小，有利通风透光，发病后互相感染少，而苗床后期薯苗相互拥挤郁闭，通风透光差，苗床湿度大，发病后薯苗相互感染机会多，所以移栽后发病重。甘薯疮痂病发生严重的薯区，可根据当地实际情况，适当调整栽插期，以减轻病害的发生和为害。

### 2.6.5.5 与田间管理的关系

田间管理粗放，排水不良，雨后积水，基肥不足，偏施氮素化肥，甘薯生长嫩绿、枝叶繁茂，田间湿度大，有利于疮痂病菌的繁殖和侵染，发病重；雨天翻蔓，造成大量伤口，有利于病菌从伤口侵入，发病重。

## 2.6.6 防治方法

甘薯疮痂病病菌潜伏在病藤上越冬，主要借助带菌薯苗传播为害。因此，必须严格执行预防为主的防控措施，在有效执行植物检疫制度的基础上，防治重点应放在甘薯育苗期，将病害消灭在大田栽插之前，严防将病苗栽插于大田。

### 2.6.6.1 加强植物检疫

禁止从疫区调运薯苗到非疫区，防止疮痂病扩大蔓延到非疫区。

### 2.6.6.2 农业防治

（1）培育无病壮苗。培育无病壮苗是控制疮痂病为害最有效的措施，也是综合防治最重要的环节，必须予以高度重视。培育无病壮苗的方法：①选用无病种薯、无病薯藤育苗；②禁用病蔓作苗床酿热物；③彻底清除苗床四周病残体，减少菌源；④加强苗床肥水管理。

（2）选用抗病（耐）病品种。对疮痂病高抗的品种（系）有广薯111、广薯88-70、豆沙薯、华北48、甘薯330、丰薯2号、湘薯6号、广薯15、广薯16、1714、R17、河北351、岩齿红、青农2号、南灰3号、潮薯1号、湘薯75-55等；抗至中抗品种（系）有湘农黄皮、176、普薯125、普薯6号、普薯125、惠薯2号、惠江早、R17、河北351、东方2号、青农8号、惠仙薯等。其中华北48、甘薯330、广薯15、广薯16、潮薯1号、青农8号还中抗甘薯根结线虫；豆沙薯、华北48、甘薯330、丰薯2号、湘薯6号、湘农黄皮、广薯15、潮薯1号、湘薯75-55等还兼抗甘薯蔓割病、薯瘟Ⅰ菌群和Ⅱ菌群，部

分品种还兼抗薯瘟Ⅲ菌群。甘薯品种抗病性与其皮层组织结构关系密切，抗病品种藤蔓具有较厚的角质层，叶片气孔和幼嫩组织的腺鳞数目较少，表现病害潜育期长，病斑数量少。各地可因地制宜选用抗疮痂病的品种进行种植。

（3）加强田间管理。做好肥水管理，促进甘薯健壮生长，提高抗（耐）病能力。施足基肥、防止偏施氮素化肥，增施磷钾肥，做到配方施肥；合理灌溉，防止大水串灌漫灌；搞好开沟排水，防止雨后田间积水，降低田间湿度；雨天不翻藤，防止甘薯出现伤口，有利病菌侵染；甘薯收获后及时清除田间病残体，集中烧毁或深埋。

### 2.6.6.3 化学防治

药剂防治包括两个方面的措施：①药剂处理薯苗。②育苗期和大田药剂防治。药剂处理薯苗可采用70%甲基硫菌灵可湿性粉剂500～700倍液，或50%多菌灵可湿性粉剂400～500倍液，或50%硫磺·多菌灵可湿性粉剂500倍液处理薯苗。上述药剂任选一种，在薯苗栽插大田前浸苗10～15min，晾干后栽插。由于疮痂病发生在甘薯叶片、叶柄和茎秆上，药剂处理薯苗应将薯苗全部浸入药液中，方可获得较好的防治效果。一般50kg药液可连续浸苗6 000～9 000株。

育苗期和大田生长期可选用的防治药剂有：36%甲基硫菌灵悬浮剂500～600倍液，或50%多菌灵可湿性粉剂600倍液，或80%代森锌可湿性粉剂600倍液，或80%代森锰锌可湿性粉剂600倍液。上述药剂任选一种在疮痂病发病初期喷药防治，隔7～8天再喷1次，共喷2～3次。

## 2.7 甘薯紫纹羽病

### 2.7.1 分布与为害

甘薯紫纹羽病国内分布于江苏、浙江、福建、河北、山东、河南、湖北及台湾等省。该病已成为河南禹州甘薯生产上重要病害之一。1990年发病面积仅1hm²，1993年扩大到900hm²，一般受害田块减产15%～30%，严重的高达50%以上，个别田块甚至绝产。

### 2.7.2 症状

紫纹羽病为甘薯生长期病害，仅发生于大田，为害薯块和地下茎蔓。感病植株自根系尖端开始发病，逐渐向上发展，导致根系枯死。薯块感病初期，表面缠绕蜘蛛网状白色线状物，即病菌的根状菌索，其后根状菌索的颜色逐渐变为红褐色至紫褐色。随着病情的发展，根状菌索在薯块表面结成一层羽绒状的菌膜。有时菌膜延展到土表蔓茎基部。感病薯块由下而上，由表及里逐渐腐烂，发出酒精味。病株地上部叶片从薯茎基部依次向上发黄枯萎，随之脱落，仅留茎秆。腐烂薯块的薯皮因包有菌膜，故质地坚韧，容易与薯皮剥离。严重受害薯块的薯肉腐烂后，汁液从破裂的薯皮处溢出，流入垄内与泥沙混合，其上生长茂密的病菌菌丝，形成拟菌核。

### 2.7.3 病原物及生物学特性

病原物为担子菌门卷担菌属桑卷担菌（*Helicobasidium mompa* Tanaka）。幼嫩菌丝无色，直径7.2～10μm，老熟菌丝紫褐色，直径7.2～10μm。根状菌索粗0.1～1.0μm，长纱线状，不规则分枝。菌索的中央紧密，外方疏散，其后集结形成子实体，上有发达的子实层并着生并列的担子。担子无色，圆筒状，有 3 个隔膜，大小为（25～40）μm×（6～7）μm，略向一方弯曲，在凸面上从各孢抽出一个小梗，每一个小梗顶端着生一个担孢子，担孢子无色、单胞、卵圆形或肾状形，顶端圆、基部尖，担孢子大小为（16～19）μm×（6～6.4）μm。病菌在菌膜基部结生很多扁球形、紫褐色的小菌核。另有一种形如铁渣碎块，外观为泥污色或紫红色的大型拟菌核。两种菌核对不良环境均有很强的抵抗力，在土壤中能存活 4 年左右。

紫纹羽病菌除为害甘薯外，还能侵染马铃薯、花生、大豆、棉花、茶树、桑树、桃树、苹果树、林木以及党参、黄连等多种农林作物、药材和杂草。

### 2.7.4 病害循环

甘薯紫纹羽病的初次侵染源，主要来自于病薯、感病的甘薯地下茎蔓上附着的根状菌索以及遗留在土中的拟菌核。雨水、灌溉水能将土中的菌体带入无菌薯田，遗留田间的病残体以及用病残体沤肥未经充分腐熟施入薯田，均能使病害扩大蔓延。

### 2.7.5 发生与环境条件的关系

甘薯紫纹羽病的发生和为害与外界环境条件密切相关，影响发病轻重的因素主要有：①与气候的关系。据河南禹州调查，秋雨多的年份，田间湿度大，发病重；浙江温岭多雨年份，有利病菌繁殖和侵染，发病时间较干旱少雨年份提早，发病重。②与连作、混作的关系。长年连作地，土壤积累大量病原菌，有利病菌侵染，发病重；甘薯与病原菌寄主桑树、茶树间作套种发病重。③与土壤质地的关系。沙质土，土层浅薄易遭干旱或山岗薯田、坡地薯田土壤严重冲刷，土质瘠薄，保水保肥能力差，甘薯生长不良，对病害抵抗能力弱，发病重。④与土壤 pH 值的关系。土壤偏酸性（pH 值 4.7～6.5）、植株缺肥、生长不良的薯田发病重，多施有机肥和碱性肥料，植株生长健壮，抗（耐）病能力强，发病轻。⑤春薯发病重于夏薯。

### 2.7.6 防治方法

#### 2.7.6.1 农业防治

（1）选用早熟、高产、抗（耐）病品种，实行早种、早收避病栽培。据河南禹州经验，选用较抗（耐）病品种如豫薯 6 号、豫薯 8 号，于 4 月 20 日左右栽插，或 6 月上中旬麦垄套种甘薯，9 月 20 日以前收获，可避过田间发病高峰期（8 月下旬），不但减轻了紫纹羽病的为害，而且甘薯增产效果明显。

（2）清洁田园，及时处理病残体、病株，控制病害蔓延。甘薯收获后，及时将田间病残体如感病薯块、薯藤等集中清理、烧毁或深埋。甘薯生长期间，发现病株应及早挖除、烧毁、铲除病土，带出田外，并用福尔马林或生石灰进行消毒处理。

（3）培育无病壮苗，实行"净种、净肥、净土"三净原则。严格选用无病种薯，施用无病菌污染的农家肥和选用无病菌污染的苗床，培育无病健壮的薯苗，减少大田发病机会。

（4）实行轮作换茬。病区特别是重病薯区，实行轮作换茬。甘薯与紫纹羽病菌非寄主植物，如禾本科的玉米、高粱等农作物轮作，特别是实行水旱轮作，是防止甘薯紫纹羽病最经济、最有效的防治措施。与禾本科作物轮作年限一般不少于 4 年，严禁与桑树、茶树、桃树、苹果树等间作套种。

（5）加强田间管理。山坡梯田应特别注意防止水流传病，切忌病田水流入下坡无病田，减少病菌传播机会；避免在病田培育蔬菜苗或作果树苗圃，以防带土移栽时扩大病区；不用病菌污染的农家肥作基肥，减少病菌传播机会；病区特别是重病田可施用石灰（80～100kg/667m²），改善土壤酸碱度和结构，有一定防病增产作用；增施有机肥和适量磷钾肥，提高土壤肥力、改善土壤结构，提高土壤保肥保水能力，增强甘薯抗（耐）病能力。

### 2.7.6.2　化学防治

下列药剂防治甘薯紫纹羽病效果好，可因地制宜、灵活应用。

①40% 五氯硝基苯粉剂，每 667m² 用 1.5kg 加细干土 40kg，充分拌匀，浇水后穴施；②50% 多菌灵胶悬剂，每 667m² 用 2kg，对水 1 500kg，每穴用药液 0.5kg；③70% 甲基硫菌灵可湿性粉剂，每 667m² 用 1.5kg 加细干土 40kg，充分拌匀，浇水后穴施；④75% 百菌清可湿性粉剂，每 667m² 用 1.5kg 加细干土 40kg，充分拌匀，浇水后穴施；⑤70% 代森锰锌可湿性粉剂，每 667m² 用 1.5kg 加细干土 40kg，充分拌匀，浇水后穴施；⑥50% 退菌特可湿性粉剂 300 倍液，或 70% 甲基硫菌灵可湿性粉剂 800 倍液，或 50% 多菌灵可湿性粉剂 600 倍液，任选一种于甘薯栽插期和甘薯块茎膨大期灌根，每株灌药液 250ml，也有较好的防治效果。两次用药优于一次用药，块茎膨大期用药优于栽插期用药。

## 2.8　甘薯干腐病

### 2.8.1　分布与为害

甘薯干腐病是江西、湖北、山东、浙江等省甘薯贮藏期发生普遍、为害严重的一种病害，薯块发病率 20%～70%，产量损失率 3%～5%。

### 2.8.2　症状

甘薯干腐病菌在育苗期即可侵染甘薯，但甘薯在大田生长期均不表现症状，甘薯收获进窖后于 10 月下旬至 11 月上旬开始，薯块出现干腐现象，尤以翌年出窖之前症状表现最为明显。多从薯块顶端的薯拐处开始发病，逐渐深入薯块内部，靠近顶端处薯肉呈淡褐色至深褐色，薯块中心部位则呈灰白色海绵状糠腐。薯块病变部分只占薯块的 1/3，病变部分薯块收缩、干腐、变硬。近藤拐处的病组织干缩呈鼠尾状。湿度大时，病菌菌丝从组织内经过表皮裂缝长出，蔓延于整个薯皮上，形成白色云层和粉红色霜状物。

### 2.8.3　病原物及生物学特性

病原为无性孢子类镰刀菌属的尖镰孢（*Fusarium oxysporum* Schlecht）、串珠镰孢（*F. moniliforme* Sheld.）和腐皮镰孢［*F. solani*（Mart.）App. et Wollenw］等三种，以尖

镰孢为主。

病菌产生大型分生孢子、小型分生孢子和厚垣孢子。大型分生孢子镰刀形，无色、孢子可分 5 隔，但以 3 隔为主。有脚孢，大小为（10.6～33）μm×（2.6～4.0）μm；小型分生孢子卵圆形至椭圆形、单孢、无色、多单生，大小为（5.6～10.6）μm×（2.6～3.6）μm；厚垣孢子顶生或间生，圆形或椭圆形，菌核黑色。

病菌孢子萌发温度为 16～34℃，最适温度为 28℃。病菌在 pH 值为 6 条件下生长良好，在 pH 值 5～8 均能生长。病菌通过伤口侵入寄主。

### 2.8.4　病害循环

甘薯干腐病病菌在感病薯块上和薯田土壤中越冬。在种薯上越冬的病菌，在苗床育苗期侵入幼苗，带菌幼苗栽插大田后并不表现病症，在薯苗上呈潜伏状态。薯块收获前，病菌通过维管束侵入薯块，使薯块感病。发病最适温度为 25～28℃，温度超过 34℃ 时，病情停止发展。

### 2.8.5　防治方法

（1）建立无病留种田，培育无病种薯。甘薯干腐病并非一种纯粹的贮藏期病害，初次侵染源来自薯田病土。因此，防治该病的根本方法是建立无病留种田，培育无病种苗。具体做法：①选用生土或稻田，或 3～4 年以上轮作地作为留种田；②育苗时选用无病菌苗床、无病菌肥料育苗；③实行高剪苗。

（2）合理轮作。实行甘薯与禾本科农作物轮作，特别是水旱轮作，可有效消灭土壤中的病菌。

（3）安全贮藏。甘薯收获、运输、贮藏过程中，做到轻收、轻装、轻运、轻藏，防止薯块造成伤口。有条件的地方入窖初期进行高温伤口愈合处理，减少病菌从伤口侵入的机会。窖藏期间及时清除窖中病薯，集中深埋或烧毁，防止传病。

## 2.9　甘薯病毒病

### 2.9.1　种类和分布

甘薯病毒病分布于全球各甘薯产区，侵染甘薯的病毒种类十分繁杂，世界各地报道的有 30 多种，我国至少 10 种以上，主要病毒病种类及分布如下。

甘薯羽状斑驳病毒（Sweet potato feathery mottle virus，SPFMV）。国外分布于各甘薯产区，国内分布于海南、云南、广西、湖南、湖北、福建、安徽、江苏、河南、山西、陕西、宁夏、河北、四川、重庆、北京等省（区、市）。

甘薯潜隐病毒（SPLV）。国外分布于亚洲各甘薯产区，国内分布于北京、江苏、山东、河南、福建、四川、安徽、山西、湖北、台湾等省（市）。

甘薯 G 病毒（SPVG）。国外分布于非洲、美洲、欧洲、澳洲及亚洲各甘薯产区，国内分布于广东、广西、四川、湖南、湖北、江苏、山东、山西、陕西、宁夏、重庆、云南等省（区、市）。

甘薯褪绿矮化病毒（SPCSV）。国内分布于广东、广西、福建、江苏、山东、湖北、四川等省（区）。

甘薯轻型斑点病毒（SPMSV）。国内分布于广东、广西、湖北、四川、河南、江苏、山西、陕西、宁夏、山东等省（区）。

甘薯褪绿斑点病毒（SPCFV 或 C - Z）。国外分布于日本、中美洲、南美洲甘薯生产国，国内分布于广西、重庆、河南、四川、福建、安徽、广西、云南、江苏、山西、湖南等省（区、市）。

甘薯轻斑驳病毒（SPMMV）。国外分布于东部非洲各甘薯产区，国内分布于广西、重庆、北京、江苏、四川、山东、河南、安徽等省（区、市）。

甘薯卷叶病毒（SPLCV）。国外分布于亚洲各甘薯产区，国内分布于广西、云南、台湾等省（区）。

黄瓜花叶病毒（CMV）。国内分布于重庆、湖北、山东、江苏、四川、安徽、宁夏、陕西、山西、河南、广东等省（区、市）。

甘薯 C - 6 病毒（SPC - 6）。国内分布于重庆、河南、安徽、山东、山西、宁夏、湖北、四川、广西、广东、海南等省（区、市）。

甘薯花椰菜花叶病毒（SPCaLV）。国外分布于波多黎各等中南美洲各国，国内分布于江苏、四川、山东、山西、宁夏、甘肃、河南、安徽、河北、湖南、湖北、广西、广东、海南等省（区）。

甘薯脉花叶病毒（SPVMV）。国外分布于南美洲的阿根廷等国，国内分布于广西、江苏、河南、四川、福建等省（区）。

甘薯病毒复合体（SPVD）。国外分布于非洲和南美洲甘薯生产国，国内分布于广东、江苏、四川、安徽、福建、湖北等省。

### 2.9.2　为害情况

病毒病是甘薯生产上一类重要的病害，由于病毒病的为害，导致甘薯产量下降、品质变劣、种性退化。此外，感染病毒病的甘薯植株生长衰弱，更易遭受其他侵染性病害如黑斑病等病原菌的侵染，从而造成更为严重的损失。据国际马铃薯中心（CIP）统计，全球由于甘薯病毒病的为害，一般减产 30% 以上，是造成甘薯品质下降、种性退化的主要原因。南美洲、非洲部分甘薯产区，因病毒病为害最少减产 20%，最高减产可达 57%，特别是甘薯病毒复合体（SPVD）流行的地区，该病已成为甘薯生产上一种毁灭性病害，一般可导致减产 50% ~ 90%，甚至绝收。据统计，我国每年甘薯病毒病的为害损失约 40 亿元。山东、江苏、安徽、北京等省（市）调查，由于病毒病为害造成的损失一般为 20% ~ 30%，严重的高达 50% 以上。河南病毒病重发年份，甘薯病叶率 6% ~ 9%，病情指数 26% ~ 54%。福建甘薯大田病株率 10% ~ 46%，育苗期病株率平均 37%，因病毒病为害减产 20% ~ 30%。广西甘薯病毒病病株率 10% ~ 80%。湖北鄂州 2014 年病毒病暴发成灾，甘薯病株率高达 80% 以上，一般田减产 20% 左右，重病田减产 57%。近年来，甘薯病毒病复合体（SPVD）在江苏、河南、四川等地有加重为害的趋势，四川甘薯感染 SPVD 后，茎叶产量下降 69%，鲜薯产量下降 50%。江苏徐州感病品种徐薯 18、徐薯 22 和徐薯 25 被 SPVD 侵染后，分别减产 73%、80% 和 66%，而抗病品种徐薯 27 仅减产 12.6%。

### 2.9.3 病毒病症状

病毒侵染甘薯后其症状因不同病毒种类、同一病毒不同株系、不同种病毒复合侵染、不同甘薯品种、同一甘薯品种不同侵染部位等而异。田间常见症状大体可分为五种类型：①叶片斑点斑驳型。甘薯育苗期和大田生长期均可发生，叶片感病初期有明脉症状或出现褪绿半透明斑，以后病斑周围变成紫褐色，形成紫斑、紫环斑、黄斑、褪绿斑、枯斑、羽状斑和斑驳花叶等。多数品种只形成褪绿透明斑点。老叶上症状较新叶上症状更为明显。②花叶型。苗期感病后，初期叶脉呈网状透明，其后沿叶脉出现不规则黄绿相间的花叶斑纹。③叶片畸形。包括卷叶、皱缩、鸡爪叶等，叶片上常出现褪绿斑。病株生长缓慢，结薯少，高温季节长出的叶片多数有隐症现象，该类症状苗期出现比例高于大田期。④叶片黄化型。包括黄化及网状黄脉等。⑤薯块龟裂型。病薯薯块上出现黑褐色或黄褐色龟裂纹。甘薯感染 SPVD 病毒后，除叶片表现扭曲、畸形、褪绿、明脉等典型症状外，其他症状还有茎基部分枝明显增加，茎变小，蔓长明显短于正常未感病植株，植株明显矮化，叶面积指数明显小于未感病植株。

由于甘薯病毒病症状受病毒种类、甘薯品种、生育期、环境条件等因素的影响，因此，根据外表症状很难正确鉴别，必须通过指示植物嫁接检测、病毒血清学检测和分子生物学方法检测，才能精确鉴别病毒种类。

几种病毒侵染甘薯及指示植物的典型症状：

甘薯羽状斑驳病毒（SPFMV）。SPFMV 侵染甘薯引起的植株症状因寄主种类、病毒株系和环境而改变。在叶片上表现为褪色斑，老叶上沿中脉发生不规则羽状黄化斑点，有时还会在斑点外缘产生紫色素而形成界限，有的会造成块根外部坏死（锈裂）或内部坏死（木栓）。在指示植物牵牛（Ipomoea nil）、巴西牵牛（I. setosa）上产生明脉、脉带及黄化斑点等症状。

甘薯潜隐病毒病（SPLV）。SPLV 病毒侵染多种甘薯品种均不会产生明显的叶部症状，有的仅产生轻度斑驳。在指示植物 I. setosa 上可产生轻微症状，叶片失绿、脉迹明显。SPLV 接种 I. nil 6~8 天后，沿叶脉出现较小、带灰绿色的不规则花叶，后期叶片黄化。接种植株下部 6~8 片叶出现症状后，上部叶则不再有症状出现。接种感病甘薯品种台农 63 健康植株 28 天后，叶片显现轻斑驳、叶脉黄化，老叶有不明显的黄绿相间花叶。

甘薯轻斑驳病毒病（SPMMV）。SPMMV 病毒侵染甘薯后，植株生长缓慢，明显矮化，叶片产生斑驳，叶脉褪绿。SPMMV 接种指示植物 I. setosa 后，从接种叶片以上 4 片叶产生亮黄色脉褪绿症状，其余叶片及新长出的叶片则无症状。

甘薯卷叶病（SPLCV）。SPLCV 病毒侵染甘薯后，叶片向上卷曲，其症状主要发生在较嫩的叶片或育苗期，部分甘薯品种感病后可在叶片反面见到维管束凸起，温度高时，卷叶症状尤为明显。

甘薯脉花叶病毒病（SPVMV）。SPVMV 病毒侵染甘薯后，感病植株生长发育严重受阻，节间缩短，植株明显矮化，结薯少。叶片畸形，其上产生泡状突起，明脉、扩散状斑驳和全面褪绿，从而形成花叶。接种指示植物 I. setosa 后，导致叶片畸形、叶小、失绿，与甘薯羽状病毒病的症状类似。

甘薯花椰菜花叶病毒病（SPCaLV）。SPCaLV 感染甘薯后，症状不明显，不出现有诊断价值的病征。接种指示植物 I. setosa 后，早期症状出现在沿叶支脉的褪绿斑点和脉间褪绿斑，进而发展为大面积褪绿，最后导致叶片萎蔫枯死，严重时整个植株枯萎死亡。

甘薯褪绿斑点病毒病（SPCFV）。褪绿斑点病毒病是甘薯生产上发生普遍的一种病害，甘薯感病后植株基本上不出现任何症状或者仅在叶片上呈现褪绿斑。I. nil 机械接种后，在子叶及第 1～2 片叶真上，产生褪绿斑和明脉。

甘薯病毒病（SPVD）。甘薯病毒病是由毛形病毒属（Crinivirus）的甘薯褪绿矮化病毒（SPCSV）和马铃薯 Y 病毒属（Potyvirus）的甘薯羽状斑驳病毒（SPFMV）协生共侵染甘薯引起的病毒病。甘薯感染 SPVD 后的典型症状为叶片扭曲、皱缩、畸形、叶片褪绿，花叶、明脉以及植株矮化。

### 2.9.4　甘薯病毒形态特征和生物学特征

#### 2.9.4.1　甘薯羽状斑驳病毒

甘薯羽状斑驳病毒隶属于马铃薯 Y 病毒属。病毒粒体长丝状，其长度因不同株系而异，大多数长度为 810～815μm，少数长度可达 850～900μm，在寄主细胞内可见风轮状内含体。基因组为单链正义 RNA，分子量为 $3.7 \times 10^6$ 道尔顿，蛋白质外壳亚基的分子量为 $3.8 \times 10^4$ 道尔顿，稀释限点为 $10^{-4} \sim 10^{-3}$，体外存活期不超过 24h，热灭活温度为 60～65℃。甘薯羽状斑驳病毒国外共有 4 个株系，分别为 SPFMC - O、SPFMV - S、SPFMV - T 和 SPFMV - RC，我国有 3 个株系即 SPFMV - LF、SPFMV - EA 和 SPFMV - O。甘薯羽状斑驳病毒可通过汁液传播，媒介昆虫如桃蚜、棉蚜等以非持久方式传毒，还可以随带毒薯块、薯苗传播。甘薯羽状斑驳病毒寄主范围仅限于旋花科农作物和其他野生植物。

#### 2.9.4.2　甘薯潜隐病毒

甘薯潜隐病毒隶属于马铃薯 Y 病毒属。病毒粒体长丝状，长度为 700～750μm，也有报道病毒粒体长度为 800～870μm。被感染植物细胞中产生特异性的内含体。该病毒不能通过蚜虫和粉虱传播，可通过带病薯块和薯苗传播，也可通过汁液摩擦传播。

#### 2.9.4.3　甘薯轻斑驳病毒

甘薯轻斑驳病毒隶属于甘薯病毒属。病毒粒体呈弯曲杆状，寄主植物多达 14 科45 种农作物和野生植物，贝氏烟、心叶烟和克利夫兰烟是该病毒保存和繁殖的最好寄主。该病毒以粉虱非持久性传毒为主，也可通过病薯、病苗传播，但蚜虫不能传毒。

#### 2.9.4.4　甘薯卷叶病毒

甘薯卷叶病毒隶属于菜豆金色黄花叶病毒属。病毒粒体为双生球形，直径 18～20μm，属联体病毒组。可通过病薯、粉虱和嫁接传播该病毒，但蚜虫或机械摩擦不能传播。

#### 2.9.4.5　甘薯脉花叶病毒

甘薯脉花叶病毒隶属于马铃薯 Y 病毒属。病毒粒体为弯曲杆状或丝状，长度 761μm 左右，寄主仅限于旋花科植物。该病毒可由蚜虫非持久性传播，亦可通过机械摩擦传播。

### 2.9.5　病害循环

已知甘薯病毒均可通过带毒种薯、种苗、嫁接和机械摩擦传播，带毒种薯、种苗还是远距离传播病毒的主要途径；甘薯羽状斑驳病毒、甘薯脉花叶病毒还可通过蚜虫非持久性传播；甘薯黄矮病毒（SPYDV）、黄瓜花叶病毒（CMV）可通过粉虱非持久性传播；甘薯潜隐病毒和甘薯花椰菜病毒不能通过蚜虫和粉虱传播。

### 2.9.6 发生特点和流行条件

#### 2.9.6.1 甘薯病毒病的复合侵染

在甘薯生长发育过程中，同一植株往往遭受多种病毒的侵染，其侵染频率远远高于一种病毒的单独侵染。国际马铃薯中心检测印度尼西亚 SPCSV 与 SPFMV 复合侵染率为 65%，南美洲的秘鲁上述两种病毒的复合侵染率为 34%；我国广西南宁、玉林、北海、官州、桂林等地 127 个甘薯样品检测结果，其中 1 种病毒单独侵染的占 31.49%，2 种病毒复合侵染的占 13.39%，3 种、4 种、6 种、7 种、8 种病毒复合侵染的分别占 9.45%、8.66%、4.72%、0.78% 和 0.78%。8 种病毒（SPFMV、SPVG、SPCSV、CMV、SPCFV、SPVMV、SPLV 和 SPLCV）复合侵染甘薯同一植株，症状表现为叶片皱缩、花叶和植株严重矮化。云南建水、文山等 16 个县（市）的 279 个甘薯样品检测结果，有 89 个样品遭受 2~5 种病毒复合侵染，占总样品数的 31.9%，其中尤以 2~3 种病毒复合侵染最为常见，单一病毒侵染的仅占总样品数的 12.2%。甘薯遭受多种病毒复合侵染后，症状明显加重，产量明显下降。如 SPCSV 和 SPFMV 复合侵染甘薯后，出现叶片扭曲、皱缩、畸形、明脉和植株矮化等严重病症，甘薯地上部和薯块产量亦明显下降，但上述两种病毒单独侵染甘薯时，寄主仅出现轻微病症，产量下降不明显。

#### 2.9.6.2 甘薯感病时期与产量损失的关系

甘薯不同时期感染 SPVD，其产量损失截然不同。一般而言，甘薯感病越早，无论地上部鲜重还是薯块鲜重损失越大，反之，产量损失越小（表 2-3）。甘薯因病毒病为害产量损失与病情严重度、叶片中叶绿素含量关系密切。甘薯感病时间推迟，病情指数随之相应下降。如 1992 年郑薯 20 病情指数由 6 月 3 日感病的 78.3，逐渐下降到 7 月 30 日的 0，叶片中叶绿素含量则随甘薯感病时间的推迟而增加，叶绿素含量高有利于光合作用的增强和产量的提高。上述结果表明，在 SPVD 的防治中，要加强甘薯育苗期病毒病的防治和检测，发现感病植株立即拔除销毁，防止 SPVD 病苗栽插大田，同时加强苗床介体害虫烟粉虱的防治，防止传播病毒。

**表 2-3 不同时期感染 SPVD 后甘薯产量损失**

| 接种日期 （月-日） | 郑薯 20 | | | | 徐薯 25 | | | |
| --- | --- | --- | --- | --- | --- | --- | --- | --- |
| | 地上部鲜重 （kg/hm²） | 损失率 （%） | 薯块产量 （kg/hm²） | 损失率 （%） | 地上部鲜重 （kg/hm²） | 损失率 （%） | 薯块产量 （kg/hm²） | 损失率 （%） |
| 06-03 | 2 169.3 | 92.2 | 3 121.7 | 94.5 | 11 798.9 | 73.9 | 6 090.5 | 87.7 |
| 06-27 | 9 153.4 | 67.1 | 2 793.5 | 50.5 | 13 756.6 | 69.6 | 13 439.1 | 72.9 |
| 07-12 | 17 756.6 | 50.6 | 3 904.6 | 30.8 | 21 534.4 | 52.4 | 23 809.5 | 52.0 |
| 07-30 | 19 259.3 | 30.8 | 46 296.3 | 18.0 | 42 592.6 | 5.85 | 35 238.1 | 28.9 |
| CK | 27 830.7 | — | 56 455.0 | — | 45 238.1 | | 49 576.7 | |

#### 2.9.6.3 甘薯不同症状与产量损失的关系

将甘薯感病后的症状分为黄化、黄色羽斑、紫色羽斑、丛簇矮缩、黄化矮缩、鸡爪叶六种症状。测产结果表明，不同症状对鲜薯产量有明显的影响，其中黄化矮缩、紫色羽斑和鸡爪叶三种症状造成的产量损失最大，减产率均在 30% 左右，其他三种症状的减产率在 5.69% ~ 17.45%。黄化矮缩病症在甘薯育苗期即可出现，由于种薯疯长，严重抑制出苗和出土苗的生长发育，直到育苗期后期才逐渐恢复生长，造成扦插时等苗下地；紫色羽斑病症在甘薯育苗后期和大田生长期均处于发展中，且病斑大，严重影响甘薯叶片的光合效率；鸡爪叶病症不仅叶绿体大量被破坏，叶面积锐减，而且育苗期和薯块膨大期为发病高峰期，对甘薯产量造成巨大威胁。

#### 2.9.6.4　甘薯各症状田间发生动态

四川南充薯区病毒侵染甘薯后，病症主要有变色如黄色斑驳、黄化，坏死如紫色羽斑、黄色羽斑等和畸形如丛簇矮缩、鸡爪叶等三大类 16 种症状，各症状在田间表现出规律性变化，其特点：①多数症状在甘薯育苗期即明显表现出来，育苗期是寄主最易感病的时期，自出苗后相继形成发病高峰期，仅黄色羽斑、紫色羽斑和褐色斑点等少数症状在苗床后期才开始表现症状，直到薯块膨大期才进入高发期；②多数症状出现局限在一定温度范围，平均温度 20 ~ 27℃时最有利于症状的显现，温度低于 18℃ 及高于 30℃ 时出现隐症现象；③少数症状如黄色斑驳、紫色羽斑等症状对温度反应迟钝，无论是低温（15℃以下）或高温（32 ~ 35℃）条件下均能出现病症。

甘薯感染病毒病后，其症状的严重程度除与品种抗（耐）性有关外，还受环境温度影响。江苏徐州研究表明，苗期气温偏高的年份，薯苗生长快，病毒病症状较轻，苗期气温偏低的年份，薯苗生长缓慢，抗（耐）病能力低、症状较重。

#### 2.9.6.5　发病与气候的关系

甘薯病毒病的发生和为害与气候条件也有一定关系（表 2 - 4）。1998 年甘薯病毒病较之 1997 年无论病叶率还是病情指数都较轻。其原因可能是甘薯生长前期下雨多，甘薯生长旺盛，单位薯叶病毒含量相对低，从而导致病症减轻，病叶率、病情指数下降。

表 2 - 4　不同甘薯品种病毒病的发病率和发病程度

| 品种 | 1997 年 | | 1998 年 | |
|------|---------|---|---------|---|
| | 病叶率（%） | 病情指数 | 病叶率（%） | 病情指数 |
| 豫薯 7 号 | 75.1 | 26.1 | 15.1 | 4.6 |
| 豫薯 6 号 | — | — | 17.4 | 7.8 |
| 豫薯 8 号 | 67.0 | 32.6 | 12.4 | 6.1 |
| 豫薯 13 号 | — | — | 11.5 | 3.8 |
| 豫薯 10 号 | 80.0 | 43.0 | 11.9 | 5.8 |
| 冀薯 4 号 | 95.3 | 54.5 | 41.0 | 29.6 |
| 徐薯 18 号 | 68.0 | 29.5 | — | — |
| 北京 553 | — | — | 33.2 | 16.6 |
| 02 - 27 | 91.6 | 49.7 | — | — |

#### 2.9.6.6　发生与品种的关系

甘薯病毒病的发生和为害与品种对病毒的抗感性有一定关系，抗（耐）病品种发病轻，产量损失小，感病品种发病重，往往导致甘薯大幅度减产。对甘薯病毒病免疫的品种尚未发现，较抗或耐病品种（10%以下叶片有少量的系统症状）有河北1707、农大070、温岭红皮、徐薯18、济薯10号、锦莲薯、铁丽仔、三瓜白、内江1号、湛江白、台湾秋等。各地可因地制宜选择高产稳产、品质优、较抗（耐）病品种种植。

### 2.9.7　防治方法

#### 2.9.7.1　农业防治

（1）选用抗（耐）病品种。选用抗（耐）病品种是防治病毒病最有效的措施。当前筛选出的抗病品种有农大070、徐薯18、温岭红皮、鲁薯3号、鲁薯7号、北京533、恩红1号、潮薯1号、武薯1号、济薯10号、湛江白、宁薯2号、群力1号等品种。此外，鸡啄企、三瓜白、内江1号、台湾秋、甜脆薯、黑骨仔、南京红皮、青皮种、北大红苕、红心薯、六十日、锦莲薯、铁丽仔、白幼叶薯、漳、隶薯、鸡足爪、黑节仔等甘薯种质资源对病毒病亦表现出较强抗（耐）性，可作为抗病毒育种材料予以利用。

（2）培育无病种薯、种苗。甘薯是无性繁殖作物，一旦感染上病毒，病毒通过薯块、薯苗在甘薯体内不断增殖、积累，代代相传，使病害逐代加重，对甘薯生产造成为害。利用甘薯茎尖分生组织培养，培育脱毒种薯、种苗是防治甘薯病毒病最有效的措施。江苏、山东、福建等省相继对徐薯18号、徐薯34号、鲁薯7号、鲁薯8号、北京533、新大紫、群力2号、豫薯7号、豫薯8号、豫薯12号、丰收白等甘薯品种进行脱毒，并大面积推广应用。江苏、山东推广脱毒薯后增产效果十分显著，新大紫脱毒薯块茎增产46.1%～224%，辟力2号增产42.3%～96.4%，徐薯18号增产16.9%～40%。脱毒薯不但增产效果显著，而且还能大幅度提高薯块商品率，大中薯率平均提高19.97%，薯块干物质增加1.8%。脱毒薯增产效果随种植年限的延长，增效效果随之下降。一般而言，脱毒薯连续种植3年后增产幅度明显降低，因此需不断更新种薯，才能确保脱毒薯的增产效果。

（3）切断病毒传染源。切断甘薯病毒传染来源的主要方法：①彻底铲除薯田四周病毒的寄主植物；②甘薯收获后及时清除田间的薯块病残体等，并予以烧毁或深埋；③加强育苗期和大田生长期的调查，及时拔除疑似病株，并予以处理；④种薯、种苗保存时做好病毒的排查和检疫工作；⑤在甘薯种质资源材料引进时，尽量使用无毒苗、脱毒苗，做好种薯、种苗以及甘薯种子的病毒检疫工作。

（4）加强薯田管理，提高甘薯植株抗（耐）病能力。①合理密植。一般春薯栽插密度以3 000～3 500株/667m$^2$为宜，夏薯生长期短，栽插密度为3 500～4 000株/667m$^2$。②配方施肥。科学施肥的原则是施足基肥、重施钾肥、补施磷肥，氮、磷、钾比例以11∶22∶1为宜。③科学管水。甘薯生长期雨季及时开沟排水，防止田间积水，旱季适时灌水，防止薯田开裂，一般薯田相对含水量保持在60%～70%为宜。

#### 2.9.7.2　化学防治

（1）药剂杀灭传毒昆虫。烟粉虱（*Bemisia tabaci* Gennadius）非持久性传播SPYDV、SPVD、SPYMMV、SPCSV、CMV等病毒，桃蚜（*Myzus persicae* Sulzer）非持久性传播

SPFMV、SPVMV 等病毒。因此，在甘薯育苗期和大田生长期要特别加强蚜虫、粉虱的防治工作。

防治粉虱的化学杀虫剂有 25%噻虫嗪水分散粒剂 10~20g/667m² 对水喷雾，或 10%吡虫啉可湿性粉剂 2 500 倍液，或 20%甲氰菊酯乳油 2 000 倍液，或 2.5%联苯菊酯乳油 4 000 倍液。上述药剂任选一种，在粉虱发生初期进行防治，隔 10 天左右再喷药一次。

防治蚜虫效果好的药剂有 50%抗蚜威可湿性粉剂 2 000~2 500 倍液，或 20%氟啶虫酰胺水分散粒剂 1500 倍液，或 50%吡蚜酮水分散粒剂 1 500 倍液，或 20%杀灭菊酯乳油 2 000 倍液等。上述药剂任选一种，在蚜虫迁入薯田初期喷药杀灭，可取得良好治蚜防病效果。蚜虫发生较多时，每隔 7 天喷药 1 次，连续喷 2~3 次。

（2）应用抗病毒农药防治病毒病。抗病毒农药主要是抑制病毒对植物的侵染、复制和增殖以及病毒症状的表达，或诱导植物的生化机理产生变化，诱导植物对病毒产生抗性，起到抗病毒的作用。防治病毒病的农药有：6%寡糖·链蛋白可湿性粉剂90g/667m²、30%毒氟磷可湿性粉剂 80g/667m² 对水喷雾，亦可用 8%宁南霉素 200 倍液、5%氨基寡糖素水剂70ml/667m²、30%盐酸吗啉胍可湿性粉剂 50g/667m²。上述药剂任选一种，在甘薯病毒病发病初期喷药防治，隔 5~10 天喷施 1 次，连续防治 3 次。

## 2.10　甘薯茎线虫病

### 2.10.1　分布与为害

甘薯茎线虫病俗称糠心病、空心病、裂皮病等。该病最早系美国于 1930 年在贮藏期甘薯上发现，1937 年由日本传入我国，20 世纪 50 年代甘薯茎线虫病列为国内检疫对象之一，目前广泛分布于河北、山东、辽宁、河南、江苏、安徽、北京、天津、山西、吉林等 13 个省（市）。甘薯茎线虫病是影响我国甘薯高产、稳产重要病害之一。茎线虫侵害甘薯块根、地上薯藤，造成烂种、死苗、烂窖，导致甘薯产量和品质下降，受害后一般减产 10%~20%，严重的减产 60%~70%，甚至绝产。甘薯贮藏期间因线虫为害，损失率高达 30%~50%。鲁南临沂市发病面积 2.3 万 hm²，因茎线虫为害，春薯减产30%~70%，夏薯减产 10%~30%，年损失薯干 600t。河北邯郸临漳县重病田防治后，甘薯发病率仍高达 70%~80%，由于田间病害严重发生，收获后的甘薯亦严重感病，无法窖藏，冬前不得不将病薯全部进行处理。山西因线虫为害甘薯一般减产 30%~50%，重的甚至绝收。辽宁大连 20 世纪 70—80 年代甘薯茎线虫零星发生，90 年代后病害迅速蔓延，大连瓦房店市茎线虫年均发病面积180hm²，平均病株率4.2%，1996 年发病面积增加到 1 220hm²，病株率12%~33%，1998 年发病面积迅速增加到 3 773hm²，占种植面积的65.9%，病株率高达26%~90%，绝收面积278hm²，1997—2000 年大连全市每年因甘薯茎线虫为害造成产量损失 3 600 万 kg，农民减少收入 1 650 万元以上。

### 2.10.2　症状

甘薯茎线虫主要为害薯块，其次为害薯藤和幼苗，为害部位不同，症状表现不一。

苗期症状。病原线虫主要侵染薯苗茎部白色部分，被害薯苗在根皮上出现成块或成条的黑褐色晕斑，剖视薯苗，其内部亦有成块或成条的黑褐色斑纹。病症在薯苗生长前期不明显，随着病情的发展，到薯苗生长后期才充分显现出来。受害薯苗发育不良，植株矮小，叶片发黄，严重的全株枯死。

薯藤症状。线虫一般侵害靠近地表5～7cm的薯藤，受害薯藤基部出现黄褐色龟裂斑块。薯藤髓部初期呈白色干腐，其后逐渐变为褐色，有时线虫通过木质部侵入韧皮部，使薯藤表皮破裂，形成不规则的褐色斑块，受害严重的薯藤易折断。

薯块症状。感病薯块症状因线虫侵入情况不同而异。如线虫由土壤通过薯块表皮直接侵入，发病初期薯块表皮呈污青色，后期变为暗褐色，并龟裂。横剖薯块，表皮下有白色或褐色粉状干腐的空隙，随着薯块的生长发育，逐渐向薯心侵染，表皮形成大块龟裂，薯块重量明显减轻，如用手指轻弹薯块会发出响声，农民称空心病；如线虫从薯藤基部侵入薯块，发病前期剖开薯块可见到零星白色粉状空隙，呈糠心状，病情进一步发展，逐渐变为褐色或黑褐色干腐状。有时薯块内部已坏，但外表与健薯没有明显差异，仅仅皮色稍淡；如线虫由土壤和种苗混合侵染，则薯块表皮和薯块心部同时被害，症状明显，有时造成薯块干腐，或与软腐病混合发生，造成湿腐。

### 2.10.3 病原物及形态特征

病原物为线虫门、垫刃目、茎线虫属腐烂茎线虫（*Ditylenchus destructor* Thorne）。

雌虫呈蠕虫形，细长、两端稍狭。唇架中度骨质化，唇区低平、稍缢缩，有4个唇环，唇正面有6个唇片，侧气孔位于侧唇片。口针短小，口针基部球小而明显。中食道球梭形，有小瓣膜，峡部窄，围有神经环。食道腺延伸，稍覆盖于肠的背面，个别覆盖于肠侧面或腹面。排泄孔位于食道与肠连接处或稍前，半月孔在排泄孔前。侧区具有6条侧线，外侧具网格纹。阴门横裂，位于虫体后部，成熟雌虫的阴唇略隆起，阴门裂与体轴线垂直，阴门宽度占4个体环。卵巢发达、前伸，达食道腺基部，前端卵原细胞双列。卵长椭圆形，长度约为体宽的1.5倍。后阴子宫囊大，延伸至阴肛距2/3～4/5。尾呈锥状，稍向腹面弯曲，末端窄圆。直肠和肛门明显，尾长约为肛门部体宽3～5倍。

雄虫虫体前部形态特征与雌虫相同。单精巢前伸，前端可达食道腺基部。泄殖腔突起，交合伞起始于交合刺前端水平处向后延伸达尾长3/4。交合刺成对，朝腹面弯曲，前端膨大具指状突。引带短。

甘薯茎线虫主要鉴别特征：雌虫侧区有6条侧线，具网格状纹；食道腺通常覆盖于肠的背面达体宽的1/2；尾呈锥状，稍向腹面弯曲，末端窄圆。卵巢前端卵原细胞双行排列，后阴子宫囊大，延伸至阴肛距2/3～3/4处。

### 2.10.4 生物学特征

#### 2.10.4.1 对温湿度的反应

甘薯茎线虫对温度适应范围广，温度在2℃时即开始活动，超过7℃，即能产卵、孵化、生长发育和侵入寄主，最适温度为20～25℃。对低温有很强的忍耐能力，在-2℃低温条件下仍能存活1个月，-15℃低温条件下仍能短时间存活，-25℃经7h全部死亡。

对高温忍受能力弱，35℃以上生长发育、繁殖及活动受到抑制，51℃热处理 24h 或 49℃左右温水浸泡 10min 全部死亡。茎线虫对干旱也有很强的抵抗力，含水量 12.8% 病薯干，死亡率仅 24%，经 1 年贮藏死亡率提高到 48%，贮藏 2 年才全部死亡。在田间条件下，茎线虫多栖息在 10～15cm 半干半湿的土层中。极端干燥或极端潮湿的土壤亦不利其活动。在土壤中一般可存活 3～4 年。

#### 2.10.4.2　生活周期短、繁殖能力强

甘薯茎线虫繁殖周期短，完成 1 代仅需 20～30 天。雌虫每次产卵 1～3 粒，一生可产卵 100～200 粒，周年均可繁殖，田间世代重叠，同一时期可见到卵、幼虫和成虫三个虫态。为害盛期发生在薯块生长最后 1 个月，此时单块病薯线虫数量高达 30 万～50 万条，近地面约 33cm 的薯茎内线虫数量亦有数千条。

#### 2.10.4.3　寄主种类多

甘薯茎线虫除为害甘薯外，还可为害玉米、黑麦、燕麦、马铃薯、甜菜、番茄、西瓜、洋葱、菜豆等农作物，苜蓿、饲用甜菜、红花三叶草等饲料作物以及水仙、君子兰、郁金香、唐菖蒲、大丽花、球状鸢尾、小旋花等花卉和当归、薄荷、人参等各类药材总计 300 多种植物。寄主植物多，有利于茎线虫转辗为害、积累虫源。

### 2.10.5　发生与环境条件的关系

#### 2.10.5.1　与温湿度关系

甘薯茎线虫耐低温不耐高温，耐干、耐湿能力强。最有利茎线虫生长发育和繁殖的温度为 20～25℃。甘薯生长期和贮藏期的温度条件均能满足其生长发育和繁殖、侵染的要求，易导致病害的发生和流行。

#### 2.10.5.2　与土壤质地的关系

沙质壤土，质地疏松、通气性好，线虫活动范围大，繁殖能力强，发病重；黏性土壤，质地紧密，雨后含水量高或旱季土壤极度干燥，对线虫活动和繁殖不利，发病轻；旱薄地发病重，肥水条件好的地块发病轻；丘陵、旱地发病重。

#### 2.10.5.3　与连作的关系

甘薯长期连作，土壤中积累了大量线虫，有利病害的发生和流行。

#### 2.10.5.4　与栽培方式的关系

大田种薯直栽地发病重于移栽田；春薯地栽插早，线虫侵入时间长，发病重；夏薯栽插晚，且生长期温度高，不利于线虫侵染，发病轻；甘薯成熟后适当早收，避免侵染高峰期，可减轻发病。

### 2.10.6　防治方法

#### 2.10.6.1　加强植物检疫

甘薯茎线虫病远距离传播主要是带虫薯块、薯苗，因此必须加强植物检疫。严格禁止从疫区调运薯块、薯苗到非疫区，是控制甘薯线虫病扩大蔓延最根本、最有效的措施。

### 2.10.6.2 农业防治

（1）建立无病留种田、繁殖无病种苗。具体做法：①选用水稻田或选用3~4年以上未种植过甘薯或线虫其他寄主植物地块作留种田；②从春薯地剪取无病薯苗栽插（剪取薯苗实行高剪苗即离茎基部15cm以上剪苗）；③为了防止薯苗带虫，用50%辛硫磷乳油或40%甲基异柳磷乳油200~300倍液浸泡薯苗基部10~15min，晾干后栽插；④施用不带病原线虫的农家肥；⑤用不带病原线虫的水灌溉；⑥及时防治地下害虫，防止害虫传播病原线虫。

（2）选用抗病品种。甘薯不同品种对茎线虫的抗（耐）病性有很大差异，应因地制宜种植高产稳产甘薯品种。当前可供推广的既抗线虫又高产稳产品种有豫薯3号、10号、12号、13号，苏薯4号、8号、9号，济薯2号、5号、10号、11号、15号，郑薯2号、21号，徐薯1818，鲁薯2号、3号、5号、7号，京薯563，郑红11号，海发5号，矮蔓红心王，临薯1号等。

（3）温汤浸种。育苗前用52~53℃温水浸泡种薯10min，杀灭潜伏薯块表皮下的茎线虫。

（4）彻底清除病残体，减少虫源。甘薯育苗、大田生长期、收获及贮藏期各个环节，及时彻底清除田间残留病薯、病藤等病残体，带出田外集中烧毁和深埋。甘薯生长期间发现病株及时拔除，对病株土壤进行消毒杀虫处理。施用牲畜粪肥必须经50℃以上高温发酵，杀死潜藏其中的病原线虫。

（5）轮作换茬。甘薯茎线虫能在土壤中存活4~5年。甘薯长年连作土壤中积累大量线虫，有利于病害发生与流行，甘薯与茎线虫非寄主植物轮作换茬，使其失去适宜寄主而死亡。适宜于甘薯轮作的农作物有水稻、高粱、玉米、棉花、谷子、芝麻等，特别是水旱轮作效果优于其他旱作物轮作。田间调查表明，甘薯茎线虫发病率为79.5%地块，与其他非寄主植物轮作2年的甘薯发病率为11.6%，轮作3年和4年的发病率分别只有4.3%和0.7%。甘薯不能与茎线虫寄主植物如马铃薯、花生、烟草、萝卜、豆类作物等轮作。

### 2.10.6.3 化学防治

（1）药剂处理种薯。育苗前用50%辛硫磷乳剂100倍液浸泡种薯10~15min，杀灭潜伏薯块表皮下的茎线虫。

（2）药剂处理薯苗。剪苗后移栽前用40%辛硫磷乳油200~300倍液浸泡薯苗基部10~15min，晾干后栽插大田。

（3）药剂处理土壤。重病区土壤含有大量茎线虫，栽插甘薯前用药剂处理土壤，杀灭土壤中的线虫。防治效果好的药剂有：每667m$^2$用10%噻唑膦颗粒剂2.0~2.5kg，拌细干土30~35kg制成毒土，于甘薯栽插前施于栽插穴中，进行土壤处理，杀死土壤中的线虫，有很好的防治效果。也可按每667m$^2$用41.7%氟吡菌酰胺悬浮剂36~48ml，或10%阿维菌素·噻唑膦微乳剂1 500~1 800ml，用水稀释后灌根防治，每株用药液量200~250ml。

## 2.11　甘薯贮藏期病害

### 2.11.1　病害种类、分布与为害症状、发病规律

#### 2.11.1.1　甘薯软腐病

（1）分布与为害。软腐病是甘薯贮藏期间发生普遍、传播迅速、为害最大的病害，全国各地均有分布。环境条件适宜时，病害蔓延迅速，4～5 天感病薯块全部腐烂，其为害造成的损失一般达 40% 以上。

（2）症状。软腐病通常先在薯块的一端或伤口处发生。薯块受害后，初期颜色无明显变化，其后随着病情的发展，组织软化，表皮呈深褐色，破损时有黄色汁液渗出，并带有芳香味。在潮湿的环境和适宜温度条件下，病薯表面特别是伤口处密布白色毛状菌丝，上有黑色小点，此即病菌菌丝孢子囊。干燥时，仍能保持薯皮的完整，但水分迅速蒸发，最后干缩成僵块状。

（3）病原物及生物学特性。病原主要为接合菌门、根霉属、黑根霉（*Rhizopus nigricans* Ehrb.）和米根霉（*R. oryzae*），以黑根霉为主。菌丝初为白色，后变为暗褐色，形成匍匐枝。无性世代由根节处簇生孢子囊梗。孢子囊梗暗褐色、直立、不分隔，顶端着生一个球形孢子囊，囊内产生大量圆球形孢子，孢子灰色或褐色，单孢。有性世代产生结合子，结合子黑色、球形，背面有突起。病菌有性世代在自然条件下一般很少发生。

菌丝生长最适温度为 23～26℃，最高 31℃；子囊孢子形成最适温度为 23～28℃，最低 10℃，最高 30℃；孢子萌发最适温度为 23℃，最适相对湿度为 75%～84%，相对湿度过高或过低均不利孢子萌发；发病的最适温度为 15～23℃，病菌侵入寄主需要较高的相对湿度，侵入后则在较低相对湿度下病情仍能迅速发展。

（4）病害循环。甘薯软腐病主要以孢子囊附着于薯块上或贮藏窖中越冬，病薯组织上的菌丝也能以腐生状态存活，条件适合时即从伤口侵入寄主。侵入后菌丝产生大量原果胶酶，使寄主细胞质溶解，组织溃散，形成软腐。病部产生孢子囊，借气流传播进行再侵染。

（5）发生与环境条件的关系。甘薯软腐病的发生和为害受环境条件的影响较大。导致软腐病大流行的因子主要有四个方面：①低温冻害。凡薯块未能及时收获和入窖的，低温来临时冻害严重，薯块生理机能衰退，抵抗力下降，有利病菌侵入。②薯块收获和贮运过程中操作不当。人为造成大量伤口，有利于病菌侵染。③温湿度适宜病菌生长。窖温 23～25℃，相对湿度 75%～84% 时，有利于病菌大量繁殖、侵入。④品种的抗病性。抗性鉴定表明，鲁薯 4 号、广薯 8 号等品种对软腐病表现中等抗性水平，发病轻，病情指数分别为 50 和 58.3，而感病品种（系）如广薯 08－6、湘薯 6 号、鄂薯 1 号等的病情指数为 100。

#### 2.11.1.2　甘薯灰霉病

（1）分布与为害。甘薯灰霉病又称甘薯灰霉僵腐病，分布于全国各甘薯产区，尤以西北、华北地区发生普遍，发生严重时对窖藏甘薯造成一定的为害。

（2）症状。病薯表皮皱缩，失去光泽，表面布满灰褐色天鹅绒状霉层，即为病菌分

生孢子梗和分生孢子。发病初期病薯略呈软腐状，颇似软腐病，但发病后期病组织逐渐变为棕褐色，极易干缩变为僵薯。剖视病薯可见薯肉呈射髓状裂开，裂缝中长有白色菌丝体，后期在病薯上形成不规则的淡紫黑色或黑色菌核，紧贴甘薯表皮，菌核大小为1.5~12mm。

（3）病原物。病原为半知菌类、葡萄孢属、灰葡萄孢（*Botrytis cinerea* Pers. ）。病原菌为弱性寄生菌，易从薯块伤口处侵入。

（4）发病规律。发病适温为 7.5~13.9℃，温度超过20℃以上，病情发展受到抑制。受冻害的薯块或伤口多的薯块易受侵染，发病重。

### 2.11.1.3 甘薯青霉病

（1）分布与为害。甘薯青霉病广泛分布于全国各地，对窖藏甘薯造成一定的为害。

（2）症状。感病薯块的芽眼附近有白色霉状小点，其后逐渐扩大为蓝色、天鹅绒状的圆形小点。薯皮由红褐色变为浅褐色。薯块受害后组织比较柔软，腐败后散发出酒精气味。

（3）病原物。由隶属于半知菌类真菌 *Penicillium* spp. 侵染所引起的一种病害。病薯上的青霉即为病菌的分生孢子梗和分生孢子。分生孢子梗呈扫帚状，其顶端的分叉上产生成串的分生孢子，分生孢子圆形或椭圆形、无色、单孢。

（4）发病规律。甘薯青霉病一般在薯块贮藏中后期发病普遍而严重，病菌分生孢子随气流飞散传播，在寒潮过后的浅窖或保湿性能差的窖内大量发生，发病适温为 12℃以下。

### 2.11.1.4 甘薯黑痣病

（1）分布与为害。甘薯黑痣病分布于全国各甘薯产区，尤以江西、山东、江苏、河南、浙江等省发生普遍，为害重。

（2）症状。黑痣病病菌主要为害薯块，受害薯块初期为淡褐色小斑，其后病斑逐渐扩大而呈黑色或黑褐色。随着病情进一步发展，病斑相互融合而成不规则的大病斑，病斑上长有灰黑色霉层，此即病菌分生孢子梗和分生孢子。黑痣病的病斑极浅，不会延至薯皮下的薯肉。受害病薯易丧失水分而发生龟裂。

（3）病原物。病原为无性孢子类的甘薯毛链孢菌（*Monilochaetes infuscans* Ell. et Halst.）。病原菌分生孢子梗无色、多隔、不分枝，基部稍膨大。从分生孢子梗顶端不断产生分生孢子，分生孢子无色、单孢、椭圆形。病菌菌丝在病薯、土壤中越冬。

（4）发病条件。黑痣病发病温度范围：最低 6~7℃，最高 30~32℃，较高温度有利于病害的发生和流行。夏季潮湿多雨、土质黏重、排水不良的田块发病重；盐碱地发病重。

### 2.11.1.5 拟黑斑病

（1）分布与为害。拟黑斑病分布于湖南、山东、山西、陕西等省，尤以西北甘薯产区发生普遍，为害重，是窖藏甘薯重要病害。

（2）症状。主要发生在薯块上，发病前期症状不明显，经过一段时间贮藏后症状逐渐显现。在薯块表面初生淡褐色或黑褐色绿豆大小的病斑，呈不规则的凹陷，凹陷深度在表皮下约1mm，其后病斑迅速扩大，症状更为明显，极像黑斑病症状，故称拟黑斑病。

病害典型症状是在薯块上产生黑褐色圆形或近圆形病斑，中央凹陷。随着病情的发展，病斑深入薯块内部，颜色为深褐色，略带绿色。病斑上产生黑色霉状物，此为病菌厚垣孢子。感病重的薯块变黑干缩；病轻的，病薯有苦味，不能食用。

（3）病原物。由隶属于半知菌、丛梗孢目的真菌 *Thielavia basicola* Zopf. 侵染所致的一种病害。病菌营养菌丝无色透明、较细，产生繁殖器官的菌丝体粗大，淡黑色至淡褐色，厚垣孢子和内分生孢子柄均着生在此种菌丝体上。厚垣孢子棍棒形，由4~6个细胞组成，基部1~3个细胞无色透明，上部细胞褐色，数目不等。内分生孢子无色、单胞、长棍棒形。厚垣孢子须经过休眠期才能萌发。病原菌附着在病薯表面上越冬，也可以菌丝体和分生孢子随被害寄主在土壤中越冬。

（4）发病条件。甘薯拟黑斑病病原菌为弱寄生菌，只能在寄主生活力衰弱时才能侵入寄主，病害一般发生在甘薯窖藏后期以及保温不好、温度较低、薯块受到冻害的甘薯窖中。薯窖保温好、甘薯保持正常生活力，则不易侵入，发病轻。窖温22℃左右，有利于病菌繁殖和侵染，发病重。

### 2.11.2 防治方法

（1）适时收获，严防薯块受冻。为避免薯块受冻，应在初霜期前及时收获。收薯时做到轻刨、轻放、轻装、轻卸，以免造成薯块伤口，防止病菌侵入。

（2）精选薯块，及时入窖。入窖前将有创伤的薯块、病薯，害虫、害鼠为害的薯块以及受冻的薯块剔除，精选健壮、表皮完好的薯块入窖贮藏。每窖贮藏的薯块一般以不超过窖容量的1/3为宜。

（3）新窖址选择。贮藏甘薯的薯窖应选择地势高燥、地下水位低、排水良好、向阳、背风、土壤结实的高地或坡地。挖窖应在晴天进行，避免雨天挖窖。

（4）旧窖消毒杀菌。历年旧窖贮藏要做好消毒杀菌工作。旧窖在使用前，要把窖内表土铲除露出新土，移去窖外，并用干柴、稻草熏烧高温杀菌，或用401、402抗菌剂30~40ml对水喷雾消毒杀菌，或用硫黄15g/m³置于盆内燃烧，将窖封闭2~3天，消毒杀菌，然后打开通风1~2天，再贮藏甘薯。

（5）做好窖藏期间的管理工作。甘薯安全贮藏的温度为13~15℃，相对湿度85%~95%。甘薯贮藏期间，薯块生理变化和外界温湿度变化，特别是温度变化大，易导致窖内温度、相对湿度过高或过低，影响甘薯安全贮藏。因此必须加强窖藏期间管理工作，防止烂窖。贮藏前期，即甘薯入窖后15~20天，特别是入窖7天左右，薯块呼吸作用十分旺盛，此时外界气温较高，窖内温湿度高，二氧化碳浓度高，有利于病菌繁殖和侵入，易导致烂窖。这段时间主要是做好通风降温工作，待窖温降至12~14℃时，关闭窖门。甘薯贮藏中期，即11月底至翌年开春之前，此段时间气温低，为一年中最寒冷的时期，应特别注意保温防冻，封闭通风孔、关闭门窗、加厚窖外保温层、薯堆上覆盖草垫等，使窖内温度保持在13~15℃。甘薯贮藏后期，即立春后气温逐渐回升，薯块呼吸作用随之升高，此时窖内温湿度高，应特别注意通风散热，寒潮来临时及时关闭窖口，注意保温。

## 参考文献

安康，房伯平，张雄坚，等.2003.甘薯种质资源病毒病调查研究初报［J］. 广东农业科

学 (4): 39-40.

安康, 房伯平, 张雄坚, 等. 2005. 甘薯资源抗（耐）病毒的鉴定 [J]. 广东农业科学 (5): 5-6.

包改丽, 左瑞娟, 饶维力, 等. 2013. 云南甘薯病毒的检测及主要病毒的多样性分析 [J]. 微生物学通报, 40 (2): 236-248.

蔡涛. 2006. 甘薯疮痂病的发生规律及防治技术 [J]. 福建农业 (9): 23.

陈炳全, 张志勇, 曾军, 等. 1999. 福建甘薯病毒病的初步调查 [J]. 福建农业科技 (5): 16.

陈利锋, 徐雍皋, 方中达. 1990. 甘薯根腐病病原菌的鉴定及甘薯品种（系）抗病性的测定 [J]. 江苏农业学报 (2): 27-32.

陈胜勇, 李观康, 何霭如, 等. 2014. 不同药剂对甘薯疮痂病的防控效果 [J]. 农学学报, 4 (6): 24-26, 48.

陈玉霞, 张朝成, 周天虹, 等. 2009. 湖北省甘薯病毒病调查研究 [J]. 湖北植保, 112 (2): 8-10.

单林娜, 尚增强, 葛应兰, 等. 2005. 南阳市甘薯病毒病调查与病原血清学鉴定 [J]. 河南农业科学 (1): 38-40.

董芳, 张超凡. 2016. 甘薯病毒病防控措施研究进展与展望 [J]. 作物杂志, 172 (3): 6-11.

杜翠敏, 胡乃志, 郭庆华, 等. 2006. 鲁南地区甘薯茎线虫病的为害现状及综合防治技术 [J]. 植物医生 (3): 28-29.

方树民, 陈玉森, 郑光武. 2002. 甘薯主栽品种对甘薯瘟和蔓割病抗性评价 [J]. 植物保护 (6): 23-25.

方树民, 陈玉森, 朱伯昌, 等. 1995. 药剂浸苗处理防治甘薯蔓割病的试验 [J]. 福建农业大学学报 (4): 420-425.

方树民, 陈玉森. 2004. 福建省甘薯蔓割病现状与研究进展 [J]. 植物保护 (5): 19-22.

方树民, 何明阳, 康玉珠. 1988. 甘薯品种对蔓割病抗性的研究 [J]. 植物保护学报 (3): 185-190.

方树民, 柯玉琴, 黄春梅, 等. 2004. 甘薯品种对疮痂病的抗性及其机理分析 [J]. 植物保护学报 (1): 38-44.

方树民, 李世伟, 黄振棋, 等. 1996. 莆田沿海甘薯根腐病发生情况与防治对策 [J]. 福建农业科技 (3): 17-18.

方树民, 邬景禹, 陈玉森. 1994. 甘薯品种对薯瘟病抗性的研究 [J]. 福建农业大学学报 (2): 154-159.

方树民, 杨国成, 郑光武. 1993. 甘薯新品种金山 57 抗蔓割病鉴定研究 [J]. 福建农学院学报 (2): 179-182.

方树民. 1991. 福建省部分地区发生甘薯细菌性黑腐病 [J]. 植物保护 (5): 52.

福建省农科站莆田县北高旱作植保专业点. 1973. 甘薯疮痂病的发生及其防治措施 [J]. 福建农业科技 (7): 15-16.

付波，吴祖善，王传仕，等.2002. 大连地区甘薯茎线虫病严重发生的原因及其防治对策 [J]. 杂粮作物 (5)：294-295.

高波，王容燕，马娟，等.2015. 河北省甘薯茎腐病研究初报 [J]. 植物保护，41 (3)：119-122，137.

郭小丁，李玉侠，唐君，等.1998. 甘薯病毒病的主要种类 [J]. 世界农业 (10)：30-32.

何霭如，余小丽，汪云.2011. 甘薯疮痂病的致病因素及综合防治措施 [J]. 现代农业科技 (21)：188-189.

黄立飞，罗忠霞，邓铭光，等.2011. 甘薯新病害茎腐病的识别与防治 [J]. 广东农业科学，38 (7)：95-96.

黄立飞，罗忠霞，房伯平，等.2011. 我国甘薯新病害——茎腐病的研究初报 [J]. 植物病理学报，41 (1)：18-23.

黄立飞，罗忠霞，房伯平，等.2014. 甘薯茎腐病的研究进展 [J]. 植物保护学报，41 (1)：118-122.

黄利利，Pham Binhdan，何芳练，等.2016. 广西甘薯病毒病的病原病毒种类检测 [J]. 基因组学与应用生物学，35 (5)：1213-1218.

黄实辉，黄立飞，房伯平，等.2011. 甘薯疮痂病的识别与防治 [J]. 广东农业科学 (S1)：80-81.

贾赵东，郭小丁，尹晴红，等.2011. 甘薯黑斑病的研究现状与展望 [J]. 江苏农业科学 (1)：144-147.

金国胜，李玉灶.1995. 药剂浸藤对甘薯瘟的控制效果试验 [J]. 植物检疫 (2)：79-80.

康志河.2002. 甘薯茎线虫病的发生与防治 [J]. 中国种业 (12)：42-43.

雷剑，杨新笋，郭伟伟，等.2011. 甘薯蔓割病研究进展 [J]. 湖北农业科学，50 (23)：4775-4777.

李鹏，马代夫，李强，等.2009. 甘薯根腐病的研究现状和展望 [J]. 江苏农业科学 (1)：114-116.

李习民.1999. 甘薯紫纹羽病的发生与防治 [J]. 山东农业科学 (1)：34.

连书恋，马明安，宋国华，等.1998. 甘薯紫纹羽病的发生为害及综合防治 [J]. 植保技术与推广 (3)：19-20.

连书恋，王淑风，王燕.2001. 甘薯紫纹羽病的发生危害及综合防治技术 [J]. 河南农业科学 (4)：33.

林再卿.1974. 甘薯疮痂病在我区的发生情况及其防治措施 [J]. 科技简报 (17)：8-12.

刘宏谋，李明周.1982. 甘薯根腐病发生规律中的几个问题 [J]. 植物保护 (6)：28-29.

刘泉姣，叶道纯，徐作珽.1982. 甘薯根腐病的初步研究 [J]. 植物病理学报 (3)：23-30，67-70.

龙和珍，谭民化，雷瓒珍，等.1992. 甘薯病毒病的症状类型及田间消长规律 [J]. 四川师范学院学报：自然科学版（4）：286 - 290.

卢方林 . 1999. 甘薯黑斑病及其防治［J］. 江西农业科技（4）：43.

罗克昌，李云平，陈路招，等 . 2003. 甘薯细菌性黑腐病发生流行的研究［J］. 福建农业科技（5）：35 - 37.

罗勇，傅玉凡，曾令玲，等 . 2015. 重庆市甘薯病毒病种类及为害［J］. 植物医生，28（6）：4 - 6.

罗忠霞，房伯平，张雄坚，等 . 2008. 我国甘薯瘟病研究概况［J］. 广东农业科学（S1）：71 - 74.

彭小琴，王浩然，张俊，等 . 2017. 湖北甘薯病毒病的检测与鉴定［J］. 中国植保导刊，37（8）：20 - 23.

莆田地区农科所平潭县农技站 . 1978. 甘薯蔓割病发生规律与防治［J］. 福建农业科技（2）：27 - 32.

莆田地区农科所质保组平潭县农技站 . 1977. 甘薯蔓割病药剂浸苗防治试验［J］. 福建农业科技（3）：28 - 33.

蒲志刚，曲继鹏，王大一，等 . 2007. 四川省甘薯病毒病调查及病原血清学鉴定［J］. 西华师范大学学报：自然科学版，28（4）：270 - 273.

祁芳，李岗生 . 2000. 甘薯茎线虫病发生原因分析及防治建议［J］. 邯郸农业高等专科学校学报（4）：8 - 10.

乔奇，张振臣，张德胜，等 . 2012. 中国甘薯病毒种类的血清学和分子检测［J］. 植物病理学报，42（1）：10 - 16.

秦素研，黄立飞，葛昌斌，等 . 2013. 河南省甘薯茎腐病的分离与鉴定［J］. 作物杂志（6）：52 - 55，157.

宋红，张志超，杨俊誉，等 . 2016. 一种甘薯新病害的初步研究［J］. 安徽农学通报，22（11）：21 - 22，43.

孙从法，刘宝传，孙运达，等 . 2003. 甘薯茎线虫病防治技术研究［J］. 植物保护（1）：46 - 48.

王俊强，郭静茹 . 2004. 甘薯黑斑病的症状及防治措施［J］. 山西农业（1）：30.

王爽，刘顺通，韩瑞华，等 . 2015. 不同时期嫁接感染甘薯病毒病（SPVD）对甘薯产量的影响［J］. 植物保护，41（4）：117 - 120，135.

吴文明 . 2007. 福建省甘薯病毒病发生现状与对策［J］. 现代农业科技（15）：84 - 85，88.

吴振新 . 2017. 不同杀菌剂浸苗防控甘薯蔓割病效果探讨［J］. 中国热带农业，74（1）：56 - 57.

小川奎，褚茗莉 . 1984. 甘薯蔓割病的防治［J］. 国外农学：杂粮作物（1）：56.

谢昊，苏在兴，闫会，等 . 2017. 药剂能减轻甘薯病毒病（SPVD）的危害［J］. 分子植物育种，15（11）：4765 - 4772.

谢一芝，邱瑞镰，戴起伟，等 . 1997. 甘薯抗黑斑病育种研究进展［J］. 国外农学—杂粮作物（2）：23 - 25.

邢继英，孙爱根，杨永嘉 . 1998. 甘薯种质资源圃病毒病发生情况调查［J］. 作物品种资

源 (4)：54 – 56.

邢继英，杨永嘉，孙爱根，等 . 2002. 甘薯种质资源抗（耐）病毒病评价研究 [J]. 江苏农业科学 (2)：46 – 48.

闫加启，李淑英 . 2006. 甘薯根腐病的发生与防治 [J]. 北京农业 (12)：41.

颜曰红，蔡方义，盛正礼 . 2007. 甘薯瘟的发生与防治 [J]. 现代农业科技 (9)：84，86.

杨冬静，徐振，赵永强，等 . 2014. 甘薯软腐病抗性鉴定方法研究及其对甘薯种质资源抗性评价 [J]. 华北农学报，29 (S1)：54 – 56.

杨文兰，刘贺昌，张卫青，等 . 2006. 克线丹颗粒剂对甘薯茎线虫病的防治效果[J]. 河北科技师范学院学报 (1)：25 – 28.

游春平，陈炳旭 . 2010. 我国甘薯病害种类及防治对策 [J]. 广东农业科学，37 (8)：115 – 119.

张立明，王庆美，马代夫，等 . 2005. 甘薯主要病毒病及脱毒对块根产量和品质的影响 [J]. 西北植物学报 (2)：316 – 320.

张联顺，卢同，陈福如，等 . 1999. 甘薯品种（系）资源多抗性鉴定与利用研究[J]. 福建农业学报 (3)：10 – 14.

张联顺，卢同，谢春生，等 . 1999. 我国南方甘薯品种资源抗瘟病鉴定研究 [J]. 江西农业大学学报，21 (3)：347 – 350.

张联顺，杨秀娟，陈福如，等 . 1999. 甘薯品种抗瘟性丧失及其防治对策 [J]. 福建农业学报 (S1)：30 – 33.

张联顺，杨秀娟，陈福如 . 2000. 国内甘薯瘟病的研究动态及今后研究途径 [J]. 江西农业大学学报，22 (2)：254 – 258.

张敏荣，余继华，卢璐，等 . 2016. 台州新发现甘薯茎腐病 [J]. 植物检疫，30 (3)：84 – 86.

张绍升，章淑玲，王宏毅，等 . 2006. 甘薯茎线虫的形态特征 [J]. 植物病理学报 (1)：22 – 27.

张勇跃，刘志坚 . 2007. 甘薯黑斑病的发生及综合防治 [J]. 安徽农业科学 (19)：5997 – 5998.

张渝洁 . 2005. 甘薯茎线虫病的发病特点及其防治 [J]. 安徽农业科学 (8)：1387 – 1396.

张振臣，乔奇，秦艳红，等 . 2012. 我国发现由甘薯褪绿矮化病毒和甘薯羽状斑驳病毒协生共侵染引起的甘薯病毒病害 [J]. 植物病理学报，42 (3)：328 – 333.

赵红，江茂斌，朱玉灵，等 . 1999. 皖北甘薯主栽品种病毒病的检测 [J]. 安徽农业科学 (2)：54 – 55.

赵永强，张成玲，孙厚俊，等 . 2012. 甘薯病毒病复合体（SPVD）对甘薯产量的影响 [J]. 西南农业学报，25 (3)：909 – 911.

郑雪浩，蒋学祥 . 1994. 甘薯瘟品种抗性与药剂浸藤苗试验初报 [J]. 植物检疫 (3)：184 – 185.

周长安，黄召彬，姜淑会 . 2004. 甘薯茎线虫病综合防治技术 [J]. 作物杂志 (4)：29.

周茂繁，陈玲庆，向子均，等 . 1980. 红薯根腐病的研究 [J]. 湖北农业科学 (4)：

15 - 19.

周全卢, 张玉娟, 黄迎冬, 等 . 2014. 甘薯病毒病复合体 (SPVD) 对甘薯产量形成的影响 [J]. 江苏农业学报, 30 (1): 42 - 46.

朱秀珍, 田希武, 王随保, 等 . 2004. 甘薯茎线虫病发病规律及综合防治 [J]. 山西农业科学 (3): 54 - 57.

# 第 3 章　山药病害

## 3.1　山药炭疽病

### 3.1.1　分布与为害

炭疽病是发生普遍、为害最重的山药病害之一，广泛分布于国内外各山药产区。病菌主要侵染山药叶片和茎蔓，也能为害叶柄和零余子，感病严重的植株，叶片凋萎脱落，植株枯死，严重影响山药产量和块茎品质，是制约山药产业健康发展的重要生物灾害之一。

江西万载有机山药生产基地，炭疽病的病株率一般为 30% ~ 50%，严重的地块，病株率高达 100%，一般减产 15% ~ 30%，高的达 85%；四川雅安山药因炭疽病为害，导致山药常年减产 20% ~ 30%，1999 年炭疽病大流行，100hm² 山药减产 90% 以上，部分田块甚至绝产；鄂西南山药主产区系炭疽病常发区、多发区，一般年份减产 20% 左右，重发年减产高达 50% 以上；河北保定，山东兖州，江苏丰县、海门、沛县、铜山，福建德化，广西南宁等地因炭疽病为害，导致山药减产 10% ~ 30%，大流行年份减产 40% 左右。

### 3.1.2　症状

叶片症状。叶片感病先从植株下部叶片开始，逐渐向上部叶片发展和蔓延。发病始于叶尖和叶缘，病斑初为暗绿色水渍状稍凹陷的小斑点，后扩大为近圆形、椭圆形、不规则形病斑。圆形病斑直径为 0.6 ~ 2.1cm，椭圆形病斑大小为 (0.6 ~ 1.5) cm × (0.6 ~ 2.1) cm，不规则形病斑大小为 (0.4 ~ 1.6) cm × (0.6 ~ 2.0) cm。病斑边缘褐色至黑褐色，中部颜色较浅，灰褐色至灰白色。病斑稍凹陷。病斑外缘有黄色晕圈，病斑上有时出现不规则同心轮纹，散生黑色小颗粒，此为病菌分生孢子盘。田间湿度大时，叶片正面有橘红色黏质小点，后变为黑色。病斑后期易破裂穿孔。

叶柄症状。叶柄感病后初期出现水渍状褐色小点，后逐渐扩大成不规则的长条形斑，边缘褐色至黑褐色，多发生在叶柄与叶片或叶柄与茎蔓交界处，严重影响水和营养物质的正常输送，从而造成大量落叶。

茎蔓症状。茎蔓感病，初期在距地面较近的茎上产生褐色或暗绿色小点，其后沿茎的纵轴方向，逐渐变为梭形或长条形黑褐色病斑，病斑明显凹陷，边缘褐色至黑褐色，中部颜色较浅。病斑环绕茎部后，导致病部以上植株枯死。

零余子症状。感病零余子症状与叶、茎相似。病斑圆形、椭圆形，黑褐色，凹陷程度较茎部病斑更深。田间湿度大时，病部散生轮纹状橘黄色黏质小点，天气干燥时病斑上产生许多黑色小点，此即为病菌分生孢子盘。圆形病斑直径为 0.6～0.8cm，椭圆形病斑大小为（0.6～1.2）cm×（0.8～1.0）cm。

### 3.1.3 病原物形态及生物学特征

#### 3.1.3.1 病原物形态特征

为半知菌类、胶孢炭疽菌的真菌 *Colletotrichum gloeosporioides* Penz. 引起的一种病害。江西瑞昌，河北衡水，浙江文成，福建德化，江苏徐州市丰县、沛县、铜山，湖北利川，广西南宁、隆安、北流、横县等地的山药炭疽病均由 *C. gloesporioide* 病菌所致。

胶孢炭疽病菌在 PDA 培养基平板上，菌丝灰白色、绒毛状，菌落圆形、蓬松、边缘整齐、光滑。菌落正面灰白色，背面橘黄色，正面和背面均有同心轮纹。培养 5 天左右即可见橘红色、黏质的分生孢子团。分生孢子单胞、无色、长椭圆形或棍棒形或纺锤形，1～2 个油胞，大小为（10～20）μm×（2.5～5）μm，内有颗粒物。分生孢子盘圆盘形、褐色、无刚毛，直径 70～250μm。分生孢子梗单胞、无色、棍棒形，两端钝圆或稍尖，大小为 7.0～17.0μm。

胶孢炭疽病菌在 1% 葡萄糖溶液中培养 24h，分生孢子萌发良好，并形成大量的附着胞。附着胞褐色，近圆形或不规则形，边缘整齐、壁厚，大小为（6.0～7.0）μm×（6.3～12.5）μm。病菌在清水中培养 24h，分生孢子不能萌发，也不能形成附着胞。

胶孢炭疽病菌在田间和人工培育基上均未发现有性态。

#### 3.1.3.2 生物学特征

（1）不同培养基对病菌菌丝及产孢的影响。在 PYA 培养基上，2～3 天出现灰白色、绒毛状菌落，菌丝生长最好，菌落直径最大为 8.7cm，产孢量最多，为 $51.5 \times 10^7$ 个/皿；其次为 C‐PDA 培养基和 PDA 培养基，前者菌丝生长仅次于 PYA 培养基，菌落直径 8.3cm，产孢量最多为 $22.83 \times 10^7$ 个/皿；后者菌丝生长与 C‐PDA 相似，菌落直径 8.1cm，产孢量次之为 $18.25 \times 10^7$ 个/皿；VBC 培养基和米饭‐80 培养基生长最差；清水琼脂培养基上病菌不能生长和产孢。

（2）温度对病菌菌丝生长和产孢的影响。适合于菌丝生长和产孢的温度为 25～30℃，最适温度为 30℃，在此温度下菌丝生长最好，菌落直径最大，为 7.52cm，产孢最多，为 $64.5 \times 10^7$ 个/皿，温度低于 5℃ 和高于 40℃，菌丝不能生长和产孢。

（3）碳源和氮源对病菌菌丝生长和产孢的影响。不同碳源对病菌菌丝生长和产孢量有明显的影响，以麦芽糖最佳，菌丝生长最好，菌落直径最大，为 5.6cm，产孢最多，为 $5.73 \times 10^7$ 个/皿；葡萄糖和蔗糖次之，乳糖最差、菌丝生长不良，菌落直径仅为 4.98cm，产孢最少，只有 $2.17 \times 10^7$ 个/皿。不同氮源对菌丝生长和产孢量也有明显的影响，以酵母膏作为氮源，菌落生长最好，菌落直径最大，为 6.78cm，产孢最多，为 $13.17 \times 10^7$ 个/皿；其次为牛肉膏，菌丝生长与酵母膏相似，菌落直径仅次于酵母膏，为 6.58cm，产孢量为 $5.83 \times 10^7$ 个/皿；以 KNO₃ 作为氮源，不利于病菌生长，菌落直径只有 4.63cm，产孢只有 $4.47 \times 10^7$ 个/皿。

（4）pH 值对病菌菌丝生长和产孢的影响。pH 值 6～8 时均适合菌丝生长和产孢，最适为 pH 值 7，在此酸碱度下，菌丝生长最好，菌落直径最大，为 7.7cm，产孢最多为 105.17×10⁷个/皿，其次为 pH 值 6，菌丝生长较好，菌落直径达 5.82cm，产孢 54.33×10⁷个/皿；pH 值低于 2 和高于 10，菌丝生长不良，产孢少，分别只有 0.1×10⁷个/皿和 17.83×10⁷个/皿。

（5）光照对病原菌菌丝生长和产孢的影响。光照对病原菌菌丝生长和产孢量的影响不尽相同，荧光（24h）和自然光（24h）对菌丝生长有明显的促进作用，在上述两种光照下，菌丝生长最好；黑暗（24h）和黑光—黑暗（12h 交替）对菌丝生长有明显的抑制作用，菌丝生长最差。产孢量以自然光—荧光（12h 交替）对产孢量有明显促进作用，产孢量最多，为 44.83×10⁷个/皿；黑暗（24h）、黑光—荧光（12h 交替）和黑光—黑暗（12h 交替）对产孢量有明显的抑制作用，产孢量最少，分别为 2.73×10⁷个/皿、7.30×10⁷个/皿和 8.73×10⁷个/皿。

（6）温度、湿度、pH 值和光照对孢子萌发的影响。20～30℃有利于分生孢子萌发，最适萌发温度为 25℃，萌发率高达 88.87%，30℃萌发率也较高，为 63.27%，温度低于 10℃和高于 40℃，孢子萌发率受到抑制，萌发率分别只有 3.47%和 2.87%；分生孢子在 60℃、10min 条件下，不能萌发，为分生孢子致死温度；相对湿度对分生孢子的萌发也有很大的影响，相对湿度 70%～100%以及在水滴中，分生孢子均能萌发，在水滴中萌发率最高，达 89.33%，相对湿度 90%和 100%时，萌发率分别下降至 24.67%和 28.64%，相对湿度低于 60%，分生孢子不能萌发；分生孢子萌发适宜的 pH 值为 4 和 6，萌发率分别为 90.0%和 91.47%，pH 值高于 8，分生孢子不能萌发，pH 值为 2 时萌发率只有 7.8%；24h 荧光—自然光（12h 交替），萌发率最高，达 70.2%，其次为黑光—荧光（12h 交替）和荧光—自然光（12h 交替），孢子萌发率分别为 61.93%和 61.73%；黑暗和黑暗—自然光（12h 交替）对孢子萌发有一定的抑制作用，萌发率较低，分别只有 49.87%和 52.53%。

### 3.1.4　病害循环

山药炭疽病病菌主要以菌丝体和分生孢子盘在病薯和残留田间的病叶、病蔓上越冬，以病薯上越冬菌量最大，其次为病叶，病蔓上的越冬菌量最少。翌年山药萌发抽梢期，越冬病菌分生孢子萌发，借风雨传播，抽梢期成为病菌初次侵染的主要时期。感病植株在温湿度适宜的气候条件下，产生大量分生孢子继续侵染新梢、叶片和茎蔓等，形成再次侵染。病菌分生孢子主要通过寄主植物伤口侵入，也可以通过寄主植物自然孔口直接侵入寄主。

### 3.1.5　发生与环境条件的关系

#### 3.1.5.1　与气候的关系

山药炭疽病的发生和流行与温度、湿度和降雨量关系密切，高温、雨日多、雨量大、相对湿度大是该病流行与否的决定性因素。一般而言，山药生长期间，温度（25～30℃）都能满足炭疽病菌生长繁殖和侵染的要求，降雨多寡是决定流行的关键因子。湖北襄樊 2002—2006 年 5 年中，2005 和 2006 年 6 月中旬至 7 月下旬末降雨量大，分别为 283mm 和 216mm，雨日多，有利于炭疽病的发生和流行，山药叶片落光面积分别占种植面积的

15.4%和11.3%；2002年和2004年同期降雨量分别为169mm和208mm，降雨少，不利于炭疽病的发生和流行，发病轻，山药叶片落光面积分别占种植面积的4.9%和7.9%。山东兖州炭疽病发生和流行与6月下旬至7月雨量关系密切，降雨量大、雨日多，炭疽病发病重，如2007年和2008年6月下旬至7月下旬降雨量分别达324.7mm和306mm，整块田山药叶片落光的面积分别占种植面积的19.06%和16.7%。江苏丰县2006年和2007年6—8月降雨量大，分别为804mm和543mm，平均温度均在26℃左右，有利于炭疽病发生和流行，发病重，病株率分别为19.4%~57.1%和20.0%~52.6%，平均病株率分别为33.9%和31.4%。浙江温州6月梅雨和8月台风带来的强降雨是导致该地炭疽病大发生的主要原因，病株率10%~30%，病情指数高达34.7%。高温高湿有利于炭疽病菌菌丝的生长发育、产孢和分生孢子的萌发和侵入，特别是降雨，植株上有水滴时，分生孢子萌发率和侵入率最高，大风特别是台风造成山药植株大量伤口，亦有利于病菌从伤口侵入，大大提高了发病率。

### 3.1.5.2　与种植制度的关系

山药常年连作，使土壤积累了大量病原菌，发病重。广西调查，种植1年山药的地块，发病最轻，平均发病率为10.0%，病情指数为2.5；山药连作2年的发病较重，平均发病率为22.0%，病情指数为9.2；连作3年的平均发病率和病情指数分别高达30.5%和15.9；连作超过4年的，平均发病率和病情指数分别达32.1%和18.4；前作为木薯和甘蔗的发病较轻，发病率平均分别为11.3%和10.8%，病情指数分别为7.44和7.82；前作为花生的发病率和病情指数分别为26.8%和16.26。山药套种西瓜，发病最重，发病率和病情指数分别为28.9%和19.34。浙江瑞安调查，山药连作的病情指数高达76.74；山药与水稻轮作，发病较轻，病情指数为31.41；新垦地种植山药，发病最轻，病情指数仅为18.38。

### 3.1.5.3　与种薯质量及覆盖的关系

种薯质量好，种植后用黑地膜或禾草等覆盖的发病轻，而用劣质种薯作种，种植后无覆盖物的发病重。广西调查，用无病健壮种薯作种的发病率仅为8.2%，病情指数只有2.3，而用劣质种薯如小薯、畸形薯、病薯作种薯的，发病率为20.2%，病情指数则高达10.2。质量优良的种薯加地膜或禾草覆盖的，炭疽病发病最轻，山药产量最高，病情指数为4.13~4.23，产量为1 827~1 880kg/667m$^2$，而用劣质种薯无覆盖的发病最重，病情指数高达18.44，产量只有1 421.3kg/667m$^2$。

### 3.1.5.4　与栽种密度的关系

单位面积种植密度越高，植株生长旺盛，枝叶繁茂，通风透光差，田间湿度大，有利于炭疽病的发生，为害重。如株距仅0.3m，每667m$^2$有山药植株1 585株，平均病情指数最高达12.56，产量最低，只有1 248.5kg/667m$^2$；株距0.42~0.48m时，每667m$^2$山药植株922~1 130株，密度合理，田间通风透光好，湿度小，不利于炭疽病的发生，发病较轻，平均病情指数仅为3.24~3.44，单产最高，达1 824~1 958kg/667m$^2$；株距0.54m时，每667m$^2$山药植株只有882株，虽然发病最轻，平均病情指数最小，为2.50，但单产较低，为1 673kg/667m$^2$。种植密度以992~1 130株/667m$^2$为宜，既减轻病害的发生，产量也最高。

#### 3.1.5.5 与追施氮素化肥的关系

苗期追施不同用量的氮素化肥，对炭疽病的发生和为害有明显的影响。苗期分别施用 10kg/667m² 和 15kg/667m² 氮素化肥，有利于山药健壮生长，提高了植株抗病性，发病轻，平均病情指数分别为 3.25 和 3.22；施用 20kg/667m² 和 25kg/667m² 氮素化肥，山药长势旺盛，枝繁叶茂，田间湿度大，有利于炭疽病的发生和流行，发病重，平均病情指数分别为 8.56 和 9.81；苗期不追施氮素化肥，山药长势一般，发病较重，平均病情指数为 5.45。

#### 3.1.5.6 与田间管理的关系

雨后排水不良，田间积水，湿度大，发病重；田间管理粗放，杂草丛生，不仅增加了杂草与山药争水、争光、争肥，而且也增加了田间郁闭度和湿度，发病重；支架低，不利于山药藤蔓合理分布，增加了田间郁闭度和湿度，发病重。

#### 3.1.5.7 与品种的关系

品种不同对炭疽病的抗性不同。江苏丰县主栽品种风山药易感病，平均病田率和病株率分别高达 68.4% 和 42.8%，白山药如日本太和长芋和毛山药较抗病，前者平均病田率和病株率分别为 43.3% 和 30.5%，后者平均病田率和病株率分别为 40.7% 和 33.1%；山东兖州，水山药发病重，白山药次之，米山药发病最轻；浙江瑞安，红薯种和金薯种最感病，病情指数分别为 46.73 和 41.54，雪薯种次之，病情指数为 32.72，鹤颈薯种较抗病，病情指数低，为 28.66；江苏徐州，水山药最感病，其次为白山药如日本太和长芋，毛山药（怀山药）较抗病。

### 3.1.6 防治方法

#### 3.1.6.1 农业防治

（1）选用抗（耐）病品种和优质块茎作种薯。因地制宜选用高产、优质、抗（耐）病品种对病害的发生和为害有一定的抑制作用，如浙江瑞安种植的鹤颈薯发病率，病情指数明显低于红薯种、金薯种和雪薯种；山东兖州种植的米山药发病最轻，水山药发病最重；江苏徐州种植的怀山药（毛山药）发病轻，而水山药发病最重。

种用块茎应选取色泽鲜艳、顶芽饱满、无病斑、无伤口、大小适中的健壮薯块作种薯，促进早出苗、快出苗、出苗整齐，幼苗生长健壮，提高抗病能力。

（2）清洁田园。山药收获后，及时清洁田园，将病残体带出田外烧毁或深埋，减少越冬菌源。

（3）选择适宜地块。种植山药的地块应选择地势高燥、土质疏松、土层深厚肥沃、排灌方便、通气透光、保水保肥能力强、光照充足、土质上下均匀的沙质壤土，促使山药健壮生长，提高抗病能力。

（4）轮作换茬。有条件的地方最好实行水旱轮作，轮作年限一般 1~2 年，防治炭疽病的效果最好。不能实行水旱轮作的，山药与禾本科、豆科等作物轮作，轮作年限 2~3 年，亦有很好的防病效果，避免与化生、山芋轮作。

（5）搞好田间排水。整地做到深沟、高畦、短行（行长 20m 左右），开好厢沟、腰沟和围沟，以利田间排水畅通，防止田间积水，降低湿度，创造不利于炭疽病发生和为害，而有利于山药健壮生长的环境条件，提高抗病能力。

（6）合理密植。合理密植有利于田间通风透光，降低湿度，创造不利于炭疽病发生和为害的环境条件。山药栽培一般行距 1m 左右，株距因品种而异，米山药株距15~16cm，每公顷栽种山药 6.3 万 ~ 6.7 万株，菜山药株距 28 ~ 30cm，每公顷3.75 万 ~ 4.05万株。一般土壤肥沃适当稀植，土壤贫瘠，适当密植。

（7）科学施肥。科学施肥不但是提高山药产量的重要措施，而且对控制炭疽病的发生和为害也有重要的作用，施肥过多，特别是氮素化肥施用过多、过迟，导致山药植株疯长，枝叶茂盛，不利于田间通风透光，湿度大，有利于炭疽病的发生和为害，发病重。施肥应以基肥为主，增施适量磷肥、钾肥和适量锌、铁等微肥，促使山药健壮生长，改善田间环境条件，减轻病害的发生和为害。

（8）选好架材、搭好秧架。最好选用新架材，如用旧架材，可用10%石灰水或50%多菌灵可湿性粉剂600倍液消毒杀菌。在山药出苗后用直径 3 ~ 4cm 的竹竿扦好直立架，架高 1.5 ~ 2.0m，以利于引薯上架，确保山药枝叶分布合理，以利通风透光，营造田间良好的小气候环境，使之不利于炭疽病的发生和为害。

### 3.1.6.2　化学防治

（1）种茎消毒杀菌。种植前 26 天左右，取中、上部直径 2.5cm 左右无病、健壮块茎，截成 15 ~ 20cm 长的种块，两端蘸 70% 代森锰锌可湿性粉剂或生石灰，于阳光下晒几小时，再用 50% 多菌灵可湿性粉剂 400 ~ 500 倍液或 15% 噁霉灵水剂 400 倍液浸种10min 左右，晾干后播种，亦可用 50% 多菌灵可湿性粉剂浸种 5min，晾干后播种。

（2）土壤消毒杀菌。播种前每 667m² 用 50% 多菌灵可湿性粉剂 500g 对水 100kg，用喷雾器喷施于种植沟内，盖土后再播种山药。

（3）大田药剂防治。①山药上架后，炭疽病发病前喷药保护，控制其发病。常用的保护性杀菌剂有 50% 异菌脲可湿性粉剂 1 000 ~ 1 500 倍液、70% 代森锰锌可湿性粉剂600 倍液、77% 氢氧化铜可湿性粉剂 500 ~ 600 倍液、50% 福美双可湿性粉剂 600 倍液、25% 咪鲜胺微乳剂 600 ~ 800 倍液、30% 苯醚甲环唑·丙环唑乳油 5 000 倍液、10% 苯醚甲环唑水分散粒剂 1 000 倍液。上述药剂任选一种喷雾，第一次用药后间隔期因天气条件而异，如持续干旱可隔 15 天左右喷第 2 次药，如遇降雨则需隔 5 ~ 6 天第 2 次喷药。②发病后药剂防治。炭疽病发病后防治常用药剂除上述杀菌剂外，还有 25% 溴菌腈可湿性粉剂 600 倍液、70% 甲基硫菌灵可湿性粉剂 1 000 倍液、30% 氧氯化铜悬浮剂 600 倍液、50% 复方硫菌灵可湿性粉剂 1 000 倍液、50% 苯菌灵可湿性粉剂 1 000 倍液等。上述药剂任选一种喷雾，隔 6 ~ 7 天防治一次，共防治 3 ~ 4 次。

## 3.2　山药褐斑病

### 3.2.1　分布与为害

山药褐斑病又称白涩病、叶枯病、斑纹病等，主要分布于广西、云南、江西、河南、山东、河北和陕西等省（区）。江西、广西等地褐斑病是仅次于炭疽病的第二大重要病害，大流行年份，因褐斑病为害，导致山药叶片枯黄脱落、藤蔓枯死，严重影响山药的产量和品质。因褐斑病为害，广西减产 10% ~ 30%，江西万载病株率 10% ~ 30%，严重的病株率高达 70% 以上，一般减产 10% ~ 30%，高的达 80% 左右；河南焦作等地减产 10% 左右。

### 3.2.2 症状

褐斑病主要侵染山药叶片和藤蔓，一般植株下部叶片先感病，然后逐渐向上中部叶片蔓延。发病初期叶片上出现黄色或黄白色边缘不明显的病斑，其后病斑逐渐扩大，由于受叶脉的限制，病斑呈不规则形或多角形；后期病斑边缘微凸起，中间淡褐色，散生许多黑色小点，即病菌分生孢子盘。大发生时，病斑相互愈合形成大病斑，从而导致叶片穿孔或枯死，但枯死的叶片仍然在藤蔓上，一般不会脱落。山药茎蔓和叶柄感病后出现长圆形或不规则褐色病斑，严重时上下病斑愈合在一起，引起藤蔓枯死。褐斑病常与炭疽病并发，褐斑病与炭疽病的区别在于病斑后期边缘微凸、中间淡褐色且散生黑色小点。

### 3.2.3 病原物及形态特征

为半知菌类、黑盘孢目、柱盘孢属真菌 Cylindrosporium dioscorea Miyabe et Ito 侵染所致。病原菌分生孢子盘着生在山药叶片正反面，分生孢子盘长圆柱状，白色或灰白色，平铺、聚生或散生。分生孢子梗短小，无分枝。分生孢子线状或针状，单细胞或多细胞。单细胞直或微弯曲，无色。

### 3.2.4 病害循环

山药褐斑病病菌以菌丝、分生孢子盘在病残体或土壤中越冬，翌年春季温度回升后，病菌产生分生孢子，随风雨传播，形成初次侵染。病菌侵入山药植株叶片和茎秆后，菌丝在茎、叶组织细胞间生长发育，于表皮下形成分生孢子盘和分生孢子，分生孢子成熟后穿破茎、叶表皮，在适宜温湿度条件，经 1 ~ 2 天潜伏期，分生孢子萌发进行再侵染，导致病害蔓延和流行。

### 3.2.5 发病与环境条件的关系

#### 3.2.5.1 与温湿度的关系

褐斑病的发生与流行主要取决于温度和湿度。病害发生和流行的适宜温度为 25 ~ 32℃，在此温度范围内，温度越高，潜伏期越短，病害流行越快。山药生长期间，通常温度均能满足病害发生和流行，田间湿度高低是决定褐斑病流行和大暴发的决定性气象因子，降雨多、持续时间长、相对湿度大于 80% 以上或雾多、雾大、露水重均有利于分生孢子的形成、萌发和侵染，发病重。天气干旱，田间湿度小，不利于分生孢子形成、萌发和侵染，发病轻。雨季来临早的年份，发病相应提早且发病重。

#### 3.2.5.2 与品种的关系

山药品种不同，对褐斑病的抗性不尽相同。广西栽培品种较抗褐斑病的有桂淮 2 号和地方品种那楼淮山，感病的品种有桂淮 5 号、桂淮 6 号；山东鄄城较抗褐斑病的品种有大和长芋，风山药则感病；河南对从山西、山东、河北、江苏、江西等省收集的 36 份山药栽培品种和野生资源进行抗病性鉴定。其中栾川野生山药对褐斑病免疫；栽培品种日本圆山药、铁棍山药和野生品种资源偃师野山药、嵩县野山药等对褐斑病高抗；中抗栽培品种有白铁山药、白玉山药、花山药、嘉祥细毛长山药，中抗野生品种资源有沁阳野山药；河北山药、南城山药、安国山药等高感褐斑病。

### 3.2.5.3 与连作的关系

褐斑病以菌丝体、分生孢子盘在山药病残体或土壤中越冬，山药长期连作，土壤中积累大量病原菌，有利于病菌侵染，连作地发病重，而且连作年限越长，发病越重。前作为花生的田块发病重于其他作物为前作的田块。

### 3.2.5.4 与田间管理的关系

播种前畦面覆盖稻草或覆盖地膜，可将山药茎蔓与土壤隔离，不利于病菌侵染，发病轻，无覆盖物的发病重；施用氮肥过多，山药植株生长旺盛，不利通风透光，田间湿度大，发病重；田间排水不良，长期积水，发病重；带病劣质种薯作种发病重。

## 3.2.6 防治方法

### 3.2.6.1 农业防治

（1）选用抗（耐）病品种。山药不同品种对褐斑病的抗（耐）病性存在很大差异，要坚决淘汰感病品种，因地制宜选用高产、优质、抗（耐）病品种是防治褐斑病最重要的措施，目前抗病品种主要有日本圆山药、铁棍山药、白铁山药、白玉山药、花山药、嘉祥细毛长山药、山西永济山药、冀城山药 1 号、冀城山药 2 号、桂淮 2 号、那楼淮山（广西地方品种）等。

（2）清洁田园。山药收获后及时彻底清洁田园，将感病山药茎蔓、枯枝落叶带去田外集中烧毁或深埋，减少越冬菌源。

（3）轮作换茬。褐斑病发生严重的田块，应避免山药长期连作，实行轮作换茬，有条件的地方实行山药与水稻轮作，防治效果最佳，不能实行水旱轮作的，可与褐斑病非寄主作物如禾本科作物、豆科作物轮作换茬，轮作年限为 2~3 年。

（4）茎蔓与土壤隔离。山药播种后，出苗前，将稻草、麦秆、树叶、甘蔗叶等撒施于畦面或者覆盖地膜，将茎蔓与土壤隔离，能有效防止病菌对山药的侵染。

（5）加强田间管理，促使山药植株健壮生长，提高抗（耐）病能力。①合理施肥。基肥以充分腐熟的农家肥为主，适量施以磷肥和钾肥，追肥应采取前轻中重后补的原则。苗期适当追施氮素化肥促生长，培育壮苗；块茎膨大的中后期以复合肥、钾肥为主。②科学管水。山药为旱地作物，怕渍水，山药生长期间保持土壤干干湿湿，以利其健壮生长，雨季做好开沟排水工作，旱季及时灌溉。③及时修剪，改善田间通风透光条件。山药生长中后期正值营养生长向生殖生长转变的时期，如茎叶生长过旺，应及时修剪，剪去病叶、虫叶、老叶、病枝及部分侧枝，改善通风透光条件，降低田间湿度，创造有利于山药健壮生长而不利于褐斑病发生和为害的环境条件。

#### 3.2.6.2　化学防治

应用杀菌剂防治褐斑病是控制病害发生和流行最重要的措施，应予高度重视。防治褐斑病常用的杀菌剂有 40% 氟硅唑乳油 800 倍液、25% 溴菌腈·多菌灵 800 倍液、25% 咪鲜胺乳油 1 200 倍液、32.5% 嘧菌酯·苯醚甲环唑悬浮剂 1 000 倍液、57.6% 氢氧化铜水分散粒剂 1 000 倍液、50% 多菌灵可湿性粉剂 500 倍液喷雾。药剂防治适期为发病初期，每隔 7~8 天用药 1 次，连防 2~3 次。

### 3.3　山药根腐病

#### 3.3.1　分布与为害

山药根腐病又称山药枯萎病、褐色腐败病、茎腐病、黑皮病，系山药生产上分布广泛、为害严重的一种重要病害，主要分布于海南、云南、福建、四川、重庆、河南、山东、河北、江苏、陕西、湖北等山药产区。

根腐病菌侵染山药茎蔓基部和块茎，导致全株枯死和块茎腐烂，对山药高产稳产和品质造成巨大影响。陕西关中根腐病大流行年份，山药一般减产 20%~30%，严重的减产 50%~60%，个别地块甚至绝产；海南一般减产 30% 左右，严重的减产 80% 以上；河北潴龙河流域 2004 年因根腐病为害，造成 1/3 山药种植面积绝产，1/3 面积严重减产，重病田率 100%，病株率 45% 左右，病株死亡率 100%；湖北谷城部分田块病株率 98%，发病严重的田块几乎绝收。

#### 3.3.2　症状

根腐病主要侵染山药茎基部和地下块茎。茎基部感病初期为长条形湿腐状褐色病斑，其后随着病情的发展，病斑不断扩展，导致茎基部表皮腐烂，表皮腐烂面积迅速扩展到绕茎一周时，引起地上部叶片逐渐黄化、脱落、茎蔓随即枯死，剖开茎基部，感病部位变为褐色；块茎感病，在皮孔四周产生圆形或不规则形褐色病斑，须根和块茎内部组织变为褐色、干腐。感病较轻的块茎，发育受阻，块茎细小，降低商品率；收获后块茎贮藏期间，病害继续发展，造成更大经济损失。

根腐病菌除为害山药外，腐皮镰刀菌 *Fusarium solani* 还能侵染茄类、甘薯、葫芦、花生、甜瓜等农作物；厚垣镰刀菌 *F. chlamydosporum* 还能侵染大豆和燕麦等农作物。

#### 3.3.3　病原物及生物学特征

为半知菌类、丝孢纲、丛梗孢目、瘤座孢科、镰刀菌属的三种镰刀菌以及半知菌类、丝核菌属的一种丝核菌侵染所致引起的真菌病害。

尖孢镰刀菌　*Fusarium oxysporum*　　分布：海南、山西、陕西、江西、河南、重庆、湖北

厚垣镰刀菌　*F. chlamydosporum*　分布：四川

腐皮镰刀菌（茄病镰刀菌）*F. solani*　分布：四川、河北

立枯丝核菌　*Rhizoctonia solani*　分布：河北

3.3.3.1 腐皮镰刀菌形态特征和生物学特征

（1）形态特征。侵染山药腐皮镰刀菌在 PSA 培养基上，25℃下培养 72h 后，菌落生长茂盛，菌落直径 5.8cm 左右，初期菌丝白色，后期菌落背面产生黄色或更深的色素。小型分生孢子卵形或肾形，着生在伸长的分生孢子梗上，有 0~1 个分隔；大型分生孢子镰刀形，两端钝圆，顶端稍弯曲，多为 2~3 个分隔，微弯曲；厚垣孢子着生在菌丝中间或顶端。

（2）生物学特征。

1）营养条件对菌丝生长和产孢量的影响。营养条件明显影响菌丝生长和产孢量，PSA 培养基、燕麦琼脂培养基和 PDA 培养基均能满足病菌生长发育对营养的需求，在三种培养基上病菌生长最好，菌落直径分别为 7.43cm、7.40cm 和 7.33cm，其次为绿豆汁培养基，菌落直径为 6.75cm，在玉米粉培养基上，病菌生长最慢，菌落直径只有 6.45cm；产孢量则以 PDA 培养基上最多，为 $2.97 \times 10^7$ 个/皿，其次为 PSA 培养基和绿豆汁培养基，产孢量分别为 $2.07 \times 10^7$ 个/皿和 $1.56 \times 10^7$ 个/皿，在燕麦培养基和玉米粉培养基上产孢量最少，分别为 $0.23 \times 10^7$ 个/皿和 $0.48 \times 10^7$ 个/皿。

2）温度对菌丝生长、产孢量和分生孢子萌发的影响。温度对菌丝生长、产孢量和分生孢子萌发有明显的影响。在 5℃下，病菌不能生长，在 10℃下，生长十分缓慢，在 15~30℃范围内，随着温度的升高，病菌生长逐渐加快，产孢量稳步提高，30℃时达最大值，菌落直径和产孢量分别为 7.88cm 和 $2.70 \times 10^7$ 个/皿，其后随温度继续升高，病菌生长受阻，产孢量明显减少，在 40℃下，菌落直径只有 0.80cm，不能产孢；分生孢子在 15~35℃均能萌发，30℃下，萌发率最高，达 100%，28℃和 35℃下，萌发率次之，分别为 73.61% 和 76.82%。

3）pH 值对菌丝生长、产孢量和分生孢子萌发的影响。pH 值高低对菌丝生长和分生孢子萌发没有明显的影响，pH 值 4~10，病菌均能正常生长和产孢，pH 值 5 和 pH 值 7 有利于菌丝生长和产孢，菌落直径分别为 6.15cm 和 5.73cm，产孢量分别为 $3.38 \times 10^7$ 个/皿和 $3.77 \times 10^7$ 个/皿；分生孢子在 pH 值 4~10 均能萌发，在 pH 值 4、pH 值 9 和 pH 值 10 时，分生孢子萌发率较高，分别为 44.52%、43.07% 和 44.52%，pH 值 7 时萌发率最低，只有 25.97%。

4）光照长短对菌丝生长、产孢量和分生孢子萌发的影响。光照长短对菌丝生长、产孢量和分生孢子萌发有明显的影响。全光照有利于菌丝生长和产孢，菌落直径最大为 8.53cm，产孢量最多为 $4.36 \times 10^7$ 个/皿，其次为 12h 光暗交替，全黑光不利于菌丝生长和产孢，菌落直径只有 5.92cm，产孢量只有 $2.68 \times 10^7$ 个/皿；在全光照下分生孢子萌发最多，萌发率高达 83.55%，全黑暗下分生孢子萌发率最低，只有 67.54%。

5）碳源对菌丝生长、产孢量和分生孢子萌发的影响。菌丝生长好坏、产孢量多寡和分生孢子萌发率高低因不同碳源而异，最有利于菌丝生长的碳源为蔗糖和甘露醇，菌落直径最大，反别为 7.60cm 和 7.06cm，其次为葡萄糖、麦芽糖，可溶性淀粉不能满足菌丝生长对碳源的需求，菌落直径最小，只有 5.94cm；产孢量亦以蔗糖最多，为 $7.78 \times 10^7$ 个/皿，乳糖、麦芽糖、可溶性淀粉和甘露醇作为碳源，产孢量最少，分生孢子萌发率以蔗糖和可溶性淀粉作为碳源最高，分别为 48.43% 和 47.13%，葡萄糖作为碳源，分生孢子萌发率最低，只有 28.36%。

6）氮源对菌丝生长、产孢量和分生孢子萌发的影响。菌丝生长好坏、产孢量多寡和分生孢子萌发率高低，因不同碳源而异，最有利于菌丝生长的氮源为蛋白胨、硝酸钙、硝酸钾和硝酸钠，菌落直径为 $8.60 \sim 8.03 cm$，硝酸铵作为氮源，不能满足菌丝生长对氮源的需求，菌落生长最差，直径只有 $2.26 cm$；脲作为氮源，产孢量最多，达 $3.50 \times 10^7$ 个/皿，硝酸铵、硝酸钙和硝酸钠作为氮源，产孢量最少，分别只有 $0.05 \times 10^7$ 个/皿、$0.65 \times 10^7$ 个/皿和 $0.95 \times 10^7$ 个/皿；分生孢子萌发率以脲作为氮源最高，达 $45.22\%$，其次为硝酸钾和硝酸钠，硝酸铵作为氮源，分生孢子萌发率最低，只有 $8.18\%$。

7）微量元素对菌落生长、产孢量和分生孢子萌发的影响。微量元素对菌丝生长、产孢量和分生孢子萌发的影响因不同微量元素而异。不添加任何微量元素的培养基菌丝生长最好，菌落直径最大，为 $6.73 cm$；$CaSO_4$、$FeSO_4$ 对菌落生长无明显的影响，菌落直径分别为 $6.35 cm$ 和 $6.28 cm$；$ZnSO_4$ 对菌落生长有明显抑制作用，菌落直径只有 $3.68 cm$；$MnSO_4$ 和 $CuSO_4$ 对菌落生长也有一定的抑制作用，菌落直径分别只有 $5.80 cm$ 和 $5.83 cm$。$MgSO_4$ 能明显提高产孢量（$12.83 \times 10^6$ 个/皿），其次为 $NaSO_4$ 和 $MnSO_4$，产孢量分别为 $5.5 \times 10^6$ 个/皿和 $5.0 \times 10^6$ 个/皿，$ZnSO_4$ 对产孢量影响最大，不产孢，其次为 $CaSO_4$ 和 $FeSO_4$，产孢量仅为 $2.0 \times 10^6$ 个/皿和 $3.17 \times 10^6$ 个/皿。

8）高温对菌丝生长和分生孢子萌发的影响。在 $45℃$、$50℃$ 和 $55℃$ 下处理 10min，菌丝生长较正常，但对分生孢子萌发有一定影响，萌发率分别为 $73.6\%$、$62.7\%$ 和 $47.3\%$，随温度升高萌发率降低；温度在 $60℃$ 时，菌丝不能生长，分生孢子不能萌发。

### 3.3.3.2 厚垣镰刀菌形态特征和生物学特征

（1）形态特征。侵染山药的厚垣镰刀菌在 PSA 培养基上，$25℃$ 恒温下培养 72h，菌落生长正常，菌落直径 4cm。菌落中央稍凸起，基物表面白色，背面产生砖红色色素，菌丝生长致密，如棉絮状。大型分生孢子镰刀形，多数 $3 \sim 5$ 个隔，产孢细胞单瓶、梗多分枝。小型分生孢子 $0 \sim 1$ 个隔。厚垣孢子球形、间生，着生在菌丝顶端或中间。

（2）生物学特征。

1）营养条件对菌丝生长的影响。燕麦培养基、绿豆汁培养基和玉米粉培养基均有利于菌丝生长，菌落直径最大，均为 $7.25 cm$，特别是燕麦培养基最适合菌丝生长，菌落致密。PSA 培养基对菌丝生长有抑制作用，菌落直径最小，只有 $4.79 cm$，其次为 PDA 培养基，菌落直径为 $4.33 cm$。厚垣镰刀菌在上述 4 种培养基上均不产生分生孢子。

2）温度对菌丝生长，分生孢子萌发的影响。温度对菌丝生长有明显的影响，在 $5 \sim 30℃$ 范围内，随温度升高，菌落生长逐渐加快，在 $5℃$、$10℃$、$15℃$、$25℃$、$28℃$ 和 $30℃$ 七种温度下，菌落直径分别 $0.60 cm$、$0.90 cm$、$3.20 cm$、$4.18 cm$、$4.77 cm$、$5.66 cm$ 和 $6.87 cm$。在 $30℃$ 下，菌丝生长最快，其后随温度提高，菌丝生长受阻，在 $40℃$ 高温下，菌落直径只有 $0.80 cm$。分生孢子在 $5 \sim 10℃$ 范围内不能萌发，在 $15 \sim 30℃$ 范围内，随温度上升萌发率随之提高。$35℃$ 萌发率只有 $79.0\%$，$40℃$ 分生孢子不能萌发。

3）pH 值对菌丝生长、分生孢子萌发的影响。病菌对 pH 值的适应范围较广，在 pH 值 $4 \sim 10$ 范围内，菌丝均能正常生长，其中以 pH 值 6 最有利于菌丝生长，菌落直径最大，达 $4.95 cm$，其次为 pH 值 7，菌落直径为 $4.81 cm$。在 pH 值 4 时分生孢子萌发率最高，其次为 pH 值 6 和 pH 值 10，在 pH 值 3 时，分生孢子不能萌发。

4）光照对菌丝、分生孢子萌发的影响。光照对菌丝生长有明显的影响，全光照有利于菌丝生长，菌落直径最大达 6.63cm，其次为 12h 光暗交替，菌落直径为 5.23cm，全黑暗对菌丝生长有明显的抑制作用，菌落直径只有 4.58cm。厚垣镰刀菌分生孢子萌发对光照不敏感，在全光照、全黑暗和 12h 光暗交替条件下，分生孢子萌发率分别为 88.0%、83.0% 和 77.0%。

5）碳源对菌丝生长、分生孢子萌发的影响。菌丝对葡萄糖、麦芽糖、可溶性淀粉、蔗糖、甘露醇和乳糖作为碳源利用率较低，菌丝生长较慢，菌落直径在 2.82~2.07cm，在菌落背面产生浅红色色素。分生孢子对上述六种碳源的利用率不尽相同，其中对可溶性淀粉和蔗糖利用率最高，分生孢子萌发率分别高达 89% 和 77%，其次为麦芽糖，葡萄糖、甘露醇和乳糖，分生孢子萌发率分别为 52%、40%、30% 和 20%，对乳糖、甘露醇利用率最低，其次为葡萄糖。

6）氮源对菌丝生长、分生孢子萌发的影响。菌丝对氮源为硝酸钙、硝酸钾、硝酸钠、脲、蛋白胨、硝酸铵的利用不尽相同。菌丝生长因氮源不同有很大差异，其中对氮源利用以脲最高，菌丝生长最好，菌落直径最大，达 8.2cm，其次为硝酸钾、蛋白胨、硝酸钙和硝酸钠，菌落直径分别为 3.90cm、3.62cm、3.15cm 和 3.13cm，硝酸铵利用率最低，菌落直径只有 2.27cm。

氮源对分生孢子萌发有明显的影响，病菌对脲和硝酸钾利用率最高，有利于分生孢子萌发，萌发率分别为 82% 和 71%，其次为硝酸钠和硝酸钙，分生孢子萌发率分别为 54% 和 48%，对蛋白胨和硝酸铵利用率最低，分生孢子萌发率分别只有 36% 和 34%。

7）菌丝和分生孢子致死温度。厚垣镰刀菌菌丝能耐高温，在 45℃、50℃ 和 55℃ 三种温度下处理 10min 均能正常生长，温度超过 55℃ 达到 60℃，菌丝不能生长而死亡，致死温度为 60℃。在 45℃、50℃、55℃ 和 60℃ 四种高温条件下处理 10min，随温度上升分生孢子萌发率随之下降，萌发率分别为 87.55%、62.00%、30.31% 和 15.55%，温度达到 65℃ 时，分生孢子不能萌发而死亡。

### 3.3.3.3　尖孢镰刀菌形态特征

尖孢镰刀菌在 PDA 培养基上菌落为圆形，白色、绒毛状。培养基上菌落生长较慢，72h 后菌落直径 2~3cm。培养 3 天左右，产生橘红色、黏质的分生孢子。将病株在实验室进行单孢分离，病菌产生 3 种孢子，小型分生孢子长椭圆形或卵圆形，大小为 (5.1~26.2)μm×(2.5~4.9)μm，平均 14.3μm×3.9μm；大型分生孢子纺锤镰刀形，具有逐渐窄细、稍尖的顶细胞，基部有椭圆状弯曲的脚孢，孢壁薄。孢子 0~3 隔，以 3 隔为主；厚垣孢子顶生或间生、单生或两个相连，偶有串生，单细胞或双细胞，壁光滑，圆形或椭圆形，直径 5.1~17.2μm，平均 11.9μm。

### 3.3.4　病害循环

山药根腐病菌以菌丝体在感病块茎、病残体上或以厚垣孢子在土壤中越冬。初次侵染源来自感病块茎、病残体上的病菌和土壤中的病菌。山药感病后在染病部位产生分生孢子，分生孢子随风雨和灌溉水传播，进行再次传染。远距离传播以带菌山药块茎随种茎调运而传播。

### 3.3.5　发生与环境条件的关系

#### 3.3.5.1　与温湿度的关系

高温高湿有利于山药根腐病菌菌丝生长，产生大量分生孢子侵染山药，导致病害流行。河北、山东等地，白天地温 18~21℃，晚上地温 15~16℃ 时有利发病，一般在 7 月上旬开始发病，7 月中旬至 8 月中旬为发病盛期；大雨过后，田间积水 1 天以上，土壤含水量 80% 以上，一般第 3 天开始发病。干旱年份土壤含水量低，不利于发病。

#### 3.3.5.2　与连作和土质的关系

根腐病菌能在土壤中长期存活，山药连作土壤中积累大量病菌，有利于发病，而且连作年限越长，发病越重；土壤黏重、板结、透气性差，雨后排水不良、偏酸性的土壤发病重。

#### 3.3.5.3　与栽培管理的关系

种植密度过大，通风透光不足；氮肥用量过多，植株疯长、郁闭、田间湿度大；施用大量未充分腐熟的农家肥；大水漫灌；线虫和地下害虫危害严重，造成大量伤口等均有利于病菌的侵染，发病重。

#### 3.3.5.4　与地势的关系

山药种植地地势低洼，田间长期积水，有利于发病和病害流行。

### 3.3.6　防治方法

#### 3.3.6.1　农业防治

（1）建立无病留种基地，培育无病山药种茎。留种基地应选择新垦荒地或未种过山药以及根腐病菌其他寄主植物的地块，确保留种田块不带菌，培育无病块茎作种，减少初次侵染菌源。

（2）选择健壮无病山药作种茎。选用脖颈粗、芽头饱满、色泽正常、无病、无虫、无分叉的山药块茎作种茎。

（3）晒种消毒。山药播种前 10 天左右，将种茎进行日晒，每天翻动 1~2 次，使其受热均匀，通过阳光杀灭附着在种茎上的病原菌。

（4）轮作换茬。山药根腐病病菌可在土壤中越冬，病原菌在土壤能存活 2~3 年，轮作换茬是防治根腐病发生和为害最重要的农业防治措施。有条件的地方最好实行水旱轮作，轮作年限 1~2 年；无条件实行水旱轮作的地方，可与禾本科作物如玉米、高粱、小麦轮作，轮作年限不少于 3 年。

（5）清洁田园。山药收获后及时彻底清洁田园，将残留田间的有病块茎、病残体带出田外深埋或烧毁，减少越冬菌源。

（6）加强田间管理。①选择土质疏松、地势高燥的田块种植山药，切忌选用土质黏重、地势低洼、排水不良的田块种植山药。②施足基肥，适时追肥。基肥以充分腐熟的农家肥或商品有机肥为主，一般施基肥 5 000kg/667m$^2$ + 钙肥（中量元素土壤调节剂）50kg/667m$^2$ + 生物菌肥 50kg/667m$^2$；山药生长旺盛期和块茎膨大期适时追施适量复合肥，同时叶面喷施 0.2% ~ 0.3% 过磷酸二氢钾溶液，隔 5 ~ 7 天喷 1 次，连喷 2 ~ 3 次，促使山药植株健壮生长，提高抗（耐）病性。③山药架采取高架栽培，以增强植株间通风透光，既有利于光合作用的进行，又能降低田间湿度，创造有利于山药健壮生长，不利于病害发生的田间环境条件。一般架高 2.0 ~ 2.5m，架正面呈 "人" 字形，侧面斜向交叉，隔 5 ~ 7m 用粗竹竿加固，以防大风吹倒。④雨季来临时，做好开沟排渍工作，防止田间积水，降低湿度，减轻病害发生和为害。⑤干旱季节，适时灌溉，严防大水漫灌，防止病菌随灌溉水传播蔓延。

#### 3.3.6.2 化学防治

（1）药剂处理种茎、防止田间发病。药剂处理种茎、杀灭在种茎上的病原菌。常用药剂有 77% 氢氧化铜可湿性粉剂 800 ~ 1 000 倍液、77% 氢氧化铜可湿性粉剂 800 ~ 1 000 倍液 + 97% 噁霉灵可湿性粉剂 1 000 倍液、70% 代森锰锌可湿性粉剂 1 000 倍液浸种 10min，晾干后播种。亦可用 50% 多菌灵可湿性粉剂 60g + 72% 甲霜灵可湿性粉剂 40g + 98% 胺鲜脂 1g 混合拌匀，用上述药剂 200g/667m² 与 5kg/667m² 草木灰混合拌匀，用清水将已晒种催芽的山药种茎喷湿，再蘸草木灰药剂混合物，然后栽植，防效可达 68.3%，病情指数只有 2.7，防治效果较理想。此外用生物农药枯草芽孢杆菌处理种茎，防效可达 88% 以上，病情指数只有 10.98。具体做法是首先将种用山药块茎用清水喷湿，然后将 10 亿芽孢/g 枯草芽孢杆菌可湿性粉剂 1kg/667m² 均匀撒施于种茎表面，使种茎表面着药均匀，拌种后播种。

（2）药剂处理块茎、防止贮藏期发病。常用药剂有 77% 氢氧化铜可湿性粉剂 800 ~ 1 000 倍液浸种 5 ~ 10min，晾干后贮藏。

（3）药剂灌根。山药根腐病发病初期用 20% 乙酸铜可湿性粉剂 + 25% 甲霜灵·霜霉威可湿性粉剂、95% 敌克松可溶性粉剂对水灌根，隔 6 ~ 7 天再灌根一次。

（4）叶面喷雾。山药根腐病发病初期用下列药剂喷雾，33.5% 喹啉酮悬浮剂 1 000 倍液 + 75% 百菌清可湿性粉剂 1 000 倍液、30% 苯醚甲环唑水分散颗粒剂 1 000 倍液、75% 百菌清可湿性粉剂 500 ~ 600 倍液、50% 多菌灵可湿性粉剂 400 ~ 500 倍液、58% 甲霜灵·代森锰锌可湿性粉剂 600 ~ 700 倍液或 70% 代森锰锌可湿性粉剂 500 ~ 700 倍液。上述药剂任选一种喷雾，喷雾时药液要喷足，确保山药根茎部喷到药。

## 3.4 山药根结线虫病

### 3.4.1 分布与为害

根结线虫（Meloidogyne spp.）是当今世界上最具破坏性的植物病原线虫，全球有 90 多种，我国已知有 57 种，其中分布最广、为害最重的有南方根结线虫（Meloidogyne incognita）、爪哇根结线虫（M. javanica）、花生根结线虫（M. arenaria）和北方根结线虫（M. hapla）等 4 种。南方根结线虫国外分布于亚洲、非洲、欧洲、美洲和澳洲五大洲。我国 20 世纪 90 年代以前，南方根结线虫仅分布于长江流域及以南广大农区，其后随着设施农业迅速发展，北方保护地蔬菜种植面积不断扩大，为南方根结线虫安全越冬提供了良好的生态环境，该线虫不但成为保护地蔬菜、花卉等重要侵染性线虫之一，而且逐渐向露地农作物扩展，对大田作物的为害也日趋严重，已成为制约山药优质、高产的重要生物灾害之一。目前南方根结线虫已遍及长江以北的黑龙江、辽宁、北京、天津、山西、山东、河南、河北、陕西、甘肃、江苏、安徽等省（市）。爪哇根结线虫国外主要分布热带和亚热带地区，我国主要分布在海南、广东、福建、河南、云南、陕西、江西、广西、山东等省。花生根结线虫国外主要分布于南非、美国、以色列和欧洲部分国家，国内分布多数省（区、市）。

根结线虫主要为害山药根系和块茎，在根部形成许多瘤状根结，破坏根组织的分化和生理活动，影响植株地上部分的生长；块茎感病完全失去商品价值，造成巨大经济损失。鲁西南山药根结线虫以花生根结线虫为优势种，占线虫总数的56.1%，其次为南方根结线虫，占31.5%，爪哇根结线虫仅占9.4%。山东莘县2005年山药根结线虫发生面积占种植面积的30%，直接造成的经济损失达60多万元；山东鄄城因根结线虫为害减产24%～40%，严重的减产60%～80%，个别地块甚至绝收。兖州山药减产20%～30%，严重的减产70%左右；江苏黄淮海地区的徐州市郊、丰县、沛县、铜山等地，以爪哇根结线虫为优势种，其次为南方根结线虫，山药发病率一般30%～80%，严重的高达100%。沛县减产15%～20%，严重的减产80%。丰县减产20%～30%，严重的减产70%左右；河南新乡、温县仅发现爪哇根结线虫为害山药，郑州仅发现南方根结线虫为害山药，发病率10%～90%，减产20%左右，严重的减产60%以上。

根结线虫除直接为害山药造成减产外，线虫还能传播根腐病、枯萎病等土传真菌病害和部分细菌性病害，对山药造成间接损失。

根结线虫除为害山药外，还能侵染几百种植物，农作物中受侵染的作物有油料作物、纤维作物、烟草、茶树、果树、蔬菜、花卉以及药材等，杂草寄主有苦枳、马齿苋、藜菜、艾、蒲公英、益母草、马兰、回回蒜、苍耳、车前草、犁头草、龙葵、苣荬菜等，人工接种还可侵染滇苦菜、牛筋草、茅草、游草、马唐、喜旱莲子草、白花蛇舌草、蓟草、牛膝、野菊、羊蹄、积雪草、婆婆纳、鳢肠、爵床等。

### 3.4.2 症状

根结线虫主要侵染山药块茎和根系。受害植株苗期和生长中期地上部藤蔓一般无明显症状，中后期藤蔓生长受阻，叶色淡、变小，严重时叶枯黄脱落。山药块茎感病，其表面呈暗褐色，无光泽，多数块茎畸形，在线虫侵入点附近肿胀、凸起，形成许多大小不一、直径2～7mm的根结（虫瘿），严重的多个根结相互愈合重叠形成疙瘩，在疙瘩上产生少量粗短的白根；感病块茎生长后期表皮组织腐烂，内部组织呈深褐色，因其他微生物的侵染导致块茎腐烂，形似朽木，完全失去食用价值；根系受害，在块茎的细根上产生米粒大小的根结，解剖镜检，病部可见乳白色、鸭梨状线虫雌虫和不同龄期的幼虫。

### 3.4.3 南方根结线虫形态特征和生物学特性

侵染山药的根结线虫隶属线虫门（Nemata）侧尾腺纲（Secernentea）垫刃目（Tylenchida）异皮科（Heteroderidae）根结线虫属（*Meloidogyne*）的南方根结线虫（*Meloidogyne incognita* Chitwood）、爪哇根结线虫（*M. javanica* Chitwood）、花生根结线虫（*M. arenaria* Chitwood）和北方根结线虫（*M. hapla* Chitwood）等多种线虫。现就南方根结线虫有关情况介绍如下。

### 3.4.3.1 形态特征

雄虫：体长 114 ~ 1 580μm，平均 1 344μm，最大体宽 32 ~ 38μm，平均 34.0μm；口针长 21.4 ~ 26.2μm，平均 24.2μm；背食道腺开口至口针基部距离 2.5 ~ 3.8μm，平均 2.8μm；头冠大而圆，大多中部凹陷，头区不缢缩，背食道腺开口至口针基部距离较短，口针球与口针杆分界明显，基球圆形至扁圆形。

雌虫：体长 490 ~ 680μm，平均 602μm，最大体宽 350 ~ 560μm，平均 410μm；口针长 13.0 ~ 14.5μm，平均 13.8μm；背食道腺开口至口针基部距离 2.5 ~ 4.0μm，平均 3.2μm；排泄孔位于口针基球对应处，口针的针锥向背面弯曲；基部球圆形横向伸长，同基杆有明显接线，前端有缺刻。会阴花纹背弓高，近方形，有时呈梯形，顶部平，平滑略呈波浪状，无明显侧线，线纹在侧区处有间断和分岔。

二龄幼虫：成熟幼虫体长 370 ~ 420μm，平均 385μm；最大体宽 14.5 ~ 15.0μm，平均 14.5μm；口针长 11.0 ~ 12.2μm，平均 11.5μm；背食道腺开口至口针基部距离 2.3 ~ 3.6μm，平均 3.2μm；头冠明显，口针纤细，中食道球椭圆形，瓣门明显；多数直肠明显膨大，但也有个别虫体直肠不膨大；尾透明，末端大多界限明显，尾有缢缩，尾尖尖圆或钝圆。

### 3.4.3.2 生物学特征

（1）生活史。南方根结线虫一生经历卵、幼虫和成虫三个阶段，定居在寄主植物根结内的雌雄成虫交尾后，雄虫即离开寄主，在土壤中生活一段时间后即死亡。雌虫卵产于尾端胶质卵囊内。卵在卵囊内或在根结中的雌虫体内可长期存活。卵在卵囊内经胚胎发育孵出 1 龄幼虫，1 龄幼虫在卵囊内生长发育，经蜕皮后破壳而出，成为侵染性 2 龄幼虫。2 龄幼虫栖居土壤中，伺机用口针穿刺的方式侵入山药根尖取食为害。由食道分泌吲哚乙酸等生长激素，刺激寄主植物细胞大量分裂而形成巨形细胞，同时位于线虫头部周围寄主植物细胞大量增生，导致被害部位膨大而形成根瘤或根结。在根内取食的幼虫发育至 3 龄时，开始出现性别分化，雌虫膨大成梨形，脱皮后发育为成虫。雌雄通过交配或孤雌生殖繁殖后代，单雌一生平均产卵 500 粒左右。江西南昌一年发生 5 ~ 6 代，以 5 代为主，1 ~ 5 代产卵高峰期出现在 6 月上中旬、7 月中下旬、8 月中下旬、9 月下旬至 10 月上旬和 11 月中旬。

（2）发育历期。在 28℃ 条件下，从卵至幼虫孵出完成胚胎发育，最长 9.5 天，最短 8.5 天，平均 9.2 天。在平均温度 17.2℃ （14.0 ~ 25.5℃）条件下，需 44 天完成寄生阶段发育，完成 1 代历时 53 天左右。在田间条件下，夏天温度高，25 ~ 30 天即可完成 1 代，春秋温度较低，完成 1 代需 50 ~ 60 天。

### 3.4.3.3 病害循环

南方根结线虫主要以卵，少数以幼虫和雌成虫在寄主病残体和土壤中越冬，翌年春季气温上升至 10℃ 以上时，越冬根结线虫各虫态继续生长发育，温度上升到 12℃ 以上时开始侵染寄主，初次侵染源主要来自病残体和土壤中的越冬线虫。山药生长季节，线虫借雨水、灌溉水、农事操作等传播，进行再次侵染。带病种用块茎的调运是远距离传播的主要途径。

#### 3.4.3.4 发病规律

江苏徐淮地区、山东莘县、江苏丰县等地，南方根结线虫一般于5月上旬，当山药种茎隐芽基部分化为幼根，并分生出幼小块茎，幼苗破土而出时，线虫开始侵染幼根。不同年份幼虫初次侵染时间取决于气温和土温回升早晚，气温和土温回升早的年份初次侵染相应提早，反之，初次侵染时间相应推迟，如江苏丰县2002年、2004年10cm土层地温稳定通过12℃的时间为4月8日，比2001年和2003年早11~12天，线虫初次侵染时间相应提早10天左右。常年6月上旬至9月上旬10cm土层温度在25~28℃，山药地下块茎膨大生长旺盛期，也是南方根结线虫生长发育、繁殖和侵染的最适温度，为全年为害最严重的时期。9月下旬气温和土温开始下降、线虫活动和为害逐渐减轻，10月中旬10cm深处土温降至15℃以下，线虫停止活动，进入越冬状态。

#### 3.4.3.5 线虫在不同土层分布规律

南方根结线虫在不同耕作层土壤中的分布数量不尽相同，表土至50cm土层均有线虫的分布，但以5~30cm土层中数量较多，尤以20~30cm土层中最多，占54.6%；10~20cm土层次之，占29.2%；5~10cm和30~50cm土层最少，分别占11.29%和5.0%。

#### 3.4.3.6 发生与环境条件的关系

（1）与温度、土壤含水量和降雨量的关系。

1）温度对2龄幼虫的影响。不同温度对2龄幼虫的存活影响十分明显，在-15℃低温条件下处理1天，死亡率为100%；在40℃和42℃高温条件下分别处理5天和3天死亡率均为100%；35℃处理11天，死亡率80%；0~5℃和30℃处理15天以上，死亡率为62%以上。10~25℃条件有利于其存活，15天内存活率高达86%，15~20℃为最适温度，2龄幼虫存活率最高为95%。不适宜存活的低温为0℃以下，不适宜存活的高温为40℃以上。

2）温度对卵囊中卵孵化的影响。在-15℃和42℃条件下处理卵囊5天，均不能孵化而死于胚胎中；在0℃和35℃条件下处理1~2天，有少量卵孵化，处理3天卵不能孵化，第5天恢复至室温，卵能正常孵化，表明0℃和35℃两个温度对孵化有明显的抑制作用；在5℃和10℃条件下，亦不适宜卵的孵化，孵化率在10%以下，15~30℃有利于幼虫孵化，最适温度为20℃，孵化高峰出现在第3天，25℃下2天达到孵化高峰，30℃下，线虫孵化最快，1天达到孵化高峰。

3）土壤含水量对孵化和2龄幼虫存活的影响。土壤含水量对卵的孵化和2龄幼虫存活有较大的影响，在土壤含水量低于1%时，对孵化有明显的抑制作用；沙土含水量5%时孵化率最高；沙土含水量为25%时，最有利2龄幼虫存活，含水量低于1%时，2龄幼虫死亡率明显增加，含水量高于30%的高湿条件下，对2龄幼虫存活不利，死亡率增加。

4）温度和土壤含水量组合对卵孵化和2龄幼虫存活的影响。5℃和40℃两种温度下，土壤含水量在5%~30%范围内，卵均不能孵化，温度35℃和土壤含水量20%条件下，孵化率最高，15℃和土壤含水量20%条件下孵化率亦较高。35℃和土壤含水量10%或5%最有利二龄幼虫存活，温度超过40℃或低于5℃，均不利于2龄幼虫存活。

山药生长期间温度均能满足南方根结线虫生长发育和繁殖的需要，降雨是影响根结线虫种群数量的关键气象因子。江苏丰县等地6—8月雨量大，暴雨天数多，土壤水分经常处于饱和状态或雨量少、干旱严重、土壤含水量过低，均不利于山药根结线虫生长发育、繁殖和侵染，种群数量少，为害轻，如 2003 年和 2004 年 6—8 月总降水量分别为594.5mm 和 583.8mm，为常年同期降雨量的 1.4 倍，其中 2003 年有 5 次暴雨日，两次降水量近 200mm 且连续 6 天以上，土壤水分处于饱和状态 15 天，2004 年降雨情况与 2003 年基本相同。2002 年降雨少，春旱夏旱连秋旱，6—8 月降雨量只有 270.3mm，只有常年的三分之二，土壤长期处于干旱状态，2002—2004 年气候条件均不利于根结线虫的生长发育、繁殖和侵染，种群数量少，为害轻。2000—2001 年 6—8 月降水量略多于常年，5 ~ 15cm 土壤含水量在 16% 左右，有利于根结线虫生长发育、繁殖和侵染，种群数量大，为害重。

（2）与连作和茬口的关系。山药长期连作，土壤积累了大量线虫，发病重，连作时间越长，发病越重，如山东鄄城山药连作 1 年、2 年、3 年、4 年和 5 年病株率分别为0.3%、1.8%、25.4%、37.6% 和 94.6%，病情指数分别为 0.1、0.4、10.1、18.8 和37.8。茬口不同，为害也不同，前茬为芦笋、洋葱、大蒜、辣椒、玉米、小麦等南方根结线虫非适生寄主的，田间线虫数量少，对山药的为害轻，病株率一般只有 3% 左右。前茬作物为芹菜、瓜类、茄子、番茄等南方根结线虫适生寄主的，田间线虫数量多，对山药的为害重，病株率通常高达 51% 以上。

（3）与土壤质地的关系。南方根结线虫属好气性线虫，凡地势高燥、土壤含水量低、含盐低、酸碱度中性，土壤结构疏松、通气性好的沙质土壤有利于南方根结线虫生长发育和繁殖，虫口密度大、为害重。土壤潮湿、黏重、板结，通气不良则不利于线虫生长发育和繁殖，虫口密度低、为害轻，如山东鄄县沙质土病害最重，病株率 36.9%，病情指数 22.3；轻沙壤土次之，病株率 30.5%，病情指数 18.4；壤土病株率 15.8%，病情指数 6.4；重黏土发病最轻，病株率只有 0.7%，病情指数最低，只有 0.2。

（4）与品种的关系。山药不同品种对南方根结线虫的抗（耐）性不尽相同，佛手山药较抗（耐）病，发病轻，病株率只有 17.7%，病情指数低，只有 7.8；风山药次之，病株率和病情指数分别为 23.1% 和 10.3；嘉祥细长毛山药和大鹅脖山药最感病，前者病株率和病情指数分别为 28.3% 和 12.7，后者分别为 35.3% 和 20.3。

（5）与肥料的关系。山药田施用未充分腐熟的厩肥、过量施用氮素化肥和复合肥，发病重；施用鸡粪的山药田，发病轻。

（6）与精选种薯的关系。播种前精选无病、健壮种薯播种，发病轻，病株率为11.8%，病情指数为 4.8；播种前未淘汰病薯、劣质薯，发病重，病株率高达 59.6%，病情指数 27.8，精选比未精选种薯的病株率和病情指数分别下降 81.2% 和 80.2%。

### 3.4.4 防治方法

#### 3.4.4.1 农业防治

（1）选用抗（耐）病品种。因地制宜选用高产、优质、抗（耐）病品种，可明显降低南方根结线虫发生和为害，如山东鄄县佛手山药、风山药较抗（耐）病，根结线虫的为害明显低于感病品种。

（2）选用无病、健壮块茎作种薯。种用块茎最好选择无病田繁殖的种薯，经冬季贮藏后，选用皮色好、质地坚硬、无病虫的块茎作种。播种前将种茎摊铺在草苫上晾晒2～3天，每天翻动1～2次，促进伤口愈合，形成愈伤组织，增加种茎的抗（耐）病性。

（3）高温杀虫。山药收获后，于高温季节（7—8月）对重病田进行翻耕，并用黑色塑料薄膜覆盖其上，暴晒10天左右，地温升高至50～60℃，可杀死大量在土壤中的线虫，减轻为害。

（4）轮作换茬。轮作换茬可恶化根结线虫的生存环境，是防治该虫最有效、最简便的措施。有条件的地方特别是重病田应实行水旱轮作，无灌溉条件不能实行水旱轮作的，可实行山药与玉米、小麦等禾本科作物轮作，也可与葱、大蒜、韭菜等蔬菜轮作，轮作年限2～3年，避免与葫芦科、茄科、豆科等科的农作物轮作。

（5）清洁田园，大水漫灌。山药收获后，及时清洁田园，将遗留田间的山药病残体、枯枝落叶以及杂草集中烧毁或深埋。同时进行大水漫灌，使土壤水分处于饱和状态10～20天，能有效降低和杀灭土壤中越冬线虫，减少翌年侵染源。

（6）加强水肥管理。合理施肥，应以基肥为主，增施磷肥和钾肥，适当施用氮素化肥，防止山药疯长，促进山药健壮生长，提高抗（耐）病能力。施用鸡粪能有效抑制根结线虫的孵化和促使幼虫死亡，有条件的地方，适当施用鸡粪作基肥。施用农家肥必须充分腐熟，杀死潜伏其中的线虫及其他病菌。干旱季节及时灌溉，雨季遇涝及时排水，降低田间湿度，创造不利于根结线虫发生和为害的生态环境，减少为害。

### 3.4.4.2 化学防治

药剂处理种茎，杀灭种茎上的根结线虫。播种前将种茎在太阳光下晾晒2～3天，再用90%多菌灵胶悬剂300倍液浸种10～15min、1.8%阿维菌素乳油800倍液浸种48h、50%粉锈宁悬浮剂1 000倍液＋50%多菌灵可湿性粉剂400倍液浸种15min，晾干后播种。

药剂处理土壤，杀灭土壤中的根结线虫。播种前用5%阿维菌素微囊悬浮剂按250～300ml/667m$^2$，或41.7%氟吡菌酰胺悬浮剂按120～180ml/667m$^2$，用适量水稀释后喷施于30kg细干土，拌匀制成毒土，均匀撒施于10cm深的播种沟内再行播种。也可用10.5%阿维菌素·噻唑膦颗粒剂按2～2.5kg/667m$^2$，或10%噻唑膦颗粒剂按2～2.5kg/667m$^2$，或500亿/g淡紫拟青霉按0.5～1kg/667m$^2$，拌干土30kg，均匀撒施于10cm深的播种沟内再行播种。

重茬地土壤中南方根结线虫密度大，可用下列措施进行防治。

（1）山药地耕翻前用5%阿维菌素B$_2$水分散剂1kg/667m$^2$与有机肥混合均匀施于表土后翻耕漫灌，定植前用5%阿维菌素B$_2$乳油800倍液浸种10min；定植时用5%阿维菌素B$_2$乳油1kg/667m$^2$随水冲施；山药地下茎生长前期用5%阿维菌素B$_2$乳油2L/667m$^2$随水冲施，防治效果可达86.9%，增产高达47.2%。

（2）70%甲基硫菌灵乳油500倍液浸种10min，播种时每667m$^2$撒施强力生根剂4～12kg，土表喷施30%噁霉灵水剂0.2～0.6kg/667m$^2$，翻耕后播种；山药块茎生长期每667m$^2$用0.3%苦参碱水溶液2L稀释后灌根。

（3）采用98%棉隆微粒剂，沟施40kg/667m$^2$，盖膜密闭处理20天，充分散气15天后再行种植。

### 3.5 山药根腐线虫病

#### 3.5.1 分布与为害

山药根腐线虫病又称红斑病、黑斑病，系由短体线虫（*Pratylenchu* spp.）侵染所致的一种病害。全球短体线虫属共有 88 个种、38 个亚种，我国有 10 多个种，其中咖啡短体线虫、穿刺短体线虫和薯蓣短体线虫是为害山药最主要的三种线虫。咖啡短体线虫国外分布于澳大利亚、美国、巴西、波多黎各、尼日利亚、乌干达和日本等国，国内分布于广西、江西、江苏、安徽、河南、山东、山西、河北和甘肃等省（区）；薯蓣短体线虫国内分布于云南、江苏、安徽、福建、河南、河北、山西、陕西等省；穿刺短体线虫国外分布于美国、加拿大和欧洲部分国家，国内分布于江苏、山东等地。

短体线虫是我国南北山药产区重要病原线虫，不但直接为害造成山药减产，而且由于线虫的为害造成大量伤口，为其他病原菌的侵入造成有利条件，引起更大的经济损失。近年来，随着山药种植面积不断扩大，线虫为害日趋严重，特别是重茬山药地为害更为严重。长江流域以北山药产区短体线虫为害，病株率一般为 30%～80%，严重的地块病株率高达 100%，一般减产 20%～30%，如河北保定地区，短体线虫猖獗为害，重茬山药地减产 40%～50%，局部地块甚至绝产；山西平遥一般减产 20%～30%，严重感病地块减产 60% 以上；江苏沛县病株率 30%～80%，严重的高达 100%，减产 30% 以上；广西是我国南方短体线虫为害山药的重灾区，广西桂平、平乐等县山药块茎线虫密度高达 704 头/cm²，减产 30% 以上。

咖啡短体线虫除为害山药外，还能侵染玉米、高粱、燕麦、甘薯、菜豆、豌豆、甘蓝、花椰菜、洋葱、番茄、黄瓜、黄豆、茄子、桃树、梨树、核桃、咖啡、西洋参等作物，还能侵染牛筋草、狗尾草等杂草。该线虫对不同寄主植物的嗜好性不尽相同，最适寄主有玉米和黄瓜，在这两种寄主上的繁殖系数最高，分别为 3.86 和 2.2；其次为牛筋草、小麦和番茄，繁殖系数分别为 1.58、1.43 和 1.17；金色狗尾草、大豆和马齿苋不能满足线虫生长发育对营养的需求、繁殖系数最低，分别只有 0.85、0.43 和 0.35。

穿刺短体线虫除为害山药外，还侵染多种禾本科作物和蔬菜、马铃薯、烟草、樱桃、桃树、水仙、蔷薇等 39 多种作物和杂草。

薯蓣短体线虫仅为害山药。

#### 3.5.2 症状

##### 3.5.2.1 咖啡短体线虫为害症状

山药从播种至收获前整个生长期间均可遭受咖啡短体线虫的侵染，山药生长前期，线虫主要为害种薯、幼芽、幼根和地下茎。种薯和幼芽受害后，严重的可导致种薯腐烂和烂芽，造成缺苗断垄，甚至重新播种；主根受害，首先在被害处出现水渍状暗色病斑，其后被害处变为褐色缢缩，导致根系发育不良，由于根系受害，影响水分、养分的吸收和运送，致使植株营养不良，发育受阻，植株矮小，叶片变小，严重时植株蔓叶变黄、甚至提前枯死；地下茎受害呈现黑褐色不规则形病斑，病斑深达木质部。山药生长后期，线虫主要侵染山药块茎，一般块茎下部发病重于中上部。受害块茎初期呈现浅黄色小点，后变为近圆形或不规则形稍凹陷的褐色病斑，病斑大小为 2～4mm。感病严重的块茎病斑密集，相互愈合形成黑褐色斑块，病斑上有很多纵向裂纹。切开病茎，纵切面有深 2～4cm 褐色海绵状的黏液病组织，由深褐色变为黄褐色。感病严重的块茎呈瘤状，干枯腐烂，散发出腐烂臭味。

#### 3.5.2.2 薯蓣短体线虫为害症状

薯蓣短体线虫主要为害山药块茎，从播种至收获均可遭受线虫的为害。发病初期，山药地上部藤蔓叶片颜色偏淡，植株矮化；感病块茎在其上形成红褐色、近圆形或不规则形稍凹陷的斑点，单个斑点较小，直径 2～4mm；发病中期，山药地上部藤蔓叶片褪绿发黄，地下块茎病斑呈椭圆形深褐色，后变为不规则黑色病斑；发病后期，植株整株枯死，感病严重的块茎，病斑密集，相互愈合形成大的暗褐色斑块，表面有细龟纹，病斑深 1～3mm，最深达 1cm 以上，病组织褐色干腐、表皮干裂，刮去表皮后，显露出鲜艳的红褐色病斑。

#### 3.5.2.3 穿刺短体线虫为害症状

穿刺短体线虫主要为害山药块茎的上中部。生长期感病块茎表皮组织先出现圆形、椭圆形褐色小斑点，逐渐扩展成不规则大斑。受害组织初为红褐色，后变为褐色腐烂，病斑凹陷，严重时病斑绕茎一周，水分、养分输送受阻，藤蔓迅速枯萎死亡。土壤湿度大时，病组织被腐生菌侵染，加剧块茎腐烂。病轻时块茎表皮呈现褐色坏死斑点。块茎贮藏期条件适宜时病斑继续扩展造成严重腐烂，后期病组织失水干缩、表皮龟裂，剥去表皮后可见大小不一的凹斑。

### 3.5.3 病原线虫形态特征

为害山药的病原线虫隶属于垫刃目、短体线虫科、短体线虫属的咖啡短体线虫 [*Pratylenchus coffeae* (Zimmerman) Filipjev]、穿刺短体线虫 [*P. penetrans* (Coob) Filipjev] 和薯蓣短体线虫 [*P. dioscorea* Yang et Zhao] 三种线虫侵染所致。

#### 3.5.3.1 咖啡短体线虫

雌虫：雌虫体粗短，蠕虫形。体长 655.58～792.38μm，体宽 25～40μm。体环纹明显，侧区有 4～6 条侧线，个别个体中部有侧线 8 条，侧线分布均匀，有间断或分支。头部较高，有两个环纹，与身体连接处明显缢缩。口针粗短，长 14.53～31.60μm，口针基部球形，口针锥长 5.85～7.8μm。背食道腺开口距口针基部球的距离为 2.70～6.45μm。排泄孔在食道与肠交界附近，距离头顶部 82.5～120μm。中食道球形，比较发达，约占相应身体部位宽度的 1/2，峡部较短。排泄孔在食道与肠交界处后方，排泄孔前方呈半月形。食道腺末端从腹面覆盖肠的前端。阴门突起如唇状，阴门直径是阴门处体宽的 1/4～1/3。阴门与肛门之间的距离为 85～127.5μm。受精囊明显，圆形，少数为椭圆形。后阴子宫囊退化。肛门处体宽 15～25μm，尾亚圆筒状或圆锥状、末端宽圆，有的个体有一缺刻，尾末端钝圆。

雄虫：雄虫体型较小，体长 502.15～658.87μm，侧区有 4～6 条侧线，偶有 8 条侧线。口针粗壮，长 14.17～29.32μm，口针基部球形，口针锥长 6.0～9.84μm，背食道腺开口距口针基部球的距离为 2.59～9.61μm。食道线覆盖肠 12.5～47.5μm。排泄孔距离头顶 65.0 ~ 87.5μm。中食道比较发达，卵形，宽度约为其相应身体部位的 1/2，峡部较短。排泄孔在食道与肠交界处后方，距离头顶 63.03 ~ 89.14μm。排泄孔前方呈半月形。食道腺的末端从腹面覆盖肠的前端。生殖管一条，前伸，长 140 ~ 210μm。尾长 25.0 ~ 47.23μm。交合刺细长，弯曲成弓状，末端尖，长 15.0 ~ 20.6μm，弓带长 4.3 ~ 5.9μm。尾长 27.5 ~ 37.5μm，交合伞发达包至尾端。

### 3.5.3.2 薯蓣短体线虫

体平均长度 695.5μm，口针平均长度 18.3μm，头部具两个环纹，侧带处有 6 ~ 8 条侧线，尾部指状，尾端通常平滑，雌虫受精囊大而圆。

### 3.5.3.3 穿刺短体线虫

雌雄体同型，雌虫体长 438 ~ 621μm，平均 626.6μm，体长/体宽 22 ~ 28，体长/头顶至食道与肠连接处 5.4 ~ 7.0，平均 5.8，体长/尾长 17.2 ~ 20.5，平均 18.76，尾长/肛门处体宽 1.8 ~ 2.6，平均 1.9，交合刺长 16.9μm。体圆筒形，中等大小。虫体前端至阴门处体宽几乎相同，尾部稍窄。唇区体稍变窄，无缢缩，前端平。口针粗壮，长 18μm。基部球宽、大、圆形，背食道腺管开口于基部球下约 3.5μm 处。中食道球圆，中等大小，峡部细长，食道腺呈耳状覆盖于肠前端的侧腹及背面，但覆盖面较长。排泄孔位于中食道球后约一个中食道球处。阴门横裂。卵巢 1 个，前伸，延伸至体中部，前端卵圆、细胞双行排列。受精囊圆形，后子宫囊长约与体宽相等。肛阴距为尾长的 3 倍左右（2.3 ~ 3.2 倍）。尾圆筒形，末端变化较大，一般为圆形，稍不对称或平截。尾长一般为肛径的 2 倍左右。尾部环纹明显，腹环 15 ~ 20 环，环纹不围绕末端。

## 3.5.4 生物学特征

### 3.5.4.1 咖啡短体线虫

咖啡短体线虫为迁移性、内寄生线虫，幼虫和成虫均可自由进入寄主组织和土壤中。雌虫产卵于山药根系和块茎内。1 龄幼虫和第一次脱皮均在卵内进行，孵出的 2 龄幼虫为侵染性幼虫。在土壤中活动，遇到寄主植物后，用针穿刺山药根系和块茎细胞或从皮层细胞间侵入。为害根系时主要集中在皮层，木质部和髓部不被侵染；在块茎上为害比较浅，多集中在 3mm 以内皮层内为害。发病严重的地块，整个块茎均可受害，发病轻的块茎，线虫多集中在从顶芽到 20cm 以内块茎上为害。每个为害处一般有 1 ~ 4 条线虫。

咖啡短体线虫生长发育受温度影响较大，在 15 ~ 30℃ 范围内，卵期随温度提高而缩短，在 15℃、20℃、25℃、28℃ 和 30℃ 五种温度下，卵期分别为 26.3 天、16.8 天、8.3 天、7.6 天和 8.4 天，25 ~ 30℃ 最有利于胚胎发育，卵期最短，只有 7.6 ~ 8.4 天，温度低于 10℃，胚胎发育受到抑制，卵历期明显延长，温度高于 35℃，卵不能完成发育而死于胚胎期。

在 25℃ 下，完成 1 代需 23 ~ 28 天，其中卵至 1 龄幼虫 7.5 ~ 9.0 天，2 龄幼虫 12 ~ 15 天，3 龄幼虫 1 ~ 5 天，4 龄幼虫 2 ~ 5 天。成虫经 2 ~ 6 天才开始产卵。在 16℃ 和 20℃ 较低温度下，完成 1 代分别为 40.5 天和 35.15 天，30℃ 高温对线虫生长发育有一定抑制作用，完成 1 代需 30.5 天，略长于 25℃ 下所需的时间。

咖啡短体线虫在土壤中垂直分布随土壤深度增加而逐渐递减；最深 80cm 土层中仍有

线虫分布，河北 10 月下旬调查，0～20cm 土层中每克土壤有线虫 8 448 头，21～40cm 土层中每克土壤有线虫 3 422 头，41～60cm 土层中每克土壤有线虫 800 头，41～80cm 土层中每克土壤有线虫 400～500 头。

### 3.5.4.2　薯蓣短体线虫

薯蓣短体线虫在闽西北山区一年发生 2 代，河北安国田间调查一年发生 2 代，世代重叠，田间同一时期卵、幼虫和成虫并存。在北京人工饲养条件下，一年发生 2 代，幼虫在 6 月上旬末和 7 月上旬末出现两个数量高峰，完成 1 代 40 天左右。

闽西北山区和河北安国，一般在 6 月上旬山药块茎膨大时，线虫即开始侵染，其后整个生长期内，都可不断侵染块茎。山药块茎发病率随时间的推移不断增加，河北安国 5 月底未见发病，6 月病株率 10%～30%，病情指数 1.0～2.5；7 月和 8 月病害进一步发展蔓延，发病率分别为 20%～30% 和 40%～50%，病情指数分别为 1.5～2.0 和 3.5～7.5；9 月和 10 月达到发病高峰，病株率分别为 60%～70% 和 80%，病情指数分别为 11.5～15.5 和 16.5。山药收获后贮藏期间，如温湿条件适宜，病害继续发展蔓延，发病部位逐渐失水，表皮裂开。

薯蓣短体线虫在土壤中能存活 2～3 年，在土壤中活动范围可深达 40cm 土层深处，一般以 0～20cm 土层中线虫数量最多。山药块茎从底端 40cm 处均可被侵染而感病，但由于侵染的线虫数量少，病斑相应较少，一般以 0～20cm 块茎被线虫侵染机会多，病斑也最多。

## 3.5.5　病害循环

山药短体线虫以卵、幼虫和成虫在感病山药块茎、病残体和土壤中越冬，其中薯蓣短体线虫可在土壤中存活 3 年以上。翌年春天温度回升后，越冬幼虫和成虫开始活动，越冬卵开始孵化，山药播种出苗后，成虫和幼虫通过口针穿刺山药根系和块茎的细胞或在细胞之间侵入根系和块茎。新块茎形成后，则主要集中为害块茎，反复侵染，导致山药线虫根腐病的大流行。短体线虫远距离传播随感病种茎调运而传播。

## 3.5.6　发生与环境条件的关系

### 3.5.6.1　咖啡短体线虫

（1）温度对卵孵化的影响。咖啡短体线虫卵孵化率高低因温度而异，在 15～28℃ 范围内，随温度的提高孵化率相应增加。在 15℃、20℃、25℃ 和 28℃ 下，孵化率分别为 10.51%、46.08%、88.92% 和 92.34%，温度升至 30℃ 时，孵化率明显下降，只有 32.65%。25～28℃ 下，最有利于卵的孵化。低温不利于胚胎发育，对卵孵化有较大的影响，而且随着低温时间延长，孵化率明显下降，4℃ 低温下（下同），持续 5 天，孵化率可达 83.94%，持续 10 天、15 天、20 天、25 天和 30 天，孵化率分别只有 77.84%、32.84%、22.02%、21.67% 和 19.18%。

（2）温度对繁殖的影响。温度高低对线虫繁殖有明显的影响，最有利于线虫繁殖的温度为 25℃，在该温度下培养线虫 56 天，繁殖系数高达 320.1，较低的温度（20℃）和较高的温度（30℃），均不利于线虫的繁殖，培养线虫 56 天后繁殖系数分别只有 54.4 和

175.3，温度低于17℃，线虫不能产卵，繁殖系数为0。

（3）温度对线虫存活的影响。在一定温度范围内，线虫对低温和高温有一定的忍耐能力，在0℃下经历2.5h，存活率高达81.3%，温度低于–5℃时经历2.5h，死亡率高达100%；温度上升至35℃经历2.5h，存活率高达67.2%，在40℃高温下经历1.5h和2.5h，存活率分别为39.02%和24.30%。咖啡短体线虫对高温的忍耐能力高于对低温的忍耐能力，40℃高温下存活率仍然较高。

（4）土壤含水量对线虫存活的影响。咖啡短体线虫卵、幼虫和成虫均生活在土壤中，土壤含水量高低对线虫存活有明显的影响，土壤含水量在12.5%和25.0%时，幼虫存活率最高，分别为88.0%和90.0%，土壤含水量下降至5.0%时，不利于线虫存活，存活率下降至72.0%，土壤含水量进一步下降至3.13%时，线虫存活率降至最低点，只有35.3%。土壤干旱不利于线虫生长发育和繁殖，死亡率明显增高，存活率明显下降。

（5）紫外线对线虫存活的影响。咖啡短体线虫对紫外线十分敏感，存活率随紫外线照射时间延长而降低，紫外线照射2min、4min、6min和10min时，存活率分别为90.3%、63.3%、42.3%和15.3%。

（6）与连作的关系。山药长期连作，土壤中线虫数量随连作年限的延长而逐年增加，病害亦逐年加重，山药连作1年、2年和3年，发病率分别为30%、70%和100%。

### 3.5.6.2 薯蓣短体线虫

（1）与温度、降雨量的关系。薯蓣短体线虫生长发育最适温度为24℃左右，山药生长期内温度基本能满足线虫生长发育和繁殖的要求，为害程度取决于降雨量，降雨较多，土壤湿度大，有利于线虫的生长发育、繁殖和侵染，发病重，反之，降雨少、干旱的年份，不利于线虫种群数量增长，发病轻。如闽西北山区的明溪等地，2003年和2004年连续两年干旱，6—7月降雨量比常年同期少61%～86%，薯蓣短体线虫病发生轻。

（2）与连作的关系。山药长期连作，土壤中积累大量短体线虫，有利于线虫的侵染，发病重。据河北保定调查，连续重茬种植山药，每年发病率均在95%以上，土壤中线虫数量及病情指数随重茬年限的延长呈逐年增加的趋势。倒茬种植北沙参，随倒茬年限增加，土壤中线虫数量及山药发病率和病情指数均呈逐年递减的趋势。

（3）与带病种薯的关系。河北保定试验结果表明，用带病种薯播种的发病率为88%，病情指数15.5，而且种薯感病越重，发病越重，重病种薯播种的，缺苗率高达32.0%，发病率91.7%，病情指数39.0，比无病种薯种植的减产53.6%；轻病种薯播种的缺苗率仅6.0%，发病率76.6%，病情指数27.7，比无病种薯种植仅减产8.9%；无病种薯播种的不发病。用圆豆（株芽、零余子）播种的亦不发病。

### 3.5.7 防治方法

#### 3.5.7.1 农业防治

（1）建立无病繁殖田、培育无病块茎种薯。选用生荒地或从未种植山药以及根腐线虫其他寄主作物的地块作繁殖田，培育无病种薯，做到统一繁殖、统一供种，可明显降低发病率，减轻为害。江苏沛县经验，用无病种薯，田间发病率为0～17%，而没有选种的，田间发病率高达60%～100%。

（2）搞好选种。①每年秋冬季节选择纯正、无病、健壮种薯（底部钝圆、颈部粗壮、毛孔稀疏）作种，忌用毛孔外露、颈部细长、底部尖细的多代退化块茎作种薯；②因地制宜选用高产、稳产、质优、抗（耐）病品种，通常毛山药较抗病，发病率和病情指数低，花籽山药最感病，应予淘汰。

（3）实行轮作。土壤中越冬的线虫是翌年重要的初次侵染源，合理轮作能明显降低发病率。水旱轮作效果最好，无条件实行水旱轮作的，山药可与根腐线虫非寄主作物如小麦、玉米、棉花、苋菜、北沙参、白术、板蓝根、西瓜等作物轮作，轮作年限 3 年以上。

（4）清洁田园。山药收获后及时清除田间病薯等病残体，并集中沤肥或深埋，减少根腐线虫在土壤中的越冬基数。

（5）处理种薯。山药播种前处理种薯，消灭在种薯上越冬线虫。处理种薯的方法是温水浸种。山药播种前将种用块茎在太阳下晒 1~2 天，然后置于 50~55℃ 温水中浸泡 10min，并上下翻动 1~2 次，使山药块茎受热均匀，捞起晾干，抢晴播种。

（6）优化栽培技术。种植山药田块应选择地势高燥、排灌方便、肥沃疏松的无病菌污染的沙质土壤，并进行冬前翻耕，冬冻春晒；深沟高畦种植；雨季搞好清沟排水，防止田间积水；施足基肥，适时增施磷钾肥。播种前施充分腐熟饼肥 250kg/667m²，优质三元复合肥 50kg/667m²，促进山药健壮生长，提高抗病能力；山药分枝盛期及时追肥 1 次，施尿素 8~10kg/667m²；提倡地膜覆盖栽培，促使山药早出苗、快出苗，提早块茎膨大期，错开易感线虫的结薯初期，减轻病害发生。

（7）打洞栽培或套管栽培。据江苏沛县经验，打洞栽培山药，根腐线虫病发生少，发病轻，病情指数仅为 12.22，相对防效达 77.3%；而常规方法栽培山药发病重，病情指数高达 53.8。同时打洞栽培的山药中后期藤蔓生长健壮，叶部和根部病害相对较少，山药块茎生长粗壮，表面光滑、外形圆直，既增产又能提高块茎商品率。打洞栽培具体方法是机械开沟后在沟垄上开一条 8~10cm 的沟，再用直径 15cm 的锥打深 150~155cm 的洞，洞距 25~30cm，然后播种催好芽的山药种茎，并在洞上覆盖 8~10cm 的细土盖膜。

（8）适时收获。据江苏沛县经验，山药在 9 月底以前收获，山药根腐线虫病较之以后收获的明显较轻，10 月初以后收获的随着收获时间的推迟，病害发生和为害越重。

### 3.5.7.2　化学防治

（1）处理种薯。山药播种前药剂浸种，消灭在种薯上越冬线虫。常用药剂有 10% 噻唑膦颗粒剂 50~100 倍液浸种 20min、50% 辛硫磷乳油 1 000 倍液浸种 24h，浸种期间翻动 2~3 次，捞出后在种茎切口处蘸上石灰粉，晾干后播种。

（2）药剂处理土壤和药剂灌根。常用的药剂处理土壤杀线虫剂有 10.5% 阿维菌素·噻唑膦颗粒剂 2kg/667m²，或 10% 噻唑膦颗粒剂 2~2.5kg/667m²，或 500 亿/g 淡紫拟青霉按 0.5~1kg/667m²。上述药剂任选一种拌细土 50~100kg，拌匀后将毒土撒施于播种沟内，使毒土均匀分布于深 30cm 土层中，杀灭土壤中的根腐线虫。或用 42% 威百亩水剂 50kg/667m² 密闭处理至少 10 天，散气 7 天后再行播种。也可用 100kg/667m² 生石灰撒施于播种沟内消毒杀虫。

药剂灌根。可用 41.7% 氟吡菌酰胺悬浮剂 100~150mL/667m²、20% 噻唑膦水乳剂

750~1 000mL/667m²。上述药剂任选一种对水 150~200kg，于山药块茎膨大初期浇施于山药根茎部，防效高达90%以上。

## 参考文献

曹坳程，郭美霞. 2002. 土壤根结线虫防治技术［J］. 中国蔬菜（6）：60-61.

曹素芳，邹雅新，马娟，等. 2009. 热水处理对薯蓣红斑病病原——咖啡短体线虫的影响［J］. 植物保护，35（2）：128-130.

陈经定，莫小平. 2009. 山药炭疽病的发生特点与防治技术初探［J］. 浙江农业科学（1）：160-161.

陈立杰，魏峰，陈井生，等. 2009. 土壤温湿度对南方根结线虫侵染能力的影响［J］. 湖北农业科学，48（6）：1375-1376.

陈书龙，李秀花，马娟. 2006. 河北省根结线虫发生种类与分布［J］. 华北农学报，21（4）：91-94.

陈阳，林永胜，马丽娜. 2018. 德化县山药炭疽病药剂防治技术研究［J］. 福建农业科技（2）：27-29.

程永，高德良，苗建强，等. 2011. 山东省植物根结线虫鉴定、危害植物种类及药剂敏感性检测［J］. 植物保护学报，38（5）：462-465.

褚福林. 1996. 甘薯茎线虫病综合防治技术［J］. 江西农业科技（6）：33.

崔慕华，孙敦恒，蒋显龙，等. 2005. 苦参碱灌根防治山药根结线虫病效果初报［J］. 长江蔬菜（12）：30.

戴率善，王炜，侯本民，等. 2005. 山药、牛蒡根结线虫病的发生规律及控制技术［J］. 中国植保导刊，25（5）：18-20.

戴素明，成新跃，肖启明，等. 2006. 线虫耐寒性研究进展［J］. 生态学报，26（11）：3885-3890.

董文芳，刘廷辉，贾海民，等. 2017. 3种药剂对山药短体线虫病的田间防治效果［J］. 河北农业科学，21（1）：46-48，52.

董文芳. 2015. 山药短体线虫病病原种类鉴定、田间发生动态及其化学防治研究［D］. 保定：河北农业大学.

杜广平，童淑媛. 2011. 黑龙江寒地山药斑纹病的为害及防治［J］. 植物医生，24（3）：33-34.

杜小兵，钟文豪，潘庆军. 2018. 山药枯萎病防治试验初探［J］. 基层农技推广（7）：46-47.

方丽，刘炜钦，郑小南，等. 2018. 糯米山药炭疽病的发生规律与侵染特性［J］. 浙江农业科学，59（2）：293-295.

郭学君，杨力. 2003. 雅安山药炭疽病及综合防治技术研究［J］. 长江蔬菜（12）：260.

何元，潘沧桑. 2000. 南方根结线虫和爪哇根结线虫的发育［J］. 厦门大学学报：自然科学版，39（4）：537-546.

贺哲，黄婷，李俊科，等. 2016. 瑞昌山药根腐线虫病病原鉴定［J］. 江西农业大学学报，38（5）：879-893.

洪波，张锋，李英梅，等．2014．基于 GIS 的南方根结线虫在陕西省越冬区划分析 [J]．生态学报，34 (16)：4604 - 4611．

黄报应，黄开航，张毅平，等．2014．桂南地区淮山药褐斑病的发生与防治 [J]．现代农业科技 (10)：144 - 145．

黄金玲，陆秀红，高淋淋，等．2015．广西淮山根腐线虫病病原鉴定 [J]．南方农业学报，46 (11)：1990 - 1993．

黄文华，封文雅．2017．山药线虫病的研究进展 [J]．绿色科技，(3)：154 - 156，159

黄文华，高学彪，吕继宏．1994．山药根腐线虫病的病原鉴定和致病性研究 [J]．华南农业大学学报，15 (3)：35 - 38．

黄文华，贾兴军，胡明立，等．1990．山药块茎黑斑病及其综合防治技术 [J]．江苏农业科学 (2)：46 - 47．

黄秀丽，张艳秋．2005．黄淮地区山药炭疽病发生及无公害防治技术 [J]．安徽农业科学，33 (2)：280．

黄云，王洪波，李庆，等．2004．山药炭疽病研究——Ⅰ炭疽病的症状及其病原鉴定 [J]．西南农业大学学报：自然科学版，26 (1)：44 - 46，54．

黄祖旬，黄小龙，吴文蔷，等．2013．海南紫山药枯萎病病原菌的分离鉴定及抑菌药剂筛选 [J]．江苏农业科学，41 (12)：121 - 123．

贾海民，鹿秀云，陈丹，等．2011．麻山药根腐病发生规律及其防治技术 [J]．北方园艺 (1)：159 - 160．

姜存炎，刘尚友，李豫富．2007．山药炭疽病发生特点及防治策略 [J]．湖北植保 (5)：18 - 19．

蒋军喜，李诚，宋水林．2012．江西瑞昌山药炭疽病菌的形态及分子鉴定 [J]．生物灾害科学，35 (1)：37 - 39．

郎德山，马兴云，李建永．2014．山药根茎腐病的发生原因及防治措施 [J]．长江蔬菜 (1)：50 - 51．

梁魁景．2011．5 种杀菌剂防治山药炭疽病的效果 [J]．河南农业科学，40 (6)：94 - 96．

廖玉平，杨成凤，田世清，等．2012．山药栽培及病虫害防治技术 [J]．中国园艺文摘 (2)：143 - 145．

廖月华，陈须文，黄文生，等．1996．蔬菜根结线虫病发生规律研究 [J]．江西农业大学学报，18 (1)：101 - 105．

林永康．1998．福建沙县山药炭疽病病原鉴定及其防治 [J]．亚热带植物通讯，27 (2)：30 - 33．

刘晨，李英梅，陈志杰．2016．南方根结线虫耐寒性研究进展 [J]．陕西农业科学，62 (7)：98 - 100．

刘廷辉，贾海民，李瑞军，等．2017．6 种药剂对山药种薯短体线虫的防治效果 [J]．农药，56 (6)：450 - 452，456．

刘永清．2005．山药炭疽病病原鉴定及其药剂筛选研究 [J]．安徽农业科学，33 (12)：2327，2339．

马代夫，李洪民，谢逸萍，等．1997．甘薯抗茎线虫病品种的选育 [J]．作物杂志 (2)：

15 – 16.

马田田，杨兴明，沈其荣，等．2013．生物有机肥对防治山药根茎腐病和促进山药生长的研究［J］．土壤，45（2）：301 – 305．

沈丽淘，李平，王学贵，等．2012．山药根腐病菌（*Fusarium solani*）的生物学特性［J］．四川农业大学学报，30（3）：313 – 318．

沈丽淘．2012．山药根腐病的病原学及防治药剂筛选研究［D］．成都：四川农业大学．

石鸿文，谢风超．2003．山药根结线虫病综合防治技术［J］．河南农业科学（3）：42．

舒锐，焦健，姚甜甜，等．2015．常用杀菌剂防治山药斑纹病药效试验［J］．生物灾害科学，38（1）：46 – 48．

孙敦恒，孙启善，刘文秀，等．2002．药剂灌根防治山药枯萎病的研究［J］．中国农学通报，18（2）：64 – 65．

孙厚俊，梁家荣，张凤海．2010．山药根结线虫病的发生规律与综合防治技术［J］．中国园艺文摘（2）：152 – 153．

田福进，焦英华，王亚琴．2003．山药根结线虫病病原的观察［J］．当代生态农业（Z1）：103 – 104．

王道文．1985．山药（*Dioscorea opposita*）根结线虫病［J］．河南农业大学学报，19（4）：436 – 437．

王飞，刘红彦，鲁传涛，等．2005．山药白涩病无公害防治药剂筛选［C］//河南省植保学会第八次、河南省昆虫学会第七次、河南省植病学会第二次会员代表大会暨学术讨论会论文集：122 – 125．

王洪波，黄云，杨群芳．2004．山药炭疽病研究——Ⅱ病原菌的生物学特性［J］．西南农业大学学报：自然科学版，26（3）：352 – 356．

王诗军，田福进，田凤环，等．2004．山药褐斑病的发生特点与防治方法［J］．中国植保导刊，24（3）：42 – 43．

王智，鲁传涛，刘红彦，等．2004．山药品种资源白涩病抗性鉴定［J］．河南农业科学（6）：63 – 65．

肖连明，陈育斌．2005．闽西北山区薯蓣短体线虫病的发生与防治［C］//中国植物保护学会第九届会员代表大会暨2005年学术年会：934 – 935．

熊军，覃维治，黄报应，等．2016．栽培管理措施对桂南地区淮山药炭疽病发生的影响［J］．广东农业科学（2）：94 – 97．

闫爱华．2006．薯蓣红斑病病原线虫种类鉴定及其生物学特性研究［D］．保定：河北农业大学．

杨宝君，赵来顺．1990．短体属一新种——薯蓣短体线虫 *Pratylenchus dioscoreae* n. sp. 鉴定简报［J］．河北农业大学学报，13（2）：118．

杨宝君．1984．十五种根结线虫病害的病原鉴定［J］．植物病理学报，14（2）：107 – 111．

杨苗苗，陈志杰，李英梅，等．2015．南方根结线虫低温适应性研究进展［J］．陕西农业科学，61（11）：85 – 87．

易龙，肖崇刚，杨水英，等．2005．重庆盾叶薯蓣茎腐病发生严重［J］．植物保护，31

(6): 96.

袁庆.2010.打洞栽培对山药线虫病防治效果研究 [J].吉林蔬菜(63): 74-75.

臧少先,安信伯,齐巧丽,等.2005.薯蓣短体线虫发生特点及防治技术研究 [J].中国农学通报,21(8): 361-365.

张广民,高士仁,国庆合.1991.山药新病害——山药根腐线虫病 [J].植物保护,17(3): 500.

张海燕,解备涛,董顺旭,等.2015.药剂处理对重茬山药病害的防治效果 [J].山东农业科学,47(10): 79-82.

张联顺,张艳璇,叶少荫.1995.建阳发现新病害——山药块茎黑斑病 [J].福建农业科技(2): 11.

张胜博,暴连群,蔡晓瑞,等.2018.阿维菌素 $B_2$ 防治铁棍山药根结线虫病药效研究 [J].现代农业科学(1): 99-100,104.

张帅,刘颖超,杨太新.2013.不同杀菌剂对祁山药炭疽病菌室内毒力及田间药效 [J].农药,52(2): 142-144.

张雪梅.2006.沛县山药根结线虫病的发生与综合防治技术 [J].吉林蔬菜(5): 25.

张艳秋,凤舞剑,张朝伦.2006.山药根结线虫病及其综合防治技术 [J].现代农业科学(11): 9-11.

赵来顺,杨宝君,杨文博.1991.薯蓣的一种新病害——红斑病研究简报 [J].植物病理学报,21(3): 234.

赵来顺,杨宝君,杨文博.1995.薯蓣红斑病研究简报 [J].河北农业大学学报,18(2): 109.

赵时峰,孙丽新.2006.山药根结线虫病的发生规律及防治技术 [J].植物医生,中国瓜菜(4): 37-38.

赵志祥,陈圆,肖敏,等.2013.几种杀菌剂对薯蓣茎腐病菌的室内毒力测定 [J].湖南农业大学学报,39(1): 67-69,73.

朱桂宁,蔡健和,胡春锦,等.2007.广西山药炭疽病病原菌的鉴定与 ITS 序列分析 [J].植物病理学报,37(6): 572-577.

朱业斌,吴小光,辛海文,等.2016.万载县有机紫山药主要病虫害发生特点及综合防控关键技术 [J].北方园艺(21): 206-208.

祝海燕,李婷婷.2017.山药黑皮病发生的原因及防治措施 [J].中国瓜菜,30(11): 63-64.

下　篇
薯类作物虫害及其防治

# 第 4 章　马铃薯虫害

## 4.1　马铃薯块茎蛾

### 4.1.1　分布与为害

马铃薯块茎蛾 ［*Phthorimaea operculella*（Zeller）］，异名 *Gnorimoschema percullella*（Zeller），又称马铃薯麦蛾、马铃薯蛀虫、烟潜叶蛾、番茄潜叶蛾，属鳞翅目麦蛾科。该虫原产于中美洲和南美洲，1854 年澳洲首次报道块茎蛾为害马铃薯，目前马铃薯块茎蛾广泛分布于北美洲、中美洲、南美洲、澳洲、非洲以及欧洲、亚洲南部等 90 多个国家。亚洲主要分布于中国、日本、缅甸、印度、巴基斯坦、马来西亚、印度尼西亚等国。国内分布于贵州、云南、四川、重庆、广东、广西、江西、湖南、湖北、甘肃、山西、陕西、西藏和台湾等省（区、市），马铃薯块茎蛾国内地理分布属偏南方种类，北界达北纬 37°的山西石楼，西迄甘肃舟曲、西藏昌都。

马铃薯块茎蛾是一种世界性马铃薯等农作物的大害虫，幼虫严重为害田间和贮藏期马铃薯。田间幼虫为害马铃薯茎、叶片、嫩尖和叶芽，被害嫩尖和叶芽往往枯死；幼苗受害严重时也会导致全株枯死；幼虫潜藏于叶片内蛀食叶肉，仅留上下表皮，呈半透明状；贮藏期幼虫啃食薯块，幼虫在块茎内蛀食造成弯曲的隧道，严重时整个薯块被蛀食一空，导致薯块干皱霉烂，失去食用价值。国外由于马铃薯块茎蛾的为害，马铃薯减产可达 20% ~ 30%，贮藏期为害率高达 100%，损失率 10% ~ 20%；我国湖北保康县1977—1980 年大面积调查，薯块被害率 70.5%，百薯虫量最多 436 头，一般 150 头左右。幼虫蛀食薯块过程中，排出大量虫粪堆积薯块表面，导致薯块皱缩、腐烂，严重影响薯块商品率，造成巨大经济损失。

马铃薯块茎蛾除为害马铃薯外，还严重为害烟草、茄子、番茄、辣椒、枸杞等农作物，野生寄主植物有刺蓟、曼陀罗、龙葵、酸浆、颠茄、洋金花、莨菪等。

### 4.1.2　形态特征

成虫。体长 6.5 ~ 8mm，翅展 14 ~ 16mm。全体灰褐色，略带灰色光泽。触角丝状，下唇须 3 节，向上弯曲超过头顶，第 1 节短小，第 2 节下方被有浓密刷状鳞片，第 3 节长度接近第 2 节，尖细、纺锤形。前翅狭长、黄褐色至灰褐色，翅尖略向下弯，臀角钝圆，前缘及翅尖色较深，翅中部有 3 ~ 4 个黑褐色斑点。雌蛾前翅后缘（臀域）有一明显的黑褐色条斑，停息时两翅上的条斑合并成长条斑；雄蛾前翅后缘（臀域）无黑条斑，仅有4 个不明显的黑褐色斑点，两翅合并时不形成长斑纹。后翅烟灰色，翅尖突出，缘毛长。

雄蛾后翅前缘基部有 1 束长毛，翅僵 1 根，雌蛾翅僵 3 根。雄蛾腹部第 7、第 8 节前缘内侧背方各有 1 丛横向白色长毛，毛丛尖端向内弯曲。

卵。椭圆形，长约 0.5mm，表面无明显刻纹。初产时乳白色略透明、具白色光泽，其后逐渐变为黑褐色、略带蓝色光泽。

幼虫。幼虫共 4 龄。老熟幼虫体长 12mm 左右，体宽 1.0~2.7mm。低龄幼虫头及前胸盾淡黑色，胸部淡黄色，其余部分大体白色或淡黄色，背面粉红色或棕色，体色因食料不同而有一定差异。老熟雄幼虫腹部背面可透见睾丸一对。腹足趾钩排列为双序环，尾足趾钩排列则为双序横带。

蛹。体长 5~7mm，宽 1.2~2.0mm，圆锥形。刚化蛹呈淡绿色，发育前期淡黄色，发育中期棕黄色，发育后期复眼、翅芽、跗节均为黑褐色。翅芽发达，伸至第 6 腹节。触角及后足均长达翅芽末端。第 10 腹节中央凹入、两侧稍突出，背面中央有一角刺，末端向上弯曲。臀刺不显著，臀刺背面、腹面有细刺。茧灰白色、长 10mm 左右。茧外常粘有泥土或黄色排泄物。

### 4.1.3 发生规律

#### 4.1.3.1 生活史与习性

（1）越冬。马铃薯块茎蛾越冬虫态因地而异，北方薯区仅有少数蛹在窖藏的薯块或挂晒烟叶的墙壁缝隙中越冬；河南南阳，老熟幼虫在枯枝落叶和表土缝隙中越冬；湖北兴山以幼虫越冬为主，多在田间马铃薯枯枝落叶和被害薯块上越冬，少数以蛹和成虫在贮藏马铃薯的墙壁缝隙中越冬，暖冬年份，越冬期间成虫仍能飞翔，十分活跃。西南各省冬季田间和室内各虫态同时存在，但以幼虫在田间残留薯块或烟草、茄子等枯枝落叶中越冬，也有少数在墙壁缝隙中以蛹越冬。

（2）发生世代与为害盛期。云南昆明马铃薯块茎蛾一年发生 4~5 代，第 1 代发生在 1 月中旬至 2 月中旬，主要为害残留田间的遗薯、板田马铃薯；第 2 代发生在 5 月中旬至 6 月下旬，为害马铃薯和烟株；第 3 代和第 4 代分别发生在 8—9 月和 9—11 月，为害烟草为主；暖冬年份可发生 5 代。

贵州福泉、惠水等地一年发生 5 代，以 7 月下旬至 8 月中旬种群数量最多，尤以马铃薯和烟草受害最重。

重庆北碚一年发生 6 代，局部 7 代，越冬代成虫发生期为 3 月中旬至 4 月中旬，1 代为 4 月上旬至 6 月上旬，2 代为 5 月下旬至 7 月中旬，3 代为 7 月上旬至 8 月上旬，4 代为 7 月下旬至 9 月上旬，5 代 8 月中旬至 9 月中旬，6 代 9 月中旬至 11 月上旬，部分 7 代在 10 月至 12 月上旬。贮藏期马铃薯块茎以 7—9 月为害最重，田间春马铃薯以 5 月上旬为害最重，秋马铃薯以 10 月下旬为害最重。

湖北兴山 1~4 代成虫发生期分别出现在 5 月上旬至 6 月中旬、6 月中旬至 7 月下旬、7 月中旬至 8 月下旬和 8 月下旬至 9 月下旬。保康一年发生 4~5 代，越冬代成虫发生在 3 月中旬至 4 月上旬，1~2 代幼虫主要为害马铃薯叶片，从第 3 代开始主要为害烟草，越冬代主要为害冬贮马铃薯。

山西风陵渡地区 1 年发生 4 代为主，有不完整的 5 代，1 代幼虫难以查到，2 代幼虫发生在 6 月下旬至 7 月上旬，主要为害烟草、茄子，3 代发生在 7 月下旬，4 代发生在

8月下旬。8—9月3、4代幼虫混合发生，田间种群密度大、为害重，10月开始幼虫数量锐减，直到小雪，幼虫开始死亡，为不完整的5代。

（3）各虫态历期。各虫态历期长短受温度的影响最大，温度高生长发育快、历期短，温度低生长发育慢、历期长。平均温度27.2℃，卵期2天，12.4℃卵历期长达25天；平均温度27.5~27.7℃，幼虫期7~11天，越冬代幼虫平均温度9.5℃为92~105天；蛹期平均温度26.9~27.6℃为4~9天，越冬蛹平均温度16.8℃为14~21天；平均温度20℃时完成一代45~60天，平均温度22℃完成一代35~45天，平均温度24℃完成一代32~40天，平均温度26℃完成一代30~37天，平均温度28℃完成一代仅需26~28天；温度为30.3℃成虫寿命4~8天，25℃寿命17天，15℃成虫寿命最长，达41天。

贵州福泉，1代卵期最长为51~56天，2~5代卵期仅5~6天；幼虫期1代平均45天，2~4代13~19天，5代23天；蛹期1代和5代平均21天，2~4代13~19天；成虫寿命一般5~13天，冬季30~40天，其中产卵前期1~2天，产卵期5天左右，长的产卵期长达16天。

（4）为害规律。春季田间马铃薯植株产卵成虫主要来自冬贮薯块上越冬的成虫以及田间残留薯块、枯枝落叶等处的越冬成虫。越冬成虫产卵于暴露土表的薯块，幼虫孵化后即蛀入薯块为害，6月春薯收获后，随薯块进入贮藏库内继续为害，此时温度高、湿度适宜，有利其生长发育和繁殖，使夏藏春薯严重受害。至10月又从夏藏春薯上转移到秋薯上为害，秋薯收获时，多数幼虫随薯块进入贮藏库内继续为害，少数幼虫遗留在田间的薯块和枯枝落叶等处越冬。

（5）习性。

**成虫** 雌虫羽化高峰在7—9时，雄虫羽化高峰较雌虫晚，一般在9—11时，88%的雄虫和81%的雌虫在白天羽化，其余在晚上羽化。羽化后白天潜藏于寄主植物间，杂草丛中，晚上活动、交尾、产卵。马铃薯块茎蛾交配行为与性激素有关，未交配的雌蛾对雄蛾有强烈的引诱作用，尤以2~6日龄的处女雌蛾，对雄蛾的引诱作用最强，引诱作用可持续10天左右，刮风时引诱作用更为强烈。羽化当天或第二天即能交尾，但冬季温度较低，羽化后第3~4天才能交尾。雄虫一生交尾2~4次，雌虫一生交尾2次以上。交尾后第2天开始产卵，产卵高峰一般在产卵期的头4~5天。卵散产，亦可聚产，以散产为主。在薯块上卵主要产于芽眼、表皮破损处以及粗糙表皮处，尤以芽眼基部着卵最多，卵大多排列在基部凹沟内，有时卵粒重叠2~3层，上面有丝网或尘土堆积，仅卵端小部分外露，难以发现。在植株上，卵多产于马铃薯茎秆基部的泥土中，亦可产于叶片正反面沿叶脉处。幼虫取食马铃薯块茎羽化的成虫产卵量明显多于取食马铃薯叶片的，前者每雌产卵5~142粒，平均66粒，后者每雌产卵1~67粒，平均13粒。马铃薯块茎蛾雌虫对不同寄主植物显示出不同产卵选择性，最喜欢选择马铃薯和烟草产卵，单株平均落卵量分别为64.33粒和62.33粒，其次为番茄和茄子，单株平均落卵量分别为58.33粒和50.67粒，辣椒上落卵量单株平均仅为23.83粒。

**幼虫** 产于马铃薯植株上的卵粒，孵化后幼虫先在植株上爬行，经20~50min即潜入叶内取食，部分幼虫吐丝下垂、随风飘落在邻近植株上蛀食叶肉。幼虫有转移其他叶片分散为害的习性，一般从植株下部叶片逐渐向上部叶片迁移。幼虫还能潜入叶柄、嫩茎内为害。产于薯块芽眼等处的卵，幼虫孵化后经20~30min，有75%左右初孵幼虫从芽眼、表皮破损处蛀入薯块内为害,有25%左右幼虫在芽眼处吐丝结网,潜藏其内,经1~2天后蛀入薯块内为害。低龄幼虫蛀入薯块后,最初仅在表皮下取食为害,在薯块表皮处可见少许黑色粉末状虫粪。随着幼虫的生长发育,食量大增,幼虫向薯肉内部蛀食,排出的粪便颗粒粗大呈黄色或黑褐色。为害严重的薯块,薯肉蛀食一空,外形皱缩或成空壳。幼虫耐饥能力强,初孵幼虫耐饥力可长达8天,3龄幼虫耐饥力长达46天。幼虫可随调运材料、运输工具远距离传播。老熟幼虫从薯块、叶片爬出,在薯堆间、薯块凹陷处,土表、土壤缝隙、枯枝落叶中结茧化蛹。在表土化蛹,深度一般在1~3cm,亦有少数幼虫在原潜道中结茧化蛹。

#### 4.1.3.2 发生与环境的关系

(1)与栽培制度的关系。我国南方地区水、热资源丰富,栽培制度复杂,在马铃薯主产区一年种植春秋两季马铃薯、一季烟草,同时茄科蔬菜种植面积逐年扩大,为马铃薯块茎蛾提供了丰富的食料和良好的越冬场所,块茎蛾在薯田、烟田、茄科蔬菜地之间转移为害,积累了大量虫源,种群数量多、为害重;北方薯区,栽培制度相对简单,不利于虫源积累,危害轻于南方薯区。

(2)与薯田位置的关系。据湖北保康调查,一般低山河谷的薯田,马铃薯块茎蛾虫口密度大、为害重;海拔800~1 000m的薯田,虫口密度低、为害轻;海拔超过1 300m的薯田,未见块茎蛾的为害。春薯田离马铃薯贮藏仓库越近,块茎蛾的为害越重,距离仓库30m的薯田,马铃薯植株被害率高达94%,而离仓库70~100m的薯田被害率只有2%~18%,其原因是春薯田虫源主要来自贮藏马铃薯的仓库。

(3)与温度、降雨量的关系。四川西昌薯区马铃薯生长季节温暖干旱的年份有利于马铃薯块茎蛾雌虫产卵、卵孵化和幼虫生长发育、种群数量大、为害重。该区2002年2、4、6、7四个月气温高于历年平均值,3—4月降雨量比历年偏少,而5—8月平均降雨超过历年平均值,从9月至翌年2月平均降雨量减少57%,尤其是2002年秋冬以来,降雨量较历年同期明显减少,秋旱、冬旱连春旱,出现历年罕见的气候异常,该年马铃薯块茎蛾大发生,马铃薯块茎贮藏期间,薯块损失率严重的高达70%~80%,一般产量损失率在30%左右。

(4)与寄主植物的关系。马铃薯块茎蛾雌虫对不同寄主植物产卵有明显的选择性。成虫最喜欢选择马铃薯、烟草上产卵,单株落卵量分别64.33粒和62.33粒,其次为番茄和茄子,单株落卵量分别为58.83粒和50.67粒,雌虫最不喜欢选择辣椒上产卵,单株落卵量仅23.83粒。因此,田间应避免马铃薯与烟草间作套种,以减轻对马铃薯的为害。

### 4.1.4 防治方法

#### 4.1.4.1 农业防治

(1)调整和优化种植结构。在一定范围内,马铃薯连片种植,避免与马铃薯块茎蛾其他寄主扦花种植,切断其辗转为害的桥梁寄主,以减少虫源的积累,降低发生基数。与马铃薯块茎蛾非寄主作物进行轮作、套种、间作,可有效减轻马铃薯块茎蛾的发生和为害,同时轮作使农田生态系统呈间断性变化,可恶化块茎蛾生存条件,间作套种丰富了天敌栖息环境和替代食物，有利于保护天敌、增强天敌对害虫的自然控害效果。

（2）清洁田园。马铃薯收获后及时清洁田园，将遗留田间的薯块捡拾干净，枯枝落叶收集后烧毁；铲除马铃薯块茎蛾寄主如龙葵、曼陀罗等野生植物，拔除薯田四周块茎蛾其他寄主如烟草、茄子等作物的秸秆，并集中处理，从而减少越冬基数。

（3）加强田间管理。秋季马铃薯播种前，深翻土地，破坏块茎蛾越冬环境，翻入表土的越冬幼虫、蛹在冬季低温下被冻死或被天敌捕食、寄生，从而减少越冬基数；块茎形成后及时培土，不使薯块外露于土表，干旱季节，及时灌溉，防止土壤干裂，薯块外露，减少成虫产卵机会；收获前拔除马铃薯植株带出田外，集中处理，减少越冬基数。

#### 4.1.4.2 化学防治

（1）田间药剂防治。马铃薯块茎蛾雌虫产卵盛期至卵孵化期间喷雾防治，将幼虫消灭在为害之前，常用的杀虫剂有90%晶体敌百虫800倍液，或40%辛硫磷乳剂800倍液，或2.5%溴氰菊酯乳剂2 000倍液，或40%氰戊菊酯·马拉硫磷乳剂2 500～3 000倍液，或20%氰戊菊酯乳剂2 000倍液等。第一次施药后，隔7～8天再施药1次，防效可达90%左右。

（2）贮藏期间防治。①空仓消毒杀虫。薯块入库前用45%马拉硫磷乳剂200倍液喷雾，杀灭潜藏于空仓中的块茎蛾成虫。②种薯消毒杀虫。用25%喹硫磷乳剂1 000倍液，或90%晶体敌百虫800倍液浸泡薯块数分钟，晾干后入库贮藏。③薯块入库后消毒杀虫，常用杀虫剂有90%晶体敌百虫800倍液喷雾薯堆，或用80%敌敌畏乳剂2.5～5.0ml/m³进行挂条熏蒸96h，对3日龄前幼虫防效高达95%～100%，蛹和成虫防效亦可达80%左右。密闭性能好的仓库还可用硫酰氟、二硫化碳、磷化铝等熏蒸杀虫。硫酰氟熏蒸时间、用药量因温度而异，温度21℃以上时，用药量为10g/m³；温度11～20℃时，用药量为20g/m³；温度10℃用药量为30g/m³，熏蒸时间均为24～48h。二硫化碳熏蒸，用药量为7.5g/m³，温度15～20℃时熏蒸75min；磷化铝熏蒸，每50～100kg薯块用药3g。熏蒸杀虫要认真做好防护措施，严防人畜禽中毒。熏蒸结束后开启仓幕，散气充分后才能进入仓库。

## 4.2 马铃薯瓢虫

### 4.2.1 分布与为害

马铃薯瓢虫 [*Henosepilachna vigintioctomaculata* （Motschulsky）]，异名 *Epilachna niponica*，又称大二十八星瓢虫，属鞘翅目、瓢甲科。马铃薯瓢虫原产地和分布仅限于俄罗斯西伯利亚、朝鲜半岛、日本、越南、印度、尼泊尔和澳大利亚。国内分布于黑龙江、吉林、辽宁、内蒙古、北京、天津、河北、山西、陕西、甘肃、山东、河南、四川、云南、广西、西藏、福建、浙江等省（区、市），系西北、华北、东北马铃薯产区重要害虫之一。

马铃薯瓢虫成虫和幼虫均能啃食马铃薯嫩茎、叶片。啃食嫩茎，在茎表面造成许多残缺的平行线状凹陷纹。成虫取食叶片，将其吃成许多孔洞。低龄幼虫取食叶肉，仅留上下表皮，在叶片上形成许多平行且透明的条纹。高龄幼虫食量大、虫口密度高时将叶片全部吃光，仅留主脉，严重影响植株生长发育，导致马铃薯产量下降，品质变劣。2008—2014 年马铃薯瓢虫全国发生面积 34.3 万 ~ 46.7 万 hm²，2012—2014 年连续三年发生面积均在 46 万 hm² 左右，主要发生在陕西、甘肃、山西、宁夏等马铃薯主产区，其中山西、陕西和河北局部地区为害尤为严重，马铃薯被害率一般为 30% ~ 60%，严重的田块高达 80% ~ 100%，百株虫量 50 ~ 700 头。山西大同发生重的山区，被害株率 33% ~ 45%，百株虫量 400 ~ 700 头；吕梁薯区被害株率 30% ~ 40%，严重的达 60% ~ 80%，平均百株虫量 200 多头；陕西榆林为害盛期被害株率高达 100%，百株虫量 100 ~ 150 头，马铃薯减产 40% 左右；河北张家口崇礼等地，局部地区 100 株虫量 10 ~ 25 头，被害叶面积占总叶面积的 30% ~ 40%，个别地块高达 90% 以上；甘肃庄浪马铃薯瓢虫 2007 年仅零星发生，不造成为害，其后无论发生面积还是为害程度逐年增加，2011—2013 年发生面积分别占马铃薯种植面积的 12.1%、18.32% 和 86.0%，2013 年发生为害尤为严重，平均有虫株率 68.3%，百株虫量 71 头，局部地区有虫株率 90% 以上，百株虫量高达200 头以上。全国多数薯区，因马铃薯瓢虫为害减产 10% ~ 15%，大发生年份减产20% ~ 30%，局部地区减产50% 左右。

马铃薯瓢虫除为害马铃薯外，其他寄主植物多达 13 科 29 种，主要为害作物有烟草、番茄、辣椒等农作物，其他寄主还有白菜、萝卜、芥菜、南瓜、甜瓜、玉米、菜豆、绿豆、豇豆、向日葵、枸杞、柿、核桃、泡桐、栎、槲等农林作物，野生寄主有龙葵、曼陀罗、千里光、小蓟、酸浆草、葎草等。

### 4.2.2　形态特征

成虫。成虫体长 4.3 ~ 8.3mm，雄虫略小于雌虫；体呈半球形，红褐或赤褐色，密被黄褐色细毛；前胸背板前缘凹入而前缘角突出；中央有 1 个大而呈黑色的剑状纵纹，两侧各有 2 个黑色小斑，有的个体 2 个小斑合并为 1 个大斑；每个鞘翅上有 14 个黑色斑纹，鞘翅基部 3 个黑色斑纹后方的 4 个黑斑不在同一直线上，两鞘翅会合处的黑斑有1 对或 2 对相连；雌虫腹部第 6 腹板纵裂。

卵。卵形似炮弹，长约 1.3mm，初产呈鲜黄色或黄色，后渐变为黄褐色。卵块常10 ~ 60粒成竖立产在寄主植物叶片上；背面卵块中央的卵粒松散。

幼虫。老熟幼虫体长 8mm 左右，纺锤形，中部膨大，背面隆起；头部隐藏于前胸之下；全体呈淡黄色，口器和单眼黑色；胸腹部鲜黄色，背面有枝刺，各枝刺大部为黑色；前胸及第 8、第 9 腹节上各有 4 个枝刺，每个枝刺分开，其余各节有 6 个枝刺；中、后胸背面中央两侧第 1、第 2 枝刺较接近，第 3 枝刺分开；腹部第 1 ~ 7 节背面中央的 1 对枝刺接近，其余分开；各枝刺基部围以淡黄色环纹，有时接近的枝刺环纹合并一起。

蛹。体长 6mm 左右，椭圆形、黄色；体表被有稀疏的毛；蛹背面隆起，上有黑色斑纹；腹部平坦，末端为幼虫脱皮所包被。

### 4.2.3　发生规律

#### 4.2.3.1　生活史与习性

（1）越冬。马铃薯瓢虫以成虫在背风向阳的石缝、树皮裂缝、农户房屋墙壁缝隙、土壤缝隙、树洞、篱笆以及杂草丛、灌木丛中群集越冬。

（2）发生世代与为害盛期。马铃薯瓢虫在黑龙江一年发生 1 代，局部 2 代。越冬代成虫于 5 月中下旬出垫活动，先在野生植物如龙葵上取食为害，6 月上旬迁至刚定植的茄子、辣椒和出土的瓜苗上活动和取食，马铃薯出苗后迁至薯田交尾、产卵。越冬代成虫产卵盛期为 6 月下旬至 7 月上旬，孵化盛期在 7 月上旬末至 7 月中旬，7 月中下旬至 8 月上旬是为害马铃薯最严重的时期。第 1 代成虫羽化高峰为 8 月中旬，7 月上旬至 9 月上中旬均有成虫羽化，羽化迟的成虫不交尾、不产卵，迁至越冬场所进入越冬状态。羽化早的成虫 7 月中下旬至 8 月上旬产卵，幼虫为害高峰在 8 月中旬。第 2 代成虫 8 月下旬至 9 月上旬羽化，9 月中旬迁至越冬场所越冬。

辽宁兴城马铃薯瓢虫一年发生 2 代，越冬代成虫于 5 月上旬迁入马铃薯、茄子等茄科作物上取食为害，6 月下旬至 7 月上旬为第 1 代幼虫为害高峰期，8 月中旬至 9 月上旬为第 2 代幼虫为害高峰期，成虫羽化出现在 9 月上中旬，10 月上旬开始迁飞至越冬场所越冬。

山西昌梁马铃薯瓢虫一年发生 1 ~ 2 代，5 月当日均气温达到 16 ~ 17℃时越冬代成虫开始出蛰，先在附近杂草上栖息活动，随后迁入枸杞、龙葵、茄子、番茄等茄科植物上取食，5 月中下旬早播马铃薯出苗后，即迁入薯田为害马铃薯。6 月中旬是越冬代成虫为害、产卵盛期。6 月中旬始见 1 代幼虫，6 月下旬至 7 月上中旬为幼虫盛发期，亦是为害盛期；7 月下旬至 8 月上旬为化蛹盛期。7 月中下旬 1 代成虫开始羽化，羽化早的成虫产卵，卵孵化后继续为害农作物，但不能发育至第 2 代成虫而死亡。羽化晚的成虫在马铃薯收获后转移至其他茄科植物上继续取食，9 月下旬迁飞至越冬场所越冬。

陕北马铃薯瓢虫一年发生 2 ~ 3 代，第 3 代为局部世代。越冬代成虫于 4 月下旬出蛰，5 月上旬随夏薯出苗而迁入薯田，5 月下旬至 6 月上旬为迁移盛期，6 月上旬为越冬代成虫为害盛期，亦是产卵盛期，6 月中下旬第 1 代幼虫开始化蛹，6 月下旬末始见第 1 代成虫，7 月上中旬迁入秋薯田为害马铃薯，并在其上产卵，第 2 代幼虫盛发期在 7 月中下旬，第 2 代成虫 8 月上旬始见，8 月中旬进入为害盛期和产卵盛期，幼虫为害期一直持续到 9 月上中旬，成虫于 8 月上旬开始羽化，9 月下旬羽化结束，迁移至越冬场所越冬，是主要的越冬虫源，占越冬成虫总量的 85% 以上。第 2 代少数成虫继续产卵、孵出的幼虫为害秋薯，如食料适宜、温度较高的年份则可化蛹，并羽化为第 3 代成虫越冬。

河北张家口、宣化等地马铃薯瓢虫一年发生 2 代，局部 1 代。越冬代成虫 5 月出蛰活动，6 月上旬为出蛰活动盛期，相继迁移至龙葵、枸杞等植物上取食为害，马铃薯苗高 15cm 左右时，迁入薯田为害。6 月上旬越冬代成虫进入产卵盛期，6 月下旬至 7 月上旬为第 1 代幼虫为害盛期，7 月中下旬为化蛹盛期，少数羽化晚的成虫迁移至越冬场所越冬。羽化早的第 1 代成虫交尾、产卵繁殖第 2 代，7 月下旬至 8 月上旬为第 2 代成虫产卵盛期，中旬为幼虫为害盛期，下旬为化蛹盛期，9 月上中旬为羽化盛期，9 月中旬至 10 月上旬迁移至越冬场所越冬。

豫西山区马铃薯瓢虫一年发生 1 ~ 2 代，1 代为主。4 月下旬马铃薯出苗后越冬代成虫迁入薯田，迁入盛期为 5 月中下旬，5 月下旬至 6 月中旬为产卵盛期，1 代幼虫 5 月下旬孵化，6 月上旬至 7 月上旬进入为害盛期，6 月下旬至 7 月上旬为化蛹盛期。1 代成虫始见于 6 月下旬，羽化盛期为 7 月上旬至 8 月上旬。7 月中旬羽化的成虫可产下第 2 代卵。7 月中旬以后羽化的成虫不产卵，并于 10 月迁移至越冬场所越冬。2 代幼虫为害盛期为 8 月中下旬，2 代成虫 8 月底至 9 月上旬羽化，10 月迁移至越冬场所越冬。

（3）各代各虫态历期。黑龙江东部薯区一年仅发生 1 代，卵期 5 ~ 8 天，平均 6.7 天；幼虫期 15 ~ 18 天，平均 17.21 天。其中 1 龄幼虫平均 4.70 天，2 龄 3.60 天，3 龄 3.50 天，4 龄 5 ~ 10 天；蛹期 4 ~ 6 天，平均 5 天；越冬代成虫寿命数个月。幼虫取食不同寄主植物，发育历期有明显差异，幼虫取食辣椒叶片不能完成生长发育，至 4 龄前即死亡；取食茄子叶片的亦不利幼虫生长发育，幼虫期长达 24.9 天；取食马铃薯和番茄叶片的发育历期最短，分别为 16.74 天和 18.76 天。幼虫取食不同植物还影响到蛹的发育历期，幼虫取食马铃薯和番茄叶片的蛹历期较短，分别为 4.72 天和 4.83 天，幼虫取食龙葵的蛹历期最长，为 5.88 天。

河北张家口、宣化等地，越冬代成虫寿命雌虫为 239 ~ 349 天，雄虫寿命为 276 ~ 350 天；1 代成虫寿命雌虫为 17 ~ 65 天，平均 45.5 天，雄虫寿命 19 ~ 69 天，平均 43.1 天；1 代和 2 代卵期 5 ~ 7 天；1 代幼虫历期 23 天，2 代幼虫历期 15 天；1 代和 2 代蛹期 5 ~ 7 天。

甘肃庄浪地区，越冬代成虫寿命 250 天，1 代成虫寿命 45 天，1 代和 2 代幼虫历期分别为 23 天和 15 天，1 代和 2 代蛹期分别为 5 天和 7 天。

陕西清涧 1 代卵、幼虫和蛹期分别为 6 天、15 ~ 16 天和 6 天，2 代卵、幼虫和蛹期分别为 6 ~ 7 天、16 ~ 17 天和 6 ~ 7 天。陕西商洛 1 代卵期 4 ~ 14 天，平均 8.5 天，幼虫历期 23 ~ 28 天，平均 25.5 天，其中 1 龄幼虫平均 7.0 天、2 龄平均 6.5 天、3 龄平均 7.5 天、4 龄平均 4.5 天。

四川城口日均温度 17.9℃，1 代卵期平均为 10.02 天，日均温度 25.56℃，幼虫期 25.58 天，日均温度 21.8℃，蛹期 6.32 天。

（4）越冬代成虫抗寒力。马铃薯瓢虫成虫抗寒力与过冷却点和结冰点高低有密切的关系。过冷却点和结冰点越低，抗寒能力越强，越冬成虫能顺利度过严寒的冬季，从而保持较高的成活率，有利于种群在逆境中生存。马铃薯瓢虫越冬初期（黑龙江东部地区大致为 10 月 15 日）进入越冬期（12 月 10 日左右），平均过冷却点由 −23.88℃ 降至 −25.9℃，冰点由 −20.30℃ 降至 −23.89℃，分别降低了 2.02℃ 和 3.59℃。越冬成虫过冷却点和冰点的变动随外界环境温度降低而下降，外界环境低温能诱导成虫抗寒能力的提高。

（5）发育起点温度和有效积温。测定昆虫各个虫态发育起点温度和有效积温大致能确定某种昆虫在当地发生代数和发生期。四川城口马铃薯瓢虫卵发育起点温度为 11.95℃，有效积温为 58.41℃·d，幼虫发育起点温度为 14.78℃，有效积温为 141.15℃·d。该地根据卵发育起点温度和有效积温以及历年气象资料稳定通过 12℃ 的初始日 ≥80% 保证概率预测产卵始期和卵孵化始期、预测结果与大田发生情况基本相吻合，可用来指导大田药剂防治适期。

（6）田间种群数量动态。黑龙江东部（密山）薯区，马铃薯成虫在田间一年有两个种群数量高峰，分别出现在 6 月 25 日左右和 8 月 15 日左右，前峰虫口数量少，每 10 株马铃薯成虫数量在 100 头以下，后峰虫口数量大增，每 10 株成虫数量在克新 12 品种上超过 200 头，在荷兰 02 − 2 号品种上成虫数量在 100 头左右。前峰是越冬代成虫迁移所致，数量相对较少，后峰是 1 代成虫大量羽化所致。

（7）生活习性。

**成虫**　①羽化。马铃薯瓢虫羽化盛期各地有一定差异：黑龙江羽化高峰出现在 17 时至翌日 8 时，河南羽化高峰在 5—8 时，占全天羽化总数的 46.7%。雌虫先羽化，雄虫后羽化。②性比。雌雄性比为 1∶1。③活动。成虫以 10—16 时最为活跃，午前多在寄主植物叶片背面取食，16 时后转移至叶片正面取食。④交尾。雌雄成虫羽化后需进行补充营养，性成熟后方能交尾，一生交尾最少 1 次，最多 9 次，平均 4.2 次，交尾高峰在 9—14时，交尾时间最短仅几分钟，最长数小时。交尾多在晴天无风天气进行，刮风下雨天气一般栖息在寄主植物中下部叶片上，很少活动和交尾。⑤产卵。交尾后 1~2 天开始产卵，产卵期长达 1~2 个月以上。一天中以 9—15 时产卵最多，占总产卵数的 70.2%，其他时间产卵较少。卵块产于寄主植物中下部叶片背面，每块卵含卵粒 10~50 粒，平均43.7 粒。每个雌虫一生产卵 300 粒左右，最多产卵 900 粒。⑥其他习性。假死性，当受到外界惊扰时，迅速从寄主植物上坠落地下不动，以逃避搜寻者；避光性，马铃薯瓢虫对强烈的太阳光有避光性，一般躲藏在植株中下部叶片背面、不食不动；飞翔能力较弱，每次飞行距离只有几米；相互残杀习性和食卵习性。马铃薯瓢虫虫口密度大时，有自相残杀习性，并能取食产下的卵。

**幼虫**　卵孵化高峰为 16 时至次日 8 时，此时段孵化的幼虫占全天孵出幼虫总数的75% 左右，初孵幼虫群集在寄主植物叶片背面取食和活动，2 龄开始分散为害。低龄幼虫十分活跃，爬行于植物叶片表面，高龄幼虫行动迟缓、且少活动。一天中以 10—14 时活动最多，其他时间活动少。低龄幼虫食量小，随着龄期增加，食量随之增大，1~4 龄幼虫取食叶面积分别为 0.629cm$^2$、3.07cm$^2$、41.37cm$^2$ 和 114.26cm$^2$，4 龄幼虫食量占全幼虫期食量的 73.24%。一般多在凌晨及上午化蛹，化蛹位置多在寄主植物中下部，特别是基部叶片背面化蛹，少数在基部茎秆或土表化蛹。

#### 4.2.3.2　发生与环境的关系

（1）与温度、湿度和降雨量的关系。山西吕梁地区，6—7 月降雨频繁，雨量较大，日平均相对湿度大于 70%，日平均温度在 20~25℃，最有利于成虫产卵、卵孵化和幼虫生长发育，发生量大，为害重；降水量少、相对湿度低于 30%，日平均温度连续多日超过 25℃ 的高温天气，不利于卵的孵化、幼虫存活，田间大量卵干瘪而死亡，初孵幼虫因高温而死亡。暴雨和大风对卵和低龄幼虫存活也有很大影响，死亡率随之增高。辽宁兴城 6—8 月雨日、雨量和温度是影响马铃薯瓢虫发生和为害的重要因子，雨日多、雨量适宜、温度在 18~20℃ 最有利于成虫产卵、卵孵化率高、虫口密度大，为害重，温度过高或过低则不利于发生，为害轻。冬季低温对越冬成虫的存活有明显的影响。河南商洛地区，冬季温度在 −5℃ 以下，持续时间超过 48h，越冬成虫死亡率高达 75% 左右。马铃薯瓢虫越冬代成虫在 15℃ 恒温条件下，产卵前期最长，平均 68.75 天，产卵量最少，单雌平均产卵 18.75 粒，卵孵化率只有 23.53%，而在 25℃ 恒温条件下，产卵前期最短，只有 31.41 天，单雌产卵最高，平均为 88.75 粒，卵孵化率平均高达 87.90%。

马铃薯瓢虫成虫必须经过滞育发育，越冬后才能正常产卵，未经过越冬的成虫不产卵；人为打破滞育的成虫虽能产卵，但产卵前期长，平均为 56.59 天，产卵期短，平均只有 7.28 天，单雌产卵少，只有 51.68 粒；自然解除滞育的成虫产卵前期短，只有 5.05

天，产卵期长，平均为23.95天，单雌产卵量最多，平均达320.4粒。

（2）与光照的关系。光照长短对成虫繁殖率有一定的影响，越冬代成虫在长光照射下（L：D＝15：9）（L代表光照，D代表黑暗，下同）产卵前期较短，平均为44.81天，单雌产卵量高，平均为51.84粒，而在短光照下（L：D＝9：15），产卵前期平均长达62.66天，单雌平均产卵量只有16.75粒。光照长短对卵孵化率没有影响，无论在长光照还是短光照条件下，卵孵化率均在90%以上。

（3）与寄主植物的关系。寄主植物对马铃薯瓢虫繁殖力有显著的影响，成虫取食马铃薯叶片的产卵量最多，产卵期最长，最多产卵块51块，最少11块，每块平均卵粒29粒，单雌一生产卵高达320粒，产卵期长达24天；其次为取食龙葵的成虫，最多产卵块42块，最少5块，每块平均卵粒23粒，单雌一生平均产卵186粒；取食番茄的产卵量最少，单雌一生产卵只有143粒；成虫取食茄子、辣椒未见产卵。其原因可能是产卵量多的寄主能满足成虫生长发育对营养物质的需求。

幼虫和成虫取食马铃薯、龙葵和辣椒世代存活率明显不同，取食马铃薯的世代存活率最高，为58.33%；其次为取食龙葵的世代存活率为56.61%；取食番茄的世代存活率最低，只有43.33%；取食茄子和辣椒的不能完成生活史；取食辣椒的幼虫发育至3龄即死亡，取食茄子的幼虫发育至4龄，不能化蛹而死亡。

成虫对不同马铃薯品种产卵选择性也存在很大差异，成虫最喜欢选择大西洋品种上产卵，该品种平均着卵116粒，占总卵量的41.38%；其次为克新12号和克新13号，平均着卵均为62粒，各占总卵量的21.21%；荷兰02－2号品种，着卵最少，平均着卵只有46.5粒，占总卵量的16.0%。由于成虫对不同马铃薯品种产卵选择性不同，在药剂防治马铃薯瓢虫时，应加强着卵量多的马铃薯品种的防治。

（4）与马铃薯田地势的关系。陕西商洛薯区越冬代成虫盛发期调查，阳坡地薯田为害株率高于阴坡地；浅山区薯田为害株率高于中、高山区；马铃薯田附近杂草丛生、灌木丛多、老树多、梯田石块多，成虫越冬密度大，为害重。

### 4.2.4　防治方法

#### 4.2.4.1　农业防治

（1）清洁田园。马铃薯收获后及时清洁田园，处理枯枝落叶、铲除薯田四周杂草、灌木丛等，消灭越冬成虫。及时翻耕薯田，消灭在土壤中越冬的成虫，减少发生基数。

（2）人工防治。利用马铃薯瓢虫越冬代成虫在向阳、背风各种场所群集越冬的习性，人工捕杀成虫；各代成虫盛发期，利用成虫假死的习性，人工捕杀成虫；各代成虫产卵盛期，利用其群集产卵的习性以及卵块颜色鲜艳、易于发现，人工摘除卵块，将卵消灭在孵化之前，减轻为害。

（3）种植诱杀田，集中诱杀。大面积春播马铃薯前，提前播种小面积诱杀田，集中诱杀越冬代成虫。

#### 4.2.4.2　物理防治

黑光灯诱杀。马铃薯瓢虫成虫有一定的趋光性，成虫盛发期应用黑光灯诱杀成虫，可将成虫消灭在产卵之前，减少成虫的为害，又可减少下一代发生基数。黑光灯诱杀在晴朗无风、闷热、无月光的天气条件下，效果尤为明显。一般每 2～3hm² 薯田设置一盏黑光灯。

#### 4.2.4.3　化学防治

药剂防治适期为成虫始盛期或 3 龄幼虫前。防治指标，甘肃庄浪薯区经验为薯田虫口密度为 0.5 头/m²。常用的杀虫剂有 10% 吡虫啉可湿性粉剂 450g/hm²，或 4.5% 高效氯氟氰菊酯乳油 300ml/hm²，或 1.8% 阿维菌素乳油 450ml/hm²。上述药剂任选一种，对水 750kg 喷雾，防治效果可达 90% 左右。此外，可用 5% 甲氨基阿维菌素甲酸盐乳油 2 000 倍液，或 4.5% 高效氯氰菊酯乳油 1 500～2 000 倍液，或 20% 氰戊菊酯乳油 1 000 倍液，或 40% 氰戊菊酯·马拉硫磷乳油 3 000 倍液，或 50% 马拉硫磷乳油 1 000 倍液，或 40% 辛硫磷乳油 800 倍液。上述药剂任选一种喷雾，一般隔 7 天左右防治一次，共防治 2 次即可获得满意的防治效果。为了防止害虫产生抗药性，不同杀虫机制的药剂交替使用。

## 4.3　茄二十八星瓢虫

### 4.3.1　分布与为害

茄二十八星瓢虫［*Henosepilachna vigintioctopunctata*（Fabricius）］，异名为 *Epilachna sparsa orientalis* Dieke，又称小二十八星瓢虫、酸浆瓢虫，属鞘翅目瓢甲科。国外分布于韩国南部、日本、印度、尼泊尔、缅甸、泰国、越南、印度尼西亚、新几内亚和澳大利亚等国。国内辽宁、河北、北京、天津、山东、河南、陕西、山西、四川、云南、西藏、江西、江苏、浙江、上海、安徽、湖南、湖北、福建、广东、广西、海南和台湾等省（区、市）均有发生和为害。长江以南茄二十八星瓢虫种群数量大，为优势种瓢虫，长江以北黄河以南马铃薯瓢虫与茄二十八星瓢虫混合发生，黄河以北马铃薯瓢虫种群数量明显超过茄二十八星瓢虫，为优势种。

茄二十八星瓢虫以成虫和幼虫为害马铃薯叶片、嫩茎、花瓣等植株器官，但以啃食叶片为主。成虫啃食叶片，将其吃成许多孔洞或缺刻，初龄幼虫群集于马铃薯叶片背面，啃食叶肉，仅留上下表皮，造成许多平行半透明的细凹纹。3 龄后分散为害，食量大增，将叶片吃成缺刻、孔洞，降低了叶片进行光合作用的面积。虫口密度大时，成虫和幼虫将叶片啃食一光，仅留叶脉，全株枯死，严重影响马铃薯产量。

茄二十八星瓢虫除为害马铃薯外，其他寄主植物还有茄子、辣椒、番茄、大豆、豇豆、丝瓜、苦瓜、甜瓜、酸浆、龙葵、曼陀罗等，其中尤以喜食马铃薯、茄子、酸浆和龙葵，在这些寄主植物上种群数量大、为害重。

### 4.3.2　形态特征

成虫。体长 5.5～6.5mm，半球形、黄褐色；体表密被黄色细毛；前胸背板上有 6 个黑点，每侧各 2 个，中间 2 个，一前一后，前方的小黑点大，横形（有时分为 2 个），中间的 2 个黑点常连成 1 个横斑；鞘翅黄褐色，每个鞘翅上各有 14 个小而略圆的黑斑，基部 3 个，其后方 4 个黑斑几乎在一条直线上；两翅合缝处黑斑不接触。

卵。长约 1.2mm，初产淡黄色，后呈黄褐色；卵块中央的卵粒排列较紧密，与马铃薯瓢虫卵粒排列显著不同。

幼虫。老熟幼虫体长 7mm 左右，体和枝刺白色，基部环纹黑褐色。

蛹。体长 5.5mm 左右，椭圆形、黄白色；背面有黑色斑纹，但较浅；尾端有末龄幼虫脱皮的皮壳。茄二十八星瓢虫和马铃薯瓢虫主要区别如表 4-1。

**表 4-1 马铃薯瓢虫和茄二十八星瓢虫主要区别**

| 虫态 | 茄二十八星瓢虫 | 马铃薯瓢虫 |
|---|---|---|
| 成虫 | 体长约 6mm，黑褐色；前胸背板一般有 6 个黑点（少数个体中间 4 个黑点连成一横长斑）；鞘翅基部 3 个黑斑之后的 4 个黑斑几乎排列在一条直线上；两翅合缝处无斑相连。 | 体长 7~8mm，赤褐色；前胸背板中央有 1 个大剑状斑，两侧各有 1 个小圆斑（有的个体合并为 1 个斑）；鞘翅基部 3 个黑斑之后的 4 个黑斑排列不在一条直线上；两翅合缝处有 1~2 对黑斑相连。 |
| 卵 | 长约 1.2mm，子弹形，卵块中卵粒排列较紧密。 | 长约 1.4mm，子弹形、近底部较膨大，有纵纹，卵块中央卵粒排列较疏松。 |
| 幼虫 | 体长 7.0mm，体节多枝刺，枝刺白色，基部有黑褐色纹。 | 体长约 9mm，体节有黑色枝刺，前胸及腹部第 8、第 9 节有枝刺 4 根，各枝刺上有小刺 6~10 根，枝刺基部有淡黑色环纹。 |
| 蛹 | 长约 5.5mm，背面有黑色斑纹，尾部有老熟幼虫脱皮的皮壳。 | 长约 6mm，背面有细毛和较深的黑色斑纹，尾部有老熟幼虫脱皮的皮壳，有 2 个黑色尾刺。 |

### 4.3.3 发生规律

#### 4.3.3.1 生活史与习性

（1）越冬。茄二十八星瓢虫以成虫在背风向阳的土穴、石缝、树洞、树皮裂缝、墙壁缝隙、农作物秸秆堆里、篱笆、杂草丛中等处越冬。

（2）发生世代与为害盛期。

1）年发生代数：茄二十八星瓢虫年发生代数因地而异，温度高低是影响各地年发生代数的关键因子，温度越高，年发生代数越多，纬度偏北的安徽南部、江苏南京一年发生 3 代，湖南慈利 4 代为主，少数 3 代，纬度偏南的江西南昌一年以 5 代为主，少数 4 代，亦有仅发生 1 代（越冬代成虫产卵期长，最晚产的卵，只能完成 1 代），福建沙县、永安以 6 代为主，少数发生 5 代。

2）各代发生期：湖南慈利越冬代成虫于 4 月上旬开始活动和取食为害。第 1 代 6 月中下旬为害春马铃薯、春大豆；第 2 代 7 月中旬为害春大豆、茄子、豇豆；第 3 代 8 月下旬为害夏、秋大豆、茄子、豇豆；第 4 代 9 月中旬为害秋大豆、马铃薯、秋茄子，10 月上旬成虫开始潜伏越冬（表 4-2）。福建沙县茄二十八星瓢虫各代各虫态发生期如表 4-3。江西南昌茄二十八星瓢虫各代各虫态最早产卵、孵化、化蛹和羽化日期如表 4-4。福建永安，越冬代成虫 4 月上旬出蛰活动，5 月上旬开始产卵，1~6 代成虫羽化期分别为 5 月中旬、6 月下旬至 7 月上旬、7 月下旬至 8 月上旬、9 月上中旬、10 月上中旬和 11 月上中旬。

**表 4-2　湖南慈利茄二十八星瓢虫各代各虫态发生期**　　　　　　　　　　（月/日）

| 代别 | 卵 | | | 幼虫 | | | 蛹 | | | 成虫 | | |
|---|---|---|---|---|---|---|---|---|---|---|---|---|
| | 始卵 | 盛卵 | 终末 | 始孵 | 盛孵 | 终末 | 始蛹 | 盛蛹 | 终末 | 始羽 | 盛羽 | 终末 |
| 1 | 4/24 | 4/29—5/10 | 6/7 | 5/9 | 5/10—5/19 | 6/17 | 6/2 | 6/3—6/21 | 7/12 | 6/7 | 6/8—6/25 | 7/16 |
| 2 | 6/13 | 6/5—6/22 | 6/26 | 6/20 | 6/15—6/22 | 6/29 | 7/2 | 7/3—7/4 | 7/5 | 7/13 | 7/14—7/20 | 7/22 |
| 3 | 7/14 | 7/17—7/23 | 7/24 | 7/20 | 7/24—7/27 | 7/30 | 8/14 | 8/19—9/26 | 8/28 | 8/17 | 8/20—9/1 | 9/8 |
| 4 | 8/13 | 8/21—8/27 | 8/30 | 8/21 | 8/22—8/28 | 9/2 | 9/8 | 9/9—9/13 | 9/17 | 9/2 | 9/13—9/19 | 9/22 |

**表 4-3　福建沙县茄二十八星瓢虫各代发生期**　　　　　　　　　　（旬/月）

| 代次 | 卵 | 幼虫 | 蛹 | 成虫 |
|---|---|---|---|---|
| 1 | 上中/4 | 中下/4—上/5 | 上/5 | 5 |
| 2 | 下/5—上/6 | 上中/6 | 中/6 | 下/6—上/7 |
| 3 | 上中/7 | 中下/7 | 下/7 | 下/7—上/8 |
| 4 | 上中/8 | 8 | 下/8—上/9 | 上中/9 |
| 5 | 中下/9 | 中下/9—上/10 | 下/9—上/10 | 10 |
| 6 | 10 | 中下/10 | 下/10—上/11 | 上中/11—翌年上/4（越冬） |

**表 4-4　南昌茄二十八星瓢虫各代各虫态发生期**　　　　　　　　　　（月/日）

| 虫态 | 第一代 | 第二代 | 第三代 | 第四代 | 第五代 |
|---|---|---|---|---|---|
| 产卵 | 4/25 | 6/3 | 7/6 | 8/11 | 9/10 |
| 孵化 | 5/5 | 6/8 | 7/9 | 8/15 | 9/16 |
| 化蛹 | 5/23 | 6/23 | 7/22 | 8/30 | 10/6 |
| 羽化 | 5/27 | 6/29 | 7/26 | 9/3 | 10/14 |

3）为害盛期：茄二十八星瓢虫为害盛期亦是全年种群数量最多的时期，江西南昌全年种群数量有两个高峰期，分别出现在 6 月和 9 月，也是全年为害茄科作物最严重的时期；广东广州、江苏南京和上海茄二十八星瓢虫为害最严重的时期分别出现在 5—6 月、6—8 月和 7—8 月；安徽涡阳 6 月下旬—7 月上旬虫口密度最大，为害最严重。

（3）各虫态历期。茄二十八星瓢虫各代各虫态历期长短因温度而异，湖南慈利（北纬 29°10′，年平均温度 16.7℃）在自然变温条件下饲养，各代各虫态历期如表 4-5。福建沙县、永安室内饲养结果，茄二十八星瓢虫各代各虫态历期如表 4-6。

**表 4-5　自然变温下茄二十八星瓢虫各代各虫态历期**　　　　　　　　　　（天）

| 代别 | 卵期 | | | 幼虫期 | | | 蛹期 | | | 成虫期 | | | 全世代历期 | | |
|---|---|---|---|---|---|---|---|---|---|---|---|---|---|---|---|
| | 最长 | 最短 | 平均 | 最长 | 最短 | 平均 | 最长 | 最短 | 平均 | 最长 | 最短 | 平均 | 最长 | 最短 | 平均 |
| 1 | 17 | 9 | 12.7±2.25 | 27 | 23 | 23.97±1.12 | 5 | 2 | 3.46±0.34 | 106 | 6 | 46.17±27.03 | 155 | 40 | 86.30±30.74 |
| 2 | 7 | 3 | 4.78±0.68 | 12 | 11 | 11.85±0.25 | 6 | 4 | 4.14±0.46 | 99 | 2 | 14.61±19.99 | 124 | 20 | 35.38±21.34 |
| 3 | 7 | 3 | 4.38±0.99 | 25 | 20 | 22.29±1.56 | 6 | 3 | 3.86±0.49 | 224 | 6 | 125.0±75.84 | 262 | 32 | 155.53±78.88 |
| 4 | 6 | 3 | 3.56±0.89 | 21 | 17 | 18.82±1.08 | 7 | 4 | 4.80±0.88 | 199 | 7 | 128.2±82.98 | 233 | 21 | 155.43±85.83 |

表4-6　茄二十八星瓢虫各代各虫态历期　　　　　　　　（天）

| 虫态 | 第1代 | 第2代 | 第3代 | 第4代 | 第5代 | 第6代 |
|---|---|---|---|---|---|---|
| 卵 | 6.5~8.0 | 4.0~5.5 | 3.5~4.5 | 3.0~4.0 | 4.0~5.5 | 5.0~6.0 |
| 幼虫 | 22~23 | 18~22 | 13~16 | 13~15 | 16~18 | 16~18 |
| 蛹 | 4.5~5.0 | 3.5~4.5 | 2.5~4.0 | 2.5~4.0 | 3.0~4.0 | 4.0~5.0 |
| 成虫 | 50~85 | 40~80 | 40~70 | 45~85 | 60~95 | 180~200（越冬） |

江西南昌室内自然温度下饲养结果，卵期4月下旬产的卵9天、5月中旬6天、7月上旬3天、8月下旬4~5天，9月中旬6天、10月中旬7~8天；幼虫期4月下旬孵化的18~20天、5月中旬15~18天、6月中旬11~12天、8月上中旬13~15天、9月上旬17~19天、10月中旬24~28天；蛹期，6月上旬5天、6月下旬至8月上旬3~4天、9月上旬4~6天、10月上旬7~8天；成虫寿命越冬代240~270天、1代8~115天、2代31~39天，其他各代30~45天。

湖南慈利在室内自然气温条件下用马铃薯叶片饲养，各代各龄幼虫历期如表4-7。

表4-7　茄二十八星瓢虫各代各龄幼虫历期　　　　　　　　（天）

| 代别 | 1龄 | | | 2龄 | | | 3龄 | | | 4龄 | | |
|---|---|---|---|---|---|---|---|---|---|---|---|---|
| | 最长 | 最短 | 平均 | 最长 | 最短 | 平均 | 最长 | 最短 | 平均 | 最长 | 最短 | 平均 |
| 1 | 5 | 3 | 4.15 | 8 | 5 | 6.39 | 9 | 6 | 7.77 | 8 | 5 | 6.62 |
| 2 | 6 | 5 | 5.59 | 2 | 1 | 1.53 | 3 | 2 | 2.08 | 3 | 2 | 2.75 |
| 3 | 7 | 5 | 6.23 | 6 | 4 | 4.50 | 5 | 4 | 4.67 | 6 | 5 | 5.25 |
| 4 | 9 | 3 | 4.40 | 6 | 2 | 3.74 | 5 | 2 | 3.71 | 12 | 8 | 6.18 |

（4）各虫态发育起点温度和有效积温。茄二十八星瓢虫卵、幼虫、蛹和成虫发育起点温度分别为10.685 1℃、11.680 1℃、14.324 0℃和12.013 4℃，有效积温分别为63.173 7℃·d、216.742 9℃·d、53.088 5℃·d和476.011 0℃·d。各地可根据当地有效总积温计算出茄二十八星瓢虫的大致发生代数以及各虫态大致发生时间，从而做好防治准备工作。

（5）田间种群动态。茄二十八星瓢虫在湖北汉江平原为害作物主要有马铃薯、茄子、番茄以及野生植物龙葵。4月中旬、5月上旬、5月下旬和6月上旬相继在马铃薯、龙葵、茄子和番茄上发现卵块。成虫产卵对寄主植物有明显的选择性，卵量以茄子上最多，每100株有卵3 440粒。其次为龙葵，在龙葵上一年有2个卵高峰，分别出现在5月下旬和6月上旬末，100株分别有卵1 664粒和1 464粒；马铃薯上只有1个卵高峰，出现在5月下旬初，每100株有卵708粒；番茄上也只有1个卵高峰，出现在6月中旬，每100株有卵704粒；黄瓜、辣椒上未见着卵。幼虫在龙葵上有2个数量高峰，分别出现在5月下旬和6月中旬末，每100株分别有幼虫100头和988头；马铃薯上幼虫亦有2个数量高峰，分别出现在4月下旬初和4月下旬末，每100株分别有幼虫412头和472头；番茄上幼虫数量只有1个高峰，出现在6月中旬，每100株有幼虫100头；茄子上幼虫数量高峰只有1个，出现在6月中旬末，每100株有幼虫3 140头；成虫在龙葵、番茄、茄子发生期长达7个月左右，从4月一直延续到11月初，种群数量最大、为害最重。龙葵、马铃薯上成虫数量高峰出现在6月中旬和5月下旬末，每100株分别有成虫352头和164

头；番茄上成虫有 3 个数量高峰，分别出现在 6 月上旬末、7 月上旬末和 8 月下旬末，每 100 株有成虫 84 头左右；茄子上成虫数量高峰在 7 月上旬末，每 100 株有成虫 208 头；辣椒上成虫数量高峰出现在 7 月上旬，每 100 株有成虫 8 头；南瓜上成虫数量高峰出现在 6 月上旬，每 100 株有成虫 16 头。

（6）习性

**成虫** ①羽化、活动、取食。成虫昼夜均可羽化，但以 6—10 时羽化最多，17 时后羽化明显减少。羽化后经历约 1h 即开始爬行，2 ~ 3h 后开始觅食，昼夜均可取食，但晴朗的白天取食最为活跃，食量最大。②交尾。成虫羽化后 2 ~ 3h 即可交配，以 6—8 时和 15—17 时交配最多，交尾时间短的仅数分钟，长的可达 5 ~ 6h。③产卵。雌虫交配后一般 4 ~ 5 天开始产卵，产卵多在 7—9 时和 16—18 时进行。卵块产，雌虫一天可产 1 ~ 2 块卵，多的可产 4 块卵。每块卵含卵粒 4 ~ 85 粒不等，平均 32 粒。卵块多产在寄主植物叶背面，以植株中、上部叶片产卵最多，少数产在植株下部叶片，偶尔也可产在嫩梢和茎上。④产卵量、产卵持续时间。一头雌虫一生最多产卵 511 粒，最少 51 粒，平均 300 粒。湖南慈利观察每雌产卵量因代别不同而异，1 代产卵量最多，高达 1 190 粒，2 ~ 4 代分别为 201 粒、236 粒和 170 粒。产卵期因代别不同而异，越冬代产卵期最长达 90 天左右，最短仅 7 天，其他各代产卵期一般 10 ~ 12 天，产卵期长短还受温度和营养条件的影响，成虫取食嗜食寄主，温度在 23 ~ 26℃ 时，产卵期长达 44 天，一般也有 30 多天。⑤成虫耐饿力。茄二十八星瓢虫成虫耐饥饿能力强，雌虫耐饥饿能力长达 10 ~ 12 天，雄虫略短，仅 8 ~ 9 天。⑥雌雄性比。雌雄性比因代别不同而异，湖南慈利第 1 ~ 4 代雌虫所占比例分别为 47.37%、63.16%、60.70% 和 44.44%。⑦成虫有假死性和一定的趋光性，但怕强光，白天阳光强烈时多栖居寄主植物叶片背面，阴天全天均可活动。⑧虫口密度大，食料缺乏时有自相残杀现象。

**孵化** 一天中 12 时以前孵化最多，占全天孵化的 64.3%，少数在黄昏前后孵化。同一卵块卵粒孵化自卵块边缘卵粒开始再及卵块中央卵粒，一块卵全部孵化需历时 1 ~ 3h，最长 6h，每粒卵孵化需 2 ~ 3min。

**幼虫** 初孵幼虫群集在卵块周围寄主植物叶片背面取食，经 5 ~ 6h 后，少数幼虫离开卵块，开始分散为害。幼虫不甚活跃，扩散能力弱。同一卵块孵出的幼虫，一般只能在产卵植株及周围相连的植株上为害。一块卵孵化的幼虫可为害 7 ~ 8 株马铃薯。幼虫昼夜均能取食，在食料缺乏时，有自相残杀和食卵的习性。幼虫共 4 龄，昼夜均能脱皮，但以 5—9 时脱皮最多。幼虫有一定的耐饥饿能力，3 龄和 4 龄幼虫的耐饥饿能力分别为 6.5 天和 9 天。

**化蛹** 老熟幼虫一般在 5—10 时化蛹，多数幼虫在寄主植物中下部叶片背面和茎秆上化蛹，少数在寄主叶片正面和杂草丛中化蛹。化蛹前不食不动，静伏 1 ~ 1.5 天，尾部紧贴寄主，身体中部开始隆起、缩短，脱下末龄幼虫的皮留于蛹的尾部。

#### 4.3.3.2 发生与环境的关系

（1）与温度的关系。

1）温度对生长发育的影响。在 19 ~ 31℃ 恒温条件下，幼虫、蛹和成虫均能正常生长发育，存活率高，其中尤以 25℃ 最适合幼虫、蛹生长发育，成虫羽化率高达 93.33%。

温度超过34℃，成虫死亡率高，存活率只有26.67%。

2）温度对产卵的影响。温度高低对雌虫产卵有明显的影响，25℃恒温下，雌虫寿命长达69天左右，每雌一生产卵多达1 074粒左右，其次为28℃，雌虫寿命74天左右，每雌一生产卵694粒左右；温度22℃和31℃，雌虫寿命短、产卵量少，每雌分别产卵183粒和334粒（表4-8）。

3）温度对卵孵化率的影响。25℃和28℃恒温条件下最有利于卵的孵化，孵化率分别为82.8%和80.5%，22℃和31℃恒温下孵化率均为79%。周蕾（2014）根据上述4种温度下茄二十八星瓢虫各虫态存活率和繁殖力资料组建了该虫实验种群生命表（表4-8），25℃恒温下最有利于茄二十八星瓢虫的生长发育和繁殖，种群趋势指数最大为501.47；其次为28℃恒温，种群趋势指数为312.30；22℃恒温最不利于茄二十八星瓢虫生长发育和繁殖，种群趋势指数只有76.26。

表4-8　不同温度下茄二十八星瓢虫实验种群生命表　　　　　　　　（%）

| 发育阶段 | 进入发育期虫数比例 | | | |
| --- | --- | --- | --- | --- |
| | 22℃ | 25℃ | 28℃ | 31℃ |
| 卵 | 100.00 | 100.00 | 100.00 | 100.00 |
| 1龄幼虫 | 96.67 | 100.00 | 93.33 | 100.00 |
| 2龄幼虫 | 90.00 | 96.67 | 90.00 | 96.67 |
| 3龄幼虫 | 86.67 | 96.67 | 90.00 | 96.67 |
| 4龄幼虫 | 86.67 | 96.67 | 90.00 | 90.00 |
| 蛹 | 86.67 | 93.33 | 90.00 | 86.67 |
| 成虫 | 83.33 | 93.33 | 90.00 | 86.67 |
| 雌成虫数（性比1:1） | 41.67 | 46.67 | 45.00 | 43.34 |
| 每雌平均产卵数（粒） | 183.00 | 1 074.50 | 694.00 | 334.30 |
| 预计下代产卵量（粒） | 7 625.61 | 50 146.92 | 31 230.00 | 14 488.56 |
| 种群趋势指数 | 76.26 | 501.47 | 313.30 | 144.89 |

（2）与寄主植物的关系。不同寄主植物对茄二十八星瓢虫生长发育、存活和产卵均有较大的影响。不同寄主植物对幼虫生长发育的影响：①用茄子、番茄、龙葵和南瓜叶片饲养幼虫，前三种寄主植物对幼虫生长发育无明显影响，但幼虫取食南瓜叶片时，发育历期明显延长，为前三种寄主植物的2倍以上。②对幼虫和蛹存活的影响。幼虫取食番茄、茄子和龙葵叶片的，幼虫存活率分别为86.67%、83.33%和80.00%，蛹存活率分别为90.67%、93.33%和9.33%，南瓜叶片不能满足幼虫生长发育对营养的需求，幼虫发育不良，存活率只有12.00%，死亡率则高达88%，蛹存活率更低，只有6.52%。③对成虫产卵量的影响。幼虫取食龙葵、番茄和茄子叶片的，单雌平均产卵量分别为167.4粒、181.25粒和211.5粒，茄子叶片营养价值高，羽化的成虫产卵量最高，幼虫取食南瓜叶片的，不能满足幼虫正常生长发育对营养的要求，成虫寿命最短，几乎丧失产卵能力。

（3）与天敌的关系。茄二十八星瓢虫捕食性天敌有蚂蚁、中华微刺盲蝽（*Campylomma chinensis* Schuh）以及寄生性天敌瓢虫柄腹姬小蜂（*Pediobius fovelatus* Crawford）等。中华微刺盲蝽成虫和若虫捕食茄二十八星瓢虫的卵和初孵幼虫；湖南慈利薯区7—8月蚂蚁种群数量多，对瓢虫卵块捕食率高达80%以上，对控制茄二十八星瓢虫种群数量持续增长具有明显的作用；南昌地区瓢虫柄腹姬小蜂是茄二十八星瓢虫幼虫期优势种天敌，对控制幼虫的发生和为害有一定作用。

### 4.3.4　防治方法

#### 4.3.4.1　农业防治

人工防治包括人工捕杀成虫、幼虫和摘除卵块。茄二十八星瓢虫成虫在越冬期间不食不动，为其生活史中最薄弱的环节，在冬季和早春进行捕杀，减少发生基数；各代成虫发生盛期，利用成虫假死的习性，用盆承接，叩击寄主植株，使之落于盆中，集中杀灭；根据瓢虫成虫产卵集中、卵块颜色鲜艳、易于发现，人工摘除卵块；马铃薯收获后，及时清除田间枯枝落叶，消灭潜藏于其中的成虫，并进行翻耕薯田，消灭潜藏于土壤缝隙中的越冬成虫。

#### 4.3.4.2　生物防治

常用的药剂有 0.3% 印楝素乳油 400～500 倍液（防治成虫）、600～800 倍液（防治幼虫）、0.5% 苦参碱水剂 500～750 倍液。上述药剂任选一种于成虫盛发初期或幼虫 3 龄前进行防治。茄二十八星瓢虫对杀虫剂较敏感，防治一次即可获得满意的效果。

#### 4.3.4.3　化学防治

化学防治茄二十八星瓢虫成虫和幼虫是控制该虫发生和为害最有效、最常用的防治措施。常用的药剂有 20% 氰戊菊酯乳油 3 000 倍液、2.5% 高效氯氟氰菊酯悬浮剂 2 000 倍液、10% 联苯菊酯 2 000 倍液、20% 氰戊菊酯 2 000 倍液、4.5% 高效氯氰菊酯乳油 1 500～2 000 倍液、10% 氯氰菊酯乳油 1 000 倍液，对水喷雾。上述药剂任选一种于成虫盛发初期或幼虫 3 龄前进行防治。

上述药剂中氰戊菊酯、高效氯氰菊酯对马铃薯柄腹姬小蜂毒性低，为了保护天敌应优先选用上述选择性杀虫剂。

## 4.4　桃蚜

### 4.4.1　分布与为害

桃蚜［*Myzus persica*（Sulzer）］，又称烟蚜、桃赤蚜等，属同翅目蚜科。桃蚜为世界性害虫，广泛分布于亚洲、欧洲、非洲、澳洲和美洲各个国家，我国各省（市、区）均有发生和为害。

桃蚜为害马铃薯以成蚜和若蚜群集在嫩茎和叶片上用刺吸式口器吸取汁液，导致嫩茎发育不良，甚至枯死，叶片卷曲、皱缩、变形，植株生长受阻，严重时幼苗枯死，造成缺苗断垄；成蚜和若蚜为害叶片的同时，排泄大量蜜露，可覆盖整个植株叶片表面，影响光合作用和呼吸作用的正常进行，同时蜜露中的糖分干燥浓缩后，产生较高的渗透压，使叶细胞发生质壁分离；蜜露还可以引起霉菌滋生，诱发病害的发生和为害；桃蚜除直接为害马铃薯造成减产外，还是马铃薯多种病毒病的传毒媒介。桃蚜传播的马铃薯持久性病毒有马铃薯卷叶病毒（PLRV）、马铃薯 M 病毒（PVM），传播的非持久性病毒有马铃薯 Y 病毒（PVY）、马铃薯 A 病毒（PVA）、马铃薯黄斑花叶病毒（PLMV）、马铃薯 S 病毒（PSV）以及马铃薯块茎纺锤类病毒（PSTV）等，桃蚜传播的马铃薯病毒病造成的损失高达 30% ~40%，甚至更严重。

2011 年以来，我国为害马铃薯的蚜虫包括桃蚜、马铃薯长管蚜、棉蚜等，总体上呈上升趋势，全国每年发生面积 55.2 万 ~70.1 万 $hm^2$，平均 60.6 万 $hm^2$，主要发生在甘肃、宁夏、河北、山东、贵州和云南等省（区）。2012 年宁夏 6 月中下旬和 7 月下旬至 8 月上旬蚜虫发生高峰期，百株蚜量分别高达 1 040 ~1 224 头和 1 214 ~1 402 头，有蚜株率分别为 85% ~88% 和 100%。

### 4.4.2 形态特征

干母。无翅，体色多为红色、粉红色、绿色。触角 5 节，为体长的一半。

无翅孤雌胎生蚜。体长 1.8 ~2.0mm。体色多变，有绿色、浅绿色、淡红色、橘黄色、褐色等多种颜色，有光泽。体表粗糙、背中域光滑，体侧有显著的乳突。头部触角内侧有明显的瘤状突起 1 对，触角 6 节、黑色，第 6 节的长度为基节的 6 倍，第 3 节上有毛 16 ~22 根，第 5 节端部、第 6 节基部有感觉圈 1 个。第 7 ~8 腹节有网纹。腹管长筒形，端部黑色，长为尾片的 2 ~3 倍。尾片黑褐色、圆锥形，近端部处略收缩，两侧各有长毛 3 根。

有翅孤雌胎生蚜。体长 1.8 ~2.1mm。头、胸、触角、足的端部及腹管均为黑色。头部额瘤显著向内倾斜。触角 6 节，第 3 节外侧有感觉圈 6 ~17 个，平均 11 个，第 4、第 5 节无感觉圈，第 6 节端半部黑色。复眼赤褐色。腹部颜色多变，有绿、黄绿、褐、赤褐等色，背面中部有 1 黑色近方形斑纹，其两侧各有小黑斑 1 列。腹管细长、圆筒形，向端部渐细，有瓦状纹，端部有缘突。

有翅雄蚜。形态特征与有翅孤雌胎生蚜相似，但体型较小，腹部黑斑较大，触角第 3、第 4、第 5 节均有很多感觉圈。

无翅产卵雌蚜。体长 1.5 ~2.0mm，赤褐色或灰褐色，无光泽。头部额瘤向外方倾斜。触角 6 节，末端色暗。足跗节黑色、后足的胫节较宽大。

若蚜。形态特征与无翅胎生蚜相似，但体较小。

卵。长椭圆形，长 0.44mm 左右，初产呈淡黄色，近孵化时为黑褐色，有光泽。

### 4.4.3 发生规律

#### 4.4.3.1 生活史与习性

（1）越冬。桃蚜越冬虫态因地而异，淮河以北广大农区桃蚜均以卵在桃树、李树的枝条芽眼及树干上越冬，但在温室以及风障下的菠菜等蔬菜上，无翅成蚜、若蚜在心叶上越冬，也有少数卵在菠菜叶背上越冬；淮河以南（包括陕西关中）、南岭山脉以北广大农区，桃蚜既可以卵在桃树等多种果树上越冬，还可以成蚜、若蚜在蔬菜等作物上越冬；四川、重庆等地，以成蚜、若蚜在蔬菜上活动和取食，冬季仍可以胎生繁殖，桃树上 11 月下旬可见雌雄蚜虫，但未见产卵，室内可产卵，但卵不能孵化；广东广州、云南玉溪等地以成蚜、若蚜越冬。

（2）发生世代及为害盛期。江西一年发生 30 代或 30 代以上；河南许昌发生 26 ~28 代，其中越冬寄主桃树上发生 3 代，烟草上发生 10 ~20 代，秋季蔬菜上发生 5 ~6 代。

云南玉溪 3 月下旬至 9 月中旬主要为害马铃薯、烟草，9 月下旬迁移至油菜和马铃薯上为害，在春马铃薯上虫口密度大、为害重，在秋马铃薯上虫量少、为害轻于春马铃薯。江西南昌越冬代卵于 2 月上旬至 3 月上旬陆续孵化，3 月中旬至 4 月中旬成、若虫虫口密度大，全年第一个高峰，是为害桃树最严重的时期。在桃树上繁殖 1 代后，产生有翅胎生雌蚜，迁往马铃薯、烟草、十字花科蔬菜等农作物上繁殖为害，5—6 月主要为害马铃薯和烟草，9—11 月主要为害十字花科蔬菜和马铃薯，其后部分有翅蚜迁回桃树，产生性蚜，并交配产卵越冬。江苏南京越冬卵 3 月上旬开始孵化，3 月中下旬迁飞至烟草、白菜、甘蓝、萝卜等上繁殖和为害，蔬菜上 3 月下旬至 4 月中旬，虫口密度大，为优势种蚜虫，秋后桃蚜和萝卜蚜同为优势种，对秋菜和马铃薯为害重。山东越冬卵 2 月下旬开始孵化，6 月中旬至 7 月中旬虫口密度达全年最高峰，也是为害农作物最严重的时期。河南许昌越冬卵 2 月中下旬开始孵化，4 月下旬迁入烟草等农作物上繁殖和为害，6 月上中旬至 7 月上中旬虫口密度最大，为害猖獗，10 月下旬至 11 月上旬有翅蚜迁飞至桃树上产卵越冬。陕西关中地区越冬代卵 3 月下旬开始孵化，4 月下旬至 5 月下旬以及 8 月下旬至 10 月下旬为全年两个发生高峰，为害多种农作物，造成减产，晚秋有翅蚜迁飞至桃树上产卵越冬。

一般而言，桃蚜越冬卵产卵期，黄河以北在 10 月下旬至 11 月上旬初，黄河以南、长江以北为 11 月上中旬，长江以南广大地区则多在 11 月下旬至 12 月上中旬。越冬卵孵化日期南方早、北方晚，长城以南、黄河以北地区，越冬卵孵化多数在 3 月中下旬；黄河以南、长江以北地区越冬卵多数在 2 月下旬至 3 月上中旬孵化；长江以南、南岭山脉以北，越冬卵多数在 2 月上旬至 3 月上旬孵化。

（3）各虫态历期。河南许昌干母自孵出至产仔 27 天；第 2 代最短 7 天，最长 18 天，平均 11 天；第 3 代最短 13 天，最长 21 天，平均 17.4 天；第 4 至 18 代，每代最短 3 天，最长 17 天，平均 8 天；第 19 至 23 代，每代最短 5 天，最长 13 天，平均 8 天；性母最短 11 天，最长 15 天，平均 13 天。山东 5 月上旬至 7 月中旬若蚜 3 ~ 17 天。

温度对桃蚜发育历期有明显的影响，在一定温度范围内随温度的升高，发育历期缩短，即发育速率加快，以马铃薯叶片为饲料，每天 16L、8D 光照和相对湿度 60% ±10% 条件下，恒温 25℃时若蚜历期和世代历期最短，分别为 5.84 天和 7.14 天；在恒温 10℃时发育速率慢，若蚜历期和世代历期最长，分别为 14.89 天和 17.23 天；在恒温 30℃时，不利于桃蚜生长发育，若蚜历期最长为 5.98 天，在该温度下成蚜不能繁殖。产仔前期则以 20℃时最短，只有 0.84 天，其次为 15℃为 0.90 天，25℃产仔前期较长为 1.30 天（表 4 – 9）。温度对有翅型蚜和无翅型蚜历期的影响明显不同，在 24℃和 26℃恒温条件下，有翅蚜从出生到羽化为成蚜历期分别为 7.3 天和 6.3 天，无翅蚜则分别为 5.7 天和 5.4 天，显著短于有翅蚜的发育历期。在上述两种温度最有利于有翅蚜和无翅蚜的生长发育，发育历期是所有供试温度（6.1 ~ 36.9℃）最短的。低温不利于无翅蚜和有翅蚜的生长发育，在 6.1℃下发育历期最长，有翅蚜为 56.4 天、无翅蚜为 46.5 天，在 6.1 ~ 26.0℃范围内，发育历期随温度升高而缩短。高温不利于无翅蚜和有翅蚜的生长发育，温度超过 30℃则不能存活。成虫寿命则相反，在 6.1 ~ 30.0℃范围内随温度的升高，成虫寿命随之缩短，在 6.1℃和 11.0℃低温下，有翅蚜寿命分别为 53.3 天和 45.8 天，无翅蚜寿命分别为 54.6 天和 49.2 天。温度超过 30℃，有翅蚜和无翅蚜不能存活。

表4-9　不同温度下桃蚜发育历期　　　　　　　　　（天）

| 发育阶段 | 10℃ | 15℃ | 20℃ | 25℃ | 30℃ |
|---|---|---|---|---|---|
| 1龄若虫 | 3.16 ± 0.11 | 2.97 ± 0.08 | 2.40 ± 0.11 | 1.44 ± 0.07 | 1.07 ± 0.04 |
| 2龄若虫 | 3.43 ± 0.05 | 2.47 ± 0.08 | 1.62 ± 0.06 | 1.00 ± 0.09 | 1.33 ± 0.08 |
| 3龄若虫 | 3.37 ± 0.14 | 2.64 ± 0.11 | 1.94 ± 0.09 | 1.64 ± 0.11 | 1.52 ± 0.08 |
| 4龄若虫 | 4.56 ± 0.20 | 2.94 ± 0.08 | 2.04 ± 0.08 | 1.77 ± 0.12 | 2.07 ± 0.08 |
| 若蚜期 | 14.89 ± 0.24 | 11.00 ± 0.15 | 2.97 ± 0.15 | 5.84 ± 0.14 | 5.98 ± 0.12 |
| 产仔前期 | 2.35 ± 0.31 | 0.90 ± 0.11 | 0.84 ± 0.10 | 1.30 ± 0.12 | — |
| 世代 | 17.23 ± 0.44 | 11.90 ± 0.14 | 8.80 ± 0.18 | 7.14 ± 0.12 | — |

（4）体色生物型。桃蚜的寄主多达50多科400多种植物，同时在不同地区或不同季节，在各种寄主间存在相互迁移和转移为害的习性，从而形成了对各自寄主的特殊适应性，其中体色变异就是其适应不同生态环境而产生的种下生物型现象之一。日本根据体色变化将桃蚜体色生物型分为绿色型和红色型，并且认为体色由遗传基因控制，红色型由显性基因 $R$ 控制，绿色型由隐性基因 $r$ 控制。我国南京桃蚜根据体色分为3个生物型即黄绿色型、红色型和褐色型，三种体色生物型比较稳定，可能由遗传基因所控制。西安桃蚜体色生物型则可分为红色型、绿色型、黄绿色型和褐色型。由于桃蚜在田间存在体色生物型，进行虫口密度调查时，应准确鉴定虫种。

（5）田间种群动态。黑龙江呼兰地区为害马铃薯的优势蚜虫有桃蚜、棉蚜、大戟长管蚜和茄无网蚜等4种，用黄皿诱蚜器诱集有翅蚜结果，有翅蚜迁入薯田一般在6月中下旬，数量高峰期因不同年份而异。2002年有翅蚜数量出现在9月上旬，9月4日为高峰日，2天诱集有翅蚜4 126头；2003年有翅蚜数量有2个高峰，一为6月下旬，为主峰，高峰日为6月26日，2天诱集有翅蚜760头，另一个高峰在9月上旬初，但虫量远比第一个高峰为少。内蒙古呼和浩特薯区马铃薯蚜虫主要有桃蚜和棉蚜、藜蚜（Hayhurstia atriplicis），指网管蚜（Uroleucon sp.）数量少，为害轻。有翅蚜数量动态因不同年份而异，2010年有5个数量高峰，分别出现在6月下旬、7月初、8月上旬中、8月中旬和8月下旬末，以后2个高峰数量多，2011年则只有3个高峰，分别出现在6月下旬、7月中旬末和8月下旬末，以第2个高峰数量多。呼和浩特薯区，有翅蚜和无翅蚜数量动态总的趋势是6月上旬有翅蚜迁入薯田，其后蚜量逐渐增加，至7月下旬种群数量迅速增加，8月中旬达全年最高峰，其后随着马铃薯植株的老化，种群数量迅速下降，产生有翅蚜，并迁出薯田。应用最优分割法将马铃薯田蚜虫种群数量动态分为4个阶段：①初建期。6月上中旬，随温度上升和马铃薯幼苗的生长发育，有翅蚜迁入薯田，蚜虫分布在少数植株上，密度低。②缓慢增长期。6月下旬至7月中旬，随蚜虫的繁殖，虫口数量缓慢上升，逐渐向周围植株扩散。③快速增长期。7月下旬至8月中旬，蚜量急剧上升，扩散至全田为害。④衰落期。8月下旬后，随着温度下降和马铃薯植株衰老枯黄，产生大量有翅蚜并迁出薯田。宁夏六盘山阴湿冷凉薯区，桃蚜（优势种包括其他蚜虫）有翅蚜迁入马铃薯田始见于5月上中旬，全年有3个数量高峰，分别出现在6月中旬、7月中下旬和8月中旬，以第1峰为主，第2峰次之，第3峰数量最少，9月上中旬迁飞至越冬寄主产卵越冬。

4.4.3.2　发生与环境条件的关系

（1）与温度、降雨量的关系。桃蚜的生长发育和繁殖受气候的影响较大，早春温度偏高的年份，越冬卵孵化早，发生代数多，有利于虫口的积累，为害重。反之，早春回暖迟，越冬卵孵化相应推迟，发生代数少，不利于虫口的积累，为害轻。

内蒙古薯区降雨量是影响桃蚜种群数量变动的最重要的气候因子，2010年和2011年马铃薯上蚜虫出现的时间均在6月上旬，8月上中旬田间种群数量达全年最高峰，8月下旬数量开始下降，两年蚜虫发生动态基本一致，但发生量相差悬殊，2010年蚜量大大超过2011年，前者每株蚜量高达323头，后者每株只有13.0头，其原因是两年降雨量不同。2010年6月、7月和8月降雨量分别为22.6mm、36.3mm和29.8mm，而2011年降雨量分别为84.7mm、57.0mm和26.5mm。降雨量多，田间湿度大，不利于蚜虫生长发育和繁殖，种群数量相应随之减少。

温度对桃蚜存活率和繁殖力有明显的影响，在室内10~30℃恒温条件下，存活率随温度升高而下降，10℃和15℃下存活率最高，分别达65.53%和56.21%，其次为20℃和25℃下，存活率分别为49.49%和32.07%，30℃高温条件下，存活率只有10.29%，大部分蚜虫因高温不能存活而死亡。温度不但影响蚜虫的存活率，而且对产蚜期、单雌日均产蚜量和总产蚜量也有很大的影响。10℃和15℃下，产蚜期最长，分别为33.16天和31.37天；20℃和25℃下产蚜期明显缩短，分别只有19.47天和17.47天；日均产蚜量在20℃时达最大值为4.42头，其次25℃为3.61头，10℃时日均产蚜量最少、仅为2.19头；雌蚜一生总产蚜量以15℃时最多、为87.33头，其次为20℃、为83.80头，10℃和25℃时产蚜量分别为71.38头和62.73头。20~25℃为桃蚜繁殖最适温度。有翅蚜和无翅蚜单雌一生产仔数不尽相同，19.9℃下平均产仔最多，有翅蚜和无翅蚜分别为55.7头和80.7头，单雌日均产仔数分别为3.71头和5.56头；其次为22.4℃下，有翅蚜和无翅蚜单雌一生平均产仔分别为46.4头和80.2头，日均产仔分别为3.36头和5.91头，温度在30℃，蚜虫不能存活而死亡，低温（6.1℃）下仍能产仔，但产仔量明显减少，有翅蚜和无翅蚜单雌一生平均产仔分别为1.5头和9.5头，日均产仔分别为0.15头和0.63头。

温度对桃蚜种群生命表参数有明显的影响。世代平均历期在10℃低温下最长，达30.08天，随温度提高，世代历期随之缩短。25℃最有利桃蚜生长发育，世代历期最短，只有14.28天；净增殖率在15℃时最高，为86.55，其次为20℃和25℃，净增殖率分别为23.15和62.99，在10℃低温下，净增殖率只有51.0；内禀增长率随温度升高而增大，25℃达最大值为0.2896，其次为25℃和15℃，在温度10℃时内禀增长率最低仅为0.1307；种群加倍时间随温度提高而缩短，25℃种群加倍时间最短，为2.39天，10℃低温下种群加倍时间最长，为5.30天（表4-10）。25℃条件下，最有利于桃蚜种群数量的增长。内禀增长率综合了种群的出生率、死亡率、年龄组配、生殖力和发育速率等因素，能敏感反映出环境条件的微细变化对种群的影响，是描述种群增殖能力的一个重要参数。

表4-10　不同温度下桃蚜种群生命表参数

| 生命表参数 | 10℃ | 15℃ | 20℃ | 25℃ |
|---|---|---|---|---|
| 世代平均历期 $T$（天） | 30.08 | 23.84 | 18.03 | 14.28 |
| 净增殖率 $R$（%） | 51.00 | 86.55 | 73.75 | 62.49 |
| 内禀增长率 $r_m$ | 0.1307 | 0.1871 | 0.2385 | 0.2896 |
| 种群加倍时间 $t$（天） | 5.30 | 3.70 | 2.91 | 2.39 |

（2）与品种的关系。马铃薯不同品种对桃蚜的生长发育和繁殖有明显的影响，在 Cardinal 品种上发育历期最长，繁殖率和存活率最低，内禀增长率（$r_m$）最低，只有 0.25，其次为 Ultimus 品种，内禀增长率 $r_m$ 为 0.31，这两个马铃薯品种对桃蚜表现出明显的抗生作用，不利其种群数量的增长，而 Desiree 品种有利于桃蚜的生长发育和繁殖，桃蚜的发育历期最短，存活率和繁殖率最高，内禀增长率 $r_m$ 高达 0.41，有利于种群数量持续增长。

（3）与天敌的关系。桃蚜天敌种类多，种群数量大，是控制其发生和为害的重要生物因子。薯田桃蚜捕食性天敌主要有瓢虫科的异色瓢虫（Harmonia axyridis）、龟纹瓢虫（Propylaea japonica）、七星瓢虫（Coccinella septempunctata），草蛉科的中华草蛉（Chrysopa sinica）、大草蛉（C. septempunctata）、丽草蛉（C. formssa），食蚜蝇科的黑带食蚜蝇（Epistrophe balteata）、大灰食蚜蝇（Syrphus corollae）以及多种蜘蛛如微蛛科的草间小黑蛛（Erigonidium graminicola）、食虫瘤胸蛛（Oecdothorax insecticeps）、园蛛科的茶色新园蛛（Neoscona theisi）、黄褐新园蛛（N. doenitzi）等；寄生性天敌主要有黑腹蚜茧蜂（Lysiphlebus japonicus）、蚜茧蜂（Aphidius sp.）等。薯田桃蚜天敌不但种类多，而且种群数量大，马铃薯生长中期，瓢虫数量 0.5 万 ~ 1.2 万头/667m²，蜘蛛数量更多达 2.5 万 ~ 3.5 万头/667m²，1 头瓢虫成虫和幼虫一天能捕食蚜虫 150 ~ 200 只，蚜茧蜂的寄生率一般为 20% 左右，高的可达 40% ~ 50%。这些天敌综合作用于桃蚜，能有效控制其种群数量的持续增长。

### 4.4.4　防治方法

#### 4.4.4.1　农业防治

（1）除草灭虫。冬季和早春桃蚜孵化前后，及时铲除薯田四周杂草，切断桃蚜中间寄主和栖息场所，恶化害虫生存环境，减少迁入薯田的数量。

（2）防治过渡寄主虫量。早春搞好桃树和油菜上桃蚜的药剂防治，特别是马铃薯病毒病严重流行的薯区尤为重要，将有翅蚜消灭在马铃薯田以外，减少传毒媒介迁入薯田。

#### 4.4.4.2　物理防治

黄板诱杀有翅蚜或银灰膜驱避蚜虫：桃蚜对黄色有明显的正趋性，在有翅蚜迁入薯田时，放置黄色粘虫板诱杀有翅蚜，减少发生基数。黄色诱虫板可用纤维板、硬纸板、塑料板自行制作，大小 15 ~ 20cm²，在其上涂上黄色颜料后再涂抹 10 号机油或凡士林即可，每 667m² 放置粘虫板 20 ~ 30 块，黄板放置高度应高于作物 20 ~ 30cm。桃蚜对银灰膜有负的趋性，用银灰膜趋避桃蚜也有很好的防虫效果。方法是马铃薯田四周挂银灰膜或在田间铺上银灰膜。

#### 4.4.4.3　化学防治

药剂防治包括药剂拌种和大田药剂喷雾治虫。

（1）药剂拌种：常用的拌种剂有吡虫啉和噻虫嗪。可用 70% 吡虫啉种衣剂 25g 对水 4kg，用喷雾器均匀喷雾于 100kg 种薯上，晾干后播种；或 70% 噻虫嗪种衣剂 2.0 ~ 2.5g 加 1kg 滑石粉混合均匀后再拌 100kg 种薯。药剂拌种能有效控制马铃薯苗期蚜虫的为害。

（2）田间药剂喷雾防虫：大田防治桃蚜常用的杀虫剂有 2.5% 溴氰菊酯乳油 3 000 倍

液、20%氰戊菊酯乳油2 500倍液、50%抗蚜威可湿性粉剂5 000~6 000倍液、40%辛硫磷乳油800倍液等，亦可用2.5%高效氯氟氰菊酯水乳剂30g/hm$^2$、10%吡虫啉可湿性粉剂45g/hm$^2$、70%啶虫脒水分散粒剂42g/hm$^2$、50%氟啶虫胺腈水分散粒剂37~45g/hm$^2$对水喷雾。上述药剂任选一种于桃蚜发生初期进行防治。氟啶虫胺腈是一种高效、低毒、低残留、内吸性好、对非靶标生物安全的砜亚胺类化合物，防治刺吸式口器害虫既具有速效性又有持效性的全新杀虫剂。

## 4.5　美洲斑潜蝇

### 4.5.1　分布与为害

美洲斑潜蝇（*Liriomyza sutivae* Blanchard），异名 *Liriomyza verbennicola* Hering、*L. canomarginis* Frick、*L. pullata* Frick、*L. propepusilla* Frost、*L. minutiseta* Frick、*L. guytona* Freeman、*L. munda* Frick。又称蔬菜斑潜蝇、苜蓿斑潜蝇、美洲甜瓜斑潜蝇等，属双翅目潜蝇科。

美洲斑潜蝇原产南美洲的阿根廷，目前该虫已广泛分布于除欧洲以外的世界各大洲。中国于1993年在海南三亚反季节瓜菜等作物上首次发现美洲斑潜蝇后，至今包括台湾省在内至少有29个省（区、市）报道有此虫的发生与为害。

美洲斑潜蝇对寄主的为害，一是幼虫潜藏于寄主叶片内，取食叶片上表皮的栅栏组织，仅留下海绵组织，在叶片表皮形成白色蛇状潜道。由于叶绿素细胞啃食一光，大大降低了植株的光合效能，为害严重时，导致植株叶片枯萎脱落，严重影响作物的产量和品质。二是雌虫以产卵管刺破寄主植物表皮，形成许多小刻点，雌雄成虫取食刻点上流出的汁液，引起细胞大量死亡，在叶片上形成直径0.15~0.30mm的白点。三是观赏植物叶片被害，降低了观赏植物的观赏价值和商业价值。四是美洲斑潜蝇还能传播多种植物病毒，其中包括芹菜花叶病毒，间接导致作物减产和降低观赏植物的商业价值。美洲斑潜蝇在吉林、辽东薯区为害马铃薯，被害株率高达60.0%，叶片被害率3.5%，每叶有潜道1~2条，对马铃薯生产造成一定的影响。

美洲斑潜蝇是一种典型的杂食性害虫，国外报道其寄主包括马鞭草科、茄科、旋花科、南瓜科、锦葵科、辣木科、大戟科、花忍科、豆科等13科100多种农作物和野生植物。我国1993年开展全国性普查工作，发现美洲斑潜蝇的寄主植物多达33科170多种农作物和野生植物，其中包括葫芦科的冬瓜、节瓜、南瓜、西瓜、甜瓜、西葫芦、苦瓜等；豆科的花生、扁豆、菜豆、豌豆、绿豆、豇豆等；十字花科的油菜、花椰菜、甘蓝、榨菜、萝卜等；菊科的向日葵、莴苣以及观赏植物的各种菊花；茄科的马铃薯、茄子、辣椒、番茄、烟草等；大戟科的蓖麻等；散形花科的芹菜、胡萝卜；胡麻科的芝麻；百合科的大蒜、葱、韭菜、洋葱等；黎科的波菜等；天南星科的芋；旋花科的甘薯；禾本科的小麦、玉米等以及隶属于不同科的野生植物。上述农作物中，尤以菜豆、豇豆、扁豆、茄子、马铃薯、辣椒、番茄、烟草、黄瓜、丝瓜、甜瓜、西瓜受害最重，往往导致减产20%~30%，高的达40%左右。野生寄主以龙葵、曼陀罗、艾蒿为主。

### 4.5.2 形态特征

成虫。成虫为一种体型短小、黄黑相间的小型蝇类。雌蝇体长 2.1mm 左右,雄蝇体长 1.4mm 左右。头部颜面、触角鲜黄色,眼眶与颜面位于同一平面,后头黑色区域伸至眼眶及上额。中胸背板亮黑色,小盾片及中侧片黄色,中侧片上散布大小多变的黑斑,在浅色个体中,此黑斑收缩成沿下缘伸展的小灰带纹;在深色个体中,此黑斑扩大达前缘。腹侧片上有大块三角形黑斑,边缘黄色。足基节、腿节鲜黄色,胫节以下较黑;前足黄褐色、后足黑褐色。翅透明,翅腋瓣和平衡棒黄色。腹部长圆形,大部黑色,仅背片两侧黄色。中胸背板两侧各有背中鬃 4 根,第 1~2 根的距离是第 2~3 根的 2 倍,第 3~4 根的距离与第 2~3 根的距离大致相等。中鬃 4 列,排列不规则。

雌雄成虫鉴别。雌蝇中侧片毛 4 根,雄蝇 3 根;雌蝇腹部末端几节呈圆筒形产卵管鞘,不用时伸入腹内,产卵时伸出产卵管鞘,并从鞘内伸出产卵管产卵;雄蝇腹部末端有 1 对背刺突(侧尾叶),腹面有下端钩突。阳茎包被于背刺突中,阳茎端部分开、淡色。

卵。长 0.3~0.4mm,宽 0.15~0.2mm,长椭圆形,初产淡黄色、后期淡黄绿色、水渍状。

幼虫。初孵幼虫体长 0.4mm,3 龄幼虫体长 4mm 左右。体色初期淡黄色、中期淡黄橙色,老熟幼虫黄橙色。体圆柱形,稍向腹面弯曲,各体节粗细相似,前端稍细、后端粗钝。头部后面 11 节,其中 1~3 节能自由伸缩的黑色骨化口钩,其外方有小齿 4 个。胸部和腹部各体节相接处侧面有微粒状突起。气门两端式,前气门 1 对,突出于前胸近背中线处,后气门 1 对位于腹末节近中线处,每个后气门呈圆锥状突起,其顶端又分 3 叉,每叉上有气门开口。

蛹。雌蛹长 1.7~2.1mm,雄蛹长 1.5~1.7mm。化蛹初期呈淡黄色,中期黑黄色,羽化前黑色至银灰色。围蛹椭圆形,蛹末节背面有后气门 1 对,分别着生于左右锥形突上,每个后气门端部有 3 个指状突,中间指状突稍短,气门孔位于指状突顶端。羽化前蛹体前端几节纵裂成羽化孔,为成虫羽化后外出的通道。

### 4.5.3 发生规律

#### 4.5.3.1 生活史及习性

(1)发生世代及发生盛期。海南根据田间调查以及平均最低、最高温度和美洲斑潜蝇发育起点温度和有效积温推算,一年发生 21~24 代。广东广州室内自然气温条件下饲养,美洲斑潜蝇一年发生 16 个世代(表 4-11)。

表 4-11 美洲斑潜蝇年发生世代及各虫态历期

| 代别 | 起止日期<br>(日/月/年) | 历期(天) | | | | |
| --- | --- | --- | --- | --- | --- | --- |
| | | 成虫卵前期 | 卵 | 幼虫 | 蛹 | 世代 |
| 1 | 24/12/1994—19/2/1995 | 5.5 | 10.5 | 15.0 | 31.0 | 56.5 |
| 2 | 20/2/1995—24/3/1995 | 4.0 | 9.0 | 7.5 | 16.0 | 32.5 |
| 3 | 25/3/1995—20/4/1995 | 3.5 | 7.0 | 6.5 | 12.0 | 25.5 |
| 4 | 21/4/1995—09/5/1995 | 1.5 | 4.5 | 4.0 | 9.5 | 18.0 |

（续表）

| 代别 | 起止日期<br>（日/月/年） | 历期（天） | | | | |
|---|---|---|---|---|---|---|
| | | 成虫卵前期 | 卵 | 幼虫 | 蛹 | 世代 |
| 5 | 10/5/1995—27/5/1995 | 1.0 | 4.0 | 4.0 | 9.0 | 17.0 |
| 6 | 28/5/1995—13/6/1995 | 0.5 | 3.5 | 4.0 | 8.5 | 16.0 |
| 7 | 14/6/1995—28/6/1995 | 0.5 | 3.0 | 3.5 | 8.0 | 14.5 |
| 8 | 19/6/1995—11/7/1995 | 0.5 | 3.5 | 3.0 | 7.0 | 13.0 |
| 9 | 12/7/1995—25/7/1995 | 0.5 | 3.5 | 3.0 | 7.0 | 13.0 |
| 10 | 26/7/1995—10/8/1995 | 1.0 | 3.5 | 3.0 | 8.0 | 14.5 |
| 11 | 11/8/1995—27/8/1995 | 1.0 | 3.5 | 3.5 | 9.0 | 16.0 |
| 12 | 28/8/1995—14/9/1995 | 1.0 | 3.5 | 3.5 | 9.5 | 16.5 |
| 13 | 15/9/1995—02/10/1995 | 1.5 | 3.5 | 3.5 | 10.0 | 17.5 |
| 14 | 03/10/1995—25/10/1995 | 3.0 | 3.0 | 5.0 | 12.0 | 22.0 |
| 15 | 26/10/1995—26/11/1995 | 3.0 | 4.5 | 6.0 | 16.0 | 29.5 |
| 16 | 27/11/1995—10/1/1996 | 4.0 | 6.5 | 10.0 | 22.5 | 44.0 |

江西南昌 6 月下旬从田间采集美洲斑潜蝇幼虫室内饲养至 11 月上旬可完成 8 个完整世代，11 月上旬化蛹，部分蛹进入越冬状态，部分蛹羽化为成虫，但不产卵，因低温而死亡。根据美洲斑潜蝇世代发育起点温度和有效积温以及南昌地区 4—12 月平均气温推算该虫在南昌一年可发生 10 代。6 月下旬室内饲养各代发生期和各虫态历期如表 4-12。

**表 4-12　美洲斑潜蝇各代各虫态历期**　（天）

| 代别 | 成虫 | | 卵 | | 幼虫 | | 蛹 | | 世代历期 |
|---|---|---|---|---|---|---|---|---|---|
| | 发生期 | 历期 | 发生期 | 历期 | 发生期 | 历期 | 发生期 | 历期 | |
| 1 | 6 月下旬 | 1~3 | 7 月初 | 8 | 7 月上旬 | 4 | 7 月中旬 | 8 | 20 |
| 2 | 7 月中旬 | 1~4 | 7 月中下旬 | 7 | 7 月下旬 | 3 | 7 月下旬至 8 月上旬 | 7 | 17 |
| 3 | 8 月上旬 | 1~7 | 8 月上旬 | 4 | 8 月上旬 | 3 | 8 月上旬 | 6 | 13 |
| 4 | 8 月中旬 | 1~8 | 8 月中旬 | 4 | 8 月中旬 | 3 | 8 月上中旬 | 7 | 14 |
| 5 | 8 月下旬 | 1~7 | 9 月初 | 4 | 9 月上旬 | 4 | 8 月下旬 | 7 | 15 |
| 6 | 9 月中旬 | 1~8 | 9 月中旬 | 4 | 9 月中旬 | 4 | 9 月中旬 | 7 | 15 |
| 7 | 10 月初 | 1~3 | 10 月上旬 | 4 | 10 月上旬 | 5 | 9 月下旬至 10 月初 | 9 | 17 |
| 8 | 10 月下旬 | 2~3 | 10 月下旬 | 6 | 11 月上旬 | 6 | 10 月中旬 | 13 | 21 |
| 9 | 11 月下旬 | 3~5 | 11 月上旬至 12 月下旬或越冬 | | | | | ≥15 | |

山西运城地区美洲斑潜蝇一年发生 9 代，各代成虫盛发期（日/月）分别为 1/5—3/5、25/5—31/5、19/6—25/6、7/7—10/7、24/7—28/7、4/8—7/8、21/8—24/8、5/9—9/9 和 24/9—26/9；幼虫盛发期分别为 6/5—11/5、2/6—7/6、27/6—1/7、12/7—16/7、26/7—30/7、7/8—10/8、23/8—27/8、9/9—13/9 和 28/9—30/9。

（2）各代各虫态历期。美洲斑潜蝇各代各虫态历期因温度高低而异，广州 6 月中旬至 8 月上旬温度高，发育速度快，完成 1 个世代 13.0~14.5 天，4 月下旬至 6 月中旬以及 8 月中旬至 10 月上旬发育速度次之，完成 1 个世代 17.5~18.0 天，冬季温度低，发育速度慢，完成 1 个世代长达 44.0~56.5 天，其中蛹期占世代历期的一半以上。成虫产卵前期最长 5.5 天，最短 0.5 天，一般 1~1.5 天；卵期最长 10.5 天，最短 3 天，一般 3.5

天；幼虫期最长 15 天，最短 3 天，一般 3.5~4 天；蛹期最长 31 天，最短 7 天，一般 8~9 天；完成 1 个世代最长 56.5 天，最短 13 天，一般 14~18 天。

南昌 6 月下旬开始饲养至 11 月下旬，可完成 9 代。卵期以第 1、2、8 代最长，分别为 8 天、7 天和 6 天，其余各代为 4 天；幼虫历期以 7、8 代最长，分别为 5 天和 6 天，第 1、5、6 代次之，均为 4 天，第 2、3 代最短，只有 3 天；蛹历期以 8 代最长，达 55 天以上，第 6、7 代次之，分别为 9 天和 13 天，第 1 代 8 天，第 3 代最短为 6 天，第 2、4、5 代均为 7 天；成虫寿命 1~7 代大多为 1~2 天，少数 8 天，第 8 代 2~3 天，第 9 代 3~5 天（表 4-12）。

湖南长沙在温度 30~32℃、相对湿度 80%，以豇豆为饲料，美洲斑潜蝇卵期平均 2.5 天，幼虫期平均 3.5 天，蛹期平均 6 天，成虫寿命平均 5.5 天，全世代平均历期 17.5 天，最短 13 天，最长 23 天。

河南洛阳，夏季气温高，发育快，各虫态历期短，卵期 1~2 天，幼虫期 3~4 天，蛹期 17~18 天，早春和晚秋气温低，发育慢，各虫态历期较长，卵期 4~6 天，幼虫期 6~8 天，蛹期 13~15 天。

辽宁朝阳室内饲养，卵期 2.8~6.4 天，幼虫期 3.6~8.4 天，蛹期 7.3~14.3 天，成虫寿命 1~21 天。

（3）发育起点温度和有效积温。美洲斑潜蝇卵、幼虫、蛹及全世代发育起点温度分别为 10.04、9.70、10.20、9.76℃，卵、幼虫、蛹及全世代有效积温分别为 65.26、80.70、147.96、298.33℃·d，应用有效积温法则，根据各地温度资料，可以推算出当地美洲斑潜蝇年发生代数。

（4）发生和为害动态。美洲斑潜蝇田间种群数量动态和为害受温度、降雨量、寄主植物、耕作栽培制度等环境因素的影响，发生和为害因地而异。广州一年四季都能发生和为害，发生量以夏秋季虫口密度最大、虫情指数最高、为害最重，冬春两季虫口密度较低、虫情指数较小、为害较轻。一年中以 5—10 月为发生盛期，虫情指数有两个高峰，次峰出现在 5 月上旬至 8 月上旬，主峰出现在 9 月中旬至 10 月下旬。

湖北襄阳、十堰等鄂西北地区，美洲斑潜蝇田间为害始见期出现在 4 月中旬，但种群数量少、为害轻，5—7 月种群数量逐渐增加，春播作物受害较重，7 月下旬至 8 月上旬，高温干旱，天气对该虫的存活和繁殖有明显的抑制作用，田间发生数量大大减少，8 月中旬开始，种群数量急剧上升，8 月下旬至 10 月中旬种群数量达全年最高峰，也是全年为害农作物最严重的时期，11 月上旬开始种群数量减少，进入冬季后，低温对生长发育不利，老熟幼虫化蛹进入越冬状态。

四川攀西地区属川西南山地亚热带半湿润气候区，美洲斑潜蝇在该区种群数量季节消长属双峰期，而且春季高峰明显大于秋季高峰。米易县的始盛期出现在 2 月中旬，高峰期分别出现在 5 月上中旬和 8 月下旬，以 5 月上中旬的种群数量最多，为害最重。西昌的始盛期出现在 4 月上旬，高峰分别出现在 5 月下旬和 9 月上旬，也是以 5 月下旬种群数量最多。四川盆地的射洪，美洲斑潜蝇种群数量季节消长属单峰型，始盛期出现在 7 月中下旬，高峰出现在 8 月上旬至 9 月上旬。

山西太原 4 月下旬随温度升高及田间寄主植物的增多，成虫陆续从保护地迁移至大田，5 月下旬至 6 月上旬田间出现第 1 个为害高峰，6 月中下旬至 9 月上中旬美洲斑潜蝇种群数量逐渐增多，形成多个为害高峰，其中尤以 9 月上中旬种群数量最多，为害最重。10 月温度逐渐降低，田间虫量亦相应下降，羽化出的成虫迁移至保护地，继续在嗜食作物上产卵为害。

（5）习性。

**成虫** ①羽化。刚羽化的成虫对光有正反应，爬向寄主植物叶正面，静止 10～20min 后，扩展双翅和体躯，再经历 20～60min，开始活动；南昌观察，羽化高峰出现在 6—10 时，占全天羽化总数的 87.86%，10—12 时羽化的占 10.44%，12—16 时羽化的占 1.69%，其他时间未见成虫羽化。广州观察成虫全天均能羽化，其中尤以 7—11 时羽化数量最多，占全天羽化总数的 82.93%，5—7 时和 11—14 时羽化的分别占 10.8% 和 4.88%，0—5 时、14—20 时以及 20—24 时羽化的仅占 1.39%；一般雄虫羽化略早于雌虫。②交尾。成虫羽化后不久即可飞翔觅食、交尾，雌虫以产卵管刺破寄主植物表皮，雌雄成虫取食从该处流出的汁液。温度高时，羽化当天 11—12 时即大量交尾，通常选择在寄主植物背光处进行交尾；交尾时间 10min 左右，长的达 35～120min，1 次交尾足以满足雌虫受精之需要。③产卵。产卵前期因温度而异，平均温度 21.4℃，26.1℃、29.9℃、30.9℃和 32.3℃时，产卵前期分别为 3.5 天、1.42 天、1.12 天、1.08 天和 1.0 天；卵多产于寄主植物中、上部叶片正面、下部老叶产卵较少，一般不产在植株上部未展开的嫩叶上；每雌产卵量因温度而异，最多产卵 200 粒，最少 24 粒，温度低于 16℃，虽能交尾，但不产卵，温度 35℃时，雌虫仍能产卵，每雌产卵 50 多粒。室内温度 23.9～29℃，相对湿度 69%～74.3% 条件下，产卵高峰出现在羽化后第 3～10 天；辽宁朝阳，6—7 月平均温度 27.2℃，产卵高峰出现在开始产卵后的第 2～3 天，占总产卵量的 53.7%。④活动。美洲斑潜蝇雌虫具有一定的飞翔能力，在无风的条件下，雌虫 1 天内飞行扩散距离平均可达 21.5m，雄虫平均为 18.0m；雌虫取食和产卵均在白天进行，早晨和傍晚行动缓慢，中午前后最为活跃，晚上静伏于寄主植物叶片上不食不动，雨天栖息在叶片背面。一天中的高温时段，雌虫一般在较阴凉的植株下部活动。⑤寿命。成虫寿命长短与补充营养有无关系密切，在室内温度 26℃、相对湿度 80%、14h 光照、10h 黑暗的条件下，取食不同糖度蜂蜜和白糖水的雌成虫寿命 11 天左右，雄成虫寿命 9 天左右，不给补充营养的雌雄成虫寿命仅 1.6 天。⑥趋性。美洲斑潜蝇成虫对黄色具有很强的趋性。6 种黄色（淡黄、土黄、柠檬黄、中黄、橘黄和深黄）中，对中黄的趋性最强，诱集的成虫最多，其次为淡黄，对柠檬黄的趋性最弱，诱集的成虫最少。6 种不同黄色的趋性大小依次为中黄＞淡黄＞土黄＞橘黄＞深黄＞柠檬黄。在使用黄色粘虫板诱杀美洲斑潜蝇成虫时，中黄色效果最好。美洲斑潜蝇成虫还有一定的趋光性，利用灯光诱杀也是一种较好的防治措施。

**幼虫** 幼虫孵化高峰出现在一天中的 8—11 时，孵出的幼虫静伏少许时间后即开始啃食寄主叶片叶肉，残留上、下表皮及海绵组织，在叶片上形成由细到粗的白色蛇形潜道。幼虫昼夜均能取食。幼虫共 3 龄，幼虫龄期越小，取食量越小，随着龄期增大，取食量随之增大，1～3 龄幼虫取食面积占总叶面积分别为 2.1%～4.0%、12%～14.5% 和 82.1%～85.9%（寄主为豇豆、丝瓜、番茄和白菜）。幼虫边取食边排出粪便，粪便在潜道两侧呈连续的细微黑线状或断线状。幼虫老熟后在潜道终端加宽，寻找适当的外出通道，幼虫从潜道中爬出，寻找适当的场所化蛹。南昌观察老熟幼虫出叶时间一天中以

6—10 时最多，占全天出叶幼虫总数的 68.68%，10—12 时次之，占 20.31%，12—18 时最少，占 11.07%，其他时间未发现有幼虫出叶化蛹的。

**化蛹**　在大田条件下，美洲斑潜蝇老熟幼虫在寄主植物表面化蛹的仅占 3.2%，在寄主植物叶片内化蛹的占 1.5%，入土化蛹的高达 95.3%。化蛹深度，南昌观察以 0.1～0.3cm 土壤深处化蛹最多，占化蛹总数的 59.86%。其次在表土和 0.31～0.60cm 土壤深处化蛹的分别占 19.7% 和 15.49%，入土化蛹最深可达 0.91～1.2cm，占化蛹总数的 2.2%。在大棚为害蔬菜的美洲斑潜蝇，在寄主植物叶片化蛹的占 76.6%，在叶片潜道内化蛹的占 3.1%，入土化蛹的占 20.3%。在叶片上化蛹时幼虫分泌黏液，将虫体黏附在叶片上化蛹，一叶片上可黏附数头至十几头蛹。

#### 4.5.3.2　发生与环境的关系

（1）与气候的关系。

1）温度对美洲斑潜蝇各虫态存活率和繁殖力的影响。温度对卵的存活率无明显的影响，20～30℃ 恒温条件下卵存活率高达 94%～99%，在 15℃ 条件下卵存活率稍低，仍有 84%；幼虫在 20～35℃ 下存活率为 94%～98%，较低温度 15℃ 时不利于幼虫生长发育，存活率只有 66.7%；25～30℃ 下，蛹的存活率较高，可达 79%～80%，高温（35℃）和低温（15℃）均不利于蛹的生长发育，存活率分别只有 10% 和 20%，在 15℃ 下，成虫不能产卵，20～35℃ 下单雌产卵 107～172 粒，以 30℃ 下产卵最多，为 172 粒。

2）温湿度组合对幼虫、蛹存活率的影响。在 17～35℃ 和 63%～100% 温湿度范围内，美洲斑潜蝇幼虫存活率均较高，但最适宜的温湿度组合为 20～31℃ 和 80%～92%，过高或过低温度和湿度对幼虫存活率有不利影响；温湿度对蛹的存活率有明显的影响，在相对湿度 63%、温度 24～31℃ 以及相对湿度 80%～92%、温度 20～31℃ 温湿度组合条件下，蛹存活率较高，超过此温湿度范围，蛹的存活率明显下降（表 4-13）。

表 4-13　不同温湿度条件下幼虫、蛹存活率

| 温度<br>（℃） | 幼虫存活率（%） | | | | 蛹存活率（%） | | | |
|---|---|---|---|---|---|---|---|---|
| | 湿度 63% | 湿度 80% | 湿度 92% | 湿度 100% | 湿度 63% | 湿度 80% | 湿度 92% | 湿度 100% |
| 17 | 77.55 | 80.36 | 79.59 | 76.27 | 69.81 | 75.00 | 80.89 | 60.78 |
| 20 | 92.86 | 94.87 | 92.31 | 90.00 | 69.81 | 92.11 | 87.18 | 72.75 |
| 24 | 93.10 | 95.83 | 96.00 | 92.31 | 90.00 | 95.00 | 92.50 | 75.00 |
| 28 | 93.33 | 97.37 | 95.00 | 91.18 | 92.86 | 94.14 | 92.86 | 80.40 |
| 31 | 92.68 | 96.42 | 95.23 | 92.00 | 93.94 | 95.12 | 93.10 | 57.14 |
| 35 | 80.00 | 89.28 | 88.24 | 86.67 | 62.86 | 60.00 | 58.97 | 58.33 |

3）温湿度组合对成虫繁殖力的影响。不同温湿度组合对成虫繁殖力有明显的影响，在相对湿度 100% 条件下，无论温度高低（17～35℃），成虫均不能繁殖后代，其原因是高湿条件下，成虫羽化后不能展翅和正常交配产卵。在相对湿度 63%～92% 和温度 17～35℃ 条件下，成虫均能繁殖后代，但低温下繁殖的子代幼虫数较少，随着温度升高，繁殖力随之增大，在温度 28℃、相对湿度 63% 和相对湿度 80% 的条件下以及温度 31℃、相对湿度 92% 的条件下，每头雌虫繁殖的子代幼虫数达 40 头以上。

4）耐寒性。美洲斑潜蝇以蛹在土壤中越冬，越冬蛹对低温抵抗能力与蛹的存活率关系密切，而昆虫的耐寒力又与过冷却点和结冰点息息相关，过冷却点和结冰点越低，昆

虫对低温抵抗能力越强，亦即昆虫在低温条件下死亡率低，存活率高，能顺利度过严寒的冬季低温，保持较高的存活率，有利于翌年的繁衍生息。美洲斑潜蝇蛹的过冷却点和结冰点高低因蛹不同发育阶段而有一定差异。发育初期至发育中期（复眼粉红色至红色，相当于25℃温度下发育5～6天）的蛹过冷却点和结冰点较低，分别为 – 10.65℃ 和 – 9.46℃，有较强的抗寒能力，发育末期的蛹（复眼紫红色，侧面可见灰色翅芽，相当于25℃下发育8天）过冷却点和结冰点较高，分别为 – 9.50℃ 和 – 8.78℃，抗寒能力明显下降，在低温条件下难以存活而死亡。

（2）与土壤含水量的关系。美洲斑潜蝇主要在土壤中化蛹，土壤含水量高低对蛹的存活和成虫羽化有明显的影响。土壤含水量在 0～35% 时，蛹的存活率72%～91%，一般而言，土壤含水量在 10%～25% 范围内，最有利于蛹的生长发育和存活，成虫羽化率高达84%～93%，土壤含水量过高不利于蛹的存活。

（3）与天敌的关系。美洲斑潜蝇在生长发育过程中，常常被各种寄生性天敌寄生而大量死亡，天敌是影响美洲斑潜蝇种群数量变动的重要生物因子。该虫的寄生性天敌有两种类型：一类是寄生性天敌在斑潜蝇幼虫体内完成发育，于寄主幼虫期羽化出来，如底比斯釉姬小蜂（*Chrysocharis pentheus*）等，另一类是寄生性天敌产卵于斑潜蝇老熟幼虫体内，至斑潜蝇蛹期寄生性天敌才能完成生长发育，从寄主蛹中羽化出来，如甘蓝斑潜蝇茧蜂（*Opius dimidiatus*）等。我国发现的美洲斑潜蝇幼虫和蛹寄生性天敌至少有28种。江西美洲斑潜蝇寄生性天敌有潜蝇茧蜂（*Opius* sp.）、楔翅姬小蜂（*Achrysochararella* sp.）、黄斑啮小蜂（*Tetrastichus* sp.）、底比斯釉姬小蜂、斑潜蝇姬小蜂（*Chrysonotomyia* sp.）等5种。这些天敌对美洲斑潜蝇控害效果随寄主密度增加而提高。江西鹰潭地区，5月中旬至7月下旬，美洲斑潜蝇发生少、寄生率低，8月中旬斑潜蝇种群数量达全年最高峰，幼虫寄生率高达39%左右；湖北武汉美洲斑潜蝇寄生性天敌有豌豆潜蝇姬小蜂（*Diglyphus isadea*）、潜蝇姬小蜂（*Pediobius* sp.）、潜蝇茧蜂等6种，其中潜蝇茧蜂为优势种寄生性天敌。幼虫期寄生率随龄期增大而增高，3龄美洲斑潜蝇幼虫寄生率高达60%左右，蛹期寄生率10%～78.5%；广东中南部地区美洲斑潜蝇寄生性天敌有底比斯釉姬小蜂、冈崎釉姬小蜂（*Chrysonotomyia okazakii*）等5种，寄生率一般为15%～20%，高的达30%。施用化学农药少的农田，寄生率明显高于施药多的农田，作物生长前期寄生率为24%～31%，作物生长后期寄生率可高达47%～68%，能有效控制美洲斑潜蝇种群数量的增长，控害效果显著。

### 4.5.4　防治方法

#### 4.5.4.1　农业防治

灌水灭蛹、深耕灭蛹和结合中耕灭蛹。美洲斑潜蝇化蛹盛期，及时灌水杀灭虫蛹，能有效减少下代发生基数、防效显著。江西试验蝇蛹浸水6～12h，羽化率下降34%～48%，浸水48h羽化率下降95%。美洲斑潜蝇老熟幼虫有入土化蛹的习性，在表土化蛹的占19.7%，在0.1～3.0cm土壤深处化蛹的占59.86%，在3.1～6.0cm土壤深处化蛹的占15.4%，在6.1～9.0cm土壤深处化蛹的占2.8%。根据美洲斑潜蝇化蛹习性，可在化蛹盛期，结合中耕除草或作物收获后，及时耕翻土壤，一方面通过农事操作、机械杀伤部分虫蛹，另一方面可将处于表土层的蛹翻入较深土层使之不能安全羽化，减少下代发生基数。覆土 5cm 羽化率下降 58% ~ 61%，覆土越深羽化率下降越明显，覆土 7cm、10cm，羽化率分别下降 79% 和 94%。

清洁田园。马铃薯收获后植株上仍有大量幼虫，因此将枯枝落叶及时清除并集中烧毁或深埋，可有效减少虫源，降低为害。

#### 4.5.4.2　物理防治

黄板诱杀成虫。美洲斑潜蝇成虫对黄色有明显的趋性，成虫盛发期在田间放置黄色粘虫板，能诱杀大量美洲斑潜蝇成虫，将成虫消灭在产卵之前，减少下代发生基数。黄板诱杀成虫一般每 667m$^2$ 均匀放置 20 ~ 30 张规格为 20cm × 14cm 的黄色粘虫板，粘虫板悬挂高度一般应高于作物高度 10 ~ 20cm.

#### 4.5.4.3　化学防治

（1）成虫防治。防治美洲斑潜蝇成虫的杀虫剂有 40% 辛硫磷乳油 800 ~ 1 200 倍液、10% 氯氰菊酯乳油 2 000 ~ 3 000 倍液、5% 氯氰菊酯乳油 1 000 ~ 2 000 倍液。上述药剂任选一种于成虫盛发期喷雾防治，将成虫消灭在产卵之前，防患于未然。

（2）幼虫防治。

1）生物农药。可选用 1.8% 阿维菌素乳油 2 000 ~ 3 000 倍液喷雾防治幼虫，防效可达 90% 左右。由于此类药剂药效较慢，一般在施药后 2 ~ 3 天才能达到药效高峰，用药时间宜在幼虫孵化至 1 龄幼虫高峰期为佳。阿维菌素类杀虫剂不但防治美洲斑潜蝇效果好，而且还能兼治为害马铃薯的同翅目、鳞翅目、鞘翅目等目的害虫。同时生物农药对天敌无釉姬小蜂杀伤力小，有利于保护害虫天敌。

2）昆虫生长调节剂。常用的有 25% 灭幼脲 3 号 2 000 倍液、5% 氟啶脲乳油 20ml/667m$^2$ 对水 40kg。上述昆虫调节剂任选一种喷雾，效果均在 90% 左右。该类药剂药效慢，一般在施药后 2 ~ 3 天才能杀死害虫，施药期以幼虫孵化盛期至 1 龄幼虫高峰为好。上述三种杀虫剂不但能有效防治美洲斑潜蝇，而且还能兼治为害马铃薯的鳞翅目、鞘翅目、直翅目等目的害虫。灭幼脲 3 号耐雨水冲刷，药效期可达 15 ~ 20 天，对低龄幼虫的药效高于 3 龄幼虫期。

3）菊酯类常用的杀虫剂。4.5% 高效氯氰菊酯乳油 2 000 倍液、20% 氰戊菊酯乳油 2 000 倍液、2.5% 高效氯氟氰菊酯乳油 1 000 ~ 1 500 倍液等，防效一般在 90% 左右。菊酯类杀虫剂杀虫谱广，除能防治美洲斑潜蝇外，对为害马铃薯的鳞翅目、同翅目、缨翅目、直翅目等目的害虫也有很好的防治效果。

4）有机磷杀虫剂。40% 辛硫磷乳油 800 ~ 1 200 倍液等。

## 4.6　豌豆彩潜蝇

### 4.6.1　分布与为害

豌豆彩潜蝇［*Chrymatomyia horticola*（Goureau）］，异名 *Phytomyza horticola* Goureau、*P. atricornis* Meigen、*P. nigriconis* Maquart，又称油菜潜叶蝇、豌豆潜叶蝇、豌豆植潜蝇等，属于双翅目潜蝇科。国外主要分布于亚洲、北美洲、非洲、澳洲以及欧洲各国，我国除西藏、新疆、青海未见报道外，其他省（市、区）均有豌豆彩潜蝇的发生和为害，属广跨种类。

豌豆彩潜蝇以幼虫潜居寄主植物叶片内啃食叶肉，在叶片上造成许多不规则灰白色蛇形隧道，其内有幼虫排出的细小黑色颗粒状虫粪，受害严重的叶片有幼虫数头至十多头，将叶肉啃食一光，仅留上下表皮，导致叶片凋萎枯死，受害轻的叶片，光合作用叶面积大大减少，影响光合作用的正常进行，导致农作物减产。除幼虫啃食叶肉外，雌虫产卵时产卵器刺破寄主叶片表皮，取食从中流出的汁液，被害叶片上形成针尖大小的近圆形白色坏死斑点，严重的致使叶片失水枯死。

豌豆彩潜蝇除为害马铃薯外，寄主植物多达 21 科 77 属 137 种农作物和野生杂草，农作物中主要为害十字花科的青菜、油菜、花椰菜，菊科的莴苣、茼蒿、皱叶生菜和豆科的豌豆，其次为葫芦科的西葫芦，十字花科的萝卜、大白菜、小白菜、雪里蕻，豆科的蚕豆等，野生寄主有圆叶锦葵、美洲独行菜、车前草、回回蒜、夏枯草、刺儿菜、蒲公英、葎草等。

### 4.6.2　形态特征

成虫。小型蝇类，体长 1.8～2.7mm，翅展 5.2～7.0mm；体暗灰色，全身被有稀疏黑色刚毛；头部短而宽，黄褐色；复眼红褐色；触角短小，黑色、3 节，第 3 节近方形，触角芒细长；胸部黑色、隆起，背侧鬃 2 根，背中鬃 4 根，粗大；小盾片三角形，后缘有刺毛 4 根；足灰黑色，腿节与胫节连接处黄褐色；腹部灰黑色，各腹节后缘黄色，雌虫腹部肥大、末端有漆黑色产卵器，雄虫腹部瘦小，末端有 1 对抱握器。

卵。长 0.27～0.35mm，宽 0.14～0.15mm，椭圆形；初产卵壳光滑、乳白色，后期卵壳有褶皱；呼吸角一端粗钝，另一端尖细；临近孵化时，呼吸角最初可见黑褐色口钩，后期可见头咽骨。

幼虫。幼虫 3 龄，1 龄幼虫体长 0.26～0.34mm；头部粗钝，腹部尖细，略呈锥形；体色透明，可见头咽骨；口钩弯曲部分接近钩长；无前气门。2 龄幼虫体淡黄色，近梭形；口钩弯曲部分远小于口钩长；气门两端式、前气门 1 对，位于前胸近背中线，呈疣状突起，后气门 1 对，位于腹末节近背中线两侧突起上，顶端分叉上有气门开口 6～10 个。3 龄幼虫体橙黄色，圆柱形；口钩弯曲部分远小于口钩长；前气门着生在柄状结构上，顶端略靠近常呈八字形；后气门顶端分叉有 8～13 个孔。

豌豆彩潜蝇和美洲斑潜蝇幼虫的鉴别可根据 2 龄幼虫与 1 龄幼虫头咽骨长度之比，3 龄幼虫头咽骨与 2 龄幼虫头咽骨长度之比。豌豆彩潜蝇 2 龄幼虫与 1 龄幼虫头咽骨之比以及 3 龄幼虫与 2 龄幼虫头咽骨之比分别为 1.7 和 1.39，美洲斑潜蝇则分别为 1.75 和 1.56。

蛹。围蛹，椭圆形，长 2.1～2.6mm，宽 0.9～1.2mm，初为淡黄色至黄褐色，中期为灰白色，后期为黄褐色至黑褐色。

### 4.6.3　发生规律

#### 4.6.3.1　生活史与习性

（1）越冬。豌豆彩潜蝇越冬虫态因地而异，淮河以北冬季温度低，以蛹越冬，淮河以南，特别是长江以南、南岭山脉以北，以蛹越冬为主，并有少量老熟幼虫和成虫越冬，南岭山脉以南的福建、广东、海南等地冬季温度高，终年繁殖为害，无明显的越冬现象。

（2）发生世代和为害盛期。黑龙江佳木斯一年发生2～3代，5月中旬田间始见为害症状，6月上中旬进入为害高峰期。内蒙古锡林郭勒盟地区南部一年发生4代，1代幼虫5月下旬至6月上中旬，2代幼虫6月下旬至7月上旬，3代幼虫7月中旬至7月下旬，4代幼虫8月上旬至8月中旬，以5—6月虫口密度大，为害最重。河南洛阳一年发生5代，1代幼虫2月下旬末至3月上旬初，2代幼虫3月中旬至4月上中旬，3代幼虫4月下旬至5月上中旬，4代幼虫6—8月，5代幼虫9月下旬至10月上旬初，以4月下旬至5月上中旬虫口密度大、为害重。江西南昌一年发生12～13代，3月中旬幼虫种群数量逐渐增多，3月下旬至4月中下旬虫口密度大、为害重。5月上旬虫口密度锐减，11月上旬虫口逐渐增加。浙江杭州一年发生10～12代，3月进入繁殖期，种群数量随温度升高而增加，4—5月上旬种群数量达全年高峰，5月下旬随冬季作物收获和高温的来临，虫口密度锐减，部分个体进入越夏，秋季温度下降，虫量逐渐增加，为全年第2个高峰，但虫口数量远低于春季。福建福州年发生13～15代，3月上旬至4月中旬为幼虫盛发期，达全年最高峰，也是为害农作物最严重的时期，4月中旬后虫口迅速下降，8月下旬为害秋菜，虫口有所回升。江苏北部一年发生8～10代，以4月下旬至5月中旬幼虫虫口密度最大、为害最重，9—10月虫口回升，但为害轻。其他地区豌豆彩潜蝇全年虫口高峰期和为害盛期，黑龙江虎林为5月下旬至6月下旬，北京为5月上旬至6月上旬，陕西武功为4月上旬至5月中旬，江苏南京为4月中旬至5月中旬，上海为4月上旬至5月上旬，湖南长沙为3月下旬至4月下旬5月上旬。

（3）各虫态历期。豌豆彩潜蝇各虫态历期因温度高低而异，在一定温度范围内，温度高，发育速度快，历期短；温度低，发育速度慢，历期长。14～26℃范围内，发育速度快，各代历期短。温度在28℃和11℃时，发育速率明显减缓，各虫态历期明显延长（表4－14）。豌豆彩潜蝇属中温型昆虫，在中等温度条件下有利于生长发育和繁殖。春秋两季特别是春季种群数量多，是其原因所在。室内自然温度条件下饲养豌豆彩潜蝇各虫态历期，江西南昌6月上旬卵期2天，6月上中旬幼虫期7～9天，5月上旬蛹期12～15天，雌虫寿命5月为12～27天，最长可达42天。浙江杭州室内19～24℃自然变温条件下饲养，幼虫期5～8天，平均6天，蛹期7～11天，平均9天，雌虫寿命3～6天，平均4.5天。北京夏季温度高，雌虫寿命4～10天，其他季节7～20天，卵期春秋季节温度低为9天左右，夏季温度高为4～5天，幼虫期5～15天，蛹期8～21天。

表4－14　温度与豌豆彩潜蝇各虫态历期　　　　　　　　　　　　　　（天）

| 温度（℃） | 卵期 | 幼虫期 | 蛹期 | 全世代历期 |
| --- | --- | --- | --- | --- |
| 11 | 13.2 | 16.6 | 32.3 | 61.9 |
| 14 | 9.1 | 11.4 | 21.8 | 56.3 |
| 18 | 4.8 | 7.6 | 11.7 | 35.8 |
| 22 | 4.0 | 4.5 | 9.6 | 18.1 |
| 26 | 4.9 | 6.4 | 10.1 | 22.4 |
| 28 | 6.2 | 7.1 | 11.4 | 24.7 |

（4）田间发生动态。豌豆彩潜蝇种群数量动态除黑龙江等少数地区一年中种群数量只有一个春季高峰外，全国多数地区有两个数量高峰，一个高峰出现在春季，为主峰，

主要为害越冬作物和早春播种的作物，另一个高峰出现在秋季，为次峰，虫口密度远低于春季高峰，主要为害秋播作物。河南洛阳第 1 代集中为害豌豆、留种大青菜、油菜、莴苣等作物以及正值开花的蜜源植物；第 2 代虫口密度增多，开始扩大蔓延，寄主分散，除为害农作物外，野生寄主如苦荬菜、蒲公英、荠菜、野茼蒿等杂草上虫口密度大增，为害较重；第 3 代继续扩大蔓延，寄主植物生长幼嫩，有利于幼虫生长发育，且温度适中，虫量剧增，为全年种群数量最高峰，为害重；6 月以后温度进一步升高，寄主植物开始成熟，营养条件恶化，田间寄生性和捕食性天敌活动频繁，对其发生不利，虫口数量开始下降；7—8 月温度高达 35℃以上，大部分成虫和幼虫因高温而死亡，少数个体在林荫地、溪边以及其他较阴凉的地方仍可继续生长发育和繁殖，亦有少量幼虫在阴凉处化蛹越夏，种群数量降至全年最低点；第 5 代发生时，温度逐渐下降，有利于成虫在秋播作物如大白菜、萝卜、莴苣上产卵，虫口密度有所上升，为全年第二个高峰。

华北等地豌豆彩潜蝇从早春开始虫口数量随温度的升高而增加，第 1 代幼虫主要为害阳畦蔬菜苗，留种十字花科蔬菜、油菜、豌豆等，春末夏初的 5—6 月种群数量达全年最高峰，也是为害作物最严重的时期。夏季温度高，死亡率增加，种群数量迅速下降，少量蛹进入越夏状态。秋季温度逐渐下降，有利于该虫的生长发育和繁殖，数量稳定上升，主要为害萝卜、莴苣、白菜幼苗，但由于种群数量少，为害轻。

（5）习性。

**成虫** 成虫多在晴暖天气 8—11 时羽化，其他时间羽化少。雌雄性比随温度升高而降低，早春温度低，雌雄性比 1∶(2.5~5)，夏季温度高，雌雄性比降低到 1∶(0.3~0.9)。成虫羽化后夜晚栖息在植株中下部叶片背面，不食不动，白天活动、取食、交尾和产卵。羽化后经 36~48h 交尾。一生交尾多次，交尾短的 5~10min，长的 30min，交尾后 1~2h 至 1 天左右开始产卵。产卵时雌虫在叶片背面沿叶缘处用产卵管刺破表皮，雌雄成虫在其上吸食汁液作为补充营养。雌虫产卵于叶肉内，每孔产 1 粒卵，每天每雌产卵 9~20 粒，单雌一生产卵 50~100 粒。雌虫喜选择植株高大、生长茂密的作物上产卵。雌虫不善飞翔，每次飞行距离 1m 左右，有趋甜的习性。

**幼虫** 幼虫孵化后在寄主植物叶片表皮下啃食叶肉，仅留上下表皮，形成白色弯曲的潜道，潜道由叶片边缘向中部延伸，但不穿过主脉。一头幼虫一生蛀食潜道长 10~15cm，为害叶片面积 1.5~2.0cm²。

**化蛹** 老熟幼虫一般在叶片潜道的末端化蛹，但在毛茛等杂草上为害的幼虫大多数入土化蛹。化蛹前老熟幼虫在 3 龄期腹面转向表皮一侧，不食不动，身体前 3 体节向腹面翻转。1 对前气门基部相互靠近，呈 V 字形前伸，同时身体逐渐收缩，表面分泌并布满透明物质，硬化后形成蛹壳。

#### 4.6.3.2 发生与环境的关系

（1）与温度的关系。豌豆彩潜蝇属中温型昆虫，不耐高温，15~18℃有利于成虫活动和繁殖，寿命长、产卵量多、卵孵化率高。幼虫在 20℃左右发育快，22℃左右幼虫和蛹存活率高，温度超过 35℃，幼虫和蛹死亡率高达 95% 左右，成虫亦不耐高温。高温是导致豌豆彩潜蝇夏季种群数量降至全年最低点的关键生态因子。

（2）与天敌的关系。天敌是控制豌豆彩潜蝇种群数量持续增长和夏季种群数量降至全年最低点的重要生物因子。江西南昌豌豆彩潜蝇幼虫和蛹期寄生性天敌昆虫有 17 种，其中寄生幼虫的有 9 种，寄生蛹的有 8 种。优势种寄生蜂有茧蜂科的豌豆潜蝇茧蜂，寡节小蜂科的底比斯釉姬小蜂（潜蝇绿姬小蜂）（*Chrysochris pentheus*）、潜蝇凹面姬小蜂（*C. phryne*）和豌豆潜蝇姬小蜂（*Diglyphus isaea*）三种寄生蜂。豌豆潜蝇茧蜂对豌豆彩潜蝇第 1~2 代蛹控害效果最好，寄生率分别为 10.4% 和 5.38%；底比斯釉姬小蜂为幼虫寄生蜂，对 1~3 代幼虫寄生率逐步上升，依次为 1.75%、2.5% 和 9.48%；潜蝇凹面姬小蜂为蛹寄生蜂，对第 3 代蛹寄生率最高，达 11.4%，1~2 代次之，分别为 4.4% 和 2.41%；豌豆潜蝇姬小蜂为幼虫寄生蜂，对第 3 代寄生率最高，其次为 1~2 代。浙江杭州豌豆彩潜蝇寄生蜂有 9 种，其中幼虫寄生蜂 6 种，幼虫、蛹跨期寄生蜂 3 种。优势种寄生蜂有底比斯釉姬小蜂、豌豆潜蝇姬小蜂和潜蝇茧蜂（*Dpius* sp.）三种，5 月上旬上述三种寄生蜂对豌豆彩潜蝇的控害效果最好，寄生率分别高达 21.1%、36.5% 和 7.2%，此外潜蝇纹翅姬小蜂（*Teleopetrus exias*）对豌豆彩潜蝇幼虫寄生率前期（4 月 11 日至 5 月 7 日）较低，仅为 0~3.2%，但 5 月中旬末寄生率高达 48.4%。9 种寄生蜂综合作用豌豆彩潜蝇幼虫和蛹，5 月中旬总寄生率高达 97.3%。福建豌豆彩潜蝇寄生性天敌有 5 种，其中寄生蜂 4 种，茧蜂 1 种，4 月上旬寄生率高达 48.4%。华北薯区豌豆彩潜蝇幼虫和蛹寄生率 4 月为 20% 以上，5—6 月上升到 70% 以上。

### 4.6.4　防治方法

#### 4.6.4.1　农业防治

清洁田园。马铃薯和其他农作物收获后，及时处理枯枝落叶，将其烧毁或沤肥，消灭部分越冬虫源。

#### 4.6.4.2　生物防治

（1）保护天敌。寄生性天敌是控制豌豆彩潜蝇种群数量的重要生物因子，特别是 5 月中下旬控害效果尤为明显。保护寄生蜂的措施主要是选用对天敌杀伤力小的选择性杀虫剂如生物农药、昆虫生长调节剂，严禁使用广谱性杀虫剂防治豌豆彩潜蝇。

（2）喷施生物杀虫剂。可选用 1.8% 阿维菌素乳油 1 500~2 000 倍液、0.5% 印楝素乳油 1 000 倍液、0.6% 银杏苦内酯水剂 1 000 倍液喷雾防治。

#### 4.6.4.3　化学防治

防治适期为幼虫孵化高峰至潜食始期，田间初见为害状即叶片为害率 5% 左右，以 8：00—11：00 时喷药防治效果最好。常用的杀虫剂有 20% 灭蝇胺可溶性粉剂 1 000 倍液、4.5% 高效氯氰菊酯乳油 2 000 倍液、40% 辛硫磷乳油 800 倍液、40% 二嗪磷乳油 1 500 倍液、5% 氟啶脲乳油 1 500 倍液、10% 吡虫啉可湿性粉剂 4 000 倍液、2% 甲氨基阿维菌素苯甲酸盐乳油 3 000~4 000 倍液等。上述药剂任选一种进行喷雾，第 1 次用药后隔 7~8 天再用药 1 次。

## 4.7　甘蓝夜蛾

### 4.7.1　分布与为害

甘蓝夜蛾［*Mamestra brassicae*（Linnaeus）］，又称甘蓝夜盗虫，属鳞翅目、夜蛾科。

该虫主要分布于北纬 30°~70°亚洲和欧洲大部分国家,国内东北、华北、西南、华东以及内蒙古、西藏均有发生和为害,其中尤以东北、华北、西北种群数量多、为害重。华东地区虽有分布,但虫口数量少,几乎不造成为害。

甘蓝夜蛾以幼虫为害马铃薯等寄主植物叶片,初孵幼虫晚上为害,群聚叶片背面啃食叶肉,仅留表皮,呈密集的纱网状;2~3 龄幼虫逐渐分散为害,昼夜均能取食,将叶片吃成缺刻、孔洞;4 龄幼虫白天潜伏在寄主植物下部老叶背面、表土裂缝以及杂草根际等处,夜间出来活动和取食;5~6 龄幼虫食量大增,特别是 6 龄进入暴食期,虫口密度大时,将寄主植物叶片啃食一光,仅留叶脉和叶柄,导致寄主植物枯萎死亡,给农业生产造成巨大经济损失。

甘蓝夜蛾系一种杂食性害虫,为害的植物多达 100 科 300 多种,嗜食寄主主要有十字花科、葫芦科和茄果类蔬菜,农作物中以油菜、甘蓝、苤蓝、白菜、大白菜、莴苣、菠菜、甜菜、豌豆、蚕豆、番茄、茄子、烟草、荞麦、亚麻、胡萝卜、紫云英、瓜类作物,晚秋当嗜食植物缺乏时,幼虫还能啃食各种杂草如灰灰菜等,甚至桑叶、嫩树皮和松针。嗜食作物随季节、地区而异,春季主要取食菠菜、蚕豆、豌豆、油菜、甜菜、甘蓝、烟草、紫云英等,秋季则主要为害十字花科蔬菜、荞麦、胡萝卜和亚麻等。

### 4.7.2　形态特征

成虫。体长 17~21mm,翅展 42~45mm。体和翅灰褐色。前翅由前缘向后缘有稍弯曲的黑色线纹。肾状纹大于环状纹,灰白色,边缘黑色;靠近翅顶角前缘有 3 个小白点;亚外缘线细而白,其外方稍带黑色,沿外缘有一列黑点。后翅基半部色淡,后缘白色。足各跗节末端黄色。

卵。半球形。初产黄白色,胚胎发育过程中卵壳中央和四周上半部有褐色环纹,孵化前紫黑色。卵顶部有一棕色乳突,表面有纵脊和横格。

幼虫。共 6 龄,1 龄幼虫体长平均 2.08mm,头壳宽平均 0.45mm,稍带黑色,缺前对腹足,行走似尺蠖;2 龄幼虫平均体长 8.2mm,头壳宽平均 0.9mm,略呈绿色,缺前对腹足,行走似尺蠖;3 龄幼虫平均体长 13.1mm,头壳宽平均 1.3mm,全体黑绿色,气门线黑色,亚背线和气门下线为白色点状线;4 龄幼虫平均体长 23.2mm,头壳宽平均 1.78mm,全体黑色;5 龄幼虫体长平均 28.4mm,头壳宽平均 2.38mm;6 龄幼虫体长平均 4.08mm,头壳宽平均 3.40mm,头部黄褐色,有不规则褐色花斑。下颚和下唇白色,上颚有 5 个齿和 1 个三角形的白突。胸腹部暗褐色至灰黑色,散布黄白色细点。腹部腹面黄褐色。背线和侧线灰黄色,各体节两侧间有斜向暗纹。气门线和气门下线呈一条灰黄色带纹,体背各节具马蹄形斑纹是鉴别甘蓝夜蛾最重要的特征。

蛹。体长 20mm 左右。全体赤褐色。腹部背面从第 1 节至体末端中央有 1 条深褐色纵带。腹部第 5~7 节各节近前缘刻点密而粗,每刻点前半部凹陷较深,后半部较浅。腹部第 4~6 各节后缘及第 5~7 节各节前缘色较深。蛹体末端有 2 个长刺。

### 4.7.3　发生规律

#### 4.7.3.1　生活史与习性

(1)越冬。甘蓝夜蛾以滞育蛹在地边、田埂、沟边土壤中结茧越冬,少数在房屋墙壁裂缝、树皮缝隙结茧越冬。

（2）年发生代数、各代发生期和为害盛期。甘蓝夜蛾年发生代数因各地温度高低而异。西藏日喀则地区海拔高、温度低，全年有效积温少，1年发生1代。越冬蛹于翌年5月开始羽化，6月中旬至7月中旬为羽化盛期，7月下旬为成虫发生末期。7月中旬孵化盛期，8月上旬幼虫为害高峰期，8月中旬至9月上旬化蛹高峰期，以滞育蛹越冬。

宁夏引黄灌区，1年发生2代。越冬蛹于翌年春季温度稳定在15~16℃开始羽化，1代成虫于5月中旬出现，幼虫高峰期和为害盛期在6月下旬；2代成虫高峰期7月下旬至8月上旬，幼虫高峰期和为害盛期8月下旬至9月上旬，9月下旬末至10月上旬老熟幼虫相继化蛹越冬，2代幼虫虫口密度大，为害最为严重。

青海平安，1年发生2代。越冬代成虫5月初开始羽化，6月下旬末至7月中旬成虫发生盛期；2代成虫盛发期8月中下旬，9月下旬成虫终见。

辽宁岫岩，1年发生3代。1代发生期5月中旬至7月上旬，为害高峰期6月上旬；2代发生期7月中旬至8月中旬，为害高峰期7月下旬末；3代发生期8月上旬至9月下旬。

山西中部地区，1年发生3代。越冬代成虫4月中旬开始羽化，羽化盛期5月中下旬，6月上旬羽化结束。1代卵5月上旬至6月下旬，幼虫期5月上旬至7月上旬，为害高峰期5月中旬至6月中旬，蛹期5月下旬至8月上旬；2代成虫羽化期6月下旬至8月下旬，卵期7月上旬至8月下旬，幼虫期7月中旬至9月上旬，蛹期8月上旬至9月下旬；3代成虫羽化期8月下旬至10月中旬，卵期9月上旬至10月下旬，幼虫期9月上旬至11月上旬，10月上旬开始化蛹越冬。全年以第1代和第3代种群数量最多，为害最重。

甘蓝夜蛾在其他地区发生代数，黑龙江哈尔滨、嫩江，新疆石河子，青海柴达木盆地1年发生2代，甘肃酒泉1年发生1~2代；辽宁兴城1年发生3代，局部2代；北京、内蒙古1年发生2代，局部3代；陕西镇安1年发生3代、陕西泾惠1年发生4代。2代区成虫一般5月羽化，3代区4月羽化，4代区3月羽化。

（3）各虫态历期。各虫态历期长短与温度高低关系密切，最有利卵胚胎发育的温度23.5~26.5℃，卵期最短为4~5天；最有利于幼虫生长发育的温度20~24.5℃，幼虫历期最短，为26~30天；最有利蛹发育的温度20~24℃，非滞育蛹蛹期10天左右。越夏蛹蛹期60天左右，越冬蛹蛹期一般180~240天。西藏日喀则越冬蛹蛹期最长，为314天。该地区海拔高，全年温度低，幼虫生长发育明显延长，幼虫期平均长达39.1~42.9天（表4-15）。

表4-15　甘蓝夜蛾幼虫各龄历期

| | 虫龄 | 1 | 2 | 3 | 4 | 5 | 6 | 预蛹期 | 全幼虫期 |
|---|---|---|---|---|---|---|---|---|---|
| 1981 | 历期（天） | 5.8±0.3 | 3.8±0.5 | 5.9±0.9 | 4.4±0.5 | 5.8±0.7 | 8.9±0.6 | 8.2±0.9 | 42.9±1.4 |
| | 温度（℃） | 17.9 | 18.6 | 15.8 | 17.1 | 15.8 | 16.7 | 15.0 | 16.8 |
| 1982 | 历期（天） | 9.6±1.0 | 5.8±0.9 | 4.7±0.7 | 4.2±0.7 | 4.3±0.5 | 6.0±0.8 | 4.5±0.8 | 39.1±1.5 |
| | 温度（℃） | 14.3 | 16.0 | 16.8 | 17.9 | 18.9 | 21.0 | 19.7 | 17.5 |

（4）发育起点温度和有效积温。卵发育起点温度（10.200±0.235）℃，有效积温（58.471±2.320）℃·d；卵至2龄幼虫发育起点温度（18.793±0.594）℃，有

效积温（31.398 ± 7.829）℃·d；蛹发育起点温度（19.182 ± 0.495）℃，有效积温（61.553 ± 8.313）℃·d；产卵前期发育起点温度（22.062 ± 0.044）℃，有效积温（0.674 ± 0.144）℃·d，全世代发育起点温度（19.943 ± 0.448）℃，有效积温（106.143 ± 22.937）℃·d。应用甘蓝夜蛾全世代发育起点温度和有效积温以及当地发育起点温度以上各月平均温度推算出甘肃酒泉甘蓝夜蛾1年理论发生代数为1.3 ~ 2.0代，与当地实际发生代数1 ~ 2代相吻合。此外，还可应用该虫卵至2龄幼虫发育起点温度和有效积温以及当地卵至2龄幼虫发育起点温度以上的平均温度推算出3龄幼虫盛发期，理论推算结果与田间3龄幼虫发生期基本一致。因此，可利用卵至2龄幼虫发育起点温度和有效积温预测3龄幼虫发生盛期，以确定化学防治适期，指导大田防治。

（5）习性。

**成虫**　①羽化。甘蓝夜蛾于天黑前后5 ~ 6h羽化，从羽化出土到展翅飞行历时2h左右，羽化当晚不活动，至次日天黑后开始活动、取食。②活动。成虫白天潜藏于枯枝落叶、杂草丛中以及植物中下部叶片背面，晚上飞翔、觅食和交尾，黄昏至24时前为第1个活动高峰，日出前为第2个活动高峰，飞行活动受风力和雨量大小的影响，4级以上的风力和小雨不利于飞翔和交尾。③飞行能力。成虫具有很强的飞行能力，实验种群24h吊飞实验表明，成虫日龄是影响飞行能力的重要因素。羽化后即具有较快的飞行速率，2 ~ 3日龄成虫飞行速率达最大值，分别为3.65km/h和7.71km/h，平均飞行速率最高为7.01km/h，最小仅0.77km/h；平均飞行时间以2日龄成虫最长，为8.69h，累计飞行时间最长达23.93h，最短仅0.01h；平均飞行距离以2 ~ 3日龄成虫最长，分别为38.65km和32.84km，累计飞行距离最长121.44km，最短仅0.01km；3日龄交尾成虫平均飞行速率小于处女雌虫，但平均飞行距离和平均飞行时间两者并无明显差异。④交尾和产卵。羽化后当晚或1 ~ 2天后交尾，雌虫一生仅交尾1次，雄虫可与2头以上雌虫交尾。交尾在晚上进行，从黄昏至翌日日出前均能交尾，但以24时左右为交尾高峰，交尾时间最短3h，最长达15h，平均7h。交尾后当天晚上或第2 ~ 3天晚上开始产卵，产卵高峰在9—12时，产卵期持续4 ~ 6天，但以产卵开始后第1 ~ 2天产卵最多，其后产卵量迅速下降。⑤产卵选择性。成虫产卵对寄主植物的生长状况和寄主植物部位有明显的选择性。新疆越冬代成虫喜选择生长高大的甜菜留种田产卵，处于苗期的甜菜植株矮小，产卵少。北京春季成虫发生时，田间以留种菠菜植株高大、茂密，产卵最多，在其他寄主植物上产卵少。陕西4月越冬代成虫发生时，田间以冬豌豆植株高大、生长旺盛，产卵最多，成虫产卵部位亦与寄主植物生长状况有一定关系，凡寄主植物植株高大的，卵主要产在植株上、中部叶片背面，植株矮小的卵主要产在植株中、下部叶片背面。⑥产卵量。卵单层块产，卵粒排列成行，每块卵有卵粒80 ~ 150粒，一般100粒左右。雌虫一生平均产卵800 ~ 1 515粒，最少13粒，最多2 822粒。未交尾雌蛾虽能产卵，但所产之卵因未受精，不能孵化。⑦取食。成虫羽化后有吸食花蜜作为补充营养的习性，能否获得补充营养对雌虫寿命和产卵量有明显的影响。⑧趋性。成虫对黑光灯、糖醋液有很强的趋性。⑨性比。雌雄性比接近1∶1。

**幼虫**　幼虫共计6龄。初孵幼虫昼夜群集寄主植物叶片背面啃食叶肉，残留表皮。3龄幼虫食量增加，将叶片吃成孔洞、缺刻，均在晚上取食，白天一般不取食，4龄幼虫分散为害，昼夜取食，5 ~ 6龄幼虫白天潜藏于植物根际表土，夜晚为害。6龄幼虫食量大增，进入暴食期，食量占全幼虫期总食量的 80% ~ 90% 。幼虫密度大，缺乏食物时，成群迁徙至附近田块继续为害。缺乏食物时，幼虫有相互残杀的习性。幼虫密度不同，体色变异大，通常虫口密度越大，体色越深，甚至完全为黑色个体。老熟幼虫耐饥饿能力强，断食 6 天左右，仍能存活。

**化蛹** 老熟幼虫入土结茧化蛹，多选择温度较高朝南边的田埂上化蛹，入土化蛹深度一般为 6 ~ 7cm，浅的仅 3cm。幼虫入土化蛹深度与土壤质地有关，沙质壤土质地松散，幼虫入土化蛹最深，黏性土易板结，幼虫入土化蛹最浅。土壤含水量过高，幼虫不入土化蛹而死于表土。

#### 4.7.3.2 发生与环境条件的关系

（1）与温湿度及土壤含水量的关系。甘蓝夜蛾羽化、卵孵化、幼虫存活与温湿度和土壤含水量有密切关系，平均温度 18 ~ 25℃，相对湿度 70% ~ 80% 对该虫生长发育和繁殖最为有利，温度低于 15℃ 或高于 30℃，相对湿度低于 68% 或高于 80%，则有不利影响，成虫羽化率低、寿命短、产卵量和孵化率下降，幼虫和蛹发育受阻，死亡率高。土壤含水量 20% 左右最有利成虫羽化，土壤含水量低于 5% 或高于 35%，温度超过 21℃ 以上，成虫不能正常羽化，羽化后不能正常展翅的个体占总羽化数的 56.2%。7—8 月高温干旱，不利于卵胚胎发育，部分卵失水干瘪死亡，卵孵化率明显下降。

（2）与成虫补充营养的关系。成虫羽化后吸食各种植物花蜜作为补充营养有利于延长成虫寿命和提高产卵量。新疆石河子室内试验，越冬代成虫喂以清水的，雌雄寿命最短，分别只有 2.8 天和 2.4 天；单雌一生平均产卵最少，只有 310 粒左右；喂以 10% 蜂蜜水的，雌雄平均寿命较长，分别为 5.5 天和 6.2 天，单雌一生平均产卵 1 173 粒；喂以红糖:蜜:水为 1:1:8 的溶液的，雌雄平均寿命最长，分别为 7.8 天和 9.8 天，单雌一生平均产卵最多，达 1 845 粒。西藏日喀则地区室内饲养，不给成虫补充营养的，寿命 5.5 ~ 10天，单雌一生平均产卵只有 278.3 粒。第 1 天喂饲 5% 白糖水，其后不喂食的成虫寿命 6.1 ~ 16.0 天，平均产卵量975.3 粒，单雌一生产卵 840.2 粒，卵产出率 86.1%。在田间条件下，越冬代成虫羽化时，常与十字花科蔬菜留种菜开花期以及多种果树花期相吻合，成虫能获得大量补充营养，可能是甘蓝夜蛾一年中春季大发生的重要原因之一。

（3）与天敌的关系。甘蓝夜蛾卵期、幼虫期和蛹期天敌种类多，田间种群数量大，对控制该虫种群数量增长有明显的效果。卵期天敌有螟黄赤眼蜂（*Trichogramma chilonis*）、广赤眼蜂（*T. evanescens*）、玉米螟赤眼蜂（*T. ostriniae*）和拟澳洲赤眼蜂（*T. confusum*）；幼虫期天敌有夜蛾瘦姬蜂（*Ophion luteas*）、拟瘦姬蜂（*Netelia ocellaris*）、黏虫白星姬蜂（*Vulgichneumon leucame*）、螟甲腹茧蜂（*Chelonas munakatae*）、螟蛉绒茧蜂（*Apantelens raficrus*）和六索线虫（*Hexamermis* sp.）；蛹期天敌有广大腿小蜂（*Btachy menria*）和甘蓝夜蛾拟廆姬蜂（*Netelia ocellaris*）；捕食性天敌有中华草蛉（*Chrysopa sinica*）、大草蛉（*Chy. septempunctata*）、七星瓢虫（*Coccinella septem*）、异色瓢虫（*Leis axyridis*）、双斑青步甲（*Chlaenius bicculatus*）、中华虎甲（*Cicindela chiensis*）以及多种蜘蛛等。吉林通化地区调查，广赤眼蜂和拟澳洲赤眼蜂对卵的寄生率三年平均分别为 23.1% 和 9.0%，最高寄生率分别为 41% 和 10%；六索线虫对幼虫寄生率三年平均为 19.9%，最高 48%，甘蓝夜蛾拟廆姬蜂对蛹寄生率三年平均 6.6%，最高寄生率 8.1%。

## 4.7.4　防治方法

### 4.7.4.1　农业防治

（1）马铃薯收获后，及时翻耕薯田，通过耕耙等农事操作直接杀死部分越冬蛹，或将越冬蛹翻至表土后被捕食性天敌捕食，或将越冬蛹翻入深土层，羽化后不能出土，从而减少越冬基数。

（2）产卵高峰期人工摘除卵块，幼虫 3 龄前人工摘除带虫叶片，将幼虫消灭在暴食之前。

（3）清洁田园。早春铲除薯田四周甘蓝夜蛾产卵寄主、幼虫嗜食寄主如灰菜、独行菜、苦苦菜等杂草，减少该虫孳生环境。

### 4.7.4.2　物理防治

甘蓝夜蛾成虫有较强的趋光性和趋化性，在成虫羽化期用黑光灯、频振式杀虫灯诱杀成虫，也可用糖醋液诱杀成虫。糖醋液配制方法为糖∶醋∶酒∶水以 3∶4∶1∶2 的比例混合，在混合液中加入少量 90% 晶体敌百虫，制成糖醋诱杀液，用盆装好置于田间诱杀成虫，可明显降低田间落卵量。

### 4.7.4.3　生物防治

（1）有条件的地方，人工释放甘蓝夜蛾卵寄生蜂—赤眼蜂，一般每 667 m² 薯田放蜂 5 000 ~ 10 000 头，每隔 7 天放蜂 1 次，共放蜂 2 ~ 3 次，防治效果达 70% 左右。

（2）喷施生物杀虫剂。防治效果好的药剂有 0.3% 印楝素乳油 1 000 倍液、0.5% 苦参碱水剂 500 ~ 750 倍液、1.8% 阿维菌素乳油 1 500 倍液（卵盛期施药）。

### 4.7.4.4　化学防治

防治甘蓝夜蛾施药适期一般为 3 龄幼虫前，施药时间以 8—11 时和 16 时以后防治效果最好，如错过防治适期，需在 4 ~ 5 龄幼虫期施药，则以 17 时以后施药效果最好。防治效果好的药剂有 5% 阿维菌素·杀铃脲悬浮液 500 倍液、20% 除虫脲可湿性粉剂 2 500 倍液、20% 灭幼脲悬浮剂 500 倍液、10% 虫螨腈悬浮剂 1 000 ~ 3 000 倍液、5% 氟虫脲乳油 2 000 倍液、5% 定虫隆乳油 2 000 倍液、5% 甲维盐可溶粒剂 5 000 ~ 7 500 倍液、150 g/L 茚虫威乳油 2 000 ~ 3 000 倍液、20% 氯虫苯甲酰胺悬浮剂 1 500 ~ 2 000 倍液、2.5% 高效氯氟氰菊酯 3 000 倍液等。上述药剂任选一种进行喷雾，隔 7 天左右再防治 1 次，可获得较好的防治效果。为了防止害虫产生抗药性，最好选用不同杀虫机制的农药交替用药。

## 4.8　豆芫菁

### 4.8.1　分布与为害

我国为害马铃薯的豆芫菁主要有白条豆芫菁（*Epicauta gorhami* Maseul）和中华豆芫菁［*E. chinensis*（Laporte）］。白条豆芫菁又称锯角豆芫菁或豆芫菁。昆虫分类上隶属于鞘翅目、芫菁科。白条豆芫菁属广布种类，北起辽宁朝阳、内蒙古通辽，西至新疆伊宁、青海西宁、四川，南达海南、广东、广西，东抵长江中下游各省及沿海各省（市）和台湾省。中华豆芫菁国外分布于朝鲜半岛和日本等国，国内广泛分布于黑龙江、吉林、辽宁、内蒙古、北京、天津、河北、山东、山西、河南、安徽、江苏、湖南、湖北、甘肃、陕西、四川、宁夏和新疆等省（区、市）。

豆芫菁以成虫群集寄主植物上为害，啃食马铃薯植株嫩叶、嫩茎、芽和花蕾，轻者将叶片吃成孔洞和缺刻，大发生时将芽、花蕾、嫩茎、嫩叶啃食一光，仅残留老茎和叶脉，植株枯死，严重影响马铃薯产量和品质，给薯农造成重大经济损失。1996—2003 年白条豆芫菁在山西神池等地每年不同程度发生为害，其中 1997—1999 年、2001 年和 2003 年大发生，全县每年发生面积 5 000hm² 以上，单株虫量最少 13 头、最多 42 头，平均 28 ~ 30 头，有虫株率 50% ~ 60%。10 年累计发生和为害面积 4 万多 hm²，损失新薯 15 万 ~ 20 万 t。受害马铃薯植株块茎品质变劣，淀粉含量较正常薯块降低 5 个百分点；甘肃山丹薯区，2008 年中华豆芫菁一般薯田每平方米有成虫最少 13.7 头、最多 30 多头，为害轻的薯田，马铃薯叶片残缺不全，为害重的薯田，叶片、花蕾被啃食一光，仅留老茎，地上遍布蓝黑色颗粒状虫粪。

豆芫菁成虫食性杂，除为害马铃薯外，还取食大豆、绿豆、菜豆、蚕豆、豇豆、花生、柿、甜菜、紫云英、苜蓿、茄、苋菜、蕹菜、黄花以及洋槐、紫穗槐等，野生寄主有刺儿菜、牵牛花、灯草等野生植物。

### 4.8.2 形态特征

#### 4.8.2.1 白条芫菁

成虫。体长 12 ~ 25mm，宽 2.5 ~ 5.0mm。体黑色，具绒毛和刻点。头部红色至橙红色，其上有 1 对扁平黑瘤，近复眼内侧黑色，额中央有一条赤纹；雄虫触角有发达的黑色长毛，第 3 ~ 7 节扁平，上有一纵凹沟。雌虫触角丝状，第 1 节外方赤色。前胸背板中央有 1 条白色至灰白色纵纹。鞘翅黑色，中央各有 1 条灰白色纵纹，鞘翅周缘灰白色，末端具灰白色长毛。前足胫节具 2 个尖细端刺，后足胫节具 2 个短而细的端刺。

卵。长椭圆形，长 2.5 ~ 3.0mm，宽 0.9 ~ 1.2mm。一端较尖。初产卵呈淡黄色，近孵化时呈黄色。

幼虫。初龄幼虫口器和胸足发达，具弧，腹部末端有 1 对较长的尾须。2 ~ 4 龄幼虫乳白色，披一层薄膜，胸足缩短，爪和尾须退化，蛴螬形。5 龄幼虫形似象甲幼虫，胸足呈乳状突起。6 龄幼虫体似蛴螬，体长 13 ~ 14mm，头端褐色，胸部和腹部乳白色。

蛹。体长 16mm 左右，灰黄色，翅芽色稍淡。复眼黑色。

#### 4.8.2.2 中华豆芫菁

成虫。体长 10 ~ 23mm，体宽 2.5 ~ 4.5mm。头横阔，两侧向后渐宽，后角圆，额中央具 1 长圆形小红斑，两侧后头、唇基前缘和上唇端部中央、下颚须各节基部和触角基节一侧均为红色，其余部位为黑色或黑褐色。触角 11 节，雌虫触角丝状，雄虫触角栉齿状，中间各节宽并向外斜伸，无纵沟，第 3 节最长，长三角形，第 4 节宽约为长的 4 倍，第 4 ~ 8 节倒梯形，第 9 ~ 10 节倒三角形，末节不尖。雌虫前胸背板约与头等宽，鞘翅基部宽于前胸 1/3，两侧平行，肩圆，背板两侧中央具纵沟。鞘翅侧缘、端缘和中缝以及体腹面除后胸和腹部中央外均被灰白色毛。成虫吃饱腹胀时，第 1 ~ 6 腹节背部中央可显见

1 个梯形黑褐色斑，占各腹节背部的 1/3 ~ 3/4，其余为黄白色，第 2 ~ 6 腹节背面两侧中央各具 1 个黑点。前胸、后胸两侧、前足上侧、中足跗节上侧密生银灰色毛。胫节端部具 2 个刺，足末端有 2 个刺。

卵。长卵圆形，长 2.4 ~ 2.8mm，宽 1mm 左右。初产卵乳白色，后呈黄褐色，聚生，卵粒排列成菊花状。

幼虫。6 龄，复变态。1 龄幼体长 3 ~ 7mm。形似双尾虫，初孵幼虫头部淡红褐色，第 1 ~ 3 腹节和第 6 ~ 7 腹节，背面黑褐色，其余淡褐色，3 天后变为灰褐色。2 龄、3 龄、4 龄和 6 龄幼虫蛴螬形，体长分别为 4 ~ 5mm、6 ~ 8mm、10 ~ 13mm 和 12 ~ 14mm。头部淡褐色，胸腹部乳黄白色。5 龄幼虫（伪蛹，拟蛹）体长 13mm 左右，宽 3mm 左右，乳黄色，全体被膜，光滑无毛，胸足呈乳突状。

蛹。体长 14mm 左右，体宽 3.2mm 左右，黄白色，复眼黑色。前胸背板两侧具长刺 9 根。后足几达腹部末端。翅芽达第 2 腹节。触角达第 2 腹节。胫端刺和足末端刺红褐色。

### 4.8.3 发生规律

#### 4.8.3.1 白条豆芫菁

（1）生活史与习性。

1）越冬。全国各地白条豆芫菁均以 5 龄幼虫（伪蛹）在表土 5cm 左右深处越冬。

2）年发生代数、各代发生期和为害盛期。北京地区越冬幼虫于翌年春季温度回升后发育至 6 龄幼虫，6 月上中旬化蛹，6 月下旬至 7 月上旬羽化为成虫，6 月下旬末至 8 月上旬交尾、产卵，并于 7 月下旬至 8 月中旬成虫陆续死亡。7 月中旬至 8 月中旬幼虫孵出，在土壤中生活和取食蝗卵，至 8 月中下旬发育 5 龄幼虫（伪蛹）即在土中越冬。

山西神池等地，越冬幼虫于 5 月下旬至 6 月上旬开始化蛹，6 月中旬始见成虫，6 月下旬至 7 月上旬为羽化盛期、产卵盛期和为害盛期，羽化一直持续到 8 月上中旬，8 月下旬成虫陆续死亡。卵孵化后幼虫在土中生活，幼虫高峰期出现在 9 月中旬，发育至 5 龄（伪蛹）即在土壤中越冬。

江西南昌越冬幼虫于 5 月上旬至 6 月上中旬开始发育至 6 龄幼虫后在土中化蛹，羽化盛期出现在 6 月中下旬，也是全年为害农作物最严重的时期，7 月中下旬为产卵盛期。2 代成虫于 8 月下旬至 10 月中下旬发生，为全年第 2 个为害高峰期，9 月上旬开始产卵，一直持续到 10 月上旬，孵化后发育至 5 龄幼虫（伪蛹）后开始在土壤中越冬。

湖北武昌越冬代成虫出现在 5—6 月，第 1 代成虫出现在 8 月上中旬至 10 月上中旬。

3）各虫态历期。北京卵期 18 ~ 21 天，幼虫期最短 318 天，最长 340 天，平均326 天，其中 1 ~ 4 龄幼虫 20 天左右，5 龄幼虫（伪蛹）295 天，6 龄幼虫 11 天，蛹期10 ~ 15 天，成虫寿命 30 ~ 35 天。

4）生活习性。①食性。白条豆芫菁成虫白天群集寄主植物上部和顶端部位取食，尤以嗜食嫩叶、嫩茎、幼芽和花蕾，取食上述植物器官有利于延长成虫寿命和提高产卵量。食物不足或缺少嫩叶、嫩茎等适宜的食物时，成虫即转株为害，每头成虫每天可取食4 ~ 5 株马铃薯、黄豆叶片。幼虫为肉食性，以各种蝗虫卵块为食，1 头幼虫一生取食1 个蝗虫卵块可完成生长发育所需之营养，若多条幼虫取食一个蝗虫卵块，因食料不足而相互残杀。②活动。成虫白天活动，晚上潜居杂草、寄主植物根际部不食不动，尤以晴天无风的白天最为活跃。取食和交尾高峰出现在 10—11 时和 17—19 时。成虫有假死的习性，受惊扰即迅速散开或从植株上坠落地面，并从腿节末端分泌一种含有芫菁素的黄色液体，人的皮肤接触此液体，引起皮肤红肿和发泡。③交尾和产卵。成虫羽化后即开始结尾，一天中多在 10—11 时和 17—19 时进行交尾，交尾时间最短 100min，最长 200min，平均 165min。交尾后 4～5 天开始产卵，卵产于表土 5cm 左右深的卵穴中，卵块产，每穴有卵 70～150 粒，卵粒呈菊花状排列。产卵结束后雌虫用泥土堵塞穴口。单雌一生产卵 400～500 粒。④幼虫有假死性，受惊后虫体卷曲，不食不动。⑤性比。白条豆芫菁雄虫明显少于雌虫，雌雄性比为（3～5）:1。

（2）发生与环境的关系。

1）与温度及降雨量的关系。一般而言，凡温度偏高，降雨量较少的年份有利于白条豆芫菁的发生和为害；凡温度偏低、降雨量多的年份则不利于豆芫菁的发生和为害。山西神池薯区，1999 年 1—6 月温度比历年同期分别高 2.6℃、2.2℃、2.1℃、2.3℃、0.8℃ 和 3.4℃；1—6 月降雨量比历年同期分别偏少 2.6mm、4.7mm、8.8mm、4.7mm、19.9mm 和 21.8mm，该年白条豆芫菁大面积发生和为害，2000 年、2001 年和 2007 年温度比历年同期偏高，降雨量比历年同期偏少，导致白条豆芫菁大发生。2004 年 5—6 月，平均温度比历年同期低 0.7℃ 和 0.6℃，降雨量比历年同期多 19.1mm 和 59.8mm，此种气候条件不利于白条豆芫菁发生，为害轻，2008 年情况与 2000 年基本相似，该年豆芫菁发生少，为害轻。

2）与土壤质地的关系。沙质土壤薯田豆芫菁发生多，为害重；壤土、黏土薯田豆芫菁发生少，为害轻。

3）与品种的关系。马铃薯品种不同，豆芫菁为害程度各异，一般而言，黄皮薯受害轻，白皮薯受害次之，红皮薯受害最为严重。不同品种受害程度，由轻到重顺序依次为晋薯 7 号、晋薯 12 号、东北白、紫花白、静石 2 号。

4）与土蝗密度的关系。白条豆芫菁幼虫以蝗卵为食，蝗卵数量多寡是影响豆芫菁幼虫存活率的关键因子。一般而言，凡上一年蝗虫种群数量大、防治面积小、防治效果差，白条豆芫菁幼虫食物丰富，有利其存活，化蛹、羽化的成虫多，为害重。如 1997—1999 年土蝗在山西神池薯区连续三年大发生，导致下一年豆芫菁大发生。

5）与马铃薯田周边环境的关系。马铃薯田周边环境复杂，草坡草滩多，杂草丛生，为白条豆芫菁成虫产卵提供了良好的环境条件和丰富的食物来源，成虫在这些植物上取食一段时间后即迁入薯田为害马铃薯。

### 4.8.3.2 中华豆芫菁

（1）生活史与习性。

1）越冬。中华豆芫菁以 5 龄幼虫（伪蛹）在土中越冬。

2）发生世代与盛发期。西北、华北中华豆芫菁 1 年发生 1 代。甘肃中部陇西，成虫发生期长达 4 个多月，6 月上旬开始羽化，9 月中旬羽化结束，6 月中下旬为羽化盛期。6 月下旬至 8 月中旬为产卵期，产卵盛期出现在 7 月中旬。7 月中旬卵开始孵化，盛期为 8 月中下旬。幼虫发育至 5 龄于 8 月中下旬至 10 月上旬陆续进入越冬状态。河北北部中华豆芫菁于 5 月下旬开始羽化，6 月为羽化盛期、8 月上旬羽化结束。7 月为产卵盛期，8

月为孵化盛期，8 月下旬至翌年 5 月中下旬为幼虫期。甘肃山丹薯区中华豆芫菁为害马铃薯盛期为 6 月上旬至 6 月下旬，陇西为害马铃薯盛期在 8 月中下旬至 9 月上旬。

3）各虫态历期。甘肃中部陇西薯区，卵期最短 23 天，最长 36 天，一般 28 天左右，幼虫期 270 ~ 290 天，其中 1 龄幼虫期最短 6 天、最长 8 天，一般 7 天；2 龄幼虫期最短 5 天、最长 7 天，一般 6 天；3 龄幼虫期最短 5 天、最长 7 天，一般 6 天；4 龄幼虫期最短 7 天、最长 11 天，一般 10 天；5 龄幼虫（伪蛹）进入越冬状态，最短 240 天、最长 250 天，一般 245 天；6 龄幼虫期最短 6 天、最长 10 天，一般 8 天。蛹期最短 12 天、最长 20 天，一般 16 天；成虫寿命 40 ~ 45 天。

河北北部在温度 27 ~ 33.5℃，相对湿度 70% ~ 74% 条件下，卵期 18 ~ 20 天，平均 19.4 天。幼虫期 280 ~ 300 天。

4）习性。①食性。成虫最喜食大豆和马铃薯叶片，其次为灰菜（菊科）和紫花苜蓿的叶片，不取食牵牛花（牵牛花科）和大丁草（菊科）叶片，在缺乏嗜食植物的情况下，也可以取食苋菜和刺儿菜（菊科）。幼虫取食蝗虫卵块，系蝗虫的重要天敌，对控制蝗虫种群数量持续增长具有明显的作用。②群集为害习性。成虫常数十头、甚至数百头群集寄主植物上活动和取食为害，很少有单独活动的个体。③假死习性。成虫受到惊扰和天敌侵袭时，四肢蜷缩，抱于腹下，迅速从植株上坠落地面，不食不动。④自卫能力。成虫受到惊扰或侵袭时，从口和足腿节分泌一种含有芫菁素的毒素液体，人的皮肤接触此液体后，引起皮肤红肿和出现水疱。⑤负趋光性。成虫对强光有负趋光性，清晨和傍晚光线较弱时，常在植株上活动和取食，中午阳光强烈，则多在杂草丛中、植株下部光线弱的地方潜居，不食不动。⑥交尾和产卵。雌雄成虫交尾盛期出现在 8—10 时，交尾平均历时 165min，最长 200min 左右，最短 100min 左右。雌虫产卵有明显的选择性，多产于被害作物附近土蝗栖居、活动和产卵的场所。据甘肃陇西薯区调查，中华豆芫菁最喜选择连续 3 年以上弃耕地产卵，每平方米平均有卵穴 7.5 个；其次为薯田附近田埂、地头、沟边产卵，每平方米平均有卵穴 2.5 个；在马铃薯田产卵最少，每平方米平均只有卵穴 0.4 个。雌虫产卵前先挖一个直径 0.5 ~ 0.8cm、深 3 ~ 5cm 洞口，口窄内宽的产卵穴，雌虫将产卵产于穴底，卵尖端向下，由黏液相连，排成菊花状，每穴有卵粒 60 ~ 80 粒，最多 150 粒左右。在卵穴中产卵，持续时间最长数小时，最短 30min 左右，一般 2h 左右。产卵结束后，雌虫用土将口封好，然后离开产卵穴。也有少数雌虫将卵直接产于土表或植株叶片上，产卵持续时间明显短于在土穴中的时间，一般只有 10min。雌虫一生产卵最多 150 粒左右，最少 80 粒左右，一般 120 粒左右。

（2）发生与环境的关系。

1）与温湿度的关系。甘肃山丹、民乐薯区，6 月平均温度 13.7℃，田间相对湿度 35%，有利于中华豆芫菁活动和取食，为害重。7 月温度较高，马铃薯田植株开始封行，干旱灌水后，田间湿度大，不利其活动和取食，成虫由马铃薯田迁往山地草场栖息和为害。

2）与草场和薯田周边杂草密度的关系。甘肃山丹等地调查，马铃薯田周边早熟禾、冰草、针茅草等禾本科牧草以及野生大豆、野生苜蓿、苦马豆等豆科牧草生长茂盛，为中华豆芫菁提供了丰富的食料和产卵场所，有利于豆芫菁种群数量的持续增长，虫口密度大，为害重。

### 4.8.4 防治方法

#### 4.8.4.1 农业防治

①马铃薯、大豆等农作物收获后及时耕翻灭茬，通过耕耙等农事操作，杀死部分越冬幼虫或将越冬幼虫翻入深土层，破坏越冬环境或将其翻出表土，低温冻死或天敌捕食，降低翌年发生基数。②轮作换茬。马铃薯与向日葵、小麦、瓜类、油料作物轮作换茬，控制豆芫菁发生和为害。③避免在蝗虫常年栖居、活动区种植马铃薯、甜菜、豆类作物等豆芫菁嗜食作物。④人工捕杀成虫。豆芫菁成虫有群集为害的习性，在成虫点片发生阶段，进行人工捕杀，减少田间虫口密度。

#### 4.8.4.2 化学防治

化学农药防治豆芫菁成虫首先要对薯田附近草坡草滩，杂草丛生的沟渠边以及背风向阳地块施药、杀死其上的成虫，防止成虫迁入马铃薯田为害。防治效果好的药剂有4.5%高效氯氰菊酯乳油 1 500～2 000 倍液、25%氰戊菊酯·辛硫磷乳油 1 500～2 000 倍液、37%高效氯氰菊酯·马拉硫磷乳油 1 000～1 500 倍液、20%灭幼脲悬浮剂800～1 000 倍液、40%辛硫磷乳油 800～1 200 倍液、20%灭多威乳油 1 000～1 500 倍液等。上述药剂任选一种于清晨或傍晚喷雾。

## 参考文献

Saljoq A U R，van Emden I H F，He Y R. Field Assessments of Antibiotic Resistance to Myzus-persicae（Sulzer）in Different Potato Cultivars［J］. 华南农业大学学报（自然科学版），2003，24（4）：32 – 36.

白秀，崔娜珍，高有才，等.2012. 马铃薯二十八星瓢虫测报调查方法［J］. 农业技术与装备（11）：16 – 17.

卜庆国，庞保平，张若芳，等.2013. 呼和浩特地区马铃薯田蚜虫的种群动态［J］. 生态学杂志，32（1）：135 – 141.

曹利军，宫亚军，朱亮，等.2014. 豌豆彩潜蝇幼虫期各虫态的形态学研究［J］. 昆虫学报，57（5）：594 – 600.

曹毅，李人柯，林锦英，等.1997. 美洲斑潜蝇防治虫态与防治适期研究［J］. 江西农业大学学报，19（24）：61 – 64.

曹毅，李人柯，林锦英，等.1999. 美洲斑潜蝇生物学特性及发生规律的研究［J］. 华南农业大学学报，20（2）：18 – 22.

陈斌，李正跃，桂富荣，等.2003. 云南省马铃薯害虫综合防治现状与展望［J］. 云南农业科技（增刊）：136 – 141.

陈常铭，宋慧英.2000. 长沙地区美洲斑潜蝇生物学特性［J］. 湖南农业科学，14（4）：27 – 29.

陈丽芳，陆自强，祝树德.1989. 茄二十八星瓢虫的生物学及有效积温［J］. 植物保护，15（1）：7 – 8.

陈品南，何秀珍，钱军，等.1998. 美洲斑潜蝇的发生为害与防治研究［J］. 浙江农业科

学 (2)：84 – 86.

陈学新，徐志宏，郎法勇，等.2001. 杭州郊区豌豆彩潜蝇的发生危害及寄生性天敌研究
　　[J]. 华东昆虫学报，10 (1)：30 – 33.

陈艳，赵景玮.1997. 美洲斑潜蝇的羽化特性 [J]. 福建农业大学学报，26 (2)：
　　191 – 193.

董风林，刘秉义，靳军良，等.2010. 固原市马铃薯蚜虫种群时空动态分布规律研究
　　[J]. 甘肃农业科学 (3)：12 – 14.

费永祥，邢会琴，张建朝，等.2010. 豆芫菁对马铃薯的为害与防治技术 [J]. 中国蔬菜
　　(5)：24 – 25.

冯莲，谈倩倩，赵梦洁，等.2012. 豌豆潜叶蝇的生物学特性及防控技术 [J]. 长江蔬菜
　　(1)：48 – 49.

宫亚军，石宝才，王军，等.1998. 不同黄色对美洲斑潜蝇成虫诱杀效果研究 [J]. 北京
　　农业科学，16 (3)：28 – 29.

郭文英，于喜田，周春敏.2005. 马铃薯瓢虫的发生规律与防治技术 [J]. 天津农林科技
　　(6)：24 – 25.

黄居昌，林智慧，陈家骅，等.1999.6 种常用杀虫剂对美洲斑潜蝇及冈崎姬小蜂的选择
　　毒杀作用 [J]. 福建农业大学学报，28 (4)：425 – 456.

黄天云，赵兴爱，蒋雪荣.2009. 茄二十八星瓢虫的发生及防治 [J]. 现代农业科技
　　(13)：175.

黄玉明，任琴.2009. 马铃薯二十八星瓢虫发生规律与防治技术试验研究 [J]. 现代农业
　　科学 (19)：171，173.

嵇爱华，陈克煜，李祥，等.2005. 豌豆彩潜蝇发生规律与无公害防治技术的研究 [J].
　　上海蔬菜 (1)：61 – 62.

居玉玲，吴虹.2001. 美洲斑潜蝇对马铃薯的危害及其防治 [C] //中国作物学会马铃薯
　　专业委员会 2001 年年会论文集：145 – 148.

李保同，王国红.2001. 杀虫药剂对茄二十八星瓢虫及瓢虫柄腹姬小蜂的选择毒性 [J].
　　农药学学报 (13)：91 – 93.

李丽君，赵晓花，李芳君，等.2018.4 种杀虫剂对马铃薯二十八星瓢虫的田间防效 [J].
　　甘肃农业科学 (5)：33 – 36.

李蒙平.2003. 豌豆潜叶蝇的识别与防治技术 [J]. 内蒙古农业科技 (1)：44.

李天金，李娅，王雪红.2001. 茄二十八星瓢虫在春播马铃薯上的发生及防治 [J]. 西南
　　农业学报，14 (4)：90 – 91.

李秀军，金秀萍，李正跃.2005. 马铃薯块茎蛾研究现状及进展 [J]. 青海师范大学学
　　报：自然科学版 (2)：67 – 70.

李兆防.2009. 印楝素对不同龄期茄二十八星瓢虫的毒力及田间防效 [J]. 中国蔬菜
　　(10)：55 – 58.

李志朝，韩桂仲，代伐，等.1999. 豌豆潜叶蝇发生与寄主植物的关系 [J]. 蔬菜 (1)：
　　21 – 22.

林进添，凌远方，宾淑英.1999. 几种拟除虫菊酯类杀虫剂对美洲斑潜蝇的防治效果

[J]. 昆虫知识, 36 (1): 20 - 24.

林进添, 凌远方, 刘展眉, 等 .1998. 沙蚕毒素类农药对美洲斑潜蝇的防治效果研究 [J]. 华南农业大学学报, 19 (3): 26 - 30.

刘绍友, 仵均祥, 安英鸽, 等 .2000. 桃蚜体色生物型与寄主关系的研究 [J]. 西南农业大学学报, 28 (3): 11 - 14.

刘世栋, 王军利, 李学军, 等 .1998. 美洲斑潜蝇越冬场所及传播途径研究 [J]. 辽宁农业科学 (5): 44.

刘树生 .1991. 温度对桃蚜和萝卜蚜种群增长的影响 [J]. 昆虫学报, 34 (2): 189 - 197.

刘小凤, 胡想顺 .2001. 陕北马铃薯瓢虫生活年史及防治适期研究 [J]. 陕西农业科学 (11): 15 - 17.

刘远康 .1998. 湖北保康马铃薯块茎蛾的发生及防治 [J]. 植物医生, 11 (2): 15 - 16.

马艳粉, 李正跃, 任明佳, 等 .2010. 马铃薯块茎蛾对不同寄主植物的产卵选择性比较 [J]. 农药, 49 (5): 380 - 382, 389.

牛建群, 曹德强, 刘延刚, 等 .2016. 不同杀虫剂对茄二十八星瓢虫的田间防效 [J]. 安徽农业科学, 44 (10): 150 - 151.

彭炜, 赵学谦, 杨光超, 等 .1999. 四川攀西地区斑潜蝇发生和综合防治研究 [J]. 西南农业大学学报, 21 (1): 59 - 63.

钱念曾, 周长初, 郑文钻, 等 .1965. 溴甲烷熏蒸马铃薯种薯防治块茎蛾的研究 [J]. 植物保护学报, 4 (3): 237 - 248.

申春新, 赵书文, 王晋瑜 .2012. 豆芫菁的发生与防治 [J]. 植物医生, 25 (5): 19 - 20.

申春新, 赵书文, 王晋瑜 .2012. 神池县豆芫菁的发生与防治 [J]. 农业技术与装备 (14): 29 - 30.

盛金坤, 钟玲, 吴强 .1989. 江西省豌豆潜叶蝇寄生蜂及其 9 个中国新记录种的记述 [J]. 江西农业大学学报, 11 (2): 22 - 31.

师清河, 李树宗, 郝向莲, 等 .2009. 马铃薯二十八星瓢虫发生规律及综合防治技术 [J]. 西北园艺 (7): 44 - 45.

施万荣 .2006. 马铃薯田豆芫菁的为害与防治 [J]. 山西农业: 农业科技版 (5): 28.

石宝才, 宫亚军, 魏书军, 等 .2011. 豌豆彩潜蝇的识别与防治 [J]. 中国蔬菜 (13): 24 - 25.

史浩良, 吴雪芬, 陈素娟, 等 .2012. 豌豆潜叶蝇的发生危害及其防治对策 [J]. 江苏农业科学, 40 (12): 147 - 149.

宋国华, 吴微微, 赵庆林 .2008. 二十八星瓢虫的发生规律及防治对策 [J]. 吉林蔬菜 (1): 50.

孙慧生, 卢志俊, 王志强 .2007. 芫菁对马铃薯危害特点及防治研究 [J]. 中国马铃薯 (6): 379 - 380.

孙开渺 .1983. 二十八星瓢虫生活史观察 [J]. 植物保护 (6): 48 - 49.

田昌平, 徐静, 孔令华, 等 .1998. 几种药剂防治美洲斑潜蝇的效果比较试验 [J]. 江苏农药（4）：39 – 40.

涂小云，王国红 . 2010. 茄二十八星瓢虫生物防治研究进展 [J]. 中国植保导刊，30
　（3）：13 – 16.

万莉娜，邢迁乔，牛照喜 . 1997. 阿巴丁、BT 两种生物制剂对日光温室美洲斑潜蝇的药
　效试验 [J]. 河南农业科学（12）：26 – 27.

王昌家，王玉阳，于文来，等 . 2002. 豌豆彩潜蝇的发生与防治 [J]. 现代化农业（7）：
　5 – 6.

王成德，赵建成，姜雅琴，等 . 1997. 豌豆潜叶蝇及其综防统治技术研究初报 [J]. 内蒙
　古农业科技（2）：23 – 24.

王福祥，赵守岐，李永坚，等 . 1998. 14 种农药对美洲斑潜蝇的防治效果 [J]. 植物检
　疫，12（6）：326 – 329.

王国红，方桂英，盛金坤 . 1999. 寄主植物对茄廿八星瓢虫生长发育的影响 [J]. 江西农
　业大学学报，21（1）：26 – 28.

王军，石宝才，宫亚军，等 . 1999. 美洲斑潜蝇寄主植物调查名录 [J]. 北京农业科学，
　17（1）：37.

王莉萍，杜予州，嵇怡，等 . 2005. 豌豆彩潜蝇的发生危害及对寄主的选择性 [J]. 植物
　保护学报，32（4）：397 – 401.

王琳，李有林 . 2004. 中华豆芫菁发生规律观察 [J]. 中国植保导刊（6）：13 – 14.

王茂涛，张孝羲 . 1991. 桃蚜体色生物型的研究 [J]. 植物保护学报，18（4）：
　351 – 355.

王彭，曲春鹤，黄大益 . 2017. 氟啶虫胺腈对桃蚜和瓜蚜室内杀虫活性及田间防治效果
　[J]. 现代农药，16（5）：45 – 49.

王音，雷仲仁，问锦曾，等 . 2000. 美洲斑潜蝇的越冬与耐寒性研究 [J]. 植物保护学
　报，27（1）：32 – 36.

魏敏，陈娟娟，李丽君，等 . 2014. 马铃薯二十八星瓢虫在庄浪县的发生及防治 [J]. 甘肃
　农业科学（6）：63 – 64.

魏毅，刘冬青，张世宏 . 2014. 不同杀虫剂对茄二十八星瓢虫的防治效果 [J]. 中国蔬菜
　（4）：39 – 40.

吴佳教，曾玲，梁广文 . 2000. 水浸对美洲斑潜蝇存活率的影响 [J]. 植物检疫，14
　（1）：3 – 5.

吴雪芬，陈军，陈素娟，等 . 2005. 豌豆潜叶蝇发生危害及其防治对策 [J]. 上海农业科
　技（4）：98 – 99.

冼志勇，雷铁栓，李定旭，等 . 1993. 马铃薯瓢虫寄主植物的初步研究 [J]. 马铃薯杂
　志，7（2）：96 – 99.

谢春霞 . 2014. 马铃薯块茎蛾综合防治技术 [J]. 中国马铃薯，28（4）：235 – 237.

熊杰 . 1991. 马铃薯 28 星瓢虫发育起点温度和有效积温的研究 [J]. 马铃薯杂志，5
　（8）：175 – 178.

许再福，曾玲 . 1998. 美洲斑潜蝇寄生蜂研究概况 [J]. 昆虫天敌，20（3）：129 – 135.

杨建太，王香玉 . 2005. 几种杀虫剂防治覆膜脱毒马铃薯桃蚜对其产量的影响 [J]. 甘肃

农业 (1)：92 – 93.

叶正襄，秦厚国，黄水金，等 . 2000. 温度和湿度对美洲斑潜蝇实验种群增长的影响
[J]. 中国蔬菜 (4)：9 – 12.

叶正襄，秦厚国，黄水金，等 . 2001. 美洲斑潜蝇生物学初步观察 [J]. 华东昆虫学报，
10 (1)：93 – 95.

虞国跃 . 2000. "二十八星" 瓢虫的辨识 [J]. 昆虫知识，37 (4)：239 – 242.

袁红银，王学平，杨玉洁 . 2013. 春季豌豆潜叶蝇消长规律与防治 [J]. 中国园艺文摘
(1)：45 – 46.

曾玲，吴佳教，梁广文 . 1998. 温度对美洲斑潜蝇生长发育的影响 [J]. 华南农业大学学
报，21 (3)：21 – 25.

曾玲，吴佳教，张维球 . 1999. 广东美洲斑潜蝇寄生性天敌初步研究 [J]. 昆虫天敌，21
(3)：113 – 116.

曾玲，吴佳教，张维球 . 2000. 广东美洲斑潜蝇主要寄生蜂种类及习性观察 [J]. 植物检
疫，14 (2)：117 – 118.

张广学 . 1990. 烟蚜 Myzus persicae 研究新进展 [J]. 河南农业大学学报，24 (4)：
496 – 504.

张桂芬，朱伟旗，刘春辉，等 . 1997. 美洲斑潜蝇发育历期和有效积温的研究 [J]. 河北
农业大学学报，20 (2)：29 – 32.

张建亮，赵景玮，吴国星 . 2000. 桃蚜研究新进展 [J]. 武夷科学 (16)：167 – 176.

张万明，杨红军，王汉江，等 . 1998. 4 种药剂防治美洲斑潜蝇药效比较 [J]. 植物保护
学报，24 (2)：41 – 42.

张志轩，张建军，乔趁峰，等 . 1998. 灭幼脲 3 号防治美洲斑潜蝇药效试验 [J]. 中国蔬
菜 (4)：39 – 40.

章士美 . 1973. 农林主要害虫的生物学及地理分布 [M]. 南昌：江西人民出版社 .

章士美 . 1980. 茄二十八星瓢虫的年生活史及产卵习性 [J]. 江西植保 (3)：13 – 15.

赵惠燕，汪世泽，袁锋 . 1995. 不同温度与寄主条件下桃蚜生命表的研究 [J]. 应用生态
学报 6 (增刊)：83 – 87.

郑振涛 . 2008. 茄二十八星瓢虫的生物学特性及防治方法 [J]. 安徽农学通报，14
(5)：154.

周福才，陈丽芳，李祥，等 . 2000. 美洲斑潜蝇蛹的抗逆性研究 [J]. 扬州大学学报：自
然科学版，3 (1)：45 – 47.

周国义，龚伟荣 . 1999. 高温浸水处理对美洲斑潜蝇羽化率的影响 [J]. 植物检疫，31
(6)：372 – 373.

周雷，王香萍，李传仁，等 . 2014. 不同温度下茄二十八星瓢虫的实验种群生命表 [J].
环境昆虫学报，36 (4)：494 – 500.

周雷，谢本贵，王香萍，等 . 2015. 茄二十八星瓢虫在江汉平原不同寄主植物上的种群发
生动态 [J]. 北方园艺 (11)：103 – 105.

周晓榕，卜庆国，庞保平 . 2014. 温度对桃蚜和马铃薯长管蚜实验种群生命表参数的影响
[J]. 昆虫学报，57 (7)：837 – 843.

周艳丽，杨骥 . 2004. 马铃薯田有翅蚜数量消长的研究［J］. 中国马铃薯，18（5）：267 - 269.

朱国庆，李艳玉，成华 . 2003. 西昌地区马铃薯块茎蛾危害及防治［J］. 中国马铃薯，17（6）：366 - 367.

庄会德 . 2010. 马铃薯瓢虫生物学特性及化学防治研究［D］. 大庆：黑龙江八一农垦大学 .

# 第5章 甘薯虫害

## 5.1 甘薯小象甲

### 5.1.1 分布与危害

甘薯小象甲（*Cylas formicarius* Fabricius）又称甘薯蚁甲、甘薯象虫、甘薯小象虫，属鞘翅目象甲科。国外分布于亚洲的越南、柬埔寨、缅甸、老挝、泰国、马来西亚、印度、巴基斯坦、日本，澳洲的新西兰、澳大利亚，美洲的古巴、美国，以及非洲部分国家，最北分布于北纬34.5°美国北卡罗来纳州东海岸。国内主要分布南方各省（区），为明显的偏南方性种类。福建、浙江、湖南、江西、江苏、广东、广西、海南、云南、四川、重庆、贵州和台湾等13个省（区）均有分布和为害。地处北纬30°的重庆巫山县2005年首次发现甘薯小象甲为害甘薯，其后发生面积逐年扩大，至2009年有800多 hm$^2$甘薯受害。甘薯小象甲在我国分布北界大致在杭州湾及浙赣线以南，西至四川西昌、冕宁及云南南部。江西省内仅分布于北纬24°以南的信丰、定南、龙南、全南等地。

甘薯小象甲以成虫和幼虫蛀食甘薯藤和薯块，是甘薯生长期和贮藏期的重要害虫。成虫啃食甘薯嫩芽、嫩茎、嫩叶，妨碍植株的生长发育，影响甘薯高产稳产。幼虫蛀食粗蔓和薯块，薯藤受害，形成隧道，影响养分、水分的正常运输，薯块膨大受阻。薯块受害后，产生大量萜类和酚类物质，致使薯块发臭变苦，失去食用和饲用价值。同时，甘薯象甲还能传播黑斑病、软腐病等病害，在特殊情况下，病害流行造成的甘薯减产远远超过害虫直接造成的损失。福建、广东、广西和浙江南部沿海甘薯产区，由于甘薯小象甲的为害，常年薯块平均减产5%～10%，个别地区防治不及时，产量损失高达30%以上。福建厦门翔安区，因甘薯小象甲为害，一般减产20%～30%，严重的田块甚至绝产。福建莆田秀屿区，常年甘薯小象甲为害面积占种植面积的45%～63%，一般减产11%～25%，严重的达40%，经济损失达200～600元/667m$^2$。

甘薯小象甲最适寄主为甘薯，亦可为害蕹菜，偶尔为害马铃薯。野生寄主主要有旋花科的小牵牛属（*Jacquemontia*）、山牵牛属（*Thunbergia*）、鱼黄草属（*Merremia*）、菟丝子属（*Cuscuta*）、马蹄金属（*Dichondra*）、打碗花属（*Calystegia*）和腺叶藤属（*Stictocardia*）等野生植物。甘薯小象甲成虫和幼虫虽能取食上述植物，但不能在其上完成生活史。

### 5.1.2 形态特征

成虫。体狭长，形似蚂蚁。雌虫体长4.8～7.9mm，雄体长5.0～7.7mm。除触角末节、前胸和足红褐色外，虫体其他部位均为蓝黑色，具金属光泽。头部延长呈象鼻状。触角长，由 10 节组成。雌虫触角末节呈长圆筒形，短于其他 9 节之和；雄虫触角末节较长，呈棍棒状，长于其他 9 节之和。前胸细长，在后部 1/3 处缢缩呈颈状。两鞘翅合起呈长卵形，显著隆起，比前胸宽。鞘翅上有不明显的丝纹 22 条。足细长，红褐色，腿节末端膨大。

卵。椭圆形，长约 0.65mm，初产乳白色，后渐变为淡黄色，表面散布许多小凹点。

幼虫。老熟幼虫体长 5 ~ 8.5mm，近圆筒形，两端小，稍向腹面弯曲。头部淡褐色、胸腹部乳白色，生有稀疏白色细毛。足退化成革质凸起。第 2 ~ 4 龄幼虫胸腹部各节较细瘦、背面和两侧杂有紫色或淡紫色斑纹。

蛹。体长 4.7 ~ 5.8mm。乳白色，复眼褐色。管状喙弯贴于腹面，末端伸达胸腹部交界处。腹部较长，各节交界处缩入、中央部分隆起。背面隆起部分各具一横列小突起，其上各有一细毛。末节具尖而弯曲的刺突一对，略向背侧弯曲。腹末有一对尾须。

### 5.1.3　发生规律

#### 5.1.3.1　生活史和习性

（1）越冬。甘薯小象甲以成虫、幼虫和蛹越冬。主要以成虫在田间杂草、石缝、土缝、枯枝落叶中越冬，其次以成虫、幼虫或蛹在薯块上越冬，在藤蒂中越冬所占比例最低。海南、云南、广西、福建、广东南部冬季温度高，终年可繁殖，无明显的越冬现象。

（2）发生世代和为害盛期。甘薯小象甲各地发生代数因纬度不同而异，纬度越低有效积温越多，年发生代数越多，反之则少（表 5 - 1）。

表 5 - 1　甘薯小象甲在中国各地年发生代数

| 地点 | 纬度 | 代数 | 地点 | 纬度 | 代数 |
| --- | --- | --- | --- | --- | --- |
| 浙江富阳 | 北纬 30°02′ | 2 ~ 3 | 福建福清 | 北纬 25°43′ | 4 ~ 5 |
| 浙江遂昌 | 北纬 28°35′ | 2 ~ 3 | 福建晋江 | 北纬 24°30′ | 5 ~ 6 |
| 浙江温州 | 北纬 27°58′ | 3 ~ 5 | 福建漳浦 | 北纬 24°07′ | 6 |
| 浙江平阳 | 北纬 27°39′ | 3 ~ 5 | 广西柳州 | 北纬 24°20′ | 6 ~ 7 |
| 浙江温岭 | 北纬 28°12′ | 3 ~ 5 | 广西桂林 | 北纬 25°18′ | 6 ~ 8 |
| 江西信丰 | 北纬 25°23′ | 3 ~ 5 | 广东广州 | 北纬 23°09′ | 6 ~ 8 |
| 江西龙南 | 北纬 24°54′ | 3 ~ 5 | 广东潮安 | 北纬 23°27′ | 6 ~ 8 |
| 湖南宜章 | 北纬 25°23′ | 3 ~ 5 | 广东徐闻 | 北纬 20°19′ | 6 ~ 8 |
| 湖南郴州 | 北纬 25°47′ | 3 ~ 5 | 海南 | 北纬 20°01′ | 6 ~ 8 |
| 福建福州 | 北纬 26°02′ | 4 ~ 6 | 台湾 | 北纬 25°01′ | 6 ~ 8 |
| 福建东山 | 北纬 23°33′ | 5 | | | |

由于甘薯小象甲成虫寿命长，产卵期相应延长，早羽化的成虫产的卵发生代数较晚羽化的成虫产的卵发生代数多 1 ~ 2 代，田间世代重叠明显，同一时期可见到各虫态同时并存。

浙江、福建各代成虫盛发期如表 5 - 2。广西柳州各代幼虫盛发期（日/月），1 ~ 6 代分别为 4/5—19/5、31/5—10/6、8/7—16/7、10/8—18/8、3/9—21/9 及 11 月上旬。由于各地甘薯种植制度和气候不同，为害盛期和为害特点也不尽相同。江西信丰、全南等南部地区全年为害高峰期为8—9月；广东广州在7—10月；福建晋江全年有两个为害高峰期，分别出现在4—6月和7月下旬—9月上旬，1~2代主要为害薯苗，3~4代主要为害早扦甘薯，套种甘薯和夏薯，5代主要为害秋薯；广西柳州1~2代主要在苗床为害薯苗，3代为害春薯，4~5代为害秋薯。

表5-2　甘薯小象甲各代成虫盛发期　　　　　　　　　　（旬/月）

| 地点 | 越冬代 | 第1代 | 第2代 | 第3代 | 第4代 | 第5代 |
|---|---|---|---|---|---|---|
| 浙江温州 | 下/3 | 上/7 | 上中/8 | 上中/9 | 中/10 | |
| 浙江玉怀 | 中下/4 | 中/6—上/7 | 下/8—上/9 | 下/9—上/10 | | |
| 浙江衢州 | 中下/4 | 中/6—上/7 | 8—9 | 下/9—上/10 | | |
| 福建莆田 | 上/5 | 中/6 | 下/7 | 下/8 | 下/9—上/10 | 下/10—上/11 |
| 福建晋江 | 下/5—中/6 | 下/6—中/8 | 下/7—中/9 | 中/9—中/11 | 下/10—下/12 | |
| 福建同安 | — | 上中/6 | 中下/7 | 中下/8 | 中下/9 | 11月 |

（3）各虫态历期。甘薯小象甲各虫态历期因温度高低而异。

**卵期**　在福建晋江1代12~14天，2代5~9天，3代5~8天，4代6~12天，5代6~13天；广西柳州，1代平均13.8天，2代7.4天，3代6.3天，4代5.9天，5代27.2天；浙江乐清，1代平均11天（最短7天，最长15天），2代平均8天（最短6，最长10天），3代平均6.5天（最短5天，最长8天），4代平均12天（最短8天，最长15天）；广东广州卵期5~6天，最长12~14天。

**幼虫期**　广西柳州各代幼虫平均历期，1代24天，2代17.1天，3代30.5天，4代29.8天，5代27.2天；浙江乐清幼虫历期1代平均25天（最短22天，最长30天），2代平均19天（最短15天，最长24天），3代平均18.5天（最短14天，最长22天），4代平均26.0天（最短19天，最长32天）；广西柳州各代幼虫期平均历期，1代24天，2代17.1天，3代30.5天，4代29.8天，5代27.2天；云南昆明幼虫历期10~13天；广东广州幼虫历期一般17~24天，最长31天，越冬代22~25天。

**蛹期**　福建晋江，1代6~10天，2代7~12天，3代6~10天，4代6~11天，5代13~25天；广西柳州各代平均蛹期，1代7.7天，2代6.0天，3代5.4天，4代5.8天，5代8.4天；浙江乐清各代蛹期，1代平均13天（最短8天，最长16天），2代平均7.5天（最短6天，最长12天），3代平均6.5天（最短5.5天，最长9天），4代平均14天（最短8天，最长18天）；广东广州蛹期6~7.5天，最长14天。

**成虫寿命**　浙江乐清各代成虫寿命，1代平均35天（最短30天，最长50天），2代平均30天（最短20天，最长45天），3代平均25天（最短20天，最长35天），4代（越冬代）平均70天（最短5天，最长180天）；福建晋江成虫寿命，雌虫最短22天，最长123天，平均40天，雄虫最短17天，最长82天，平均40天，越冬代成虫寿命长达1年以上；广西桂林成虫寿命最长可达510天；广东广州9月羽化的成虫寿命最短17天，最长94天，平均58天，一般17~60天，最长308~514天。

（4）田间种群数量动态。闽东南地区的福清、平潭、莆田、晋江等甘薯种植区，甘薯小象甲成虫1—4月种群数量维持在较低水平，5—6月种群数量出现一个高峰，7月数量有所下降，8—11月种群数量迅速增加，达到全年最高峰；厦门10月上旬至11月上旬为成虫高峰期，单个性诱捕器诱集的成虫高达 1 300 ~ 1 400 头；晋江成虫高峰期出现在 10 月上旬至 11 月上旬，单个性诱捕器诱集的成虫 900 头左右。

（5）习性。初羽化的成虫体乳白色，身体柔软，历经 3 ~ 5 天后，体色变深，体躯变硬后才从羽化孔爬出开始取食活动。成虫怕强光，白天多潜藏在藤蔓及枯枝落叶处，清晨和傍晚活动。成虫爬行能力强，具有一定的飞翔能力，可短距离扩散，一般能飞 3 ~ 6m，借助风力可扩散到 2km 以外的地方。成虫有假死性和趋甜性，耐饥饿。成虫白天在薯叶背面，取食主脉、叶柄和嫩茎，也潜藏在地面裂缝里为害薯块，黄昏爬出地面活动。羽化后 5 ~ 7 天开始交配，一生可交配多次，交配时间多以 6：00 及 18：00 前后为多。交配后经 2 ~ 10 天开始产卵。卵多产于外露薯块表皮下，产卵时先以口器将皮层咬成圆形或长圆形小孔，产卵其中。通常一孔仅产一粒卵，偶有 2 ~ 3 粒的。雌虫也可将卵产于藤头上，茎蔓上产卵少。产卵期最短 15 天左右，最长可达 115 天左右。每雌一生产卵最少 30 粒左右，最多 200 粒，平均 80 粒。甘薯小象甲成虫对甘薯植株不同部位表现出明显的选择行为，喜欢选择在薯块上取食、定居和产卵，其次为老蔓和嫩蔓，而对叶片的选择性最低，选择百分率分别为 71.3%、62.5%、40.0% 和 27.5%。甘薯小象甲成虫对甘薯植株不同部位的选择行为不同，还与植株不同部位挥发性物质浓度不同有关。

幼虫孵出后即在薯块或薯蒂向内蛀食成弯曲的隧道，潜藏在隧道内取食薯肉，虫体后方堆满白色或褐色的虫粪。幼虫在薯蔓内蛀食，一般向下钻蛀成较直的隧道，被害处逐渐膨大。部分幼虫还可经薯蒂蛀入薯块，取食薯肉。通常每个隧道中只有一头幼虫，每个薯块中少的有 1 ~ 2 头幼虫，多的有 100 头以上。幼虫老熟后在隧道末端化蛹，或向外蛀食到达表层，咬一圆形羽化孔，然后在其附近化蛹。

#### 5.1.3.2 发生与环境的关系

（1）与气候条件的关系。气候条件是影响甘薯小象甲能否大发生最关键的环境因子。冬春气温偏高、雨量偏少，有利于该虫生长发育和存活，越冬死亡率低，春季虫口基数大，对薯苗和春薯为害加剧。福建莆田 2002 年 2 月平均温度 13.9℃，比常年高 2.3℃，雨量 21.1mm，比常年少 42.1mm；3 月平均温度 15.8℃，比常年高 1.7℃，雨量 64.2mm，比常年少 56.5mm。致使冬后田间虫量多达 900 多头/667m$^2$，多的高达 7 200 多头/667m$^2$，为害率较 2001 年同期增加 49.2% ~ 90.3%。夏秋（7—9 月）连续高温干旱，降雨量少，有利于甘薯小象甲的生长发育和繁殖，卵孵化率高，短期内种群数量迅速增加，达全年最高峰，是全年为害甘薯最烈的时期。福建莆田 2000 年 9 月降雨量仅 3.5mm，10 月没有降雨，连续两个月干旱，致使甘薯小象甲猖獗成灾，薯块被害率高达 60% 以上；2006 年 7—8 月干旱少雨，甘薯小象成虫数量迅速增加，9 月 11—20 日 10 天单个诱捕器诱获成虫 1.25 万头，秋薯为害严重。

（2）与土壤质地和田块类型的关系。土质黏重、有机质少或土层浅薄的薯田受害重。土质疏松、土层厚、保水保肥力强的薯田为害轻。同一块田，田边比田中央虫口密度大、为害重。水田、旱地和望天地（无灌溉条件的薯田）三种类型田种植的甘薯，受害程度相差悬殊。闽东南沿海薯区，水田种植甘薯，植株被害率、薯块被害率、薯块损失率最轻，分别为 25%、21.1% 和 2.9%；旱地次之，分别为 65%、39.1% 和 10.3%；望天地最重，分别为 85%、64.4% 和 22.4%。

（3）与耕作制度的关系。薯田长期连作较轮作受害重。薯田连作为甘薯小象甲提供了丰富的食料条件，有利于该虫的生长发育和繁殖，虫口密度大，为害重。甘薯与水稻、甘蔗、花生、芝麻等作物轮作的可明显降低虫口密度，为害轻。

（4）与栽培技术的关系。薯田管理粗放、中耕除草、培土不及时、薯块外露的田块为害重；大水漫灌导致薯田表土开裂，有利小象甲产卵，虫口多、为害重；早扦的薯田比迟扦的薯田为害重；结薯部位深而集中、薯块质地坚硬、粗淀粉和胡萝卜素含量高、含水量和糖分少、白色胶质多、黏性大的品种，抗虫性能好（如台农26、抗虫一号等品种），为害轻；施足基肥、及时追肥，薯藤生长健壮使其早封行，有利于防止水分蒸发而导致表土干裂、薯块外露，减少成虫产卵机会，为害轻。

## 5.1.4 防治方法

### 5.1.4.1 加强检疫

从疫区运往非疫区的薯块、薯苗、薯藤等必须严格实行检疫制度，防止甘薯小象甲扩散至非疫区。

### 5.1.4.2 农业防治

（1）清洁田园。甘薯收获后，50%～60%的甘薯小象甲以不同虫态潜藏于受害薯块、薯藤内，收获甘薯时应及时清理遗留在田间的受害薯块、薯藤，将其带出田外，集中处理。

（2）中耕培土。中耕培土既可防除杂草，又可避免土壤水分蒸发，防止土表龟裂，还可防止薯块外露、减少成虫产卵于薯块上，减轻为害。

（3）轮作换茬。甘薯小象甲寄主范围窄，仅为害旋花科植物，且成虫迁移能力弱。实行甘薯与其他作物轮作换茬，可明显减轻为害。轮作换茬可因地制宜，选用甘薯与花生、玉米、芝麻、大豆、水稻等作物轮作，特别是水旱轮作效果最好。

（4）改良土壤。有条件的薯区应有计划的推行土壤改良措施。黏重土壤掺沙或畦面盖沙；含沙过多的土壤加河泥、矿泥、腐熟土粪肥等。通过土壤改良使土层加厚、土质疏松，防止表土龟裂，减少成虫产卵。

（5）种植抗（耐）虫品种。因地制宜种植产量高、品质优、具有一定抗虫能力的品种。

（6）适时收获。甘薯生长后期是甘薯小象甲为害盛期，是影响甘薯产量和品质最关键的时期。因此，甘薯成熟后应及时收获，减少为害。

### 5.1.4.3 生物防治

甘薯小象甲生物防治包括两个方面的措施：一是应用性诱剂诱杀雄虫，二是应用白僵菌毒杀成虫。

应用人工合成的性诱剂诱杀雄虫，成本低、易操作，既安全又环保，群众易于接受，防治效果好。福建莆田等地，多年大面积诱捕结果表明，年单器诱虫量400～11 000头，虫口降低55.4%～57.9%，甘薯藤头被害率减少10.0%～29.3%，薯块被害率减少8.5%～10.1%，防治效果达59.3%～69.3%，甘薯小象甲雌雄性比降至1.0∶0.3，非诱捕区雌雄性比为1.0∶0.7，诱捕区雄虫数量下降60%。应用性诱捕剂诱杀甘薯小象甲雄虫的具体做法是：用 1.25L 的可乐瓶改制成诱捕器，在瓶高 2/3 处对称挖 2 个直径 3cm 的圆孔，将性诱剂的诱芯从瓶口向瓶内系至圆孔处，用竹片固定诱捕器即可放置薯田。每 667m² 放置 2 个诱捕器，诱捕器间隔 15m 左右。每 30 ~ 45 天更换诱芯 1 次。冬春季诱捕时将诱捕器中下部埋入土中，上口露出地表 5cm 左右。在甘薯生长期诱捕时，诱捕器放置高度应高于薯藤平面 10cm 左右。

白僵菌防治成虫。福建莆田应用白僵菌 B6 - 1（含孢量 1 亿 ~ 10 亿/g）菌粉 1.5kg 拌细土 20kg，于甘薯小象甲成虫盛发期前 8 ~ 10 天，趁雨后田间湿度大时均匀撒施在薯藤基部周围并盖上薄土，防治效果可达 70% ~ 85%，能有效控制甘薯生长前期小象甲的虫口基数。

#### 5.1.4.4 化学防治

（1）毒饵诱杀成虫。甘薯收获后，成虫越冬前或翌年甘薯栽扦前，越冬成虫开始活动时，于田间放置毒饵诱杀成虫。具体做法为：将鲜薯切成薄片，放入 90% 晶体敌百虫 500 倍液或 50% 杀螟松乳油 500 倍液浸泡 24h，捞出晾干；在薯田四周挖 10cm 深、15 ~ 20cm 宽的洞穴，25 ~ 30 个/667m²；每穴放置上述药剂处理的毒饵 20g，并用鲜草覆盖其上，诱杀成虫。每隔 7 ~ 8 天更换毒饵一次，连续更换 3 ~ 4 次。

（2）药剂处理薯苗。薯苗扦插前用 90% 晶体敌百虫 500 倍液或 50% 杀螟松乳油 500 倍液或 40% 辛硫磷乳油 500 倍液浸泡薯苗 1 ~ 2min，取出晾干后扦插于大田，防止成虫产卵。

（3）大田防治。甘薯扦插后薯块形成时，特别是薯块膨大期为施药保产的关键时期。防治指标为藤头被害率 2% ~ 3%，或薯块被害率 3% ~ 5%。可选用的防治药剂有 5% 高效氯氰菊酯乳油 1 000 ~ 1 500 倍液、4.5% 氟氯氰菊酯乳油 2 000 ~ 3 000 倍液、25% 噻虫嗪水分散粒剂 3 000 ~ 4 500 倍液、48% 噻虫啉悬浮剂 6 000 ~ 8 000 倍液。上述药剂任选一种喷雾，以扦插苗的茎基部和主茎为喷药重点，每 667m² 喷液量 30 ~ 45kg。

## 5.2 甘薯大象甲

### 5.2.1 分布与为害

甘薯大象甲［*Alcidodes waltoni*（Boheman）］，又称甘薯长足象、甘薯大象虫，属鞘翅目象甲科。国外分布于越南、斯里兰卡、缅甸以及日本等国。国内分布于南方各省（区），属明显的南方种类，广东、广西、福建、台湾、云南、四川、江西、浙江等省（区）均有分布，最北分布至江西万安和浙江温岭。

甘薯大象甲幼虫仅为害甘薯、蕹菜以及旋花科的月光花（*Calonyction aculeatum* House）、野牵牛（*Ipomoea cairica* Sweet）、砂藤（*I. biloba* Forsk）等野生植物。成虫食性复杂，除为害旋花科的农作物和野生植物外，还能为害茄科的马铃薯，蝶形花科的大豆、粉葛藤（*Pueraria pseudo-hirsuta* Tang et Wang）、鹿藿（*Rhynchosia* sp.）、向日葵、白苑（*Aster baccharoides* Steetz）、白鸡儿肠（*A. trinervius* Roxb.），蔷薇科的桃（*Prunus persica* Batsch），芸香科的福桔（*Citrus reticulata* Blanco var. *tangerina* Tanaka）、雪柑（*C. sinensis* Osbeck）、虎头柑（*C. hotokan* Hayata）、夏橙（*C. natsudaidai* Hayata），含羞草科的大叶

合欢（*Albizzia lebbek* Benth.），大戟科的千年桐（*Aleurites montana* wils.）、野桐（*Mallotus apelta* Muell-Arg.），蓼科的虎杖（*Polygonum cuspidatum* S. et Z.）等9科21种植物。成虫啃食甘薯嫩梢、嫩茎和叶柄，成细小纵沟，被害部分由此向下凋萎枯死，为害猖獗时薯藤被害率高达50%～97%，被害植株生长发育受阻。成虫还能啃食嫩叶成缺刻或小孔，啃食叶背面中肋成纵形伤痕，此外还能啃食外露薯块成纵沟，影响甘薯的产量和品质。幼虫主要在茎内钻蛀为害，破坏茎的内部组织，形成黑色虫瘿。虫瘿以上的茎叶因水分和养分运送受阻，常导致薯叶枯黄脱落，大发生时薯茎被害率高达55%～70%，薯块减产50%以上。幼虫为害扦插不久的薯苗时，主要为害茎的基部，因水分和养分运送受阻，往往导致幼苗全株枯死，幼苗为害率高达10%～30%，造成缺苗断垄，严重时需全田翻耕重新扦插薯苗。

### 5.2.2　形态特征

成虫。近长卵形，体长（包括喙）11.9～14.1mm，宽3.3～4.6mm，黑色、黑褐色，少数个体红褐色。体表有灰褐色、灰色、土黄色或红棕色的鳞毛。头部狭小，弯向腹侧，前端延伸成稍为弯曲的长喙。触角膝状，12节，柄节细长，末端略膨大，梗节与鞭节基部5亚节短小，鞭节末端5亚节膨大呈锤形。复眼大，卵圆形。胸部发达，前胸背板前狭后宽，近三角形，表面密布粒状突起。背板背面中央具有由密生鳞毛形成的纵纹，后缘中央向后突出，镶入两鞘翅基部之间。小盾片近三角形，底边宽，顶角硬化，色较深，向上隆起。胸足3对，细长，前足粗壮。鞘翅基宽而端狭，平时覆盖至腹末，每一鞘翅上有纵沟10条，构成纵隆线11条，纵沟内刻点大而明显。自外合线向外，其第3、第8隆线及第5纵沟的鳞毛不易脱落，即使其他处鳞毛大部分被摩擦掉，而此处鳞毛仍然存在，为其典型特征。腹部较胸部略狭短，背面可见7节，腹面可见5节。雄虫末节腹板近后缘处有一凹陷，表面密生长毛，后缘鳞毛长而密。雌虫末节近后缘无凹陷，后缘生缘毛短而稀。

卵。圆长形，长1.5～1.8mm，宽0.7～0.9mm。淡黄色。卵壳表面光滑。

幼虫。老熟幼虫体长14.5～16.5mm。体肥壮，前端较小而后方较大，向腹面弯曲，多皱纹。头红褐色有光泽，表面着生金黄色细毛。1龄幼虫淡紫褐色，2～3龄后变为乳白色，气门片淡褐色。胸部较狭，前胸最短，前胸盾宽阔，淡黄褐色。胸足退化，仅存小足突6个，其上密生细毛。胸气门1对，比腹气门大，位于前胸两侧的后方。腹部10节，第1～6节依次增大宽度和高度，第7节以后逐渐变小，尤以末两节更为短小，且隐藏在第8节之下。气门8对，各位于第1～8腹节的两侧。

蛹。近长卵形，长7.8～10.9mm。表面生有金黄色细毛，体背的细毛较密。初化蛹时呈乳白色，后变为淡黄色或淡黄褐色，近羽化时为灰白色。复眼红褐色。头顶具褐色乳状突1对。喙鞘弯贴于腹侧。腹部背面可见8节，腹面则仅见4节。第1～7节的背面后缘各具小瘤突1列，末节尾端具有发达的刺突1对。

### 5.2.3　发生规律

#### 5.2.3.1　生活史和习性

（1）越冬。甘薯大象甲越冬虫态和越冬场所较为复杂。福建福州以及江西南部主要以成虫越冬，但福州以南薯区成虫及少数幼虫在被害薯茎、薯块虫瘿内越冬，白天温度高时仍可取食。广东以成虫越冬为主，少数老熟幼虫在冬薯薯藤内越冬。以成虫越冬的地区，成虫随气流迁往海拔1 000m左右的山上，潜藏于山间土壤缝隙、石块裂缝、树皮裂缝等处越冬。

（2）发生世代、各代发生期和为害盛期。甘薯大象甲在福建福州以北地区一年发生2代为主，部分一年1代、二年3代或二年5代。福州以南地区一年3代、二年5代为主，少数二年3代或一年2代。造成这种现象的原因主要是越冬成虫产卵期长，自5月下旬开始产卵，直到11月中下旬才结束产卵，早产的卵年内可完成2代或3代稍多，而迟产的卵，年内只能完成1代。

各代发生期以福州一年2代为例，如表5-3。成虫种群数量最多的时期为6月上旬至6月下旬，亦是全年为害最烈的时期。个别年份5月下旬种群数量即达较高的水平，9月下旬至10月上旬种群数量为全年第二个高峰，亦是全年为害较重的时期。

**表5-3　福州甘薯大象甲各代各虫态发生期**　（旬/月）

| 代别 | 卵 | 幼虫 | 蛹 | 成虫 |
|---|---|---|---|---|
| 一代 | 中下/5 | 上/6—下/7 | 7 | 上/7—中/8 |
| 二代 | 下/7—中/8 | 下/7—中/9 | 下/8—中/9 | 下/9—中/12越冬 |

（3）各虫态历期。福建福州，6—8月卵期为3.5~4.5天，9—11月为5~7天。幼虫期一般23~35天，10—11月孵化的幼虫进入越冬状态，历期长达157~177天。7—8月蛹期4~5天，9月蛹期6~10天，10—11月及4—5月蛹期13~15天。成虫寿命一般50~85天，越冬代成虫寿命长达273~370天。

（4）习性。成虫多在6—9时和12时左右羽化，但9—11月部分个体在18—19时羽化。羽化后36~50h，成虫从虫瘿的羽化孔爬出觅食。当薯藤生长旺盛，羽化孔愈合或薯藤枯死，羽化孔变小，成虫均不能从羽化孔爬出而死于虫瘿内。成虫善爬行，不善飞翔。阴天成虫昼夜均可活动，晴天白昼以清晨和黄昏活动频繁。炎热的夏天，则以夜间活动为主。雌虫一生交尾多次，温度25℃~33℃时交尾最为频繁，温度超过35℃，交尾明显减少。交尾历时最短3h，最长8h，一般4~5h。雌虫经过2~3次交尾后即开始产卵，多在一天中的清晨和夜晚产出，白天产卵少。雌虫产卵有明显的选择行为，主要产在甘薯上，其次为蕹菜，其他野生寄主产卵较少。甘薯上卵多产于茎蔓近节处，少数产在叶柄上，较细叶柄产在近基处，较粗的叶柄则产在离基部1/3~1/2之间。产卵时雌虫先用口器在产卵处咬破皮层成直径0.9~1.5mm，近圆形的小孔，然后再向下或向上咬出一个与小圆孔成垂直方向、深2.5~3.0mm的小陷窝，雌虫将1粒卵产于陷窝中。雌虫一生产卵少则7粒，多达75粒左右。成虫怕强光照射，天气晴热多潜藏薯田荫蔽处。成虫有假死性。耐饥饿能力较强，可忍受7~10天的饥饿。

幼虫孵化以6—8时最多，4—5时及9—12时也有少数幼虫孵出，个别幼虫孵化时间推迟到16时，16时以后基本无幼虫孵出。幼虫孵出后经3~5h后开始取食。咬食茎部或叶柄，在茎部或叶柄里向下蛀进，直达茎节中心。幼虫在茎内定居后不断取食茎组织，受害处逐渐膨大成虫瘿。虫瘿中间大两端小，表面光滑或略有凹凸，这与甘薯茎螟形成的无规则、表面有隆起和纵沟的虫瘿明显不同。虫瘿多位于茎的上部。一根薯茎通常只有幼虫 1～2 头，在茎粗的甘薯品种上一根薯茎内有幼虫 3～5 头，多的达 15 头，每节有幼虫 1～2 头。幼虫在虫瘿内靠虫体蠕动上下移动，每隔 3～5 天向外咬一小孔，以便排出部分粪便和纤维碎屑。幼虫一生脱皮 3 次，共 4 个龄期。老熟幼虫化蛹之前，把最后一个通外边的孔咬大而成羽化孔。越冬幼虫则在越冬前用虫粪混杂残屑塞住通外的孔洞，在茎内越冬。

### 5.2.3.2　发生与环境的关系

（1）与温湿度和降雨的关系。越冬成虫不耐低温，在 0～4℃ 持续两天即大量死亡，虫口基数降低，对早薯的为害轻。如冬春温度较高，特别是夜间气温在 0℃ 以上，越冬成虫死亡率低，越冬基数大，对春薯的为害重。成虫忌降雨怕高湿，成虫发生时降雨量大、持续时间长、田间湿度大，易导致成虫大量死亡，对甘薯为害轻；反之，此时遇少雨干旱的天气，则有利于成虫生长发育和产卵、卵的孵化、幼虫成活，种群数量持续增长，易暴发成灾。

（2）与栽培制度的关系。薯田常年连作，管理粗放，杂草丛生，薯田四周甘薯象甲的野生寄主多，有利于虫源的积累，基数大，为害重。

（3）与天敌的关系。福建甘薯大象甲的成虫捕食性天敌有鹊鸲（*Copsychus saularis prosthopellus* Oberholser）、黑鸫（*Turdus merula mandarinus* Bonaparte）等。成虫和幼虫寄生性天敌有白僵菌［*Beauveria bassiana*（Bals.）］，在梅雨季节对甘薯大象甲寄生率高，被感染成虫、幼虫的死亡率可达 10%～30%。天敌的捕食和寄生作用能有效控制甘薯大象甲种群数量的持续增长，对减轻为害有一定作用。

## 5.2.4　防治方法

### 5.2.4.1　农业防治

（1）清洁田园。甘薯收获后及时清洁田园，将残留在田间的薯藤、薯块、薯叶等枯枝落叶清除，全部带出田外，集中处理，杀死越冬幼虫，减少越冬基数。铲除薯田周围甘薯大象甲的野生寄主如野牵牛、月光花、砂藤、千年桐、大叶合欢、虎杖等，减少翌年春季甘薯大象甲的转换寄主，从而导致成虫早春缺乏寄主饥饿而死亡。此法对甘薯小象甲、龟甲等害虫有兼治作用。

（2）诱杀成虫。甘薯大象甲成虫迁入薯田之前多集中在大豆上取食为害，可于 3 月下旬—4 月上旬在薯田及其四周播种大豆，大豆出苗长至 2～4 片真叶时，能引诱大量甘薯象甲越冬代成虫前来取食，然后集中喷药毒杀，可消灭大量成虫于产卵之前。

（3）人工捕杀成虫。甘薯大象甲虫口密度高、为害严重的薯区，为了防止象甲大量迁入薯田为害甘薯，可在 3—4 月人工捕杀在粉葛藤、千年桐、野桐等寄主上取食的甘薯象甲成虫，亦可在 5 月下旬—6 月中下旬人工捕杀初迁入扦薯田或薯苗地上的甘薯大象甲成虫。捕杀时间以日出前后或傍晚进行，阴天则可全天进行捕杀。

### 5.4.2.2　化学防治

（1）药液处理薯苗。甘薯扦插前用 90% 晶体敌百虫 500 倍液或 50% 杀螟松乳油 500

倍液或 40% 辛硫磷乳油 500 倍液浸泡薯苗 1~2mim，取出晾干后扦于薯田，防治成虫产卵。

（2）诱杀成虫。冬春季薯田诱杀成虫。将薯块切成小块，用90%晶体敌百虫600倍液浸泡30min左右，晾干后将浸过药的小薯块放在薯田事先挖好的小穴中，每667m²挖20穴，诱集成虫取食，毒杀甘薯大象甲成虫。

（3）大田防治。甘薯大象甲成虫盛发期，及时喷药毒杀成虫。常用的药剂有90%晶体敌百虫800~1 200倍液或4.5%氟氯氰菊酯乳油2 000~3 000倍液或48%噻虫啉悬浮剂6 000~8 000倍液，每667m²喷液量30~45kg。

## 5.3 甘薯叶甲

### 5.3.1 分布与为害

甘薯叶甲（*Colasposoma dauricum* Mannerheim），又称甘薯华叶甲、甘薯金花虫、甘薯猿叶虫、蓝黑金花虫、红苕金花虫等，属鞘翅目叶甲科。国外分布于日本、朝鲜半岛等地。甘薯叶甲国内有两个亚种，即甘薯叶甲指名亚种（*Colasposoma dauricum dauricum* Mannerheum）和甘薯叶甲丽鞘亚种（*Colasposoma dauricum auripenne* Motschulsky）。甘薯叶甲指名亚种主要分布在黑龙江、吉林、辽宁、内蒙古、河北、山西、山东、宁夏、陕西、甘肃、青海、新疆、河南、安徽、江苏、湖北、四川、重庆等地。甘薯叶甲丽鞘亚种为偏南方种类，大致以长江流域为其分布北界，江西、湖南、福建、浙江、台湾、海南、广东、广西、云南、重庆等地均有分布。

甘薯叶甲除为害甘薯、蕹菜等农作物外，野生寄主还有牵牛花（*Pharbitis nil* Chopi）、圆叶牵牛花（*P. purpurea* L.）、小旋花（*Calystegia hederacea* Wall.）、田旋花（*C. japonica* Choisy）等旋花科植物。甘薯叶甲成虫是甘薯苗期的主要害虫，食害薯苗顶端嫩叶、嫩芽、腋芽、叶柄、叶脉及茎蔓的韧皮组织，致使养分水分不能正常运送，导致整株薯苗枯死。四川南充薯区被害率高达80%~100%，缺苗率常达30%~60%；浙江南部山区、半山区，薯苗被害率一般为55%~65%，死苗率37%~48%，严重的地块需重新栽扦，从而导致甘薯生长期缩短，产量明显下降。甘薯叶甲幼虫专食薯块，影响薯块的膨大。薯块被害部分色黑味苦，人畜不能食用，不耐贮藏，虫害造成的薯块伤口有利于黑斑病、软腐病等病害的病菌侵染，从而造成烂窖。发生严重时，重庆北碚薯块被害率可达15%~70%；四川南充薯区，窖藏甘薯因叶甲为害，损失率一般为10%~30%，严重的高达50%以上。

### 5.3.2 形态特征

成虫 体长5~7mm，近椭圆形。体色多变，黑褐色、蓝色、紫铜色、红黑色、绿色，由于阳光反射而呈现多种色彩。全体具金属光泽。头大部缩入前胸背板前沿下，几与背板垂直，头顶中央有纵沟痕。触角11节，线形。前胸背板隆起，有刻点。鞘翅背面拱起，前缘两侧角向前突出。雌虫肩胛后方有纵褶，雄虫则不明显或无。鞘翅近1/3处略呈弧形凹陷，鞘翅上的刻点较前胸背板上的大而稀疏。鞘翅上有三角形紫铜色带蓝色斑纹，为甘薯叶甲丽鞘亚种的基本特征。两个亚种的区别见表5-4。

表5-4 甘薯叶甲两个亚种的鉴别

| 部位 | 甘薯叶甲指名亚种 | 甘薯叶甲丽鞘亚种 |
|------|----------------|----------------|
| 触角 | 端部5节稍粗，筒形，不呈扁状膨大。基部2~6节无金属光泽 | 端部5节扁而膨大，少数个体端部5节筒形，不扁，基部2~6节蓝色带金属光泽 |
| 鞘翅 | ①种群内鞘翅无紫铜带蓝色三角形斑纹的个体，紫铜色个体比例极少 ②雌虫鞘翅肩胛后方皱褶较细，微隆，范围很小，雄虫鞘翅一般无皱褶 | ①种群内鞘翅有紫铜色带蓝色三角形斑纹的个体，紫铜色个体的比例较大 ②雌虫鞘翅肩胛前方较粗，且隆起较明显，范围大，向后超过鞘翅中部，雄虫鞘翅亦有皱褶 |
| 阳茎 | 端部两侧较狭，末端尖锐 | 端部两侧较宽，末端稍钝 |

卵。长1mm左右。长椭圆形。初产时鲜黄色，近孵化时黄绿色。

幼虫。长8~10mm。初孵幼虫乳白色，老熟幼虫体粗短、圆筒形。头部淡黄色，胸腹部黄白色，腹部各节被棕红色刚毛，除第2节外都有横皱纹。胸足3对，短小。

蛹。体长5~7mm。椭圆形，末端细小，初化蛹时呈乳白色，其后逐渐变为淡黄色，全身密被细毛。复眼初为乳白色，其后逐渐变为暗黄色。后足腿节末端有黄褐色刺2根。腹部末端有刺3对，两个着生于末节后缘，四个着生于末节的两侧。

### 5.3.3 发生规律

#### 5.3.3.1 生活史和习性

（1）越冬。当土温下降到20℃以下时，大部分幼虫离开薯块，钻入3~30cm土层深处造一土室越冬。约有70%的幼虫分布在21~25cm土层内，最深可达40cm。四川南充、重庆及福建福清等地区有极少数幼虫仍然留在薯块内越冬。浙江黄岩、福建福清有少数成虫在枯枝落叶及岩缝、石缝等处越冬。

（2）发生世代、发生期和为害盛期。江西、福建、浙江、四川、重庆，一年发生一代。各地化蛹、羽化、产卵及幼虫孵化日期见表5-5。江西遂川海拔1 000m处，3月下旬即可见到蛹。成虫以6—7月、幼虫以8月下旬种群数量最多，对甘薯的为害最烈。广东广州3月下旬开始出现成虫，5—8月为成虫盛发期，为全年甘薯受害最严重的时期。重庆北碚6月上旬—7月上旬甘薯苗期受害最烈，8—10月薯块受害最烈。浙江南部山区、半山区甘薯叶甲于5月上旬开始化蛹，5月下旬—6月上中旬为化蛹盛期，5月中下旬成虫开始羽化，6月上旬—7月上旬为成虫为害、产卵盛期。

表5-5 甘薯叶甲各地各虫态发生期 （旬/月）

| 地点 | 化蛹 | 羽化 | 产卵 | 孵化 |
|------|------|------|------|------|
| 江西遂川 | 下初/4—中/5 | 中/5—下/6 | 上/6—中/9 | 中/6—上/10 |
| 福建福清 | 下初/4—中/7 | 上/5—下/7 | — | — |
| 浙江黄岩 | 下/5—上/7 | 上/6—中/7 | 中/6—下/7 | — |
| 四川南充 | 下/4—下/7 | 上/5—上/8 | 中/5—下/9 | 下/5—上/10 |
| 四川成都、内江* | 下/5—中/6 | 中/6—上/7 | 中下/6 | 下/6—上/7 |
| 重庆 | 中/4 | 上/5—下/5 上/6 | 中/5—上中/6 | — |

注： *四川成都、内江化蛹、羽化、产卵、孵化日期均为盛期。

（3）各虫态历期。各地各虫态历期见表5－6。

**表5－6　甘薯叶甲各地各虫态历期**　（天）

| 地点 | 卵 | 幼虫 | 蛹 | 成虫寿命 |
|---|---|---|---|---|
| 四川成都、内江 | 6～12（平均9） | 200天左右 | 10～15 | 雌虫平均54天，最长112天，最短16天。雄虫平均48天，最长85天，最短19天 |
| 重庆北碚 | 9 | 300天左右 | 10～19 | |
| 四川南充 | 7～11 | 300天左右 | 8～17 | 雌虫平均35天，最长139天，雄虫平均50天，最长123天 |
| 福建福清 | 8～10 | 300天左右 | 10～19 | 雌虫17～65天，雄虫21～98天 |

（4）习性。

**成虫**　①羽化。成虫羽化后，在土室内停留一段时间，待身体变硬后才钻出土面。停留时间的长短，因土壤湿度、土质不同而异。如雨后天晴，土壤湿度大，在土室内的成虫很快爬出土表；如天气长期干旱，土壤板结，则不能爬出土表，可长期停留（1个月左右）在土室内生活，遇雨后天晴则迅速爬出土表。土壤疏松，湿度适宜，羽化后3～5天即爬出土表。②觅食和交尾。成虫出土后即寻觅寄主植物，羽化早的以小旋花等旋花科野生植物为食或啃食苗床上的薯苗、嫩芽、嫩叶、叶柄及嫩茎的表皮，尤喜嗜食嫩尖，受害薯苗变黑枯死，造成缺苗。③交尾和产卵。成虫出土后2～3天开始交尾，交尾时间一天中以15—17时最多，其他时间少见交尾，交尾历时5～6h。产卵前期7～11天，产卵期可持续21～27天，平均8天。每天一雌产卵1～80粒，雌虫一生产卵平均200粒，最多600粒，最少40粒。卵主要产在薯苗根际、萎蔫的薯藤上、薯叶表面或土壤裂缝内、表土枯枝落叶上。产卵比较集中，常数粒至数十粒成堆产在一起。④成虫活动。成虫以露水干后至10时以前及16—18时最为活跃，晴天中午多隐蔽在薯叶下或土壤缝隙中。大雾天早晚、阴雨天不活动，潜藏于薯叶背面或枯枝落叶中。成虫有假死性，稍受惊扰即落地不食不动。⑤耐饥能力。成虫耐饥饿能力强。室内观察，6%左右的成虫在土室内存活15～20天，有11%左右的成虫在土室内存活21～25天，有82%左右的成虫在土室内存活30天以上。

**幼虫**　初孵幼虫较为活跃，孵出后即潜入土中觅食。1～2龄幼虫啃食须根和薯块表皮，被害薯块呈麻点状。3龄后食量大增，除在薯块表皮啃食外，20%左右的幼虫还能蛀入薯块内部啃食，形成不规则的隧道，其中充满虫粪。被害薯块发育受阻、形小、质差、味劣，后期还会引起腐烂。薯块表皮被害，伤口多，导致甘薯黑斑病等病菌的侵染和流行，严重影响甘薯的产量。

### 5.3.3.2　发生与环境条件的关系

甘薯叶甲发生与温湿度、降水量、栽培制度、土壤质地、地势及甘薯品种关系密切，当外界环境条件有利于甘薯叶甲生长发育和繁殖时，其种群数量迅速增长，短期内暴发成灾，造成巨大经济损失。

（1）与温湿度、降水量的关系。一般春季气温高、降水较少，有利于越冬幼虫提早化蛹和成虫羽化，其后雨量适中，分布均匀，土壤湿润，有利于成虫产卵、卵孵化。幼虫孵化后顺利入土，成活率高，为害重。相反，春季气温回升迟，降水偏多，土温低，越冬幼虫化蛹推迟，其后雨量少，分布不均匀，土壤干旱，土表板结，则不利于成虫羽化，产卵少，卵孵化率低，初孵幼虫因土表板结不能顺利入土，死亡率高，为害轻。

（2）与土壤质地和地势的关系。沙壤土质地疏松，有利于幼虫入土为害；黄泥土、红壤土易板结，幼虫难以进入土壤，死亡率高、为害轻。薯田位于山谷、沿溪及地势低、湿度大的地块，发生早，幼虫密度大，为害重，反之薯田位于地势高的坡地、山顶的地块，幼密度小，为害轻。

（3）与栽培制度的关系。薯田常年连作，累积大量虫源，为害重。轮作换茬，特别是与水稻轮作，可消灭大量越冬幼虫，从而减轻为害。浙南永嘉薯区甘薯连作三年，虫口密度高达 7.5 万头/667m²，水稻与甘薯轮作的基本无虫为害。甘薯提早育苗和扦插、易诱集大量叶甲成虫产卵，虫口密度大，为害重。

（4）与品种的关系。一般而言薯块质地坚硬，含淀粉多的品种较抗虫，为害轻，反之，薯块质地松脆、含水量较多的品种易感虫，为害重。

### 5.3.4　防治方法

#### 5.3.4.1　农业防治

（1）清洁田园。甘薯收获前，将薯藤割干净，带回室内作饲料，收获后及时清除田间枯枝落叶，集中处理，减少幼虫在田间越冬基数。铲除薯田四周旋花科野生寄主，减少成虫在不同寄主植物上产卵和转辗为害，降低田间虫口密度。

（2）轮作换茬。严禁甘薯长期连作，实行轮作换茬栽培制度。推行甘薯与水稻、芝麻、大豆、玉米、棉花等作物轮作，特别是与水稻轮作效果最好，可消灭在土壤中越冬的幼虫。

（3）冬季翻耕薯田。无条件实行轮作的地区，冬季对薯田进行翻耕，多犁多耙，一则可以机械杀伤在土壤中越冬的蛹，同时还可以将虫蛹翻出地表，因低温而冻死或被捕食性天敌捕食，降低越冬基数。

（4）人工捕杀成虫。成虫盛发期，利用成虫的假死性，于清晨露水未干，或傍晚时，当多数成虫聚集在甘薯茎叶上栖息时，将其震落在塑料盆、塑料袋内，集中杀灭。

#### 5.3.4.2　化学防治

（1）药剂处理薯苗。甘薯栽植前用 90% 晶体敌百虫 500 倍液、50% 杀螟松乳油500 倍液、40% 辛硫磷乳油 500 倍液、48% 三唑磷乳油 800 倍液。上述药剂任选一种，浸苗 10min，晾干后栽植，防治成虫，保苗效果较好。

（2）药剂处理土壤。甘薯栽插前将 80% 敌百虫可溶性粉剂 0.8 ~ 1.0kg/667m² + 30kg细土拌匀撒施于土表，或与肥料混合，耕地时翻入地下，可有效杀死叶甲幼虫。亦可在甘薯栽扦后，用 5% 辛硫磷颗粒剂 2.5 ~ 3.0kg/667m² 拌细土（细沙）30 ~ 50kg，制成毒土，顺垄撒施在薯苗根际附近，对保苗防虫效果好。

（3）甘薯生长期防治。甘薯叶甲成虫盛发期喷施杀虫剂杀灭成虫，防效好的药剂有90% 晶体敌百虫 800 ~ 1 200 倍液、40% 辛硫磷乳油 800 ~ 1 200 倍液、5% 高效氯氰菊酯乳油 1 000 ~ 1 500 倍液、48% 噻虫啉悬浮剂 6 000 ~ 8 000 倍液。上述药剂任选一种喷雾，喷药时从田边向田中央喷，以防成虫逃逸。

## 5.4 甘薯台龟甲

### 5.4.1 分布与为害

甘薯台龟甲［*Taiwania circumdata*（Herbst）］，异名 *Cassida circumdata* Herbst，又称甘薯小绿龟甲、甘薯小龟甲、甘薯龟甲、甘薯青绿龟甲、青龟甲等，属鞘翅目铁甲科。国内分布于江西、浙江、江苏、福建、台湾、广东、广西、海南、湖南、湖北、四川、重庆、云南、贵州等省（区），属偏南方种类，最北分布于江苏苏州、湖北英山。

甘薯台龟甲以幼虫和成虫取食甘薯叶片，尤以扦插不久的甘薯幼苗为害最重。浙江平阳甘薯叶片被害率平均达47%，高的达62%左右，虫口密度2 000头/667m$^2$，多的达2 600头/667m$^2$。因该虫为害导致甘薯缺苗断垄，甚至重新栽扦，影响甘薯高产稳产。

甘薯台龟甲除为害甘薯、蕹菜等农作物外，野生寄主还有五爪金龙［*Ipomoea cairica*（Linn.）Sweet］、圆叶牵牛花（*Pharloitis purpurea* L.）、小旋花（*Calystegia hederacea* Wall）、田旋花（*Convolvulus arvensis*）、金钟藤（*Merremia boisiana*）、菟丝子（*Cuscuta Chinesis*）等。

### 5.4.2 形态特征

成虫。雄虫体长4.5~5.2mm，雌虫体长5.0~5.8mm。体扁、椭圆形，背面隆起。活体绿色或黄绿色，有金属光泽。死后逐渐变黄，从淡绿黄色变为深黄色或淡棕色，死亡愈久黄色愈深，绿色愈少，以致完全消失。触角11节，淡黄色，端部2节黑色，向后伸展，约超过鞘翅肩角2~3节。前胸背板后方中央有2个相连的黑色斑纹，斑纹有时会合并或向前敞阔或呈锚头或"T"字形。鞘翅在3~8或4~8刻点之间有1黑斑，呈"U"字形。两鞘翅中缝处有1黑色纵斑，窄阔不均，有的个体消失。前胸背板及两翅周缘均向外延伸，呈"龟"形，延伸的部分半透明，其上有大而深的刻点连成网状。前胸背板椭圆形，比鞘翅窄很多，向后弧度较向前为深，前缘弓弧形。侧角窄圆形，最宽处于中纵线中央之前。前部有小刻点，向后逐渐变小，在近鞘翅部分刻点完全消失。小盾片光滑无刻点。鞘翅拱起，基部1~3沟距有窝，1~8沟距的刻点排列整齐，刻点深。

卵。深绿色，长椭圆形，长1.0mm左右。卵壳上有淡黄色胶质卵膜，膜表面有许多横纹，膜两侧布满细长的小刺。中央有2条褐色纵向隆起线，隆起线中央颜色偏浅。

幼虫。老熟幼虫体长5.0mm左右，长椭圆形，淡绿色。体背中央有隆起线，体侧周缘有棘刺16对，前方的2枚生于一肉瘤上，后面2枚特长，几乎为其他棘刺的2倍。尾须1对，为体长的4/5。尾端有举尾器、附有黑褐色蜕皮壳。举尾器每脱1次皮增加1节，老熟幼虫4节，活动时举尾器覆盖在体背上。

蛹。体长4.5~5.3mm，偏平，近长方形，淡绿色。前胸背板大，宽大于长。头部隐藏在其下。周围有小刺。第1~5腹节两侧各有1个大刺突，刺突顶端有1长刺，周围有6~9个小刺，其余3节两侧各有7个大的长刺。第1~5腹节背面近边缘各有1短刺。

### 5.4.3 发生规律

*生活史与习性*

（1）越冬。各地均以成虫在田边杂草、枯枝落叶、石缝、树皮裂缝或土缝中越冬。

（2）发生世代、发生期与为害盛期。甘薯台龟甲年发生代数及发生期因温度高低而异，温度高年发生代数多，反之，年发生代数少，由北到南发生代数逐渐增加，发生期逐渐提早。浙江杭州一年 3~4 代，平阳 4 代。江西南昌、湖南长沙一年 4~5 代，少数 3 代。四川南充一年 5 代，广东广州一年 5~6 代。浙江平阳越冬代成虫 4 月下旬开始活动，为害苗床上的薯苗，5 月中下旬迁移到早扦薯田产卵。1 代成虫盛发期为 6 月下旬—7 月上旬，2 代为 7 月下旬，3 代为 8 月中下旬，4 代为 9 月下旬—10 月上旬，10 月下旬—11 月中旬进入越冬状态。全年有两次种群数量高峰和为害高峰，分别出现在 6 月中下旬和 8 月中下旬，是防治的关键时期。湖南长沙 1~5 代成虫发生期分别为 5 月下旬—8 月上旬、7 月上旬—8 月下旬、7 月下旬—9 月中旬、8 月中旬—10 月中旬及 9 月中旬—10 月下旬，全年以 5 月下旬—7 月上旬种群数量最多，为害最烈。广东广州越冬代成虫 3 月中旬开始活动，全年以 6—8 月种群数量最多，为害最烈。江西南昌各代各虫态发生期（以每代最早产的卵孵化日期为起点）见表 5 - 7。南昌越冬代成虫于 7 月中旬全部死亡，4 代成虫于 11 月初越冬。

表 5 - 7　甘薯龟甲各代各虫态发生期　　　　　　　　　　（月/日）

| 虫态 | 第1代 | 第2代 | 第3代 | 第4代 | 第5代 |
|---|---|---|---|---|---|
| 始孵 | 5/27 | 7/4 | 8/7 | 9/14 | 11/6 幼虫发育至 3 龄因低温死亡 |
| 始蛹 | 6/10 | 7/19 | 8/22 | 10/2 | |
| 始羽 | 6/16 | 7/23 | 8/26 | 10/7 | |
| 始卵 | 6/30 | 8/4 | 9/11 | 10/30 | |

（3）各代各虫态历期。温度高，历期短，反之，则长。浙江平阳室内饲养各代各虫态历期如表 5 - 8。完成 1 代历期平均 24.7 天，最短 17.9 天。南昌各代各虫态历期如表 5 - 9。成虫寿命 7 月下旬羽化的，雄虫最短 36 天，最长 80 天，平均 53 天，雌虫最短 44 天，最长 162 天，平均 110 天，雌虫寿命明显长于雄虫。广东广州以五爪金龙 *Ipomoea cairica* 作为甘薯龟甲饲料，各虫态历期，卵期 2~9 天，平均 7.1 天，幼虫 5 龄,各龄历期平均分别为 5.1、7.8、3.7、3.9、2.6 天，全幼虫期 23.1 天，蛹期平均 6.9 天。成虫寿命最短 2 天，最长 112 天，平均 49.7 天。不提供成虫食料时寿命 2~8 天，平均 5 天。

表 5 - 8　甘薯龟甲各代各虫态历期　　　　　　　　　　（天）

| 代别 | 卵期 | | | 幼虫期 | | | 蛹期 | | | 成虫寿命 | | |
|---|---|---|---|---|---|---|---|---|---|---|---|---|
| | 最短 | 最长 | 平均 | 最短 | 最长 | 平均 | 最短 | 最长 | 平均 | 最短 | 最长 | 平均 |
| 第1代 | 6 | 9 | 7.4 | 8 | 13 | 11.2 | 3 | 7 | 5.4 | 22 | — | 29 |
| 第2代 | 3 | 5 | 4.7 | 7 | 11 | 9.8 | 3 | 5 | 4.4 | 46 | 81 | 63 |
| 第3代 | 4 | 6 | 5.5 | 10 | 14 | 11.3 | 4 | 6 | 5.3 | 25 | 103 | 74.2 |
| 第4代 | 4 | 7 | 6.1 | 12 | 20 | 17.3 | 7 | 12 | 10.5 | 24 | 252 | 180.7 |

表 5 – 9  甘薯龟甲各代各虫态历期 　　　　　　　　　　　（天）

| 代别 | 卵 | 幼虫 | 蛹 |
|---|---|---|---|
| 第 1 代 | 4 | 18 ~ 22 | 4 ~ 7 |
| 第 2 代 | 4 | 15 ~ 18 | 4 ~ 5 |
| 第 3 代 | 3 | 15 ~ 19 | 4 ~ 5 |
| 第 4 代 | 4 ~ 5 | 18 ~ 24 | 5 ~ 8 |

（4）习性。

**成虫**　①羽化。刚羽化的成虫不甚活跃，多栖息在寄主植物叶正面，少数在叶背面，1 ~ 2 天开始取食，6 ~ 7 天后开始交尾产卵。②交尾和产卵。交尾以 14 ~ 17 时最多，交尾时间 4 ~ 6h，交尾后经 1 ~ 3h 即开始产卵。1 天中下午产的卵最多，占全部卵量的 65% 左右，其次为上午，晚上产卵最少，分别占全部卵量的 18% 和 16% 左右。卵散产于叶脉附近或交界处，少数有 2 粒产在一起的。浙江平阳观察各代雌虫一生产卵平均为 83 粒，以第 2 代产卵最多，平均 101 粒。江西南昌观察，每雌一生产卵平均 257 粒，最多 427 粒，最少 108 粒。产卵持续时间，江西南昌为 26 ~ 94 天，平均 60 天，每雌每天最多产卵 22 粒，平均 4 粒。浙江平阳产卵持续时间各代平均为 33 天，第 2 代最长，平均达 43 天。广东广州以五爪金龙（*Ipomoea cairica*）作为甘薯龟甲成虫饲料，1 头雌虫一生产卵 500 ~ 700 粒，持续产卵时间长达 6 ~ 103 天。③活动。阴天成虫全天均可活动，晴天特别是中午日照强烈时，多潜伏于甘薯叶片背面、植株基部不食不动。天气闷热、气温达 25 ~ 30℃ 时，能迅速飞翔。④成虫有假死性，遇惊扰即从植株上落下，潜伏于表土。④雌雄性比。雌雄性比为 5 : 4. 5，雌虫略多于雄虫。

**幼虫**　低龄幼虫活动能力弱，只啃食叶绿体，受害叶片呈白膜。3 龄后活动能力强，食量大增，把叶片吃成孔洞、缺刻，大发生时能将叶片吃光，仅留薯藤，不能进行光合作用而导致甘薯大幅度减产。

**蛹**　老熟幼虫在薯叶背面不食不动，经 1 ~ 2 天后尾部粘于叶面化蛹。

### 5.4.4　防治方法

#### 5.4.4.1　农业防治

清洁田园。甘薯收获后及时处理残留田间的薯藤、枯枝落叶、田边杂草，消灭越冬成虫，减少翌年发生基数。

#### 5.4.4.2　化学防治

叶部药剂防治。掌握在成虫盛发期和 3 龄幼虫前喷药，以提高防治效果。常用的药剂：50% 杀螟松乳油 800 ~ 1 200 倍液、90% 晶体敌百虫 800 ~ 1 200 倍液、40% 辛硫磷乳油 800 ~ 1 200 倍液等、48% 噻虫啉悬浮剂 6 000 ~ 8 000 倍液。上述药剂任选一种进行喷雾。

## 5.5　甘薯蜡龟甲

### 5.5.1　分布与为害

甘薯蜡龟甲［*Laccoptera quadrimaculata*（Thunberg）］，又称干纹龟甲、甘薯褐龟甲、

甘薯大龟甲、甘薯黄褐龟甲，属鞘翅目铁甲科。国内分布于江西、广东、湖南等地。

甘薯蜡龟甲以成虫和幼虫为害农作物，主要为害甘薯、四季豆、花生、豇豆、蕹菜、黄瓜、苋菜等。野生寄主有牵牛花等旋花科植物。成虫和幼虫啃食甘薯叶片，大发生时将叶片啃食一光，仅留叶柄和薯藤，食物缺乏时，还能啃食嫩藤，影响甘薯正常生长，薯块膨大受阻，严重制约甘薯高产稳产。

### 5.5.2　形态特征

成虫。雌虫体长 8.5～8.7mm，雄虫体长 8.2～8.3mm。体似龟形，体背隆起，茶褐色或黄褐色，具黑褐斑纹，无鲜明的金属光泽。头部小而扁。复眼黑色较大。触角 11 节，棍棒状，第 1 节粗大，长为第 2 节的两倍，第 2 节圆形短小，第 3～4 节较长，雌虫第 7～11 节黑色，雄虫第 9～11 节黑色，其余各节均为黄褐色。前胸背板发达，盖住整个头部。前胸背板及鞘翅周缘透明而略带黄色，鞘翅外缘前后各有 1 对黑褐色斑纹，鞘翅末端合缝处也有黑褐色斑纹。腹面除后胸为黑色、光亮外，余呈棕褐色或暗褐色。

卵。长椭圆形，长 1.7～1.8mm，两端略尖，包括胶状薄膜长 2.9～3.1mm。初产时淡黄色，逐渐转为褐色，孵化前为深褐色。卵面覆盖一层淡黄褐色的胶质薄膜和少量黑色条状粪便。

幼虫。共 5 龄。1 龄体长 1.41～1.60mm。扁卵形，淡黄色。前胸背板前端两侧各具 1 刺，体侧有 10 对长的微刺，腹部末端有 2 对枝刺和 1 对长而粗的丝突，丝突上附有黑褐色排泄物，虫体静止时丝突平直，拖在尾后，活动时尾部向前上翘，丝突和排泄物均附于虫体背面，2～5 龄幼虫均有此特征；2 龄体长 2.40～2.70mm。淡黄褐色。体侧周缘具枝刺 13 对，前胸背板前端两侧的刺不分叉，胸背有褐色隐斑 1 对，尾端丝突上黏附有排泄物和第一次脱下的旧皮；3 龄体长 3.75～4.25mm。淡褐色。体侧周缘具枝刺 14 对，前胸背板前端两侧各有 1 对叉枝刺。腹部背面 1 对暗褐色斑纹明显，尾端丝突上黏附有排泄物和脱下的两次旧皮；4 龄体长 8.50～8.9mm。暗褐色，体侧周缘具枝刺 15 对，前胸背板前端两侧的 1 对枝刺分叉。前胸背板稍扩大，中部稍隆起，丝突上黏附有排泄物和脱下的三次旧皮；5 龄体长 9.20～9.80mm。灰黄褐色。体侧周缘的枝刺 15 对，前胸背板前端两侧 1 对枝刺分叉。前胸背板扩展，近后缘中部有两个齿状褐斑。胸部和腹部各节侧缘向背面呈叶状内凹。丝突上黏附有排泄物和脱下的四次旧皮，呈双层排列。

蛹。长 8.5～8.7mm。体扁，略呈长方形。棕褐色。前胸背板显著扩展，为体长的 1/3 以上，较腹部微宽，前端扁薄而中后方稍隆起，盖于整个头部之上，前缘有 2 对枝刺，前缘和侧缘密生绒毛。中胸背板后缘中央前凹，两侧角向后延展，盖住后胸背板的两前角。后胸背板较小，后缘中央稍向后凸。中、后胸与腹部等宽。腹部背面中央稍隆起，前 5 节各有 1 对白色扁薄的尖刀状突起，尾端覆盖老龄幼虫脱下的旧皮和排泄物。

### 5.5.3　发生规律

#### 5.5.3.1　生活史与习性

（1）越冬。以成虫在田边、沟渠边、路边杂草丛中、土壤缝隙以及冬薯茎蔓荫蔽处越冬。

（2）发生世代、发生期与为害盛期。甘薯蜡龟甲在广东一年发生 5 代，江西南昌一年发生1~2代，以2代为主，部分1代。越冬代成虫于翌年4月下旬开始外出活动，5月中下旬开始产卵，产卵期长达数个月。第1代幼虫于6月上旬始孵，6月下旬始蛹，6月下旬末始羽，7月上旬末始卵。第2代幼虫8月上旬始孵，8月下旬始蛹，9月上旬始羽如表5-10。由于越冬代成虫产卵持续时间较长，早产的卵和晚产的卵在年内繁殖代数不尽相同。7月下旬前产的卵，年内发生2代，7月下旬以后产的卵，年内仅发生1代。当年产过卵的成虫，越冬后仍可继续产卵，但产卵量不尽相同，一般8月以前羽化的成虫，当年产卵量明显比翌年羽化的成虫产卵多，约占总产卵量的80%，而8月上、中旬羽化的成虫，则翌年产卵量远比上年多，约占总产卵量的90%。江西南昌和广东全年以6—8月虫口密度最大，是为害甘薯最严重的时期。湖南长沙5月上旬田间陆续出现成虫为害农作物，其后成虫和幼虫混合发生为害，9月上中旬为成虫为害高峰期。

表5-10　南昌甘薯蜡龟甲各代各虫态发生期

| 代别 | 孵化期 | 化蛹期 | 羽化期 | 产卵期 |
|---|---|---|---|---|
| 越冬代 |  |  |  | 5月下旬—8月上旬 |
| 第1代 | 6月上旬—8月中旬 | 6月下旬—8月下旬 | 6月底—8月下旬 | 7月上旬末—10月中旬 |
| 第2代 | 8月上旬—10月下旬 | 8月下旬—11月中旬 | 9月上旬—11月上旬 |  |

（3）各代各虫态历期。南昌地区卵期5—6月为9~11天，7月为5~7天，8—9月为6~9天，10月为9~13天；幼虫期5—6月为17~21天，7月为15~18天，8—9月为18~23天，10月为23~29天；蛹期5—6月为5~7天，7月为5~6天，8—9月为6~9天，10月为16~21天；成虫期5—7月为95~163天，8月至翌年287~314天，如表5-11。

表5-11　甘薯蜡龟甲各虫态历期　　　　　　　　　　（天）

| 代别 | 月份 | 卵期 | 幼虫各龄期 | | | | | 全幼虫期 | 蛹期 | 成虫寿命 |
|---|---|---|---|---|---|---|---|---|---|---|
| | | | 1龄 | 2龄 | 3龄 | 4龄 | 5龄 | | | |
| 第1代 | 5~6 | 9~11 | 3~4 | 3~4 | 4~5 | 4~5 | 4~5 | 17~21 | 5~7 | 95~163 |
| | 7 | 5~7 | 2~3 | 3~4 | 3~4 | 4~5 | 4~5 | 15~18 | 5~6 | |
| 第2代 | 8~9 | 6~9 | 3~4 | 4~5 | 4~5 | 5~6 | 5~6 | 18~23 | 6~9 | 287~314 |
| | 10 | 9~13 | 4~5 | 4~5 | 5~6 | 5~7 | 6~7 | 23~29 | 16~21 | |

（4）习性。刚羽化成虫不食不动，停留在羽化处，经1~2天后开始活动，啃食甘薯叶片，吃成孔洞或缺刻。晴朗的白天，阳光强烈，成虫多在薯叶背面、薯藤基部、杂草丛中等阴凉处栖息，早晚和阴天则多在叶面活动。成虫有假死性，遇惊扰则迅速掉落地面，不食不动。有一定的飞翔能力，可飞行十多米。羽化后不久开始交尾，交尾后数小时即可产卵。卵多散产于薯叶背面近叶脉处，少数产于叶正面，每处产卵1~2粒，以1粒占多数，产2粒较少见。卵粒上覆盖一层黄褐色胶质和黑色粪便。雌虫产卵期长达60~90天，每次产卵7~20粒，产完一次卵后隔几天再产卵。单雌一生产卵995~1 202粒，平均1 103粒。

初孵幼虫不食不动，经1~2天开始活动和取食，但活动能力小，啃食叶片叶肉，仅留上下表皮，被害叶片形成一层薄膜，叶片受害严重的，不久即枯黄脱落，大发生时将叶片全部吃光，影响光合作用的正常进行，薯块缺乏营养物质的积累，膨大受阻，从而导致产量下降。老熟幼虫多黏附在薯叶背面和薯藤基部茎秆上化蛹。

#### 5.5.3.2 发生与环境的关系

甘薯蜡龟甲发生为害与外界环境关系密切。①高温干旱季节，虫口密度大，为害重。②靠近山坡薯田，环境复杂、植被丰富，有利于蜡龟甲成虫越冬以及冬后初春成虫取食，虫源多，这类薯田被害重。③薯田基肥充足，追肥及时，薯苗生长茂盛，叶色浓绿，产卵多，为害重。④早扞薯田吸引蜡龟甲产卵，为害重，迟扞薯田落卵少，为害轻。⑤壤土薯田比黄土和沙土薯田落卵多，为害重。

### 5.5.4 防治方法

#### 5.5.4.1 农业防治

冬春结合积肥，铲除薯田四周杂草，清除薯田薯藤残株、枯枝落叶，消灭越冬成虫。

#### 5.5.4.2 生物防治

蚂蚁、草蛉等捕食性天敌能捕食蜡龟甲幼虫和蛹，应加以保护利用。

#### 5.5.4.3 化学防治

药剂防治应掌握在成虫盛发期和低龄幼虫期喷雾防治。防治效果好的药剂有90%晶体敌百虫800～1 200倍液、40%辛硫磷乳油800～1 200倍液、50%杀螟松乳油800～1 200倍液等。

## 5.6 甘薯天蛾

### 5.6.1 分布与为害

甘薯天蛾（*Herse convolvuli* Linnaeus），又称旋花天蛾、虾壳天蛾，属鳞翅目天蛾科。甘薯天蛾为世界性害虫，遍布全球各地。国内除西藏未见报道外，全国各省（区、市）均有分布。

甘薯天蛾主要以幼虫为害甘薯、蕹菜、菠菜、扁豆、红小豆、芋、绿豆、葡萄等农作物，亦取食牵牛花、月光花、五爪金龙等旋花科野生寄主植物。成虫以虹吸式口器刺吸葡萄、西红柿等农作物成熟果实。幼虫取食甘薯叶片和嫩茎，将叶片吃成孔洞、缺刻，大发生时能将叶片吃光，仅留薯藤，最终导致甘薯植株枯死而大幅度减产。环境条件有利于种群数量增长时，常局部暴发成灾。20世纪90年代以来甘薯天蛾在山东、河南等省局部地区大发生。山东枣庄甘薯秋苗被害率100%，百株虫量400多头，最高达1 000多头，甘薯减产50%左右。河南伏牛山区的淅川县，1997年天蛾为害甘薯面积20万亩（1.33万 hm²），占种植面积的80%，一般地块每平方米有幼虫25头，甘薯减产20%，严重地块每平方米有幼虫181头，减产45%，全县累计损失薯干650万 kg，折合人民币910多万元。

### 5.6.2 形态特征

成虫。雌蛾体长45～48mm，翅展100～115mm。头部暗灰色。胸部背面灰褐色，中央有一暗灰色宽纵纹。腹部背中央有一暗灰色宽纵纹，各节两侧顺次有白色、红色、黑色横带 3 条。前翅暗灰色，略带茶褐色，内、中、外各横线为锯齿状的黑色细线。翅尖有一曲折斜走的黑褐色带；后翅有 4 条黑褐色横带；缘毛白色，上有黑褐色斑纹；翅反面暗褐色。

卵。椭圆形，长径 1.34mm 左右，短径 0.88mm 左右。卵壳上有网纹，纵纹清晰。刚产下的卵为深蓝色，温度 20℃左右，1 天后卵变为浅蓝色，临近孵化前为黄白色，卵壳顶端有一黑点。

幼虫。幼虫共 5 龄。初孵幼虫浅黄色，取食后 1~3 龄幼虫体色呈绿色，4~5 龄幼虫体色变化大，有绿色型和黑色型两种颜色。绿色型幼虫，头黄绿色，胸腹部呈明显的绿色，腹部 1~8 节，各节两侧有黄褐色斜纹一条，气门杏黄色；尾角杏黄色，末端为黑色。绿色型幼虫最主要的特征是胸腹部为绿色，腹部没有黑色斜纹。黑色型幼虫，头黄褐色，腹部有明显的黑色斜纹，气门黄色，多数尾角末端为黑色，前端棕黄色，仅少数个体尾角全为黑色。黑色型幼虫最主要的特征是腹部有黑色斜纹。在田间条件下，绿色型幼虫出现的几率最大，所占比例高达 96% 左右，黑色型个体仅占 3% 左右。老熟幼虫体长 85~95mm，中、后胸及腹部 1~8 腹节背面有许多横皱纹形成若干小环，中胸有 6 个小环，后胸及第 1~7 腹节有 8 个小环，侧面亦有很多皱纹。甘薯天蛾各龄幼虫形态特征见表 5-12。

表 5-12 甘薯天蛾各龄幼虫形态特征

| 龄期 | 体长（mm） | 头壳宽（mm） | 背线 | 气门 | 尾角 |
|---|---|---|---|---|---|
| 1 龄末 | 9.3 ± 0.3 | 0.608 ± 0.011 | 明显 | 无 | 斜直、漆黑 |
| 2 龄末 | 15.6 ± 0.9 | 1.204 ± 0.057 | 明显 | 腹末 2 对 | 斜直、黑色 |
| 3 龄末 | 23.2 ± 1.1 | 1.690 ± 0.062 | 微显 | 现 9 对 | 斜直、基部黄色 |
| 4 龄末 | 42.4 ± 1.1 | 3.089 ± 0.080 | 无 | 明显 | 稍弧形、尖部黑色 |
| 5 龄末 | 85.7 ± 2.7 | 5.520 ± 0.097 | 无 | 直径 1~1.5mm | 弧形、黄色 |

蛹。长 50~60mm，化蛹初期淡绿色，经数小时后变为黄红色，后期呈红褐色。下颚伸出很长，弯曲似象鼻状。后胸背面有粗糙刻纹 1 对，腹部 1~8 腹节背面前缘有刻纹，第 5~7 腹节气门前方凹陷。臀刺三角形，表面有许多浮雕状刻纹。

### 5.6.3 发生规律

#### 5.6.3.1 生活史与习性

（1）越冬。以蛹在土下 3~15cm 处越冬。

（2）发生世代、各代发生期与为害盛期。我国地域辽阔，温度差异悬殊，各地甘薯天蛾发生代数不尽相同。辽宁、北京一年发生 2 代；鲁西南的济宁、邹城等地一年发生 3~4 代，以 3 代为主，部分 4 代；安徽五河一年发生 3~4 代，以 3 代为主，部分 4 代；湖北襄阳一年发生 3~4 代，以 3 代为主，部分 4 代；湖南长沙一年发生完整 4 代；江西南昌一年发生 4~5 代，以 4 代为主，部分 5 代。各地各代成虫发生期见表 5-13。

表 5 - 13　甘薯天蛾各地各代成虫发生期　　　　　　　　　　（旬/月）

| 地点 | 越冬代 | 第1代 | 第2代 | 第3代 | 第4代 |
|---|---|---|---|---|---|
| 辽宁 | 5月 | 8月 | | | |
| 北京 | 5—6月 | 8—9月 | | | |
| 山东济宁、邹城 | 上/5—下/6 | 下/6—中/7 | 上/8—下/8 | 下/8—下/9 | |
| 安徽五河 | 上/5—中/6 | 下/6—下/7 | 上/8—下/9 | 下/9—下/10 | |
| 安徽阜阳 | 上/5—上/6 | 下/6—下/7 | 上/8—上/9 | 下/8—上/10 | |
| 湖南长沙 | 下/4—上/6 | 中/6—上/7 | 中/7—上/8 | 上/8—上/9 | 上/9—上/10 |
| 江西南昌 | 下/4—下/6 | 下/6—下/7 | 下旬末/7—下/8 | 上/9—中/10 | 下/10—上/11 |
| 四川成都 | 下/4—中/6 | 中/6—下/7 | 下/7—下/8 | 下/8—上/10 | |

　　山东西南部甘薯产区，甘薯天蛾 1 ~ 4 代幼虫发生期分别为 5 月下旬至 6 月下旬、7 月上旬至下旬、8 月上旬至 9 月上旬和 9 月上旬至 10 月下旬。河南淅川甘薯天蛾 1 ~ 3 代幼虫发生期分别为 5 月中下旬至 6 月上中旬、7 月中下旬和 8 月下旬至 9 月上中旬。湖南长沙甘薯天蛾 1 ~ 4 代幼虫发生期分别为 5 月中旬至 6 月中旬、6 月下旬至 7 月下旬、8 月上旬至 9 月上旬和 9 月中旬至 10 月上旬。安徽五河甘薯天蛾 1 ~ 4 代幼虫发生期分别为 5 月中旬至 7 月上旬、6 月下旬至 8 月中旬、8 月上旬至 10 月上旬和 10 月上旬至 11 月中旬。

　　（3）各虫态发育起点温度、有效积温及各代各虫态历期。甘薯天蛾各虫态发育起点温度和有效积温如表 5 - 14。

表 5 - 14　甘薯天蛾各虫态发育起点温度和有效积温

| 虫态 | 发育起点（℃） | 有效积温（℃·d） |
|---|---|---|
| 卵 | 15.1 ± 0.9 | 40.8 ± 3.3 |
| 幼虫 | 14.5 ± 1.5 | 158.3 ± 13.0 |
| 预蛹 | 14.4 ± 1.1 | 37.6 ± 4.2 |
| 蛹 | 16.8 ± 0.6 | 123.9 ± 4.2 |
| 成虫 | 11.7 ± 0.7 | 58.7 ± 13.6 |
| 全世代 | 15.6 ± 1.3 | 270.6 ± 13.0 |

　　山东济宁甘薯天蛾 1 ~ 3 代平均历期分别为 36.91、31.57 和 41.53 天，第 4 代卵至预蛹期 42.54 天，各代各虫态历期见表 5 - 15。安徽五河甘薯天蛾各代各虫态历期以第二代最短为 46.5 天，第三代最长为 63.1 天，越冬代长达 258.8 天（表 5 - 16）。甘薯天蛾各代 1 ~ 5 龄幼虫历期见表 5 - 17。

表 5 - 15　山东济宁甘薯天蛾各代各虫态历期　　　　　　　（天）

| 世代 | 卵期 | 幼虫期 | 预蛹期 | 蛹期 | 成虫产卵前期 | 成虫期 | 全世代 | 温度（℃） |
|---|---|---|---|---|---|---|---|---|
| 第1代 | 5.11 | 14.97 | 3.07 | 12.96 | 0.8 | 3.99 | 36.91 | 25.4 |
| 第2代 | 3.32 | 13.28 | 2.88 | 11.29 | 0.8 | 3.57 | 31.57 | 26.6 |
| 第3代 | 3.20 | 14.39 | 4.16 | 18.88 | 0.8 | 5.43 | 41.53 | 24.9 |
| 第4代 | 6.04 | 26.28 | 10.22 | 越冬 | | | | 22.9 |

**表5-16 安徽五河甘薯天蛾各代各虫态历期** （天）

| 世代 | 卵 | 幼虫 | 预蛹 | 蛹 | 成虫 | 全世代 |
|---|---|---|---|---|---|---|
| 越冬代 | | | | 210.5 | 4.8 | 258.8 |
| 第1代 | 4.6 | 19.7 | 4.1 | 18.7 | 6.2 | 53.3 |
| 第2代 | 4.0 | 16.1 | 3.2 | 15.9 | 7.3 | 46.5 |
| 第3代 | 5.2 | 24.6 | 4.3 | 23.6 | 5.4 | 63.1 |
| 第4代 | 5.8 | 32.3 | 5.4 | | | |

**表5-17 甘薯天蛾幼虫各世代各龄历期** （天）

| 世代 | 第1龄幼虫 | 第2龄幼虫 | 第3龄幼虫 | 第4龄幼虫 | 第5龄幼虫 |
|---|---|---|---|---|---|
| 第1代 | 3.0 | 3.3 | 3.0 | 4.7 | 7.0 |
| 第2代 | 3.0 | 2.1 | 2.8 | 3.3 | 4.5 |
| 第3代 | 2.3 | 3.3 | 3.7 | 5.8 | 9.5 |
| 第4代 | 4.2 | 4.5 | 5.4 | 7.7 | 10.5 |

（4）习性。成虫一般傍晚开始羽化，尤以后半夜羽化最多，羽化后2~3h即可飞翔，白天潜藏在草堆、作物地、杂草丛、灌木丛等阴蔽处，黄昏后开始活动，19—23时最为活跃，飞翔于南瓜、芝麻、棉花等蜜源植物丛间取食花蜜作为补充营养，并进行产配。每雌一生仅交配一次。活动盛期在19—23时，其后活动明显减弱。雄蛾较之雌蛾具有更强的飞翔能力，对黑光灯具有强烈的趋性。雌蛾数略少于雄蛾，一般雄性为51%左右，雌性为48%左右。产卵前期2~5天，产卵期2~6天，产卵多在夜间21时左右进行。雌蛾产卵对甘薯长相有明显的选择性，喜产卵于叶色浓绿、生长茂盛、通风向阳的薯田及连作薯田产卵。卵散产，一般一叶仅产卵1粒，卵多产于叶片背面近边缘处，少数产于叶片正面、叶柄及薯茎上。叶片背面产的卵占总卵量的94.56%，叶片正面产卵的占4.4%，叶柄上产的卵占0.94%。每雌产卵量43~665粒不等，平均276粒。产卵期间第一晚产的卵，每雌平均111粒，第2~6晚产的卵，每雌平均依次为91粒、46粒、20粒、6粒和2粒，随着雌蛾日龄增加，每雌产卵量逐日下降。

幼虫孵化后，先取食卵壳，2~3小时后开始取食叶片，将叶片吃成小孔洞。2龄后开始取食叶片边缘，吃成缺刻。1~3龄幼虫很少移动，多在叶片背面日夜取食。随着龄期增大，食量越来越大，开始转移，为害其他叶片。5龄进入暴食期，平均1头幼虫可吃光甘薯叶片30片以上，占幼虫一生总食量的90%以上。1~5龄幼虫取食量占全幼虫期食量分别为0.03%、0.18%、0.93%、6.60%和92.26%。幼虫取食活动受温度制约。中午气温超过33℃时，停止取食2~3h，气温越高，停止取食时间越长；气温低于18℃时，1~2龄幼虫停止取食，3~5龄幼虫取食量大大减少；25℃~29℃时，幼虫取食最为活跃。幼虫一般不为害甘薯嫩茎，但在饥饿条件下，4、5龄幼虫也会取食嫩茎、叶柄。老熟幼虫化蛹前多爬至甘薯根际以及田埂、沟渠边、坟边、路边等处的土壤缝隙、洞穴内做土室化蛹。化蛹深度因缝、穴深度而异，一般深5~10cm，最深可达35cm。

### 5.6.3.2 发生与环境的关系

（1）与温度、湿度和降雨量的关系。①温度高低影响年发生代数、为害情况、越冬基数和翌年发生动态。鲁西南地区，1994年高于发育起点温度的天数为156天，有效积温1 392.2℃·d，甘薯天蛾90%的个体发生第4代，第4代虫量多，对甘薯为害重，而

1996 年高于发育起点温度的天数只有 143 天，有效积温只有 1 278.6℃·d，所以只有 40%的个体发育为第 4 代，60%个体进入越冬状态，由于第 4 代虫量少，对甘薯为害轻，但由于越冬基数大，为翌年的发生和为害积累了大量虫源；②夏季 6—9 月降雨量少，天气干旱，温度高，有利于甘薯天蛾生长发育和繁殖，发生数量多，为害重。安徽五河，1961 年和 1964 年 7—8 月降雨量分别为 271.5 和 260.9mm，气温分别为 29.5℃和 28.4℃的气候条件下，有利于甘薯天蛾产卵、卵孵化和幼虫生长发育，种群数量多，为害重。而 1963 年和 1965 年 7—8 月降水量多，分别为 530.6 和 750.5mm，温度低，分别为 27.8℃和 25.1℃，此种气候条件下不利于甘薯天蛾成虫产卵、卵孵化和幼虫生长发育，种群数量少，为害轻；③甘薯天蛾羽化产卵及低龄幼虫期间遇大风暴雨等恶劣天气，田间虫量减少 25%～30%；④相对湿度高低对成虫羽化有很大影响。相对湿度低于 50%，羽化率低于 50%，相对湿度在 98%左右时，不能羽化而死于蛹期，最有利于成虫羽化的相对湿度为 75%左右，羽化率高达 80%以上。

（2）与耕作制度与栽培技术的关系。①甘薯单作虫量大，为害重，甘薯与玉米间作，虫量少，为害轻；②甘薯施肥多，长势好，叶色浓绿，产卵多，为害重，反之，产卵少，为害轻；③栽扦期早，成虫产卵多，为害重，反之，则轻；④甘薯栽扦前，耕耙次数多，在土壤中越冬蛹死亡率高，未耕耙的，蛹死亡率只有 2%左右，耕一次未耙的薯地，蛹死亡率为 9.3%，耕一次耙 2 次的蛹死亡率提高到 20.9%，耕 2 次耙 3 次的蛹死亡率高达 76.3%。

（3）与天敌的关系。甘薯天蛾天敌种类多，种群数量大，是控制其发生和为害的重要生物因子。甘薯天蛾卵期天敌有螟黄赤眼蜂（*Trichogramma chilonis*）、松毛虫赤眼蜂（*T. dendrolimi*）。幼虫期天敌有日本黄茧蜂（*Meteorus japonicus*）、绒茧蜂（*Apanteles sp.*）、螟蛉悬茧姬蜂（*Charops bicolor*）等，捕食性天敌有中华螳螂（*Paratenodora sinensis*）、拟广腹螳螂（*Hierodula saussurei*）、华姬猎蝽（*Nabis sinoferus*）、小花蝽（*Orius minutus*）、青翅蚁形隐翅虫（*Paederus fuscipes*）、草间小黑蛛（*Erigonidium graminicolum*）、T 纹豹蛛（*Pardosa T-insignata*）等，寄生菌有白僵菌（*Beauveria bassiana*）。上述天敌中，以卵期寄生性天敌赤眼蜂和幼虫期寄生性绒茧蜂为优势种寄生蜂，螟蛉悬茧姬蜂也有一定的数量。湖北鄂北薯区卵寄生率以 2～3 代最高，分别为 30.0%和 66.1%；鲁西南薯区，2 代卵寄生率 30.0%～73.3%，3 代卵寄生率 34.2%～51.9%，4 代卵寄生率较 2～3 代有所下降，但仍有 17.8%～28.0%；安徽五河薯区 2 代卵寄生率 23.4%～31.3%，3 代卵寄生率 28.7～42.5%；湖南长沙绒茧蜂对 1～4 代幼虫寄生率分别为 57.6%、62.7%、59.9%和 66.4%，姬蜂对 1～4 代幼虫寄生率分别为 21.6%、26.5%、24.3%和 27.0%，两种寄生蜂对 1～4 代幼虫寄生率分别为 79.2%、89.2%、84.2%和 93.4%；鲁西南薯区绒茧蜂为优势种寄生蜂，对 1～3 代幼虫寄生率分别为 5.4%、18.5%和 16.0%，4 代幼虫未见有寄生；湖北襄阳薯区绒茧蜂对 1 代幼虫寄生率最高 66.6%，其次为 2 代幼虫，寄生率为 53.1%，越冬幼虫寄生率最低，为 48.6%。

### 5.6.4 防治方法

#### 5.6.4.1 农业防治

耕耙灭蛹。甘薯收获后，扦插前，甘薯田进行耕耙，以耕 2 次耙 3 次灭蛹效果最好，灭蛹率达 76% 左右。

### 5.4.6.2　物理防治

灯光诱杀。甘薯天蛾各代成虫发生期用黑光灯、高压汞灯、频振式杀虫灯诱杀成虫，减少田间落卵量。一般 2hm$^2$ 田设灯一盏。

### 5.4.6.3　生物防治

保护天敌，控制害虫。保护天敌的措施：①应用对天敌杀伤力小，对害虫防治效果好的选择性杀虫剂如生物农药；②薯田四周种植诱集植物，诱集寄生性天敌、捕食性天敌在其上定居繁殖，甘薯天蛾发生时，迁入田间控制其为害。

### 5.4.6.4　化学防治

防治适期为 2~3 龄幼虫发生盛期；1 代为害春薯防治指标 100 株有虫 10 头，2 代为害夏薯防治指标 100 株有虫 10 头；2 代为害春薯防治指标为 100 株有虫 92 头；3 代为害夏薯防治指标 100 株有虫 93 头。化学防治效果好的农药：15% 茚虫威悬浮剂 2 000~3 000 倍液、5% 甲维盐可溶粒剂 3 000~4 500 倍液、90% 晶体敌百虫 800~1 200 倍液。上述药剂任选一种喷雾防治。喷液量 30~45L/667m$^2$，均匀喷雾。喷药后遇大雨，雨后需补喷一次。

## 5.7　甘薯麦蛾

### 5.7.1　分布与为害

甘薯麦蛾 (*Brachmia macroscopa* Meyrick)，又称甘薯卷叶蛾、甘薯卷叶虫、甘薯小蛾，属鳞翅目麦蛾科。国外分布于菲律宾、缅甸、越南、日本、朝鲜半岛、印度以及欧洲部分国家，国内除新疆、宁夏、青海和西藏未见报道外，北起黑龙江，南到海南、广东，西至云南、四川、贵州，东达沿海各省（市）均有发生，黄河以南特别是淮河以南甘薯麦蛾虫口密度大，为害重。

甘薯麦蛾主要为害甘薯、蕹菜，也可为害淮山等农作物，野生寄主有月光花、牵牛花等旋花科植物。以幼虫为害寄主植物叶片，虫口密度大时，还能啃食嫩芽、嫩茎。幼虫孵化后吐丝将甘薯叶片卷叠成苞，潜藏苞内啃食叶肉，仅留上下表皮，受害严重的薯田，叶片枯黄脱落，影响甘薯产量和品质，淀粉含量明显降低。山东临沂地区 20 世纪 90 年代初，甘薯麦蛾大发生，为害面积达 1.33 万 hm$^2$，占甘薯种植面积的 70%，一般薯地卷叶率 50%~80%，重的高达 90% 以上，导致甘薯减产 18%~25%。江西安义地区 21 世纪初甘薯麦蛾成为甘薯生产上的头号害虫，常年为害面积占甘薯种植面积的 40% 左右，卷叶率一般 38%，低的 20%。上海菜用甘薯（从甘薯品种中选育出的适合食茎叶的新品种-松茸菜），被麦蛾为害后，重的田块 70% 以上植株发生破叶，40%~50% 植株发生卷叶。湖南永州冷水滩地区菜用甘薯被害后，卷叶率高达 65%~85%，严重影响菜用甘薯的产量和甘薯作为商品菜的品质。

### 5.7.2　形态特征

成虫。黑褐色小型蛾，体长 6~8mm，翅展 15mm 左右。头胸部暗褐色。前翅狭长，暗褐色或锈褐色。前翅中央有 2 个眼状纹，外部灰白色，内部黑褐色，沿外缘有 1 列小黑点。后翅菜刀状，淡灰色或淡灰褐色，外缘和内缘的缘毛长。

卵。椭圆形，长约 0.6mm。初产时乳白色，其后逐渐变为淡褐色，表面有网状纹。

幼虫。共 6 龄。纺锤形，老熟幼虫体长 15～18mm，头部稍扁，黑褐色。前胸盾褐色，两侧暗褐色，暗褐色部分呈倒八字形。中胸至第 2 腹节背面漆黑色，中、后胸前缘及第 1～2 腹节前方为白色，第 3 腹节以后各节底色为乳白色，亚背线黑色，第 3～6 腹节各节有一条从亚背线分出的向后斜伸的黑色纹。腹足细长，白色，全体生有稀疏的长刚毛，着生于漆黑色的圆形小毛片上。

蛹。纺锤形，头钝尾尖，长 8mm 左右。化蛹初期淡白色略带红色，其后逐渐变为黄褐色。蛹表面散生细毛。腹部前 4 节背面节间有深黄色胶状物，第 4～7 节背面近后缘处有深黄褐色短小刺毛群，腹末有钩刺 8 个，环状排列。

### 5.7.3 发生规律

#### 5.7.3.1 生活史与习性

（1）越冬。甘薯麦蛾越冬虫态因地而异。黑龙江、吉林、辽宁、北京等地以蛹在田间枯枝落叶中越冬。江西、湖南、福建、广东等地以成虫在田间枯枝落叶、杂草丛、灌木丛、草堆、竹木堆放处以及贮存室内的甘薯藤蔓、稻草堆、室内阴暗角落处越冬，但湖南永州地区亦可少量蛹在上述场所越冬。

（2）发生世代、各代发生期与为害盛期。甘薯麦蛾年发生代数因温度高低不同，由北向南逐渐增加。北京一年发生 3～4 代，湖北武昌、浙江杭州一年发生 4～5 代，江西南昌一年发生 6～7 代（以 6 代为主），湖南永州一年发生 5 代，福建晋江一年发生 9 代，平潭 8 代。各地各代成虫和幼虫发生期见表 5-18 和表 5-19。

表 5-18　各地各代成虫发生期 （日/月或旬/月）

| 代次 | 第 1 代 | 第 2 代 | 第 3 代 | 第 4 代 | 第 5 代 | 第 6 代 | 第 7 代 | 第 8 代 | 第 9 代 |
|---|---|---|---|---|---|---|---|---|---|
| 湖南永州 | 中下/5—上/6 | 中/6—下/6 | 上/7—中/7 | 下/7—上/8 | 下/8—上中/9 | | | | |
| 福建晋江 | 4/4—25/4 | 19/5—28/5 | 18/6—25/6 | 13/7—3/8 | 3/8—21/8 | 28/8—13/9 | 18/9—17/10 | 15/10—8/11 | 22/11—2/12 |

表 5-19　各地各代幼虫发生期 （旬/月）

| 代次 | 第 1 代 | 第 2 代 | 第 3 代 | 第 4 代 | 第 5 代 | 第 6 代 | 第 7 代 | 第 8 代 |
|---|---|---|---|---|---|---|---|---|
| 北京 | 上/7—下/8 | 上/8—下/8 | 下/9—上中/11 | | | | | |
| 湖北武昌 | 中/5 | 中/6—上/7 | 下/7—中/8 | 上/9—下/10 | | | | |
| 福建平潭 | 中/4—中/5 | 下/5—下/6 | 中/6—中/7 | 上/7—上/8 | 下/7—上/9 | 下/8—下/9 | 中/9—下/10 | 中/10—上/1 |

北京越冬蛹 6 月上中旬开始羽化，11 月中旬全部化蛹越冬，以 9 月发生最多，为害

最烈。湖北武昌以 7 月下旬至 8 月中旬第 3 代幼虫为害最烈。上海一年发生 3～4 代，世代重叠，越冬代成虫始见期在 5 月中下旬，个别温度回升早的年份 5 月上旬可见到成虫，6 月中旬成虫始盛期，7 月下旬—9 月下旬成虫发生盛期，10 月下旬末至 11 月上旬终见成虫。以第 3 代发生数量最多，为害最重。江西南昌一年发生 6 代为主，各代成虫盛发期分别为 6 月上中旬、7 月上旬、7 月下旬末至 8 月初、8 月下旬、9 月中下旬和 10 月中下旬，7—9 月虫口密度大，为害烈。11 月中下旬仍可见到个别幼虫，迟至 12 月上旬化蛹。湖南永州越冬成虫 3 月下旬末至 4 月上旬开始出蛰活动，4 月中旬为出蛰盛期，全年发生 4～5 代，以 8—10 月的 4～5 代幼虫田间数量最多，为害最严重。福建晋江田间甘薯麦蛾幼虫数量消长在越冬薯上 3 月下旬即可见幼虫，高峰期出现在 5 月上旬—5 月中下旬，在早薯上，6 月上旬即可见幼虫，高峰期出现在 9 月下旬至 10 月中旬，有的年份出现在 8 月中下旬，至 11 月上旬，田间幼虫基本绝迹。

（3）各虫态历期。各虫态历期因温度高低而异。福建晋江室内饲养结果：平均温度 15.7℃，卵历期最长 7～9 天；平均温度 29.4℃，卵历期最短 4～6 天；平均温度 17.9℃，幼虫历期最长 16～19 天，平均温度 29.9℃，幼虫历期最短 9～15 天；平均温度 18.6℃，蛹历期最长 10～14 天，平均温度 29.7℃，蛹历期最短 4～7 天；平均温度 16.9℃ 全世代历期最长 33～37 天，平均温度 29.7℃ 全世代历期最短 17～23 天。上海室内饲养结果：候（连续 5 日）平均温度 20～22℃，卵历期最长 8.5～10.5 天；候平均温度 30～32℃，卵历期最短 4.0～5.0 天；候平均温度 20～22℃，幼虫历期最长 29～32 天，候平均温度 30～32℃，幼虫历期最短 14.0～16.0 天；候平均温度 20～22℃ 蛹历期最长 9～11 天，候平均温度 30～32℃，蛹历期最短 5.5～6.0 天（表 5－20）。成虫寿命 7～12 天，人工饲养条件下，寿命可达 15～18 天。江西南昌甘薯麦蛾各虫态历期见表 5－21。

表 5－20　甘薯麦蛾自然变温条件下饲养各虫态历期　　　　　　（天）

| 候平均温度（℃） | 卵历期 | 幼虫历期 | 蛹历期 | 全世代历期 |
|---|---|---|---|---|
| 20～22 | 8.5～10.5 | 29.0～32.0 | 9.0～11.0 | 49.0～54.0 |
| 23～25 | 7.0～8.0 | 22.0～24.5 | 7.5～8.5 | 36.5～39.0 |
| 26～27 | 6.5～7.0 | 18.5～20.0 | 6.5～7.5 | 32.0～33.5 |
| 28～30 | 5.5～6.0 | 16.5～17.5 | 6.0～6.5 | 28.0～30.0 |
| 30～32 | 4.0～5.0 | 14.0～16.0 | 5.5～60.0 | 25.0～26.0 |

表 5－21　甘薯麦蛾卵、幼虫、蛹历期　　　　　　（天）

| 月份 | 卵 | 幼虫 | 蛹 | 成虫 |
|---|---|---|---|---|
| 6 | — | — | 5～7 | |
| 7 | 4～5 | 12～15 | 4～6 | 4～6 |
| 8 | 3～5 | 10～13 | 4～5 | 3～6 |
| 9 | 4～6 | 11～19 | 6～9 | 3～6 |
| 10 | — | — | 12～18 | |
| 11 | — | — | 18～24 | |

（4）习性。成虫雌虫略多于雄虫，雌雄性比为 1.3∶1。成虫羽化时间，晴天多在 7—10 时和 16—19 时，少数在凌晨和夜间羽化，阴天全天均能羽化。羽化后静止数分钟至十多分钟后，开始爬行或作短距离飞翔，寻找蜜源植物，吸食花蜜作为补充营养，随

后进行交尾。雌虫一生交尾 1~3 次，1 只雄虫可与数只雌虫交尾。雌虫羽化后 1~5 天开始产卵，卵单粒散产于甘薯嫩叶正面或背面中脉间或叶脉交叉处，产于叶正面的卵与产于叶背的卵几乎相等，少数卵产于新芽和嫩茎上。一天中以傍晚及翌日 9 时之前产卵最多。每雌产卵最少 4 粒，最多 312 粒，一般 120~150 粒。产卵量因代别不同而异，1~3 代平均产卵量分别为 30 粒、50~60 粒和 80~90 粒，以 3 代产卵量最多。产卵期最短 1 天，最长 21 天，一般 7~8 天。成虫白天静伏于薯田靠近土表的薯叶、杂草及田边灌木丛中，遇有惊扰即短距离飞翔或爬行。成虫具有较强的趋光性。

初孵幼虫孵化后就近取食，只啃食叶脉附近的叶肉，留下表皮，2 龄末 3 龄初迁移至叶正面，吐丝缀合叶尖、叶缘，匿居其内，4 龄幼虫食量大增，将整叶对卷，匿居其内啃食叶肉或将叶片吃成孔洞、缺刻，受害薯叶萎蔫枯死，似火烧状。4 龄后幼虫行动敏捷，一有惊扰即吐丝下垂，迅速逃跑。4~5 龄幼虫转叶频繁，一天之内可转叶 3~6 次，故田间卷叶内空苞多。幼虫还能啃食暴露在土表的薯块，取食时先咬成小孔，然后吐丝于孔洞周围，潜藏其内啃食薯肉。幼虫老熟后多数在卷叶苞内、薯田枯枝落叶、杂草丛中化蛹，遇高温干旱时，一部分幼虫迁移至薯田土块裂缝中化蛹。

### 5.7.3.2 发生与环境的关系

（1）与温湿度的关系。温度较高、湿度适中，是导致甘薯卷叶蛾大发生的重要生态因子，各地常年 7~9 月温湿度适宜于该虫生长发育和繁殖，虫口密度大，为害最为严重。我国长江流域 6 月上旬—中旬为梅雨季节，正好满足甘薯麦蛾要求高湿、适温的生长发育条件，有利于其生长发育和繁殖，前期积累了大量虫源，夏季多台风大雨，温度适中，湿度较大，大量产卵繁殖，导致 7—9 月虫口大增，为全年为害最高峰的时期。

（2）与蜜源植物的关系。田间蜜源植物多，成虫有足够的补充营养，产卵多，卵孵化率高，幼虫成活率高，虫口密度大，为害重。有补充营养的成虫单雌平均产卵 119~126 粒，卵孵化率平均 87%~91%，而无补充营养的成虫单雌平均产卵 19~37 粒，卵孵化率平均只有 29%~31%。

（3）与天敌的关系。甘薯麦蛾天敌种类多，田间种群数量大，是制约麦蛾发生和为害的重要生物因子。福建沿海甘薯产区，甘薯麦蛾天敌多达 70 多种，其中寄生性天敌 28 种，捕食性天敌 42 种。卵期寄生性天敌有 2 种赤眼蜂（Trichgramma spp.），福州薯田 7—10 月卵一般寄生率 10%左右；幼虫期寄生性天敌主要有狭姬小蜂（Stenomesius sp.）、麦蛾腹柄姬小蜂（Pediobius sp.）、绒茧蜂（Apantele sp.）和长距茧蜂（Macrcentrus sp.）等，幼虫期自然寄生率逐代增加，1~2 代寄生率只有 3%~5%，3 代后寄生率稳步提高，8 代甘薯麦蛾幼虫寄生率高达 82%左右；蛹期主要寄生蜂有厚唇姬蜂（Phacogenes sp.）和无脊大腿小蜂（Brachymeria lasns），对 6~8 代甘薯麦蛾蛹寄生可达 30%~50%。捕食性天敌主要有双斑青步甲（Chlaenius bioculatus）、青翅蚁形隐翅虫（Paederus fuscipes）、龟纹瓢虫（Propylaea japonica）、草间小黑蛛（Erigouidium graminicolum）、食虫瘤胸蛛（Oedothorax insecticeps）等，这些天敌种群数量大，捕食甘薯麦蛾成虫、幼虫，对抑制虫口密度的增长有很重要的作用。

（4）与甘薯品种的关系。甘薯品种不同，叶的形状不同，为害率相差很大。一般而言，以圆叶品种为害最轻，抗虫能力最强；甘薯叶裂深的品种，为害最重。其原因可能与甘薯麦蛾幼虫卷叶习性有关，缺刻深的叶片，幼虫较易将叶卷折成苞，在苞内幼虫成活率高，叶片无缺刻的品种，幼虫难以将叶片卷折，成活率低。

（5）与甘薯长势的关系。薯田土壤肥沃、施肥充足，甘薯生长密茂，田间湿度大，甘薯麦蛾虫口密度低、为害轻；薯田土壤贫瘠、施肥少，甘薯生长差，田间干燥，甘薯麦蛾虫口密度大，为害重。

### 5.7.4　防治方法

#### 5.7.4.1　农业防治

（1）清洁田园。①甘薯收获后及时清洁田园，将薯田中的枯枝落叶、残留薯藤及时清除，大棚菜用甘薯每7~10天，结合采收和整理老茎、藤蔓，定期清理一次大棚内的枯枝落叶，带出棚外，集中烧毁或深埋或沤肥；②3—4月铲除薯田四周旋花科植物，减少野生寄主和蜜源植物；③3月之前处理室内贮藏的甘薯藤蔓。

（2）灌水灭蛹。各代甘薯麦蛾化蛹盛期，薯田漫水灌溉，保水36h，杀灭土壤中的虫蛹。

#### 5.7.4.2　物理防治

灯光诱杀。甘薯麦蛾成虫有较强的趋光性，薯田安装黑光灯、频振式杀虫灯，成虫羽化始期开灯诱杀。

#### 5.7.4.3　生物防治

保护天敌主要措施是选用对甘薯麦蛾防治效果好，对天敌杀伤作用小的选择性杀虫剂如生物农药白僵菌、阿维菌素等。严禁应用广谱杀虫剂防治甘薯麦蛾。大棚湿度较高，每年6月上中旬梅雨季节是甘薯麦蛾繁殖关键时期，可用白僵菌150亿孢子/g可湿性粉剂300~400倍液，或用25g/L多杀霉素悬浮剂1 000~1 500倍液喷雾防治。

#### 5.4.7.4　化学防治

化学农药防治甘薯麦蛾的施药适期为幼虫孵化盛期至1龄幼虫尚未吐丝结苞前。防治效果好的药剂有20%氯虫苯甲酰胺悬浮剂1 500~2 000倍液、22%氰氟虫腙悬浮剂800~1 500倍液、240g/L甲氧虫酰肼悬浮剂1 000~2 000倍液、10%虫螨腈悬浮剂1 000~1 500倍液、150g/L茚虫威悬浮剂2 000~3 000倍液、5%高效氯氟氰菊酯乳油1 000~1 500倍液、20%氰戊菊酯乳油1 000~1 500倍液、5%啶虫隆悬浮剂1 000~1 500倍液等。上述药剂任选一种于晴朗无风的下午进行喷雾防治，虫口密度大时，隔6~7天再用药1次。不同杀虫机制的药剂最好轮换使用，以防害虫产生抗药性。

## 5.8　甘薯潜叶蛾

### 5.8.1　分布与为害

甘薯潜叶蛾［*Bedellia somnulentella* (Zeller)］，又称甘薯飞丝虫、旋花潜蛾，属鳞翅目潜蛾科。国内分布于山东、福建、广东、浙江等省。

甘薯潜叶蛾主要为害甘薯，其次为蕹菜。以幼虫潜食叶肉。低龄幼虫潜食叶肉造成细小弯曲的隧道，隧道附近叶色因叶绿色受到损伤，略呈淡黄色。随着幼虫龄期的增加，食量明显增大，隧道逐渐扩大，形成不规则的斑块，叶肉被潜食殆尽，仅留上下表皮和虫粪堆积其上，叶片卷缩干枯脱落，生长受阻，甘薯植株不能正常进行光合作用，严重影响甘薯高产稳产。

### 5.8.2 形态特征

成虫。雌蛾体长 3.9 ~ 4.4mm，翅展平均 7.6mm，雄蛾体长 3.5 ~ 4.0mm，翅展平均 7mm。体灰黄色。头顶有一束向前伸出的灰黄色丛毛，覆盖复眼上半部。触角丝状，几与前翅等长，基节膨大，下面凹入，形成眼帽。下唇须小，向下伸出。前翅披针形，基部较宽，渐向翅顶尖削，灰黄色，混生黑褐色小鳞片，缘毛长。后翅披针形、较前翅更狭长，缘毛长。腹部粗短，淡黄褐色。

卵。扁椭圆形，长径平均 0.3mm，短径平均 0.2mm。黄白色，透明，表面有网纹。

幼虫。初孵幼虫黄白色至黄绿色，其后随着幼虫的生长发育，从中胸起各体节两侧出现深浅不一的紫酱色和黄白色斑块。背中线和亚背线为深红色。第 1 ~ 2 腹节和第 4 ~ 5 腹节两侧斑块内各有明显白点，第 2 腹节只有白点一个，第 1、4、5 腹节各有白点 2 个。第 1 对腹足小。老熟幼虫体长 5 ~ 6mm，头黄褐色，体淡黄绿色。

蛹。纺锤形，长 4 ~ 4.5mm。化蛹初期为淡绿色，带有紫色斑点，羽化前则呈黄褐色。头顶尖突，略向背面倾斜。触角几达翅端。前胸背板两侧呈角状突出。从中胸起至腹部末节背面均有钩刺，除各节背面近中央各 1 对外，腹末两节每侧另有 2 根，腹末节臀刺上还有 3 对。

### 5.8.3 发生规律

#### 5.8.3.1 生活史与习性

（1）越冬。以蛹在薯藤及田间枯枝落叶、杂草丛中越冬。

（2）发生世代、各代发生期与为害盛期。甘薯潜叶蛾发生代数由北到南逐渐递增，发生期由北到南逐渐提前。山东临沂 1 年发生完整 4 代，少数个体有 5 代，世代重叠，浙江南部 1 年发生 4 ~ 5 代，福建平潭 1 年发生 8 代。山东临沂越冬代成虫发生期为 6 月上旬至 7 月上旬，1 ~ 4 代卵发生期分别为 6 月上旬至 7 月上旬、7 月中旬至 8 月中旬、8 月中旬至 9 月中旬、9 月上旬至 10 月上旬；1 ~ 4 代幼虫发生期分别为 6 月中旬至 7 月中旬、7 月下旬至 9 月上旬、8 月下旬至 9 月下旬和 9 月上旬至 10 月上旬；1 ~ 4 代蛹发生期分别为 6 月下旬至 7 月下旬、8 月上旬至 9 月上旬、9 月上旬至 10 月上旬和 10 月上旬至 10 月下旬，并进入越冬。福建平潭 1 ~ 8 代幼虫发生期分别为 6 月下旬至 8 月上旬、7 月下旬至 8 月下旬、8 月中旬至 9 月上旬、8 月下旬至 9 月中旬、9 月上旬至 10 月上旬、9 月下旬至 10 月下旬、10 月中旬至 11 月中旬、11 月上旬至 12 月下旬。田间世代重叠。山东临沂 1 年中初夏甘薯潜叶蛾种群数量少，为害轻，秋季种群数量迅速增加，9 月上旬至 10 月中旬虫口密度大，为全年为害高峰期。福建平潭，6 月下旬以后种群数量逐渐增加，8—10 月虫口密度大，为全年为害高峰期。

（3）各虫态历期。甘薯潜叶蛾各虫态历期在一定温度范围内随温度升高而缩短。福建平潭室内饲养结果见表 5 – 22。

表5-22 甘薯潜叶蛾各虫态历期 （天）

| 旬平均温度（℃） | 卵 | | | 幼虫 | | | 蛹 | | | 全世代平均 |
|---|---|---|---|---|---|---|---|---|---|---|
| | 最长 | 最短 | 平均 | 最长 | 最短 | 平均 | 最长 | 最短 | 平均 | |
| 27.7~30.0 | 3 | 1 | 1.98 | 15 | 5 | 8.30 | 5 | 2 | 3.65 | 13.93 |
| 22.6~28.3 | 4 | 1 | 2.41 | 18 | 7 | 10.40 | 7 | 2 | 4.32 | 17.13 |
| 11.2~23.3 | 4 | 1 | 2.28 | 26 | 5 | 17.75 | 24 | 3 | 9.08 | 29.11 |

（4）习性。成虫白天多栖息于薯叶背面阴凉处，稍受惊动，即迅速跳跃并短距离飞翔，飞翔速度很快。黄昏后开始转移到薯叶正面活动，有弱趋光性。羽化当天或次日开始交尾，交尾历时2h左右，多在薯叶正面边缘处交尾。交尾后2~3天开始产卵。卵散产于已展开的嫩叶背面叶脉附近。每片薯叶有卵4~5粒至数十粒不等，最多一叶有卵85粒。每雌一生最多产卵94粒，平均40粒左右。

初孵幼虫多在卵壳下或卵壳附近蛀入叶内，取食叶肉，受害薯叶呈现头发丝大小的灰褐色弯曲隧道。随着幼虫的生长发育，食量大增，白天常从隧道内爬到叶面，在叶背面吐丝结网潜藏其中，黄昏后又重新咬孔潜入叶内取食，将叶肉蛀食一空，仅留上下表皮，呈半透明不规则的灰白色斑膜。初夏一般一片叶片只有1个潜入孔，1头幼虫。夏末秋初潜叶蛾虫口密度大增时，被害叶片有数头至20多头幼虫同时潜入为害，受害叶片卷缩干枯脱落，严重影响薯块的生长发育，导致大幅度减产。老熟幼虫爬至叶表面，在叶上吐丝缀叶，悬挂在丝网中央化蛹。

### 5.8.3.2 发生与环境的关系

（1）与温度及降雨量的关系。甘薯潜叶蛾性喜适温、偏旱的气候条件。7—8月降雨频繁适中、甘薯生长旺盛、薯藤枝叶繁茂、田间覆盖度大、气温较高，有利于该虫生长发育和繁殖，田间虫源积累较多，9—10月偏旱，并有雷阵雨的年份，适合潜叶蛾幼虫的取食，为害重。所以，秋旱年份虫口密度大，反之，前旱后涝年份发生少。

（2）与土质与地势的关系。山地和沙质土壤的薯田虫口密度大、为害重，薯叶被害率高达57%左右，平均百叶虫量高达107头。平原薯地虫口密度小，薯叶被害率只有40%左右，平均百叶虫量明显少于山地薯田。同为山地薯田，山顶薯田比山腰薯田，薯叶被害率和百叶虫量分别高21%和203头。

## 5.8.4 防治方法

甘薯潜叶蛾防治适期为初孵幼虫潜入期，被害叶片初现非常细小的黄褐色弯曲潜道，防治指标为百叶虫量200头左右。可选用的防治药剂有90%晶体敌百虫800~1 200倍液、50%杀螟松乳油800~1 200倍液、20%氯虫苯甲酰胺悬浮剂1 500~2 500倍液，薯田喷药液30~45kg/667m²。下午4—5时喷药防效优于上午喷药。

## 5.9 斜纹夜蛾

### 5.9.1 分布与为害

斜纹夜蛾［*Spodoptera litura*（Fabricius）］，又称斜纹夜盗蛾、莲纹夜蛾，属鳞翅目夜蛾科。斜纹夜蛾为世界性分布害虫，国外分布于亚洲的日本、朝鲜半岛、菲律宾、缅甸、老挝、柬埔寨、印度尼西亚、马来西亚、泰国、越南、斯里兰卡、印度、巴基斯坦、伊拉克、伊朗，大洋洲的新西兰、澳大利亚，非洲的埃及、突尼斯、加纳，欧洲的德国、法国、英国，美洲的美国等国家和地区，其中尤以北美洲和地中海地区、亚洲热带、亚热带地区、日本西南部种群数量大，为害严重。国内广泛分布于各农区，西至新疆墨玉、西藏、青海，东达沿海各省区及台湾省，北起吉林南至海南均有斜纹夜蛾的分布，淮河以北地区仅为间歇性发生，长江中下游流域及东南沿海各省（区）为常发区、重灾区。

斜纹夜蛾为一种典型的杂食性害虫，能为害粮食作物、经济作物、蔬菜、果树、花卉、绿肥、牧草、草坪草以及林木等，大发生时给农林牧业生产和环境绿化造成巨大经济损失。斜纹夜蛾的寄主植物包括蕨类植物、裸子植物、双子叶植物和单子叶植物共计109 科 389 种（变种）植物，但对不同植物的嗜食程度表现出很大差异。喜食植物有槟榔、芋、莲藕、甘蓝、青菜、水蕹菜、棉花、大豆、萝卜、豇豆等。较喜食植物有甘薯、花生、芝麻、酸模叶蓼、绿豆、黄瓜、辣椒、酸浆草、空心莲子草。水稻等为一般寄主植物。20 世纪 80 年代以来，由于种植业结构调整，大力发展蔬菜、经济作物、牧草以及设施栽培，为斜纹夜蛾的生长发育和繁殖提供了良好的环境和营养条件，致使该虫的发生和为害日趋严重，由间歇性、偶发性次要害虫上升为常发性、爆发性的重要农业害虫。2002 年江西乐平斜纹夜蛾爆发成灾，发生时间之早、棉田卵块密度之高为 40 年来所罕见，8 月下旬盛发期每公顷有卵块 225 ~ 300 块，多的 600 ~ 900 块，少数棉田每公顷卵块高达 1 500 块。蕾铃被害率 8.5% ~ 20.6%，导致棉花大幅度减产。丘陵地区为害甘薯，将薯叶啃食一光，仅留叶脉和薯蔓，甘薯植株不能正常进行光合作用，养分、水分运输受阻，薯块不能正常生长，导致大面积减产，给薯农造成巨大经济损失。

### 5.9.2 形态特征

成虫。体长 14 ~ 16mm，翅展 33 ~ 35mm。头部和胸部灰褐色，额有黑褐斑。颈板有黑褐色横纹，下唇须灰褐色，各节端部有暗褐色斑。胸部背面灰褐色，具鳞片及少数毛，翅基片褐色，边缘灰黄色。前翅褐色，但雄蛾翅色较深，基线不明显，内线灰黄色、波浪状，在臀脉之后向内弯曲，中线不甚明显，外线灰色、波浪状，在第二肘脉后方向外弯曲，亚端线和端线褐色，近于平行，末端略向内弯，环纹不明显，自环纹处向后至后缘为一褐灰色斑纹，肾纹黑褐色，内侧灰黄色，外侧上角前方有一橘黄色斑，环纹和肾纹之间有一斜纹，由 3 条黄白色线组成，中室 M – cu 脉黄白色，将斜纹横切，内线与基线之间棕褐色间蓝灰色，除边缘处为黄色条纹外，其后有一叉形纹，外线的外方，从翅尖起讫后缘，有灰蓝色斑，向后形成一弯曲内凹的宽带（雌蛾色灰黄），端线内各纵脉间有黑色小点，缘毛黑褐色与白色相间。后翅银白色，半透明、闪紫光，翅脉及外缘淡褐色，横纹不明显，横脉黄白色，缘毛白色。足褐色，各足胫节有灰色毛，均无刺，各节末端灰色。腹部背面灰褐色，第 1 ~ 3 节背面有褐色毛簇。

卵。块产，表面密被雌蛾的灰黄色体毛。每一块卵由 1 ~ 4 层卵粒组成，多数为 2 ~ 3 层，每一层卵排列整齐。初产卵黄白色，孵化前变为黑色。每一块卵平均有卵 300 粒，最少 20 粒，最多 700 多粒。卵粒近扁圆形，与基质接触的一面比反面更扁平。卵壳是一层半透明网状花纹的凹凸结构，这些花纹从受精孔出发射后收拢于与受精孔相对的另一面。卵孔透明易见，成一黑点。花冠 2 ~ 3 层，第一层菊花瓣形，9 ~ 10 瓣；第二层略宽，不规则形，16～17 瓣；第三层不规则，与纵棱相连接，11～16 瓣。纵棱从上部直达底部，中部共有 36～39 条。横道下陷，低于格面，格为横长方形，较平坦而略凸出，几与纵棱同高。

幼虫。共 6～8 龄。老熟幼虫体长 39～43mm。体色变化大，大发生时幼虫密度高，体色多为黑褐色或暗褐色；发生少时幼虫密度小，体色多为淡灰绿色。头部、前胸及末节硬皮板均为黑褐色，背线、亚背线黄色。沿亚背线上缘每节两侧各有一半月形黑斑。腹部第一节的黑斑大，近于菱形，两个几相连，第 7、8 节黑斑为新月形，也较大。中、后胸及腹部第 2～7 节半月形斑的下方有橙黄色圆点，以中、后胸的最为明显。气门线暗褐色，气门椭圆形、黑色，其上侧有黑点，下侧有白点。气门下线由污黄色或灰白斑组成。腹部腹面暗绿色或灰黄色，其上散布白色斑点。胸足胫节内侧无明显的泡突，跗节内侧刚毛不膨大。腹足俱全，但第 1 龄和第 2 龄幼虫缺前两对腹足，趾钩单序，第 1 对腹足趾钩 23～27 个，第 2～4 对腹足趾钩各 26～30 个，臀足趾钩 31～35 个。

蛹。体长 18～20mm。圆筒形，末端细小。蛹体暗红棕色。头部略向腹面倾斜。唇基侧片缺如。下唇须细长，纺锤形。下颚末端达前翅芽末端前方。前足腿节、转节可见，前足的长度为下颚的 1/2 以上。中足不与腹眼相接，末端达下颚末端的前方。后足在下颚末端微露出一部分。前翅芽达第 4 腹节后缘。腹部第 4～7 节各节背面前缘及第 5～7 节腹面前缘有密而细的圆形或半圆形刻点，尤以第 5～7 节背面刻点最为明显。臀刺短，末端着生刺一对，刺的基部分开，尖端不呈钩状。中胸气门不显著，腹部气门椭圆形，向后倾斜，气门片深褐色，前缘很宽，在气门之后有凹陷的空腔，空腔比气门小。

### 5.9.3　发生规律

#### 5.9.3.1　生活史与习性

（1）越冬。斜纹夜蛾在海南、广东、云南、广西、福建、台湾等省（区），暖冬年份无休眠或滞育现象，只要温度适宜，一年四季均可发生和为害。一般年份该虫主要以蛹在土壤中越冬，也有少数以幼虫越冬。湖南南县以蛹或部分幼虫在杂草丛土下越冬。江西南昌、湖北武汉、河南等地斜纹夜蛾均不能以任何虫态越冬。

（2）发生世代、各代发生期与为害盛期。斜纹夜蛾各地年发生代数由南到北随纬度提高而逐渐减少。广东广州一年发生 7～9 代，以 8 代为主。我国台湾省一年发生 7～9 代。福建福州一年发生 7～9 代，以 8 代为主，建阳 6～8 代，以 7 代为主。江西南昌 6～7 代。湖北汉川、江陵、武昌以及江苏南京、上海一年发生 5～6 代。山东、安徽阜阳一年发生 5 代。河北一年则只有 4 代。各地各代斜纹夜蛾成虫发生期如表 5-23。

黄河流域 8—9 月是斜纹夜蛾幼虫发生高峰期，也是为害甘薯、蔬菜等农作物最严重的时期。长江流域则以 7—8 月种群数量最大，也是对棉花、甘薯、蔬菜等农作物为害最严重的时期。福建福州幼虫为害烈期为 6 月下旬至 9 月中旬。广东广州一年有两个为害高峰期，第一个高峰期出现在 4—6 月，第二个高峰期出现在 10—11 月。广西南宁为害高峰期出现在 3—4 月，海南为害高峰期提早至 2 月中下旬。

表 5 - 23    各地各代斜纹夜蛾成虫发生期                    (旬/月)

| 地点 | 越冬代 | 第1代 | 第2代 | 第3代 | 第4代 | 第5代 | 第6代 | 第7代 |
|------|--------|-------|-------|-------|-------|-------|-------|-------|
| 湖北汉川 | — | — | — | 下/7—中/8 | 下/9—上/10 | 下/10—下/11 | | |
| 江苏南京 | — | — | — | 上中/8 | 上中/9 | 上中/10—中/11 | | |
| 安徽安庆 | — | — | — | 中下/8 | 中下/9 | 下/9—中/10 | | |
| 浙江黄岩 | 中/4—中下/5 | 中/6—下/6 | 中/7—下/7 | 中/8—下/8 | 中/9—下/9 | 中/10—下/10 | | |
| 江西南昌 | 下/3—下/4 | 上中/6 | 上中/7 | 上中/8 | 上中/9 | 中下/10 | 下/11—上/12 | |
| 福建福州 | 中下/3—上/4 | 下/4—中/5 | 上/6—下/6 | 上/7—下/7 | 中下/8 | 中下/9 | 中下/10 | 中/11—上/12 |
| 广东广州 | 上中/3—上/4 | 下/4—中/5 | 中下/6 | 上/7 | 上/8 | 上/9 | 上/10 | 上中/12 |

（3）各虫态历期。

1）温度对各虫态历期的影响。在一定温度范围内，各虫态历期随温度提高而缩短。15℃温度条件下，卵、幼虫、预蛹和蛹历期最长，分别为 13.2、62.36、8.6、34.4 天，在 34℃温度条件下，卵、幼虫、预蛹和蛹历期最短，分别为 2.8、10.44、1.2、6.6 天，成虫寿命则相反，15℃温度时寿命最长达 10.33 天，34℃高温条件下，寿命最短，仅5.42 天。24~29℃温度最有利斜纹夜蛾生长发育，各虫态历期最短如表 5 - 24。室内常温条件下，日平均温度 22.4℃，卵期 5~12 天，平均 7.5 天；25.5℃时卵期 1.5~4 天，平均 2.9 天；28.3℃时卵期 1~4 天，平均 2.4 天；30.7℃时卵期 1~4 天，平均 2.0 天。日平均温度 21.2℃，幼虫期 24~41 天，平均 27 天；25℃时幼虫期 14~20 天，平均16.7 天；日平均温度 16℃时幼虫期 16~18 天，平均 16.9 天；日平均温度 29.5℃时幼虫历期 13~17 天，平均 14.8 天；日平均温度 30.2℃，幼虫期 11~13 天，平均 12.4 天。广东广州夏季蛹期 6~10 天，冬季 17~19 天，成虫寿命 7~15 天，短的 3~5 天，最长20 天以上。成虫寿命长短还与补充营养有关，有补充营养的，雌蛾寿命 10 天左右，雄蛾7~10 天；无补充营养的，雌蛾寿命仅 5.8 天，雄蛾 5.0 天。

表 5 - 24    不同温度下斜纹夜蛾各虫态历期                    (天)

| 虫态 | 不同恒温下发育历期 | | | | |
|------|------|------|------|------|------|
| | 15℃ | 19℃ | 24℃ | 29℃ | 34℃ |
| 卵 | 13.2 | 9.9 | 4.0 | 3.0 | 2.8 |
| 一龄幼虫 | 9.9 | 7.3 | 3.4 | 2.5 | 1.6 |
| 二龄幼虫 | 9.1 | 6.1 | 2.0 | 1.6 | 1.2 |
| 三龄幼虫 | 9.0 | 6.8 | 2.9 | 2.1 | 1.3 |
| 四龄幼虫 | 8.8 | 6.4 | 3.0 | 1.8 | 1.2 |
| 五龄幼虫 | 9.6 | 6.9 | 3.3 | 2.0 | 1.8 |

（续表）

| 虫态 | 不同恒温下发育历期 | | | | |
|---|---|---|---|---|---|
| | 15℃ | 19℃ | 24℃ | 29℃ | 34℃ |
| 六龄幼虫 | 10.9 | 7.0 | 3.3 | 2.4 | 3.0 |
| 七龄幼虫 | 8.7 | 6.8 | 2.8 | 2.3 | 2.0 |
| 八龄幼虫 | 8.4 | 6.5 | 2.5 | — | — |
| 幼虫全期 | 62.36 | 43.87 | 18.56 | 12.72 | 10.44 |
| 预蛹 | 8.6 | 5.3 | 2.9 | 1.8 | 1.2 |
| 蛹 | 24.4 | 22.8 | 11.7 | 9.5 | 6.6 |
| 产卵前期 | 7.23 | 6.20 | 2.57 | 2.00 | 2.16 |
| 成虫寿命 | 10.33 | 19.72 | 12.39 | 8.83 | 5.42 |

2）温湿度组合对幼虫历期的影响。不同温湿度组合对幼虫历期有一定影响，在同一湿度下随着温度升高幼虫历期明显缩短；在同一温度下，随着湿度的提高幼虫历期亦明显缩短（表5-25）。湿度是影响斜纹夜蛾幼虫发育历期重要环境因素之一。

表5-25　不同温湿度组合下斜纹夜蛾幼虫发育历期　　　　　　　　（天）

| 温度（℃） | 不同湿度下幼虫历期 | | | | |
|---|---|---|---|---|---|
| | RH 50% | RH 60% | RH 70% | RH 80% | RH 90% |
| 15 | 39.85±4.41 | 37.33±3.62 | 36.71±2.99 | 35.19±3.65 | 33.19±2.47 |
| 19 | 30.99±7.75 | 29.76±2.39 | 28.99±1.66 | 28.56±1.71 | 28.05±1.86 |
| 23 | 23.12±2.52 | 22.64±1.68 | 21.58±1.32 | 20.09±1.49 | 18.43±1.52 |
| 27 | 17.84±0.97 | 15.95±0.59 | 14.41±0.79 | 13.93±0.77 | 12.16±0.85 |
| 31 | 15.69±0.34 | 13.17±0.47 | 12.96±0.65 | 11.52±0.42 | 10.83±0.39 |

3）食料对幼虫历期的影响。幼虫取食不同寄主植物对其生长发育有明显的影响。取食豇豆、莲藕、芋、水蕹菜叶片的幼虫发育历期最短，分别为11.48、11.46、11.87、11.95天，取食棉花、大豆、向日葵、甘薯叶片的幼虫发育历期最长，分别为158.76、14.14、13.80、12.83天。不同寄主植物营养价值不同，进而影响到幼虫的生长发育。取食不同寄主植物幼虫对蛹历期无影响。

（4）田间种群数量动态。斜纹夜蛾田间种群数量动态因各地耕作栽培制度、气候条件不同而有很大差异。

浙江杭州慈溪用性诱剂诱集结果，4月中旬即能诱到雄蛾，5月中旬至6月中旬出现全年第一个发蛾高峰，第二个发蛾高峰出现在7—9月，有的年份第二个发蛾高峰从7月一直持续到11月上旬，尤以9—11月上旬诱蛾最多。安徽望江黑光灯诱集结果，成虫始见期最早5月上旬，最迟7月中旬，8月份以前灯下蛾峰不明显，其后有三个发蛾高峰，分别出现在8月中旬、8月下旬至9月上旬初和9月中旬。广东广州和翁源黑光灯诱集结果，3月以后全年都可诱到成虫，一年有四个发蛾高峰，以5—8月诱集的蛾量最多。

（5）习性。

**成虫**　①羽化和活动节律：斜纹夜蛾羽化时间多在夜间进行，仅少数个体在白天羽化。夜间羽化以18—21时最多，其次为21—23时，分别占羽化总数的76.5%和16.5%，但也有报道，成虫羽化时间在8—11时，尤以9时羽化最多。成虫白天一般静伏土表，植物叶背，枯叶落叶下或杂草丛中，待日落后黄昏到来之后开始活动，以20—24时最为活跃。②性比：黑光灯诱集的斜纹夜蛾雌雄性比平均为1：1，但受季节影响较大，6—8月诱集的雌性偏多，尤以7月雌蛾比例最高，性比为1：0.92。此外，幼虫取食不同寄主其雌雄性比有一定差异，取食蕹菜、甘薯、大豆叶片的，雌性比较高，分别为1.01：1、1.1：1和1.11：1；取食小白菜的雌雄性比为0.94：1。③交尾：成虫羽化当天或第二天即可交尾，交尾时间多在19—22时进行，以20—21时交尾最频繁。雄蛾一生交尾多次，1头雄蛾可与8头雌蛾交尾，雌蛾交尾一次可够7天左右产卵受精之用。④产卵：雌蛾产卵前期1~3天，也有少数雌蛾羽化当天即可交尾产卵。产卵多在晚上进行，以4—6时产卵最多。⑤产卵量：每雌产卵量多寡与雌蛾补充营养关系密切，喂以10%蜂蜜液的雌蛾，每只平均产卵3 042粒，最多产卵3 812粒；喂以10%糖水的，每雌平均产卵量只有2 128粒，明显低于喂蜂蜜液的，表明糖水的营养价值远远低于蜂蜜液。⑥产卵部位：斜纹夜蛾的卵块大多数产于寄主植物的叶片背面，叶片正面、叶柄、茎秆上着卵极少。卵块在寄主植物上垂直分布，因作物种类不同而异，高秆作物如向日葵，雌蛾产卵于植株下部叶片的占全株总卵块数的55.6%，中部叶片的卵块占24.4%，上部叶片的占17.7%。中秆作物如芋，产在下部叶片的卵块占总卵块数的89.6%，中部叶片的占10.4%，上部叶片未着卵。矮秆作物如花生，卵块产在叶背面的占5%，95%的卵块产在花生叶片正面。⑦趋性：斜纹夜蛾成虫对黑光灯有较强的趋性，但对一般光源趋性很弱。有很强的趋化性。成虫对糖醋液、发酵的胡萝卜、豆饼及清香气味的枫树叶均有很强的趋性。⑧飞行能力：斜纹夜蛾雌雄成虫具有很强的飞行能力，标记回收试验表明，释放雄蛾第一晚的飞行距离10.1~18.5km，总的最大飞行距离10.1~23.2km。

**幼虫** ①孵化、取食和活动。斜纹夜蛾幼虫一天中多在4—9时孵化，以6—7时最多。初孵幼虫群聚卵块周围不食不动，经2~3小时后开始爬行和取食。3龄幼虫前食量小，仅取食寄主植物叶肉，被害叶片仅留上下表皮和叶脉，呈现灰白色筛孔状的斑块，枯死后变为黄色。初孵幼虫不怕光，白天和晚上均在寄主植物叶片上活动和取食，稍遇惊扰就四处爬行或吐丝下垂，随风飘散。2龄后开始分散为害，有假死性，遇惊扰落地不动。4龄幼虫开始惧怕阳光，晴天躲藏在茂密植株叶片下或心叶处，老龄幼虫则潜伏土壤缝隙处不食不动。幼虫晚上较白天活跃，阴天较晴天活跃。②迁移。斜纹夜蛾大暴发，虫口密度大，将寄主植物吃光后，能成群结队迁移到其他田块继续为害。为害水生蔬菜和水稻等作物的老熟幼虫能浮至水岸边土壤中化蛹。③食量。幼虫龄期不同食量有很大差异，随着龄期增加食量随之增大。以甘薯叶片为食料，1~2龄幼虫仅食叶肉，3龄开始食量明显增大，将叶片吃成缺刻，其食量约占幼虫期总食量的1.9%，4龄食量增大，其食量约占总食量的5.6%，5~6龄幼虫进入暴食期，其食量占整个幼虫期食量的90%。④幼虫龄次。斜纹夜蛾多数幼虫蜕皮5次，共6龄。但也有少数幼虫蜕皮6次或7次甚至8次，出现7龄、8龄和9龄个体。幼虫龄次的多寡因幼虫发育期间温度高低而异。15~19℃温度条件下饲养幼虫，出现7~8龄期的个体明显多于29~34℃高温条件下饲养的幼虫。⑤化蛹：幼虫老熟后，一般多在寄主植物附近入土做成蛹室化蛹其中。如化蛹时土壤特别干旱，表土坚硬，无法入土化蛹，则在表土枯枝落叶、杂草丛中化蛹。

5.9.3.2 发生与环境的关系

（1）与气候的关系。①温度高低对雌蛾产卵量有很大影响：24℃和29℃最适合雌蛾产卵，每雌一生产卵分别高达 1 738 粒和 1 843 粒，不产卵雌虫率分别只有 4.4% 和 2.2%；温度 15℃不利于雌蛾产卵，每雌一生仅产卵 289 粒，不产卵雌虫率高达 41.34%；34℃高温对产卵亦有一定影响，每雌一生产卵 1024 粒，不产卵雌虫率为 15.3%。②不同温度下卵、幼虫、蛹的存活率不同：较低温度不利于各虫态的存活，15℃和 19℃温度下，卵孵化率分别只有 32% 和 40%，幼虫存活率分别只有 31% 和 62%，蛹存活率分别只有 70% 和 73%；24℃和 29℃温度下，各虫态存活率最高，卵达 91% ~ 94%，幼虫达 75% ~ 81%，蛹达 78% ~ 79%；34℃高温下，对卵的孵化影响小，孵化率仍达 92%，但对幼虫和蛹的存活有一定影响，存活率分别只有 73% 和 76%。③温度、湿度和降雨量对斜纹夜蛾的综合影响：斜纹夜蛾喜高湿高温，不耐低温的昆虫，其生长发育和繁殖最适温度为 25 ~ 30℃，相对湿度 80% ~ 90%，土壤含水量低于 20% 幼虫不能正常化蛹，成虫不能顺利羽化。温度、湿度和降雨量是影响田间斜纹夜蛾种群数量消长的三个关键生态因素。2000 年江西广昌斜纹夜蛾在白莲等经济作物上大暴发，其发生范围之广，农作物受害面积之大，为害之烈为 10 年来所罕见，该虫之所以猖獗成灾，主要原因与春夏干旱少雨有关。2000 年 4—7 月，降水量最少的月份仅为历年平均值的 23%，其中 4 月降雨 19 天，比历年同期平均降雨天数少 12.4%；5 月降雨天数 12 天，降雨量 113.2mm，比历年同期平均值分别少 37.1% 和 23.0%；7 月降雨天数和降雨量分别为 8 天和 43mm，比历年同期平均值分别少 52% 和 74%。长期适温少雨，为斜纹夜蛾第 2 代至第 4 代的生长发育和繁殖提供了极为有利的温、湿环境，最终导致该虫在当地暴发成灾。浙江丽水地区，斜纹夜蛾的发生与 6—8 月降雨量有直接关系，一般 6 月多雨、8 月干旱，则有利其发生，相反，如 6 月少雨、8 月多雨，则发生轻。其原因可能是 6 月多雨锋面天气多，斜纹夜蛾由外地迁入峰次多，迁入量大，为主害代的大发生积累了大量虫源基数。8 月少雨，温度适宜有利成虫产卵，卵的孵化和幼虫生长发育、发生量大，为害重。

（2）与营养条件的关系。不同寄主植物营养条件不同，对成虫产卵和幼虫成活有明显的影响。①食料对成虫繁殖的影响。幼虫取食不同的寄主植物，成虫产卵存在明显差异。幼虫取食甘蓝、莲藕和芋叶片的，每雌平均产卵量最多，分别为 1 409 粒、1 275 粒和 1 333 粒，而取食大豆叶片的，每雌平均产卵量只有 507 粒。大豆叶片不能满足幼虫生长发育对营养的需求，故成虫产卵量低。②食料对幼虫成活率的影响。幼虫取食蓖麻和豇豆叶片的成活率最高，分别为 98% 和 90%，取食番木瓜和香蕉叶片的成活率最低，分别只有 70% 和 66%。

（3）与耕作措施的关系。农业生产措施对斜纹夜蛾种群数量动态的影响主要有五个方面：①种植业结构调整后，斜纹夜蛾嗜食的寄主植物如蔬菜、甘薯、花生、烟草、莲藕等种植面积迅速扩大，为该虫提供了优质食料，如福建仅蔬菜种植面积就从 20 世纪 90 年代初的 26 万 hm² 增加到 56 万 hm²，其他如甘薯、花生、烟草、莲藕等作物种植面积也有很大发展，导致斜纹夜蛾在福建大发生频率增加，为害加重。②多种作物间作套种或立体种植，复种指数高，优化了斜纹夜蛾的生存环境，为其发生和为害提供了丰富的食料和栖居场所，有利该虫在不同作物间转换取食、生长、发育和繁殖。③大面积推广 Bt 抗虫棉后，棉田前期（7 月底前）防治棉铃虫用药次数明显减少，药剂对斜纹夜蛾的兼治作用大大减弱，积累了大量虫源，导致斜纹夜蛾主害代在 8—9 月大暴发。④种植条件得到显著改善，作物施肥足，灌溉及时，生长浓绿、旺盛，为斜纹夜蛾的发生和为害提供了良好的条件。⑤防治不到位，未及时进行防治，积累了大量虫源。

（4）与天敌的关系。在农田生态系统中，斜纹夜蛾天敌种类繁多，主要类群有寄生性和捕食性天敌昆虫、杂食性蜘蛛、鸟类、蛙类、蚂蚁、线虫、微孢子虫以及菌类微生物如病毒、细菌、真菌等。据不完全统计，已记录的斜纹夜蛾天敌种类多达242种，其中种群数量多，对斜纹夜蛾自然控制效果明显的天敌有斜纹夜蛾侧沟茧蜂、叉角厉蝽、草间小黑蛛、拟水狼蛛、拟环纹狼蛛、斜纹夜蛾核型多角体病毒（SlNPV）、中华卵索线虫、泰山1号线虫等。这些天敌综合作用于斜纹夜蛾各龄幼虫、蛹，将其消灭在幼虫期和蛹期，使幼虫不能化蛹，蛹不能羽化，有效控制了该虫种群数量的增长。

### 5.9.4 防治方法

#### 5.9.4.1 农业防治

人工挑治幼虫。斜纹夜蛾在1~3龄幼虫期具有很强的群集性，一片甘薯叶上有成百条低龄幼虫群集在一起取食，人工摘除被害叶片或将托盘放于叶下将幼虫振落于盘中，集中处理，将幼虫消灭在暴食之前，减轻为害。

#### 5.9.4.2 物理防治

灯光诱杀成虫。斜纹夜蛾成虫对频振式杀虫灯、黑光灯等光源有很强的趋光性，在该虫各代成虫盛发期，应用上述杀虫灯诱杀成虫，据多地经验，每公顷薯田放置1盏频振式杀虫灯，每晚平均单灯诱虫量40~58头，薯田落卵量减少65%左右，幼虫减少68%左右，具有明显的防治效果。

#### 5.9.4.3 诱杀防治

糖醋液诱杀成虫。斜纹夜蛾成虫对糖醋液具有很强的趋化性，可用红糖3份、醋3份、白酒1份、水10份混合均匀后再按总量的0.1%加入90%晶体敌百虫，搅拌制成糖醋液，置于盆中，用三脚架将盆支撑于田间，诱杀成虫，亦可降低田间落卵量。

#### 5.9.4.4 生物防治

保护利用薯田天敌和应用生物农药。薯田天敌保护的措施主要是选择对害虫防治效果好、对天敌杀伤力小的选择性农药如生物农药阿维菌素杀虫剂等，其次为在甘薯生长前期尽量少用农药防治其他害虫，促使天敌种群数量迅速增长，发挥天敌对害虫的自然控害效果。生物农药防治斜纹夜蛾效果好的药剂有10亿PIBs/ml苜蓿银纹夜蛾核型多角体病毒杀虫剂（AcMNPV悬浮剂）700~1 000倍液、1.8%阿维菌素乳油2 500~3 000倍液、0.8%阿维菌素·印楝素乳油1 000~1 500倍液、0.5%甲氨基阿维菌素苯甲酸盐微乳剂1 000~2 000倍液。上述药剂任选一种于斜纹夜蛾1~3龄幼虫期喷雾。其中甲氨基阿维菌素苯甲酸盐微乳剂对斜纹夜蛾卵和高龄幼虫有很强的毒杀作用。应用甲氨基阿维菌素苯甲酸盐防治害虫、害螨，应注意以下几点：①防止蜜蜂中毒；②药液不能流入鱼池，防止鱼类中毒；③喷药后42h内，人畜不能进入喷药区；④农作物收获前6天禁止用药。

#### 5.9.4.5 化学防治

防治斜纹夜蛾高效低毒、低残留新型杀虫剂有20%除虫脲悬浮剂500~1 000倍液、5%定虫隆乳油1 000~1 500倍液、5%氟虫脲可分散剂1 500~3 000倍液、20%氟铃脲乳油 1 000 倍液、20% 虫酰肼悬浮剂 1 500 ~ 2 000 倍液、10% 溴虫腈悬浮剂 1 000 ~ 1 500
倍液，15% 茚虫威悬浮剂 3 000 ~ 4 500 倍液等。拟除虫菊酯类杀虫剂有 4.5% 高效氯氰菊
酯 2 000 ~ 3 000 倍液、2.5% 氟氯氰菊酯乳油 2 000 ~ 3 000 倍液、2.5% 联苯菊酯乳油
1 000 ~ 1 500 倍液等。有机磷杀虫剂有 40% 辛硫磷乳油 800 ~ 1 200 倍液等。上述杀虫剂
任选一种于斜纹夜蛾 1 ~ 3 龄幼虫期喷雾防治。

## 5.10　烦夜蛾

### 5.10.1　分布与为害

烦夜蛾（*Anophia leucomelas* L.），属鳞翅目夜蛾科。国外分布于日本、朝鲜半岛、印
度、伊朗、欧洲南部、俄罗斯以及北非的阿尔及利亚等国家和地区。国内分布于华南、
华东、西南部分省（区、市），属典型的偏南方种类。

烦夜蛾仅为害甘薯、蕹菜以及旋花科的牵牛花等野生植物。该虫在福建沿海甘薯产
区已成为甘薯的重要害虫，一年中以 7—9 月为害最重，常与斜纹夜蛾、甘薯天蛾等害虫
混合发生。幼虫啃食叶片，大发生时甘薯叶片被啃食一空，仅留薯藤和叶柄、叶脉，光
合作用不能正常进行，对甘薯中、后期薯块的膨大影响极大，严重影响甘薯高产、稳产
和品质，给薯农造成巨大经济损失。

### 5.10.2　形态特征

成虫。体长 25 ~ 27mm，翅展 33 ~ 35mm，喙发达。下唇须向上伸，头部及胸部黑棕
色，颈部有一黑线。胸部被鳞毛，后胸有明显的毛簇。前翅长，翅尖较钝，棕黑色，基
线黑色，内线双线，波浪形外弯，环纹灰黑色，边缘黑色，肾状纹较大而弯，两侧带白
色，外侧中部及前后端各有一白点，中线黑色。后翅白色，基部与后缘黑色，外缘有一
黑色宽带，近顶角及亚中褶处白色，缘毛亦白色，其余为黑色。前翅反面白色，中室端
部有一长方形黑斑。后翅中室端部有一黑纹，外缘近顶角及亚中褶处各有一白纹，前后
翅外缘有一黑色宽带。雄蛾腹部细长，向后端渐宽，臀毛簇长，腹部第 2 节有一对向上
弯曲的侧毛簇，腹部背面基部四节有明显的毛簇。

卵。半球形，直径 0.74 ~ 0.81mm，表面有放射状纵隆线，线条与横隆线相交成许多
方格。卵初产乳白色，近孵化时呈灰褐色。

幼虫。共 6 龄，老熟幼虫体长 36 ~ 45mm。头部黄色，有黑点。体色灰色至黄绿色，
背部橘黄色，较宽，背线黄色，第 8 腹节背面中断，而第 8 腹节背面有一灰白色的斑块，
边缘有 8 个褐色小斑块。亚背线，气门上线及亚腹线呈黄色。腹面有黑色斑块。胸足和
腹足灰色，外侧有小黑点。气门上线橘黄色。

蛹。体长 14 ~ 19mm，化蛹初期黄绿色，其后逐渐变为红褐色。腹部第 5 ~ 7 腹节的
腹面中间及腹侧分别有反弧状和倒八字形斑纹，末端有臀棘 3 对。

### 5.10.3　发生规律

5.10.3.1　生活史与习性

（1）越冬。烦夜蛾在广东、福建莆田和晋江冬季无明显越冬现象，终年可繁殖为害。

（2）发生世代、各代发生期与为害盛期。烦夜蛾在福建莆田一年发生5代为主，少数可发生6代，而在偏南的晋江则一年发生完整的6代。莆田2月下旬1代幼虫为害冬薯和过冬的薯苗（薯蔓扦插苗），5月中下旬1～2代幼虫为害甘薯苗圃的幼苗，2～3代幼虫在甘薯苗圃和早扦甘薯田为害，7—9月为4～5代幼虫发生期，主要为害早甘薯，5～6代幼虫则为害晚甘薯。晋江烦夜蛾各代、各虫态发生期如表5-26。湖南长沙烦夜蛾9—10月虫口密度大，为全年为害高峰期。

表5-26 福建晋江烦夜蛾各代各虫态发生期 （旬/月）

| 代别 | 卵 | 幼虫 | 蛹 | 成虫 |
|---|---|---|---|---|
| 第1代 | 上/1—下/4 | 下/1—下/5 | 上/4—中/6 | 下/4—中/6 |
| 第2代 | 中/5—中/6 | 中/5—上/7 | 下/6—中/7 | 上中/7 |
| 第3代 | 上中/7 | 中/7—上/8 | 下/7—中/8 | 上中/8 |
| 第4代 | 上中/8 | 中/8—上/9 | 下/8—下/9 | 上—下/9 |
| 第5代 | 中下/9 | 中/9—下/10 | 上/10—中/11 | 中/10—中/11 |
| 第6代 | 下/10—中/11 | 下/10—下/12 | 上/12—下/12 | 12月底—翌年1月 |

（3）各代各虫态历期。各代各虫态历期因温度高低而异，温度高，发育速度快，历期短，反之，各虫态历期则延长。在莆田，日平均温度26.8℃（23.4～28.7℃），日平均相对湿度61%（56%～67%）的条件下，全世代平均历期34.3天，其中卵期3～3.5天，平均3.1天；幼虫期12～17天，平均15.2天；蛹期12～16.5天，平均14.2天；成虫产卵前期1.5～2.5天，平均1.8天。日平均温度15.1℃（8.2～24.1℃），日平均相对湿度54%（29%～90%）条件下卵历期3.5～4天，平均3.8天；幼虫期32～40天，平均37.0天；蛹期55～77天，平均61.9天。晋江各代各虫态历期如表5-27。6代平均温度15.8℃，平均相对湿度72.3%条件下，全世代历期最长达119天左右。平均温度29℃，平均相对湿度77%条件下，全世代历期最短，仅为31天左右。成虫寿命雌蛾2～17天，雄蛾2～20天。

表5-27 烦夜蛾各代各虫态历期 （天）

| 代别 | | 第1代 | 第2代 | 第3代 | 第4代 | 第5代 | 第6代 |
|---|---|---|---|---|---|---|---|
| 卵期 | 最短 | 11 | 3 | 3 | 3 | 3 | 5 |
| | 最长 | 21 | 7 | 5 | 7 | 7 | 12 |
| | 平均 | 13.2 | 4.8 | 4.3 | 4.4 | 4.1 | 7.4 |
| 幼虫期 | 最短 | 21 | 16 | 14 | 16 | 14 | 35 |
| | 最长 | 69 | 25 | 23 | 24 | 29 | 149 |
| | 平均 | 34.0 | 19.1 | 18.1 | 20.1 | 19.0 | 66.2 |
| 蛹期 | 最短 | 14 | 10 | 9 | 11 | 16 | 28 |
| | 最长 | 25 | 14 | 16 | 17 | 24 | 104 |
| | 平均 | 19.3 | 11.3 | 11.7 | 11.9 | 19.2 | 56.5 |
| 卵—成虫 | 最短 | 49 | 29 | 27 | 29 | 37 | 79 |
| | 最长 | 92 | 41 | 39 | 43 | 61 | 186 |
| | 平均 | 67.6 | 32.2 | 31.7 | 34.2 | 45.8 | 119.5 |
| 气温（℃） | 最低 | 9.9 | 19.0 | 26.5 | 26.0 | 14.6 | 6.4 |
| | 最高 | 26.9 | 29.7 | 30.9 | 29.2 | 28.0 | 25.1 |
| | 平均 | 19.8 | 27.9 | 29.0 | 27.9 | 24.3 | 15.8 |

（续表）

| 代别 | | 第1代 | 第2代 | 第3代 | 第4代 | 第5代 | 第6代 |
|---|---|---|---|---|---|---|---|
| 相对湿度（%） | 最低 | 42.0 | 72.0 | 70.0 | 63.0 | 33.0 | 33.0 |
| | 最高 | 99.0 | 97.0 | 86.0 | 92.0 | 85.0 | 99.0 |
| | 平均 | 78.2 | 82.5 | 77.1 | 77.2 | 66.3 | 72.3 |

（4）习性。

**成虫** ①羽化。一天中以18—23时羽化较多，尤以18—19时为羽化高峰期，占总羽化总数的61%左右。成虫羽化从出蛹壳爬出到展翅需30min，展翅后静伏片刻，即开始活动，并交配产卵。②产卵前期、产卵期。产卵前期和产卵期因代别不同而异，如表5-28所示。③产卵量。福建晋江单雌产卵量最少18粒，最多520粒，平均193粒。产卵量的多寡受温度影响较大，日平均温度19.6~26.9℃时产卵量大，温度过高或过低均不利于雌虫产卵。福建福州，单雌产卵量少的仅3粒，最多达264粒，平均111粒。④田间卵多产在枯草等植物上，单粒散生。室内饲养，卵产在铁丝网上的占79.78%，产在甘薯叶片正面的占0.17%，叶背面的占0.23%，产在干草、木条等上的占19.02%。⑤雌雄性比。雌蛾占45.94%~59.82%，平均48.75%，雄蛾略多于雌蛾。

表5-28 烦夜蛾雌虫产卵前期、产卵期 （天）

| 世代 | 产卵前期 | | | 产卵期 | | |
|---|---|---|---|---|---|---|
| | 最短 | 最长 | 平均 | 最短 | 最长 | 平均 |
| 第1代 | 4 | 7 | 5.6 | 4 | 10 | 6.4 |
| 第2代 | 2 | 3 | 2.5 | 2 | 5 | 3.0 |
| 第3代 | 1 | 2 | 1.6 | 2 | 5 | 3.5 |
| 第4代 | 1 | 3 | 2.0 | 1 | 6 | 3.2 |
| 第5代 | 2 | 3 | 2.1 | 3 | 8 | 5.3 |
| 第6代 | 3 | 7 | 5.0 | 5 | 8 | 5.5 |

**幼虫** 共6龄。初孵幼虫啃食卵壳，不久即爬至甘薯叶片，仅食叶肉，将叶片吃成小孔洞或缺刻。随着幼虫的生长发育，食量大增，虫口密度大时，将叶片全部啃食一光，仅留叶脉和藤蔓。一天中幼虫多在7—9时和17时以后最为活跃，亦是取食的最佳时间，其他时间幼虫多在甘薯叶片背面及藤蔓荫蔽处潜居。1~2龄幼虫活动能力强，若遇惊扰即吐丝下垂，并迅速向周边枝叶迁移。高龄幼虫有假死性。

**蛹** 幼虫老熟后即从薯藤叶片上向下爬行，多数幼虫入土结茧化蛹。70%左右的幼虫在表土下化蛹，21%左右幼虫在表土化蛹，在枯枝落叶中化蛹的占7%左右。

### 5.10.3.2 发生与环境条件的关系

（1）与温度的关系。日平均温度19~27℃有利于雌蛾产卵，产卵量大，温度过低或过高产卵量明显下降。温度25℃左右，卵孵化率最高，可达78%~100%，温度低于18℃以下，孵化率低，仅0.2%。

（2）与甘薯长势的关系。薯田施肥充足，土壤湿润，甘薯生长旺盛，枝繁叶茂，浓绿的薯田成虫产卵多、卵孵化率高，有利于幼虫生长发育，虫口密度大，为害重；反之，则为害轻。

（3）与天敌的关系。烦夜蛾天敌种类多、数量大，对该虫种群的增长有一定的自然控制效果。烦夜蛾的天敌主要有麻皮蝽（*Erthesina* sp.）、烦夜蛾绒茧蜂（*Anateles* sp.）、夜蛾士蓝寄蝇（*Tunanonia Chensis* Wiedemann）、日本追寄蝇（*Exorista japonica*）、双斑青步甲（*Chiaenius btocalalus* Motsch）、蚤蝇（*Megaseliu* sp.）、烦夜蛾核多角体病毒NPV等。

### 5.10.4　防治方法

烦夜蛾的防治主要以药剂防治为主，施药适期应抓住低龄幼虫期进行，选用高效、低毒、低残留、环境友好型杀虫剂喷雾杀虫。可选用4.5%高效氯氰菊酯微乳剂800～1 200倍液、20%氯虫苯甲酰胺悬浮剂2 000～3 000倍液、240g/L甲氧虫酰肼悬浮剂1 000～2 000倍液、15%茚虫威悬浮剂3 000～4 500倍液等喷雾，喷液量30～45kg/667m²，还可兼治斜纹夜蛾、天蛾、麦蛾等鳞翅目害虫。

## 5.11　短额负蝗

### 5.11.1　分布与为害

短额负蝗（*Atractomorpha sinensis* Bolivar），又称小尖头蚱蜢、尖头蚱蜢、中华负蝗，属直翅目锥头蝗科。短额负蝗属广跨种类，北达黑龙江，西至甘肃东部、宁夏、四川、陕西、云南、贵州，南讫海南、广东、广西，东达沿海各省（市）。

短额负蝗以若虫和成虫啃食甘薯叶片、嫩芽、嫩茎。江西丘陵、半山区薯地虫口密度达10～15/头 m²，高的达20头。山西大同短额负蝗是甜菜、豆类作物主要害虫之一，在甜菜田虫口密度高达30～40头/m²，一株甜菜最多有虫32头。由于短额负蝗为害将甘薯、甜菜等农作物等叶片啃食一空，严重影响农作物的高产稳产。

### 5.11.2　形态特征

成虫。雌虫体长4.8cm左右，雄虫体长3.1cm左右。梭形，绿色或黄褐色，体表有浅黄色疣状凸起。头尖，头顶平直，前缘向前显著突出。颜面倾斜度极大，与头顶成一锐角。沿头顶两侧有粉红色线，上有一列浅黄色疣状突起。头顶窝近似鸭嘴状，沿中部凹入，颜面隆起狭长，中有纵沟。触角丝状略扁。前胸背板前端微圆，后部平直，中央隆起及横缝均不明显。前胸背板两侧边缘有一粉红色线和一列浅黄色疣状凸起，与头部及中胸侧板上的粉红色线和疣状突起连成一线。前翅发达，后端尖削，翅长超过后足腿节后端。后翅粉红色或淡黄色。后足腿节细长，无斑纹，其外面近底缘处有一粉红色线。

卵。卵块产，略呈圆柱形，上部略细于下端。长2.7～3.9cm，平均3.4cm。胶质部分长于卵粒部分。胶质部分中部直径0.40～0.48cm，平均0.44cm，卵块最宽处直径0.53～0.60cm，平均0.56cm。胶质褐色，海绵状，无胶壁。卵粒排列不规则，近似直立。卵粒两端尖削。每一卵块含卵粒38～94粒，平均67粒。

若虫。共有4个龄期，1龄蝻多为绿色，头尖，全体呈梭形。体较短，中后胸较宽，似梭状，头胸部有疣状突起，后足腿节细长。平均体长6.75mm，无翅芽。2龄蝻平均体长 11.48mm，翅芽呈贝壳形。3 龄蝻平均体长 14.93mm，翅芽为贝壳重叠形或扇形。4 龄蝻平均体长 18.65mm，翅芽尖端部向背方曲折。

### 5.11.3　发生规律

#### 5.11.3.1　生活史与习性

（1）越冬。各地均以卵在土中越冬。南昌暖冬年份，1—2 月田间可见到个别成虫和蝗蝻，春季温度回升后，能继续发育。

（2）发生世代、各代发生期与为害盛期。山西大同、太原、宁夏一年发生 1 代，安徽宣城一年发生 2 代，河南南部、山东南部、江苏、浙江、江西北部一年发生 2 代，江西南昌、湖北武汉以 2 代为主，极少数能发生 3 代。

各代发生期因温度而异，春季南方温度回升早，发生期提早，北方温度回升晚，发生期相应推迟。山西大同，越冬卵 6 月上旬开始孵化出土，6 月下旬为孵化出土盛期，直至 7 月上旬仍有少数孵化出土。蝗蝻期 59～66 天，1～4 龄蝗蝻发生盛期分别为 7 月中旬、7 月下旬、8 月上旬和 8 月中旬。8 月中旬开始羽化，8 月下旬为羽化盛期。9 月上中旬为产卵盛期，9 月下旬亦有个别成虫产卵，产卵期历时 1 个月左右，雌虫产下越冬卵后于 10 月下旬全部死亡。纬度稍偏南的太原发生期稍早于大同，5 月中下旬越冬卵开始孵化出土，6 月上中旬为孵化出土盛期。8 月上旬羽化始盛期，中旬为羽化盛期。8 月中下旬开始产下越冬卵，产卵盛期为 9 月上中旬，10 月中旬以后成虫陆续死亡。

安徽宣城地区的宁国，短额负蝗一年发生 2 代。越冬卵于 6 月上旬大量孵化出土，7 月中下旬为 1 代成虫羽化高峰期，7 月中旬末至 8 月上旬为产卵盛期。8 月上中旬为 2 代蝗蝻孵化盛期。9 月中下旬 2 代成虫大量羽化，于 10 月中下旬产卵越冬，11 月成虫陆续死亡。

山东和河南南部短额负蝗越冬卵 5 月下旬—6 月中旬孵化出土，1 代成虫 7 月上中旬—9 月上旬陆续羽化。2 代卵于 8 月上旬开始孵化出土，9 月上旬 2 代成虫羽化。9 月中旬产下越冬卵。

湖北武昌短额负蝗越冬卵于 5 月上中旬孵化出土，6 月下旬羽化为成虫，7 月中旬产卵。2 代卵于 7 月下旬孵化，2 代成虫 8 月下旬至 9 月中下旬羽化并产卵越冬。

江西南昌短额负蝗越冬卵于 4 月中下旬开始孵化，5 月上中旬为孵化盛期，一直延续到 6 月中旬。1 代成虫于 5 月下旬—7 月下旬羽化。2 代卵于 6 月下旬至 8 月中旬孵出，8 月中下旬至 10 月上旬羽化，9 月上旬—11 月下旬产下越冬卵。秋季温度高的年份，可发生 3 代，第 3 代成虫于 10 月中下旬至 11 月中下旬羽化，并产卵越冬。

湖南长沙短额负蝗越冬卵于 5 月上中旬开始孵化，7 月下旬至 8 月上旬出现第 2 代蝗蝻。

（3）各虫态历期。各虫态历期因温度而异，山西大同越冬代卵期长达 270～280 天，江西南昌越冬代卵期 160 天左右，1 代为 15 天左右，江苏南通 1 代卵期 52 天左右，2 代 44 天左右，山西太原自然变温条件下卵历期长短因温度而异（表 5-29）。山西大同蝗蝻各龄平均历期以 1 龄最长，达 18.5 天，其他各龄历期 10 天左右（表 5-30）。成虫寿命，山西大同雌虫最长 79 天，最短 23 天，平均 51.8 天，雄虫最长 83 天，最短 17 天，平均 41.2 天，雌虫寿命长于雄虫。江苏南通 1 代 52 天左右，2 代 44 天左右。

表 5-29 室内自然变温条件下短额负蝗卵历期 （天）

| 平均温度（℃） | 卵历期 |
|---|---|
| 28.9 | 26.6 |
| 28.2 | 27.4 |
| 27.4 | 28.1 |
| 23.1 | 33.6 |
| 22.2 | 35.6 |

表 5-30 短额负蝗各龄蝗蝻历期 （天）

| 历期 | 1 龄 | 2 龄 | 3 龄 | 4 龄 | 5 龄 |
|---|---|---|---|---|---|
| 最长 | 26.0 | 13.0 | 15.0 | 14.0 | 17.0 |
| 最短 | 9.0 | 8.0 | 7.0 | 5.0 | 6.0 |
| 平均 | 18.5 | 10.8 | 9.6 | 10.0 | 10.2 |

（4）习性。

**成虫** 成虫一天中以 8—10 时和 15—18 时羽化数量最多，占羽化总数的 82% 左右，夜间、阴雨低温天气一般很少羽化。羽化后 5~11 天开始交尾，有多次交尾习性，一天内可交尾 2~3 次，一生可交尾 11~45 次，平均 30 次，交尾次数在 20 次以上的占 85% 左右。温度对交尾有很大的影响，温度低于 16℃、高于 40℃很少交尾，22~30℃最适合交尾，阴天交尾次数明显减少，雨天基本上不交尾，晴朗天气和温度较高时最有利于交尾。交尾后 7~23 天，平均 16 天开始产卵，雌虫多选择地势较高、土质较硬的黏性土，植被覆盖度在 20%~50%、土壤含水量在 20% 左右的田埂、水渠等向阳处集中产卵，在地势低洼以及平地、较平坦的荒地产卵极少。产卵时雌虫先用产卵器挖土、打洞，然后腹部扦入土中，在土中 5cm 左右深处陆续产出卵粒，并分泌胶质液黏附卵粒形成卵块，卵粒呈斜形排列。卵粒为黄褐色长筒形、中间略弯曲。一般一头雌虫产卵 1~2 块，最多 4 块，每块卵最多有卵 119 粒，最少 28 粒，平均 60 粒。

**若虫** 初孵蝗蝻主要集中在田埂、地边、沟渠和滩地高燥处活动，取食双子叶杂草，3 龄后开始转移至附近农田，为害甘薯、大豆、蕹菜、水稻等农作物。一天内有两个活动高峰：8—10 时和 16—20 时。1~3 龄蝗蝻食量小，平均食量 0.46g 左右，进入 4 龄后食量大增，且雌虫食量为雄虫食量的 1.5 倍左右。以大豆叶为食料，各龄蝗蝻取食量，1 龄蝗蝻食叶 4.11cm²，占蝗蝻期摄食量的 6.99%；2 龄为 9.74cm²，占蝗蝻期摄食量的 16.5%；3 龄为 12.58cm²，占蝗蝻期摄食量的 21.39%；4 龄为 32.38cm²，占蝗蝻期摄食量的 55.06%。

**寄主** 短额负蝗为典型的杂食性害虫，取食 29 科 290 种农作物和杂草，其中嗜食的 54 种。被害农作物主要有甘薯、大豆、棉花、萝卜、白菜、绿豆、菜豆、马铃薯、茄子、辣椒、烟草、菠菜、向日葵、大麻、黄麻、甘蔗、茭白、水稻、玉米、粟、高粱、大麦、小麦、芋等。嗜食的杂草有苍耳、野苋菜、葎草、红蓼、灰菜、小蓟、打碗花、蒺藜等。上述野生寄主植物不仅为负蝗提供了丰富的食料，并且提供了适宜于负蝗栖息的环境条件。负蝗发生初期一般先在野生寄主上取食和活动，其后逐渐迁入农田为害农作物。

#### 5.11.3.2　发生与环境的关系

（1）与土壤含水量的关系。土壤含水量的高低对卵的发育影响极大，土壤含水量在21.2% ~23.1%条件下，卵成活率最高达92.7% ~98.5%；其次为土壤含水量15.5%，卵成活率仍有78.9%；土壤干燥，含水量仅为2.2%时，卵很快干缩因失水而死亡。土壤含水量过高，也不利于卵的存活和孵化。

（2）与薯田周边环境的关系。短额负蝗性喜潮湿，双子叶植物生长茂密的环境，薯田四周排水沟、灌溉渠纵横交错或薯田位于小河、小溪旁边或薯田位于丘陵地，这些地方杂草丛生，生长大量负蝗喜食的苍耳、野苋菜、灰菜、红蓼、葎草、锦葵、小蓟等野生植物，为负蝗侵入薯田之前提供了营养丰富的食料条件，种群数量大，迁入薯田的虫量随之增多，为害重。

### 5.11.4　防治方法

#### 5.11.4.1　农业防治

短额负蝗产卵多集中在田埂、沟渠两侧。秋冬季节结合农田基本建设，将田埂、地边5cm以上的土或杂草铲除，把卵暴露于地表晒死或冻死。亦可于春季整地时用土重新加厚田埂，增加覆土厚度，使初孵蝗蝻不能出土而死。

#### 5.11.4.2　生物防治

蝗蝻发生期间放鸭、放鸡捕食幼蝻，保护捕食性天敌（如麻雀、青蛙）及寄生性天敌（如寄生蝇等），这些天敌综合作用于负蝗，在一定程度上控制其种群数量的增长有一定的作用。山西大同寄生蝇的寄生率高时可达10% ~11%。

#### 5.11.4.3　化学防治

应用杀虫剂防治短额负蝗应在低龄蝗蝻（3龄前）于沟渠、田埂、荒山、坡地、小溪岸边等处集中为害且扩散能力弱时及时喷药防治。防治效果较好的杀虫剂有20%氰戊菊酯乳油1 500 ~2 500倍液、45%马拉硫磷乳油400 ~600倍液、5%甲维盐可溶粒剂3 000 ~4 500倍液、20%氯虫苯甲酰胺悬浮剂1 500 ~2 500倍液，搅拌均匀喷雾，亦可用敌百虫·马拉硫磷粉剂1.5 ~2kg/667m$^2$喷粉防治。

### 参考文献

蔡凤娜.2003.应用性诱剂防治甘薯小象甲的实验 [J].福建农业科技 (3)：39 -40.

蔡家彬，徐德坤，孟昭娣，等.1983.甘薯潜叶蛾卵与幼虫的空间分布型及幼虫抽样技术 [J].昆虫知识，20 (4)：165 -167.

蔡家彬，徐德坤，孟昭娣，等.1994.甘薯潜叶蛾的发生规律及防治技术研究 [J].山东农业科学 (4)：40 -42.

陈成伟，沈金发.2006.东山县甘薯小象虫的发生与防治 [J].福建农业科技 (6)：42 -43.

陈福如，杨秀娟，张联，等.2001.性诱剂在甘薯小象甲防治上的应用研究 [J].福建农业学报，16 (1)：16 -19.

陈福如，杨秀娟，张联顺，等. 2002. [J]. 甘薯小象甲综合防治体系研究与应用 [J]. 江西农业大学学报：自然科学版，24（4）：445-447.

陈福如，杨秀娟，张联顺，等. 2003. 甘薯品种营养成分与抗小象甲的相关性研究 [J]. 华东昆虫学报，12（2）：41-44.

陈开轩，赵丹阳，陈瑞屏. 2011. 甘薯台龟甲对寄主植物选择性的研究 [J]. 广东林业科技，27（2）：64-66.

陈元洪，陈玉妹. 1982. 甘薯麦蛾的天敌调查和研究 [J]. 福建农业科技（6）：25-28，41

迟新之，刘汉舒，冯玲，等. 1998. 甘薯天蛾危害损失及防治指标研究 [J]. 山东农业科学（3）：33-35.

刁锋，王正荣. 2012. 甘薯大象甲幼虫的空间格局研究 [J]. 中国农业通报，28（5）：194-198.

冯玲，刘汉舒，高兴文，等. 1997. 甘薯天蛾发生规律研究 [J]. 山东农业大学学报，28（4）：465-470.

甘林，阮宏椿，杨秀娟，等. 2013. 8种杀虫剂防治甘薯小象甲的药效对比实验 [J]. 福建农业科技（7）：45-47.

高西宾. 1989. 甘薯叶甲指名亚种生物学特征及防治方法，昆虫知识，26（4）：210-212.

高兴文，孔繁华，徐加利，等. 2005. 甘薯天蛾发育起点温度和有效积温研究 [J]. 植物保护，31（5）：53-55.

韩凤英，任爱娟，靳江波. 1999. 短额负蝗交尾、产卵与气候因子的关系 [J]. 山西大学学报：自然科学版，22（3）：270-273.

何孙基. 1958. 浙江甘薯小龟甲的生活习性与防治 [J]. 昆虫知识（4）：174-177.

黄成裕，林本兴. 1983. 烦夜蛾生活习性的研究 [J]. 昆虫知识，20（4）：40-45.

黄成裕，卓仁英. 1963. 福建省甘薯象虫发生和防治 [J]. 昆虫知识（2）：69-71，79.

黄成裕，卓仁英. 1964. 甘薯卷叶虫的初步研究 [J]. 昆虫知识（1）：17-19.

黄光泰. 1998. 伏牛山区甘薯天蛾的发生与防治 [J]. 河南农业科学（7）：25.

黄立飞，黄实辉，房伯平，等. 2011. 甘薯小象甲的防治研究进展 [J]. 广东农业科学（增刊）：77-79.

黄龙珠. 2005. 甘薯大象甲的发生与防治 [J]. 福建农业（6）：24.

及尚文，朱红，朱玉山，等. 1995. 短额负蝗发生规律及防治研究 [J]. 山西农业科学，23（2）：49-52.

蒋红梅. 2010. 甘薯麦蛾生物学习性及其发生规律 [J]. 湖北农业科学，49（8）：1880-1882

金行模，朱可同，吕章喜，等. 1963. 甘薯扦插前小象甲成虫活动规律及药剂防治效果初级 [J]. 浙江农业科学（1）：17-21.

李有志，文礼章，马骏，等. 2005. 甘薯天蛾幼虫生物学特征 [J]. 湖南大学学报：自然科学版，31（6）：660-664.

李有志，文礼章，王继东. 2004. 长沙地区甘薯天蛾发生规律研究 [J]. 湖南农业大学学报：自然科学版，30（1）：50-52.

李有志，文礼章，肖芬 . 2004. 甘薯天蛾的产卵特性 ［C］// 中国昆虫学会 . 当代昆虫学研究：中国昆虫学会成立 60 周年纪念大会暨学术讨论会论文集 . 中国昆虫学会 .

林伯欣 . 1958. 甘薯大象虫的研究 ［J］. 应用昆虫学报，1（1）：8395.

林国飞 . 2008. 甘薯小象甲年发生原因分析及综合治理技术 ［J］. 华东昆虫学校，17（3）：226 – 229.

林兰生，魏辉，傅建炜，等 . 1999. 温湿度对甘薯天蛾生长发育的影响 ［J］. 福建农业学报，14（3）：19 – 22.

林文道 . 2009. 甘薯小象甲发生为害特点与综合方法技术 ［J］. 福建农业科技（5）：54 – 55.

刘朝萍 . 2011. 甘薯叶甲发生特点及防治对策 ［J］. 现代农业科技（5）：173，177.

刘汉舒，龙桂爱，迟新之，等 . 1998. 鲁西南甘薯天蛾发生规律及防治研究 ［J］. 华东昆虫学报，7（1）：4246.

刘泉，刘哲 . 2010. 甘薯麦蛾田间药效实验 ［J］. 植物医生，23（2）：31 – 33.

潘初沂 . 2006. 闽东南地区甘薯小象甲的发生规律与防治技术 ［J］. 福建农业科技（5）：59 – 61.

王催璐，谭荣荣 . 2011. 温度对甘薯麦蛾发育历期和幼虫取食的影响 ［J］. 长江蔬菜（4）：75 – 77.

王功满，金行模，陈信玉 . 1964. 永嘉县甘薯华叶虫发生为害情况及防治经验 ［J］. 浙江农业科学（6）：303 – 305.

吴寒冰，陈杰，顾建国 . 等 . 2015. 上海菜区甘薯麦蛾发生规律及绿色防控技术［J］. 中国植保导刊，35（11）：29 – 32.

熊道雅 . 1959. 甘薯华叶虫生活史及其防治研究初级 ［J］. 昆虫知识（4）：121 – 124.

徐三勤，王海富，陈时伟 . 2015. 甘薯小象甲的发生规律与防治技术 ［J］. 现代园艺（4）：98 – 99.

鄢铮，王正荣，林燕 . 2017. 6 种农药对甘薯田鳞翅目害虫的田间防效比较试验［J］. 农业科技通讯（4）：130 – 132.

鄢铮，王正荣 . 2016. 烦夜蛾幼虫在甘薯田的空间分布及其抽样技术 ［J］. 福建农业学报，31（6）：626 – 629.

杨凤丽，谢静，叶飞华 . 2016. 不同药剂防治蕹菜田甘薯麦蛾的效果 ［J］. 中国植保导刊，36（6）：57 – 59.

杨辅安，黄有政，汪园林 . 1996. 短额负蝗生物学特征的观察 ［J］. 昆虫知识，33（5）：278.

叶明鑫 . 2015. 甘薯小象甲发生特点调查与原因分析 ［J］. 中国农学通报，31（4）：195 – 199.

翟永键 . 1977. 甘薯天蛾的初步研究 ［J］. 昆虫学报，20（3）：352 – 354.

张广义，孙明海，詹昭芬 . 1997. 几种药剂防治甘薯天蛾的药效实验 ［J］. 杀虫剂，36（4）：26 – 28.

张继祖，郑国阳，朱志平 . 1996. 福建烦夜蛾的初步研究 ［J］. 华东昆虫学报，5（2）：40 – 45

张世祎，Taleker N S，李正跃，等．2008．甘薯小象甲成虫对甘薯植株不同部位的选择行为 [J]．云南大学学报：自然科学版 (S1)：127－129．

章士美，胡梅操．1980．甘薯黄褐龟甲研究初级 [J]．江西农业科技 (5)：17－19．

章士美，沈荣武．1986．南昌郊区七种龟甲科昆虫生物学记述 [J]．江西农业大学学报 (增刊)：89－93．

章士美．1973．农林主要害虫的生物学及地理分布 [M]．南昌：江西人民出版社．

章士美．1981．甘薯卷叶蛾的初步考察 [J]．江西农业科技 (11)：10－11．

赵丹阳，陈瑞屏，陈开轩．2011．取食五爪金龙的甘薯台龟甲生物学特性研究 [J]．广东林业科技，27 (1)：28－32．

# 第 6 章 山药虫害

## 6.1 甜菜夜蛾

### 6.1.1 分布与为害

甜菜夜蛾（*Spodotera exigua* Hubner），异名 *Laphygma exigua* Hubner，又称贪叶夜蛾、玉米夜蛾、白菜褐夜蛾。昆虫分类上属鳞翅目夜蛾科。

甜菜夜蛾原产南亚地区，常年发生于热带和亚热带各国，亦可在温带地区暴发成灾。1880 年美国夏威夷首先发现甜菜夜蛾为害农作物，其后不到 50 年时间迅速扩展到全美各州，并向南从墨西哥进一步扩展到中美洲和加勒比海各国。至今已广泛分布于亚洲、欧洲和北美洲北纬 57°以南广大农区以及非洲、澳洲各国，尤以北纬 20~35°各国为害最为严重。

我国于 1892 年就有甜菜夜蛾为害农作物的记载，其后迅速蔓延至全国各地，北起黑龙江，南达海南、广东、广西，西至陕西、四川、云南，东达台湾省及沿海各省以及长江流域广大农区均有甜菜夜蛾的分布和为害。20 世纪 50 年代至 60 年代初，甜菜夜蛾在湖南、湖北、山东、河南、陕西和北京等省（市）局部暴发成灾，80 年代中后期以来，为害进一步遍及全国 20 多个省（区、市），南起海南、台湾、广东、广西、云南，北至北京、河北、辽宁等地，为害愈来愈重，特别是 90 年代以来，暴发成灾频率越来越高，给农业生产造成巨大损失。如 1999 年仅山东、河南两省为害农作物面积高达 300 万 hm$^2$，山东因甜菜夜蛾为害造成的直接经济损失近 15 亿元，用于购买杀虫剂费用超过 5.5 亿元，河南因甜菜夜蛾为害造成的经济损失近 50 亿元，其中仅大豆造成损失就达 40 亿元，全省防治甜菜夜蛾 373 万 hm$^2$·次，防治费用高达 5 亿~6 亿元。

近年来随着农业种植结构调整，山药种植面积不断扩大以及水肥条件改善，山药生长茂盛，有利于甜菜夜蛾的发生和为害，该虫已成为影响山药高产稳产的一大生物灾害。该虫 1~2 龄幼虫群集山药叶片背面吐丝、结网、潜居其内啃食叶肉或在叠叶间啃食叶肉，仅留表皮成透明小孔；3 龄幼虫分散为害，将叶片吃成孔洞或缺刻；4~5 龄幼虫食量大增，进入暴食期，大发生时可将山药叶片全部吃光，仅留叶柄和叶脉，导致植株大面积枯萎死亡，缺苗断垄，甚至毁种重播，幼虫还能蛀食山药嫩茎，导致断茎。

甜菜夜蛾除为害山药外，幼虫还可取食 35 科 108 属 130 多种农作物和野生植物，其中尤以取食十字花科、茄科、百合科、苋科、旋花科、豆科、藜科、菊科、天南星科等科的农作物和野生植物。重要农作物寄主有马铃薯、大白菜、小白菜、青花菜、花椰菜、萝卜、甘蓝、四季豆、大豆、豇豆、蚕豆、棉花、花生、烟草、茄子、番茄、辣椒、大葱、芹菜、胡萝卜、苋菜、蕹菜、甜菜、红薯、玉米、高粱、黄瓜、西葫芦、芦笋、韭菜以及一些花卉、牧草，板蓝根等药用植物，葡萄、苹果、梨树等果树。

### 6.1.2 形态特征

成虫。体长8~10mm；翅展19~25mm；身体较小、灰褐色；头顶褐色，触角有纤毛，下唇鬚灰白色，第2节及第3节侧面均有一棕色斑点；颈板、翅基片与胸部同色；胸部背面灰褐色，后胸有黄褐色微带黑点的鳞片簇；腹部色微淡，基节上有一黄褐带黑点的鳞片簇；前翅灰褐色，基线不清，只在缘脉上有2个黑斑，内线黑白两色，微曲，中线不清，外线清楚，黑白两色，曲折成波浪形，亚端线不及外线清楚，灰白色、微曲折，端线系一列三角形小黑点，缘毛灰褐色、环纹圆较小且为黄褐色，比较显著，中央有一不明显的灰褐色点，肾纹大，灰黄褐色，外围有不完整黑线；后翅半透明、白色、微呈红黄亮光，外缘灰褐色；后翅反面银白色带红光，外缘前方有一列半月形灰褐色点。

卵。卵粒半球形或馒头形，直径0.2~0.3mm，卵粒表面有较多浅色条纹。卵块产，其上盖有一层灰色绒毛，每块卵的卵粒平铺1~3层。初产卵粒呈浅绿色，近孵化时为灰色。

幼虫。老熟幼虫体长24~28mm，头宽1.5~1.7mm；体宽3.0~3.8mm；体型中等，前端较尖，后端较宽；头部黄褐色，具有褐色不规则网状纹；体色多变，由淡绿色至褐色，背面有褐色或暗褐色较细而不规则斑纹，背色褐色，亚背线灰白色，气门线暗褐色，气门下线灰色；身体腹面色较淡，腹部第1~8节气门的后上方各有一个近圆形的白斑，且体色愈深白斑愈明显；胸足和腹足同体色，外侧有褐斑。额高稍长于冠缝，或与冠缝等长；第3与第4单眼间距离短于其他单眼间距离；上唇缺切浅；上颚具6个齿，无白突；吐丝器扁长形，顶端稍尖。气门椭圆形，气门筛灰白色，围气门片黑色。胸足胫节无泡突，跗节内侧刚毛不膨大；腹足俱全，第1对腹足趾钩17~20个，第2~4对腹足趾钩17~23个，臀足趾钩22~26个。

幼虫共5龄。1龄幼虫体长0.1~2.8cm，体淡绿色，头黑色，前胸背板有黑色斑纹；2龄幼虫体长2.8~4.5cm，体淡绿色，头黑色，前胸背板有一倒梯形斑纹；3龄幼虫体长4.5~8.0cm，体浅绿色，头浅褐色，前胸背板有2排毛突，前排6个，后排8个，后排外缘2个与前排6个等大，其余小于前排。气门后白点隐约可见；4龄幼虫体长9.0~14.0cm，体色变化大、毛突与3龄相同，气门线清晰，气门后白点明显；5龄幼虫体长14.0~25.0cm，体色、毛突与4龄相同，前胸背板有一口字形斑纹，气门后白点明显。

蛹。体长8.0~12.5mm，体宽2.5~4.0mm；体形较小，黄褐色；下唇鬚细长，纺锤形；下鄂鬚缺如；下颚末端达前翅末端的前方；前足腿节和转节可见；中足不与复眼相接，其末端超过下颚末端；触角末端达中足末端的前方；后足在下颚末端露出一部分；前翅达第4腹节后缘。腹部第3~7节背面及第5~7节腹面有粗大刻点，其中第3节背面的刻点较小较稀。腹部第10节背面中央有短刺1对，臀刺稍延伸，着生基部分开的粗刺1对，尖端不成钩。

## 6.1.3　发生规律

### 6.1.3.1　生活史与习性

（1）越冬。甜菜夜蛾在热带、亚热带地区如海南省、广东省深圳市、台湾省等地全年均可繁殖，无越冬现象。长江流域、黄河流域广大农区以蛹在土中越冬。亚洲和欧洲北纬44°以北地区，冬季温度太低，不能越冬。

（2）发生世代、各代发生期及为害盛期。甜菜夜蛾年发生代数因地而异。广东深圳一年发生10～11代，以5～8代为害最重，11月至翌年4月为害轻。

云南大理一年发生6～7代，7代为不完全世代，田间世代重叠。各代发生期：1代3/中—5/下，2代5/上—6/下，3代6/上—7/下，4代7/中—9/下，5代8/中—11/上，6代9/下—11/下，7代11/中产卵，12/上以蛹越冬，田间世代重叠。一年中有2个为害高峰，春季为害高峰出现在3—4月，夏季为害高峰出现在6—8月，其中尤以夏季为害最烈。

福建福州等地一年发生8代，8代为不完全世代，田间世代重叠。各代发生期：1代4/中—6/上，2代5/中—7/上，3代6/中—8/上，4代7/中—8/中，5代8/中—9/中，6代8/中—10/中，7代9/中—11/中，8代10/中产卵，12/下以蛹越冬。6—8月为害猖獗，9月以后为害逐渐减轻。

福建厦门一年发生9～10代，周年均可繁殖，无越冬现象。5—8月幼虫密度大，为害最重，9月以后为害逐渐减轻，11月至翌年1月田间虫口密度低，为全年为害最轻的时期。

湖南衡阳一年发生5～6代，6代为不完全世代，田间世代重叠。各代发生期为1代6/中—7/上，2代7/上—7/下，3代7/下—8/中，4代8/中—9/上，5代9/上—10/上，6代10/中，11/中以蛹越冬。2～5代为主害代，其他各代为害较轻。

安徽宿县一年发生5～6代，以5代为主，田间世代重叠。各代幼虫发生期，1代5/上中旬，2代6/中下旬，3代7/下—8/上，5代9/下—10/上。

山东菏泽一年发生5代，5代为不完全世代，田间世代重叠，各代发生期：1代6/中—7/中，2代7/上—7/下，3代7/下—8/中，4代8/中—9/上，5代9/上，10/中以蛹越冬。

江苏东台一年发生4～5代，5代为不完全世代，田间世代重叠，各代发生期：1代6/中—7/上，2代7/中—8/上，3代8/中—9/上，4代9/中—10/上，5代10/中—11/下。3～4代为主害代。

江苏黄海农场一年发生5代，5代为不完全世代，3代以后田间世代重叠。各代发生期：1代5/下—6/中，2代6/下—7/下，3代7/下—8/中下，4代8/中下—9/中下，5代9/中—10/下，11/上旬以蛹越冬。常年5代为主害代；大发生年4代为主害代，5代发生量明显下降。

上海一年发生5～6代，6代为不完全世代，田间世代重叠，从6月中旬至11月中旬，每月发生1代。3～5代为主害代，即8—10月尤其是9月为害最重。

河南新乡一年发生8代，田间世代重叠。各代发生期：1代3/下—5/上，2代5/上—6/上3代6/上—7/上，4代7/上—7/下，5代7/下—8/上，6代8/上—9/上，7代9/上—10/上，8代10/上—10/下。

江西南昌一年发生 6~7 代。越冬代成虫 2/下—3/中下—4/中羽化，1 代成虫 5/中—6/中，2 代成虫 6/中—7/上，3 代成虫 7/上中。7/中—8/下未见成虫，3 代蛹迟至 8/下—9/上中才陆续羽化，可能因高温干旱，导致滞育所致。南昌全年 2 个为害高峰，分别出现在 6 月和 9 月中旬至 10 月中旬，以 9 月中旬至 10 月中旬为害最重。

（3）各虫态历期。福建厦门在室内自然气温条件饲养结果，夏季日平均温度 28℃，卵期最短，平均 1.1 天，最短 1 天，最长 2 天；冬季日平均温度 15.5℃，卵期最长，平均 11.8 天，最短 7 天，最长 15 天（表 6－1）。夏季日平均温度 28.4℃，幼虫期最短，平均 10.3 天，最短 8 天，最长 11 天；冬季日平均温度 15.9℃，幼虫期最长，平均 41.8 天，最短 33 天，最长 49 天。各龄幼虫历期见表 6－2。夏季日平均温度 28.3℃，蛹期平均 5.9 天，最短 5 天，最长 7 天；冬季日平均温度 15.8℃，蛹期平均 24.1 天，最短 15 天，最长 30 天（表 6－3）。成虫寿命，夏秋季 1~12 天，平均 4.8 天，产卵前期 1~5 天，平均 2.5 天；冬季成虫寿命 15~26 天，平均 20.5，产卵前期 3~8 天，平均 4.4 天。

**表 6－1 不同自然温度下甜菜夜蛾卵期和幼虫期**

| 日平均温度（℃） | 卵期（天） | | 温度（℃） | 幼虫期（天） | |
|---|---|---|---|---|---|
| | 幅度 | 平均 | | 幅度 | 平均 |
| 27.8 | 2~3 | 2.0 | 26.5 | 10~13 | 11.6 |
| 28.7 | 1~2 | 1.1 | 28.4 | 8~11 | 10.3 |
| 27.0 | 1~3 | 2.0 | 27.8 | 12~16 | 14.6 |
| 15.5 | 7~15 | 11.8 | 18.6 | 25~27 | 26.7 |
| 20.7 | 4 | 4.0 | 15.9 | 33~49 | 41.8 |
| 22.2 | 4 | 4.0 | 22.4 | 12~15 | 13.8 |
| 23.9 | 3~4 | 3.7 | | | |

**表 6－2 不同自然温度下甜菜夜蛾各龄幼虫期历期** （天）

| 日平均温度（℃） | 1 龄 | | 2 龄 | | 3 龄 | | 4 龄 | | 5 龄 | |
|---|---|---|---|---|---|---|---|---|---|---|
| | 幅度 | 平均 | 幅度 | 平均 | 幅度 | 平均 | 幅度 | 平均 | 幅度 | 平均 |
| 26.5 | 2~3 | 3.0 | 1~3 | 2.1 | 2~4 | 2.5 | 1~3 | 1.9 | 1~4 | 2.5 |
| 28.4 | 2~5 | 2.5 | 1~3 | 2.0 | 1~3 | 1.8 | 1~2 | 1.4 | 1~4 | 3.3 |

**表 6－3 不同自然温度下甜菜夜蛾蛹期** （天）

| 日平均温度（℃） | 历期 | |
|---|---|---|
| | 幅度 | 平均 |
| 25.8 | 5~9 | 6.3 |
| 28.3 | 5~7 | 5.9 |
| 27.6 | 6~7 | 6.4 |
| 25.0 | 6~9 | 7.1 |
| 18.8 | 11~18 | 13.8 |
| 15.8 | 15~30 | 24.1 |

云南大理室内自然温度下饲养，以第 6 代世代历期最长，平均 126.5 天，最长 136 天，最短 121 天，其中卵历期平均 6.3 天，幼虫期平均 33 天，预蛹期平均 3 天，蛹期平均 67 天，产卵前期平均 3 天，成虫寿命平均 14.2 天；第 3 代世代历期最短，平均

42.0 天,最长 46 天,最短 37 天,其中卵期平均 3 天,幼虫期平均 12.6 天,预蛹期平均 2.0 天,蛹期平均 12.6 天,产卵前期平均 2.0 天,成虫寿命平均 9.8 天（表 6-4）。

表 6-4　甜菜夜蛾世代历期　　　　　　　　　（天）

| 代别 | 历期（月.日） | 代期 | | | 卵期 | | | 幼虫期 | | | 前蛹期 | | | 蛹期 | | | 羽化至产卵 | | | 成虫期 | | |
|---|---|---|---|---|---|---|---|---|---|---|---|---|---|---|---|---|---|---|---|---|---|---|
| | | 长 | 短 | 平均 | 长 | 短 | 平均 | 长 | 短 | 平均 | 长 | 短 | 平均 | 长 | 短 | 平均 | 长 | 短 | 平均 | 长 | 短 | 平均 |
| 1 | 3.17—6.18 | 79 | 59 | 62.8 | 7 | 4 | 5.0 | 30 | 22 | 24.0 | 4 | 2 | 2.4 | 20 | 14 | 16.0 | 3 | 2 | 2.5 | 15 | 11 | 12.7 |
| 2 | 5.6—6.20 | 52 | 42 | 44.5 | 3 | 3 | 3.0 | 15 | 12 | 13.0 | 3 | 2 | 2.1 | 14 | 11 | 12.0 | 3 | 2 | 2.3 | 14 | 11 | 12.1 |
| 3 | 6.7—7.19 | 46 | 37 | 42.0 | 3 | 3 | 3.0 | 14 | 11 | 12.6 | 2 | 2 | 2.0 | 14 | 11 | 12.6 | 2 | 2 | 2.0 | 11 | 8 | 9.8 |
| 4 | 7.9—8.26 | 53 | 43 | 47.5 | 3 | 3 | 3.0 | 17 | 12 | 14.0 | 2 | 2 | 2.0 | 15 | 13 | 14.0 | 3 | 2 | 2.1 | 13 | 11 | 12.4 |
| 5 | 8.13—10.11 | 67 | 53 | 59.3 | 6 | 3 | 4.0 | 17 | 12 | 15.6 | 3 | 2 | 2.3 | 23 | 19 | 20.8 | 3 | 2 | 2.7 | 15 | 13 | 13.9 |
| 6 | 9.27—1.31 | 136 | 121 | 126.5 | 9 | 5 | 6.3 | 36 | 31 | 33.0 | 3 | 3 | 3.0 | 69 | 66 | 67.0 | 3 | 3 | 3.0 | 16 | 13 | 14.2 |

在 16~34℃ 恒温条件下,甜菜夜蛾各虫态发育历期随温度增加而缩短,16℃ 恒温下,卵、幼虫、蛹、产卵前期和全世代历期最长,分别为 12.0 天、45.5 天、32.6 天、6.0 天和 96.1 天;在 34℃ 恒温下,卵、幼虫、蛹、产卵前期和全世代历期最短,分别为 1.8 天、8.3 天、6.8 天、1.3 天和 18.2 天;当温度提高至 37℃ 时,生长发育受到一定影响,除卵期外幼虫、蛹、产卵前期和全世代历期较之在 34℃ 温度下,有所延长,分别为 9.1 天、7.1 天、1.5 天和 19.5 天,但均能正常生长发育,完成生活史（表 6-5）。

表 6-5　不同温度下甜菜夜蛾发育历期　　　　　　　　（天）

| 虫期 | 温度 | | | | | | | |
|---|---|---|---|---|---|---|---|---|
| | 16℃ | 19℃ | 22℃ | 25℃ | 28℃ | 31℃ | 34℃ | 37℃ |
| 卵 | 12.0 | 5.8 | 4.1 | 3.1 | 2.7 | 2.3 | 1.8 | 1.8 |
| 幼虫 | 45.5 | 22.1 | 14.9 | 12.1 | 10.6 | 8.9 | 8.3 | 9.1 |
| 蛹 | 32.6 | 14.7 | 11.5 | 9.1 | 8.2 | 7.3 | 6.8 | 7.1 |
| 产卵前期 | 6.0 | 3.5 | 2.5 | 2.3 | 2.1 | 1.6 | 1.3 | 1.5 |
| 世代 | 96.1 | 46.1 | 33.0 | 26.7 | 23.6 | 20.1 | 18.2 | 19.5 |

（4）田间种群的动态。云南大理黑光灯诱蛾结果表明,甜菜夜蛾于 3 月上旬始见,成虫 11 月下旬终见,以越冬代和 1~2 代诱蛾量最大,3 代以后诱蛾量逐渐减少。1993年越冬代成虫发生期为 3/11—3/14（月/日,下同）,高峰日为 3/11,峰日虫量 546 头;1 代成虫发生期为 4/19—4/20,高峰日为 4/20,峰日虫量 773 头;2 代成虫发生期为 5/21—5/23,高峰日为 5/21,峰日虫量 563 头;3 代成虫发生期 6/17—6/19,峰日虫量 176 头;4 代成虫发生期 7/23—7/26,高峰日为 7/25,峰日虫量 208 头;5 代成虫发生期 9/16—9/18,高峰日 9/18,高峰日虫量 23 头。

上海黑光灯诱蛾表明,甜菜夜蛾成虫最早始见期 6 月中旬,最迟始见期 7 月下旬,最早终见期 11 月上旬。诱蛾高峰出现在 8—10 月，占全年诱蛾总量的 90% 以上，其中 9 月诱蛾最多，占全年诱蛾总量的 53.6%。

湖南衡阳黑光灯诱蛾表明，1 代成虫 6 月上旬始见，11 月中旬终见，诱蛾量以 7—9 月最多。田间幼虫 6 月中下旬始见，7 月种群数量逐渐增多，7 月下旬和 9 月中下旬，田间幼虫数量达全年最高峰。

福建厦门甜菜夜蛾幼虫种群数量从 4 月开始增多，5—8 月达全年最高峰，9 月以后种群数量逐渐减少，11 月至翌年 3 月种群数量降至全年最低点。

（5）习性。

**成虫** ①羽化。江苏观察，越冬蛹于温度上升至 15℃ 以上时开始羽化，成虫羽化后白天潜伏于植株下部叶片间、杂草丛中或土壤缝隙间等隐蔽处，受惊扰时可作短距离飞翔。②活动。傍晚后成虫开始活动、交尾、产卵。山东菏泽成虫在夜间有 2 个活动高峰，分别出现在 19—22 时和 5—7 时；福建福州，成虫活动高峰出现在 20—22 时。③交尾。交尾多在晚上进行，交尾盛期出现在 5—7 时。雌虫有多次交尾习性，未交尾雌虫虽能产卵，但卵不孵化而死于胚胎中。④产卵。产卵多在夜间进行，尤以 19—22 时最多。产卵前期、产卵期和产卵盛期，福建厦门，夏秋季，产卵前期 1～5 天，平均 2.5 天，冬季卵前期 3～8 天，平均 4.4 天。江苏、广东深圳，产卵前期 1～2 天，产卵期和产卵盛期分别为 4～6 天和 3～4 天。⑤产卵部位。卵多产于寄主植物中下部叶片背面，少数卵产于叶片正面，偶见产于叶柄。卵块产，单层或多层卵粒重叠，卵块上覆盖黄褐色或灰褐色绒毛。每块卵有卵粒少则 10 多粒，多则 100 多粒不等，一般 20～50 粒，平均 20.3 粒。⑥产卵量。每雌产卵量因地而异，福建厦门每雌产卵几十粒至几百粒不等，最多产卵 1 193 粒。江苏每雌产卵 100～600 粒，最多 1 000 多粒。山东菏泽每雌平均产卵 445 粒，最少 351 粒，最多 542 粒。安徽宿迁，每雌产卵 100～600 粒，最多 1 700 粒。福建室内饲养，每雌产卵 200～1 200 粒，最多产卵 1 500 粒，平均产卵 524～608 粒。广东深圳室内饲养，每雌一般产卵 300～600 粒，最多 1 868 粒；⑦雌雄比为 1∶1.3，雄虫略多于雌虫。

**幼虫** 幼虫共 5 龄，少数 6 龄。幼虫主要在清晨 6—7 时孵化，少数在夜间孵化。初孵幼虫在叶片上结疏松网群集其中或在 2 片重叠叶片之间啃食叶肉，造成网状半透明的窗斑，3 龄后开始分散为害，将叶片吃成孔洞或缺刻。4～5 龄幼虫蚕食叶片，食量大增，约占幼虫期食量的 85% 以上。幼虫活动和取食受阳光影响，晴天白天多隐藏在植株中下部叶片或杂草丛中或土壤缝隙中，不食不动，晚上 19 时到第二天 8 时为活动和取食最盛时期。阴天全天均可活动和取食，但以晚上 19 时到第二天 10 时最为活跃，取食最多。幼虫有假死性，受惊后，迅速落地卷成 "C" 字形，不食不动。中、老龄幼虫在食料缺乏时，有自相残杀的习性。

**蛹** 幼虫老熟后多在疏松表土内作土室化蛹，化蛹深度一般在表土 0.5～3.0cm 处，深的可达 3～5cm 处。当表土坚硬或土壤含水量高时，幼虫则在表土或杂草丛和枯枝落叶中化蛹。

### 6.1.3.2 发生与环境的关系

（1）与温度与湿度的关系。

1）温度对甜菜夜蛾各虫态存活的影响。在温度 26～28℃ 范围内，有利于各虫态生长发育，卵孵化率为 82.7% ~84.3%，幼虫存活率为 87.3% ~90.3%，羽化率为 92.3% ~93.7%；温度低于 26℃ 或高于 28℃，各虫态存活率随温度增高或下降而下降。同一温度下，不同虫态存活率不尽相同，一般而言，老龄幼虫存活率明显高于低龄幼虫、卵和蛹；卵的存活率明显低于幼虫和蛹。各虫态存活率（$S$）与温度（$x$）的关系基本上符合抛物线曲线，分别可用下列回归方程拟合；卵孵化率 $S_E$ 与温度（$x$）关系：$S_E = -76.77 + 12.488\,8x - 0.246\,5x^2$（$R^2 = 916^{**}$；幼虫存活率（$S_L$）与温度（$x$）的关系：$S_L = -99.103\,7 + 14.543\,8x - 0.279x^2$（$R = 0.983^{**}$）；1 ~3 龄幼虫存活率（$S_{L_{1-3}}$）与温度（$x$）的关系：$S_{L_{1-3}} = 31.158\,9 + 9.472x - 0.180\,7\,x^2$（$R = 0.951^{**}$）；4 ~5 龄幼虫存活率（$S_{L_{4-5}}$）与温度（$x$）的关系：$S_{L_{4-5}} = 9.436\,1 + 6.805\,2x - 0.131\,4x^2$（$R = 0.914^{**}$）；羽化率（$S_P$）与温度（$x$）的关系：$S_P = 29.802\,2 + 9.256x - 0.175\,6x^2$（$R = 0.960^{**}$）。

甜菜夜蛾实验种群趋势指数随温度的变化呈抛物线图形变化，在 24 ~26℃ 温度范围内，其种群趋势指数较高，分别为 132.5 和 182.5，其次为 28℃ 和 30℃，种群趋势指数分别为 159.9 和 109.3，表明 24 ~30℃ 温度范围内最有利于甜菜夜蛾生长发育和繁殖，未来种群数量增加较多；17℃ 和 20℃ 较低温度和 32℃ 较高温度均不利于甜菜夜蛾生长发育和繁殖，种群趋势指数分别为 24.4、65.6 和 52.0，种群数量增长缓慢。

甜菜夜蛾对高温有较强的抵抗能力，在 37℃ 恒温下，卵孵化率为 63%，幼虫存活率为 52.5%，化蛹率为 42.3%，羽化率为 37.6%，雌成虫和雄成虫寿命分别为 6.4 天和 5.2 天；在 41℃ 恒温下，卵不能孵化，幼虫和蛹存活率较低，分别只有 16.7% 和 12.1%，羽化率只有 5.0%，雌雄成虫寿命短，分别为 0.7 和 0.6 天。

甜菜夜蛾幼虫和蛹对低温的抵抗能力因低温处理时间长短而异，在 -5℃ 低温下处理 3 天，幼虫存活率仍然高达 33.3%，处理 5 天不能存活；蛹较幼虫更耐低温，在 -5℃ 温度下，处理 3 天，存活率高达 100%，处理 5 天和 7 天，存活率仍然分别有 73.3% 和 60.0%。

甜菜夜蛾 3 龄幼虫、4 龄幼虫和蛹的过冷却点分别为 -5.4℃、-6.3℃ 和 -7.8℃；结冰点分别为 -2.7℃、-4.1℃ 和 -5.4℃。3 ~4 龄幼虫抗寒力低于蛹的抗寒力。

2）温湿度组合对甜菜夜蛾生长发育和繁殖的影响。不同温湿度组合对甜菜夜蛾各虫态生长发育和繁殖有明显的影响，一般而言，生长发育和繁殖多数指标随相对湿度增加而提高，随温度提高呈抛物线变化规律，在相对湿度 80% 和 94%，温度 22 ~30℃ 范围内比较适宜该虫的生长发育，其中尤以 26℃ 与相对湿度 80% 和 94% 两个温湿度组合最有利其生长发育，卵孵化率高达 82.64% ~83.7%，1 ~5 龄幼虫存活率分别高达 81.9% ~82.47%、88.0% ~88.03%、90.4% ~91.0%、93.36% ~94.17% 和 95.97% ~96.26%；成虫羽化率高达 92.77% ~94.16%，其次为 30℃ 与相对湿度 80% 和 94% 的组合，3 ~5 龄幼虫存活率与前者接近或无显著差异；在低温低湿组合（17℃ 与相对湿度 62%）和高温低湿组合（32℃ 与相对湿度 62%）条件下，甜菜夜蛾各虫态生长发育明显受阻，卵孵化率、1 ~5 龄幼虫存活率和成虫羽化率显著下降。

甜菜夜蛾不同虫态对温湿度适应能力存在很大差异，在相同温湿度条件下，卵孵化率、成虫羽化率和 1 龄幼虫存活率明显低于中、老龄幼虫的存活率；幼虫不同龄期存活率随龄期增加而提高，一般每增大一龄，其存活率提高 3% ~5%，低龄幼虫抗逆能力弱，常因温度过高（30℃ 以上）或过低（20℃ 以下）或相对湿度过低（相对湿度 62% 以下），严重影响其活动和取食而造成大量死亡。

不同温湿度组合对甜菜夜蛾繁殖参数有明显的影响，在26℃与相对湿度80%和94%的温湿度组合下，雌性比率、产卵雌虫比率及每雌平均产卵量最高，分别为0.42~0.43粒、0.98粒和605~606粒，其次为22℃和相对湿度94%温湿度组合，雌性比率、产卵雌虫比率和每雌产卵量分别为0.42粒、0.90粒和444.6粒，表明在适温高湿条件下，能提高雌虫比率，增加产卵雌虫数量，促进卵巢发育，提高产卵量。

不同温湿度组合对甜菜夜蛾内禀增长能力（$r_m$）也有明显的影响，32℃温度和相对湿度94%温湿度组合，内禀增长能力最高达0.225，其次为32℃温度与相对湿度80%组合、30℃温度与相对湿度80%和相对湿度94% 3个组合，其内禀增长力分别为0.216、0.213和0.215。而低温尤其是低温低湿条件下，严重影响甜菜夜蛾的生殖潜能，从而导致种群数量下降、为害减轻。

田间条件下温度高低，降雨多寡是影响甜菜夜蛾种群数量变动最重要的生态因素。长江流域广大农区，甜菜夜蛾暴发成灾与上年和当年的气候息息相关，尤其是当年7—9月的气温和降雨量。冬春季长期阴雨低温，夏秋季高温干旱，降雨量较少，有利于该虫生长发育和繁殖，种群数量增加快，易暴发成灾。如安徽宿松县和华阳河农场，1992年7—8月伏旱接秋旱，温度适中，甜菜夜蛾亦大发生；1998年7—8月中旬，天气晴热少雨，7月平均气温30.7℃，比常年偏高1.8℃，降雨量32mm，比常年少70%，该年甜菜夜蛾大发生。浙江农区，凡当年7—8月干旱少雨的年份，甜菜夜蛾发生量大，为害重；江苏1991年春季阴雨低温，7—8月干旱少雨，导致其暴发成灾；上海、湖南、湖北等地甜菜夜蛾大发生时期亦出现在7—9月高温干旱季节；华北地区，甜菜夜蛾大发生亦出现在7—9月高温季节。

（2）与光周期的关系。光周期对甜菜夜蛾成虫产卵量、孵化率、幼虫存活率和羽化率有明显的影响，在光暗比12L∶12D光照条件下，成虫羽化率最高，为90.0%，单雌平均产卵量最多，为568粒，卵孵化率最高，为90.79%，幼虫存活率最高，为84.28%；其他光照条件下（8L∶16D、10L∶14D、14L∶10D和16L∶8D）成虫羽化率、单雌平均产卵量、卵孵化率和幼虫存活率均明显下降。

（3）与耕作栽培制度及生态环境的关系。甜菜夜蛾为杂食性害虫，寄主植物多达35科108属130多种农作物和野生杂草，其中尤以嗜食双子叶植物，取食双子叶植物的幼虫生长发育快、成虫产卵量高。种植业结构调整后，粮食作物种植面积进一步减少，蔬菜和经济作物种植面积逐年增加，为甜菜夜蛾提供了营养丰富的寄主，有利于该虫的生长发育和繁殖，从而导致大发生频率增加。如福建厦门1995年后逐渐推广耐热的夏秋大白菜、甘蓝等蔬菜品种，改变了原有的耕作栽培制度，使大白菜、甘蓝等蔬菜在厦门周年种植，且种植面积不断扩大，为甜菜夜蛾提供了丰富的食料来源，导致该虫在厦门为害日趋严重。

设施农业大规模推广为甜菜夜蛾提供冬季食物的同时，也提供了良好的越冬场所，特别是北方冬季寒冷的地区，大棚蔬菜、温室蔬菜的大量种植，甜菜夜蛾在温室、大棚中周年繁殖，为翌年大发生积累了大量虫源。

农田及其周边空旷地杂草丛生，特别是营养丰富的双子叶植物，不但为甜菜夜蛾的栖居提供了良好的生态环境，而且更重要的是为该虫提供了营养丰富的食料条件，有利其生长发育和繁殖，亦是近年来甜菜夜蛾暴发成灾的重要原因。

（4）与天敌的关系。甜菜夜蛾卵、幼虫和蛹的天敌种类多、种群数量大，是控制其发生和为害的一种生物因子，常见的捕食性天敌有蜘蛛、蛙类、鸟类、蟾蜍、蠼螋以及各种蝽类如盲蝽、姬蝽、花蝽、猎蝽等；寄生性天敌有多种寄生蜂如赤眼蜂科、茧蜂科、姬蜂科、姬小蜂科的寄生蜂、寄生蝇以及真菌、病毒、微孢子虫等病原微生物和寄生线虫等，其中重要且常见捕食性天敌有蠼螋（*Labidura riparia*）、斑腹刺益蝽（*Podisus maculiventris*）、叉角厉蝽（*Cahtheconidea furcellata*）、星豹蛛（*Pardosa artrigera*）等，卵期寄生性天敌有赤眼蜂（学名待定）、黑卵蜂（*Telenomus temus*）；幼虫期寄生性天敌有甲腹茧蜂（*Chelonus* sp.）、卵—幼虫跨期寄生蜂有缘腹绒茧蜂（*Cotesia marginiventris*）；蛹期寄生蜂有阿格姬蜂（*Agrypon* sp.）、甲腹茧蜂（*Chelomus* sp.）等；寄生幼虫的线虫有地老虎六索线虫（*Hexamermis agrotis*）、白色六索线虫中华亚种（*Hexamermis albicans sinensis*）、太湖六索线虫（*Hexamermis taihuensis*）等；寄生真菌有白僵菌。江苏黄海农场幼虫寄生率一般可达 27.6% ~ 31.6%，最高达 53.5%。安徽宿松 10 月中旬白僵菌的寄生率高达 50% 以上。叉角厉蝽 1 头成虫每天捕食 3 龄幼虫 7 ~ 9 头，捕食 4 ~ 5 龄幼虫 4 ~ 5 头；深圳，一种细菌对幼虫寄生率达 12.4%；江苏北部农区，赤眼蜂对卵的寄生率高达 25%；江西临川寄生蜂对幼虫的寄生率一般可达 10% ~ 20%；此外，甜菜夜蛾核型多角体病毒（SeNPV）和颗粒体病毒（LeGV）等对甜菜夜蛾幼虫均有较好的自然控害效果。

### 6.1.4 防治方法

#### 6.1.4.1 农业防治

农业防治的主要目的是创造一个有利于山药健壮生长，而不利于害虫生长发育和繁殖的环境条件。农业防治主要措施：

（1）加强水肥管理。合理施肥、科学管水，促进山药健壮生长，提高抗虫能力。

（2）不同作物合理布局，同一作物连片种植，切忌扦花种植或间作套种。

（3）及时中耕除草，铲除山药田及四周杂草特别是双子叶植物，减少甜菜夜蛾在杂草上产卵的机会，减少虫源。

（4）结合田间管理，摘除卵块，捕杀低龄幼虫。

（5）作物收获后及时深翻土地、消灭虫蛹、减少虫源。

#### 6.1.4.2 物理防治

物理防治措施包括成虫灯光诱杀和糖醋液诱杀。在甜菜夜蛾大发生的 7—9 月，在山药田装置频振式杀虫灯或黑光灯。成虫盛发期开灯诱杀成虫，减少田间落卵量。糖醋液诱杀成虫的配置方法为：糖∶醋∶酒∶水的比例为 3∶4∶1∶2，为了增加杀虫效果，可在混合液中加入少量杀虫剂如啶虫脒、敌百虫等，将配置好的糖醋液放入盆钵内，于甜菜夜蛾成虫盛发期置于山药田，放 2 ~ 3 盆/667m$^2$，10 天左右更换新鲜的糖醋液。

#### 6.1.4.3 生物防治

喷施生物药剂。防治效果较好的生物农药有 Bt 乳剂 300 ~ 500 倍液、球孢白僵菌（400 亿孢子/g）可湿性粉剂 5 000 倍液、2.5% 多杀菌素悬浮剂 1 000 ~ 1 500 倍液（药液中加入有机硅助剂 10 ~ 15ml/667m$^2$，可增加药剂展布性，提高防治效果）。

保护天敌控制甜菜夜蛾的发生和为害是该虫生物防治最有效的方法之一。保护天敌的措施：

（1）应用选择性杀虫剂保护天敌。当前山药田使用的农药大多数属广谱型杀虫剂，不但杀死害虫，同时对天敌也有很强的毒性，从而导致害虫的再猖獗和次要害虫的大发生。因此选用对甜菜夜蛾防治效果好，对天敌杀伤作用小的选择性杀虫剂如 Bt 制剂、白僵菌等生物农药。

（2）科学使用农药。科学使用农药包括通过研究制定适合当地山药生产水平的甜菜夜蛾防治指标，严格按防治指标用药，从根本上改变过去那种"有虫治虫，无虫防虫""打保险药""统一指挥、统一行动、全面施药"等滥用农药的现象，在应急不得不施用农药时，做到打准、打狠，并根据山药生长情况，甜菜夜蛾发生数量结合当时天敌作用的估计，决定施药范围，对不需用药的田块，坚决不施用农药。

（3）选用适当的农药剂型。水剂、乳剂、粉剂、颗粒剂等剂型中，以颗粒剂对天敌杀伤作用最小，因此应优先选用颗粒剂农药进行防治。

（4）严格控制用药浓度，禁止任意提高农药浓度，减少对天敌的杀伤力。

### 6.1.4.4　化学防治

甜菜夜蛾暴发成灾时，药剂防治是减少损失最有效的应急措施，药剂防治适期为低龄幼虫期，并注意药剂交替或轮换使用，防止害虫因长期使用单一药剂而产生抗药性。防治甜菜夜蛾常用的杀虫剂：24%甲氧虫酰肼悬浮剂 2 000~3 000 倍液、5%甲维盐可溶粒剂 3 000~4 000 倍液、75%灭多威乳油 1 500 倍液、57%高效氟氯氰菊酯乳油 1 000 倍液、15%茚虫威乳油 1 000~1 500 倍液、60g/L 乙基多杀菌素悬浮剂 1 500~2 000 倍液等。上述药剂任选一种喷雾防治。亦可用10%四氯虫酰胺悬乳剂 20g/667m$^2$、6%阿维菌素·茚虫威微乳剂 55ml/667m$^2$ 等，对水 40~45kg 喷雾。

## 6.2　山药叶蜂

### 6.2.1　分布与为害

山药叶蜂（*Senoclidea decorus* Konow），属膜翅目叶蜂科。主要分布于山东嘉祥、泰安、郓城和肥城，河南滑县等地，虫口密度较大，对山药的为害较重。叶蜂以幼虫啃食山药叶片，1~2 龄幼虫常 20~30 头群集叶片上取食为害，初孵幼虫食量小，仅取食叶肉，残留上表皮，形成透明斑块，3 龄开始食量大，分散在叶片背面取食，4~5龄幼虫进入暴食期，将叶片吃成缺刻、孔洞。山东嘉祥等山药产区，一般每平方米山药田有幼虫 18~57 头不等，大发生时，每平方米山药田幼虫密度高达 100 多头，将整株山药叶片啃食一光，造成植株枯死，影响山药高产、稳产，给薯农造成较大经济损失。

### 6.2.2　形态特征

成虫。雌虫体长 9mm 左右，翅展 10~11mm，雄虫略小于雌虫，体长 7.5mm 左右，翅展 8mm 左右。头部和中后胸背面两侧黑褐色，其余橙黄色。前翅基部黄褐色，向外色渐淡，翅尖无色透明。前翅翅痣黑色，前缘有一黑带与翅痣相连。触角黑色，雄虫基部

2 节，淡黄色。足 3 对，黑色，仅胫节基部 1/2 为黄白色，爪端分岔。腹部呈黄色，雌虫腹部末端有 1 短小黑色产卵器。

卵。长椭圆形，长 0.8mm 左右，宽 0.5mm 左右。卵壳光滑，初产卵乳白色，后渐变为米黄色，近孵化时呈灰褐色。

幼虫。老熟幼虫体长 15mm 左右，圆筒形，头部黑色，胸部较粗大，有 3 条横脊，腹部较细，蓝黑色，各体节有很多皱纹和小突起。胸足 3 对，腹足 8 对。

蛹。长 10mm 左右，宽 3mm 左右，头部黑色，化蛹初期为黄白色，后渐呈橙色。

### 6.2.3 发生规律

山药叶蜂在山东嘉祥等地 1 年发生 2 代，第 1 代幼虫种群数量最多，为害最重；第 2 代种群数量锐减，为害轻。以蛹在土中 4～5cm 深处越冬，翌年 6 月中旬始见成虫，下旬为羽化盛期，幼虫为害盛期出现在 7 月中旬。第 2 代成虫羽化盛期为 7 月下旬末至 8 月上旬初，8 月下旬为幼虫高峰期，但虫口密度小，为害轻。9 月中下旬幼虫相继化蛹越冬。

河南滑县山药叶蜂 1 年发生 2 代，以幼虫在土中结茧越冬。翌年 4 月化蛹，5—6 月羽化为成虫，晴朗的白天，成虫在蜜源植物和蚜虫分泌的蜜露上取食作为补充营养。第 1 代成虫 7—8 月羽化、交尾和产卵，8 月下旬为第 2 代幼虫为害高峰期，10 月相继入土越冬。

叶蜂成虫晚上和雨天静伏在寄主植物中下部叶片间、杂草丛中，晴朗和温度较高的白天，成虫十分活跃，外出觅食蜜汁、交尾和产卵，一天中交尾和产卵有 2 个高峰，分别出现在 9—10 时和 14—15 时。卵多产于山药叶片边缘组织内，产卵处呈黄褐色小隆起，极易发现，每处产卵 1～4 粒，产卵处产卵 2 粒以上卵，呈纵向单行排列。每雌一生产卵 40～150 粒。温度 25～30℃条件下，卵期 6 天左右，幼虫期 15 天左右，预蛹期 1 天左右，蛹期 14 天左右，越冬代幼虫期和蛹期长达 200 多天。幼虫早晚活动取食，有假死习性。

### 6.2.4 发生与环境的关系

（1）与品种抗（耐）虫性的关系。不同山药品种对叶蜂的抗（耐）虫性不尽相同。一般而言，细毛长山药较抗（耐）虫，粗毛长山药如怀山药、水山药较感虫。山东嘉祥调查，感虫的粗毛山药每平方米薯田有叶蜂幼虫 50～60 头，较抗虫的细毛山药每平方米薯田只有幼虫 15～18 头，虫口密度大大低于感虫的粗毛上药。其原因是细毛山药叶色偏黄，不利于招引成虫产卵，而粗毛山药叶色浓绿，招引大量叶蜂成虫产卵，落卵量大，为害重。同时，粗毛山药出苗较晚，花期推迟，避过了幼虫为害高峰期，故较抗虫。

（2）与施肥和灌溉的关系。一般氮素化肥施用多，浇水次数多，山药生长茂盛，叶色浓绿，招引叶蜂成虫产卵，田间落卵量多，孵出幼虫多，为害重。每 667m² 施用纯氮 7kg，浇水 4 次，每平方米山药田有叶蜂幼虫 56 头，而每 667m² 施用纯氮 2.5kg，浇水 2 次，每平方米山药田只有叶蜂幼虫 39 头，后者较前者虫口密度少 43.5%。

（3）与天敌的关系。山药叶蜂幼虫捕食性天敌有三突花蛛、T-纹豹蛛、中华步行虫等。常年对幼虫的捕食率可达19%～26%，对控制叶蜂的发生和为害具有较大的作用。

### 6.2.5　防治方法

#### 6.2.5.1　农业防治

山药收获后，深耕多耙薯田，通过耕耙等农事操作，直接杀死部分越冬幼虫和蛹，同时亦可将土中越冬的幼虫和蛹翻至土表，冬季低温将其冻死或被捕食性天敌捕食，减少越冬基数。

合理施肥和科学灌溉。合理施肥应做到施足充分腐熟的农家肥，如猪牛粪、绿肥作基肥，有条件的地方做到配方施肥，追肥时做到看苗追肥，氮、磷、钾肥合理搭配，避免偏施氮肥，防止山药植株疯长。看天看地浇水，适当控制浇水量和浇水次数，降低田间湿度，促使山药植株健壮生长，提高抗（耐）害虫能力。

种植抗（耐）虫品种。因地制宜种植产量高、品质优、抗（耐）虫品种是控制叶蜂为害最有效、最经济的措施，如细长毛山药较抗虫，淘汰易感虫的粗长毛山药品种如怀山药、水山药等。

#### 6.2.5.2　物理防治

人工捕杀低龄幼虫。叶蜂1～2龄幼虫常数十头群集在山药叶片上为害，人工捕杀低龄幼虫，将其消灭在暴食之前，减轻为害。

#### 6.2.5.3　化学防治

药剂防治适期为低龄幼虫群集为害期，此时幼虫食叶量仅占幼虫期食叶总量的5%左右。同时低龄幼虫耐药性差，防治效果好。常用的药剂有1.8%阿维菌素乳油3 000倍液、2.5%溴氰菊酯乳油2 500倍液、40%辛硫磷乳油800倍液、80%敌敌畏乳油1 000倍液、20%氰戊菊酯乳油3 000倍液等。上述药剂任选一种进行喷雾，防治效果均在90%以上。药剂防治所用药剂应轮换应用，防止害虫产生抗药性。

## 6.3　山药红蜘蛛

### 6.3.1　分布与为害

山药红蜘蛛 [*Tetranychus cinnarinus*（Bois.）]，又称棉叶螨、棉红蜘蛛、朱砂叶螨，属蛛形纲、蜱螨目、叶螨科。红蜘蛛广泛分布于世界各地，国内南北各地均有发生和为害，是多种农作物上最重要的害螨。

山药红蜘蛛3—4月在杂草或其他寄主植物上取食为害，山药出苗后转移至山药植株上取食为害，幼螨、若螨和成螨群集于山药叶片上，吸食汁液、幼叶被害后，导致叶片扭曲变形，失去光泽，叶片上有许多白点，老叶则变僵硬，为害严重时，叶片呈灰白色，引起落叶，影响植株长势和产量。福建明溪等地，由于红蜘蛛为害山药一般减产10%左右，严重的减产30%～50%。

山药红蜘蛛除为害山药外，还为害玉米、高粱、豆类、瓜类、芝麻、红麻、茄子、向日葵、甘薯、花生、番茄、洋葱、芹菜、辣椒、烟草、苜蓿、荞麦、苹果、梨、葡萄、杏、柑橘、桑树、槐树、海棠以及多种杂草等，已知寄主有43科140多种。

### 6.3.2 形态特征

成螨。体长 0.42 ~ 0.56mm，体宽 0.28 ~ 0.32mm，雌虫梨圆形，夏型雌成螨初羽化体呈鲜艳红色，后渐变为锈红色或红褐色。身体两侧背面各有 2 个褐色斑纹，前 1 对大的褐斑向后延伸与后面 1 对小褐斑相连接。冬型雌螨橘黄色，体两侧背面无褐斑。雄成螨体长 0.26 ~ 0.36mm，体宽 0.19mm 左右，体呈红色或橙红色。头胸部前端近圆形，腹部末端稍尖。

卵。圆球形，直径 0.13mm 左右，初产卵无色透明或略呈乳白色，孵化前呈锈红色至深红色。

幼螨。由卵孵化出的虫态称幼螨，体近圆形，长约 0.15mm，浅红色，略透明，有足 3 对。

若螨。幼螨蜕皮后称若螨，雌雄螨均可分为前期若螨和后期若螨或第 1 若螨和第 2 若螨，即幼螨第 1 次蜕皮为前期若螨（第 1 若螨），再蜕 1 次皮为后期若螨（第 2 若螨）。若螨有 4 对足，体椭圆形，体色较深，体侧出现深色斑点。

### 6.3.3 发生规律

（1）越冬。长江流域以北以雌成螨在植物根际土下、枯枝落叶、树皮裂缝、土壤裂缝等处分散或群集越冬。长江流域的湖北、江西以及浙江等地以休眠型或活动型成螨越冬，并有少数卵和幼螨在地表或冬季不凋萎的矮生杂草如小蓟、益母草等和冬种作物如大蒜、蚕豆、豌豆等叶片背面越冬，亦有部分在桑树、槐树等树皮裂缝内越冬。福建明溪等地，山药红蜘蛛常以卵在寄主植物叶背面主脉两侧越冬或以成螨、若螨在杂草、枯枝落叶和土缝等处吐丝结网潜伏越冬。

（2）发生世代和为害盛期。辽宁 1 年发生 12 代，黄河流域 1 年发生 12 ~ 15 代，长江流域 1 年发生 18 ~ 20 代，华南地区 1 年发生 20 代以上。

越冬雌螨出蛰期、迁入山药田及严重为害期因地而异。河北 3 月上旬开始出蛰，4 月下旬至 5 月上旬开始迁入农田，5 月下旬至 7 月上中旬虫口密度最大，为害最严重；湖北 2 月下旬、3 月上旬开始出蛰，4 月下旬至 5 月中旬迁入山药田，6 月中下旬至 7 月下旬为害最严重；赣北 2 月下旬至 3 月上旬开始出蛰，5 月中旬迁入农田，5 月下旬至 7 月中下旬为害最严重；福建明溪 4 月下旬山药出苗后，在杂草上取食的红蜘蛛开始迁入农田，5—6 月随着温度逐渐提高，红蜘蛛生长发育和繁殖加快，在山药田形成虫源中心，7—8 月进入为害高峰。一般而言，北纬38°以北地区，越冬雌螨 3 月上旬开始出蛰活动，3 月下旬开始产卵；北纬38°以南地区，越冬雌螨 2 月下旬出蛰活动，3 月上旬开始产卵。为害盛期华北地区 6 月中下旬，南方地区 7 月中下旬至 8 月上旬，西北地区为 7—8 月。

（3）各虫态历期。山药红蜘蛛各虫态历期因温度高低而异，卵期平均温度 16.2℃ 为 13 ~ 15 天，18.5℃ 为 10 ~ 11 天，20℃ 为 5 ~ 6 天，24 ~ 27℃ 为 3 ~ 4 天；幼螨和若螨期平均温度 19℃ 为 10 ~ 11 天，23℃ 为 7 ~ 8 天，26℃ 为 5 ~ 6 天，29℃ 为 4 ~ 5 天；成螨寿命，平均温度 20.3℃ 为 28.8 天，26.2℃ 为 22.1 天，28.2℃ 为 18.7 天。

（4）习性。红蜘蛛以两性生殖为主，亦可不经雌雄交尾而孤雌生殖，但所繁殖的后代均为雄螨；雌雄成螨交尾历时 1～2min；刚羽化的雌螨有多次交尾的习性，老熟雌螨未见交尾现象；雌螨昼夜均可产卵，但以白天产卵最多；卵产于山药叶片背面或所吐的丝网上；单雌一生产卵 180～200 粒，每雌每天产卵 3～24 粒，平均 7.2 粒；雌雄性比（3～5）∶1；幼螨和若螨共蜕皮 2～3 次，每次蜕皮前经 16～19h 不食不动，每次蜕皮时间需 2～3min，蜕皮后即可活动和取食；红蜘蛛扩散和迁移主要靠爬行、吐丝下垂或借风力传播，亦可随流水扩散蔓延；食料缺乏时，有群集迁移的习性。

### 6.3.4 发生和环境条件的关系

（1）与温湿度和降雨量的关系。温度高低、湿度大小和降雨量多寡是影响山药红蜘蛛种群数量变动的三个最重要的气象因子。最有利于红蜘蛛生长发育和繁殖的温度为 25～30℃、相对湿度为 35%～55%，温度超过 35℃ 或低于 20℃，则不利于其生长发育和繁殖，种群数量增长受到明显的抑制。

降雨量、降雨强度对山药红蜘蛛种群数量变动也有明显的影响。一般而言，南方农区 5—8 月如有 2 个月降雨量均在 100mm 以下，山药红蜘蛛发生较多，如连续 3 个月降雨量均在 100mm 以下，甚至 50mm 以下，则非常有利于该虫的生长发育和繁殖，雌螨产卵多，卵孵化率高，幼螨、若螨和成螨存活率高，往往短期内暴发成灾，反之，若 5—8 月有 3～4 个月降雨量均超过 100mm，则中等发生或轻发生；北方农区如 6 月上旬至 7 月上旬总降雨量在 50mm 以上，红蜘蛛中等发生或轻发生，6—7 月总降雨量在 100mm 以下，则非常有利于该虫的发生，短期内暴发成灾。

降雨量和降雨强度对山药红蜘蛛田间种群数量的消长有两方面的影响：①雨量多少直接影响田间相对湿度，从而间接影响到红蜘蛛的生长发育和繁殖；②暴雨能直接将各个虫态冲刷到地面，被泥浆黏结而死，或将泥浆溅到叶背，把栖息在叶背的螨黏死。如福建明溪 2013 年 8 月 27 日，雨量高达 78.9mm，雨后调查山药叶片 150 片，红蜘蛛数量由雨前 183 头下降至 97 头，自然减退率高达 46.9%。

（2）与天敌的关系。山药红蜘蛛天敌种类多、种群数量大，对其发生和为害有明显的控制效果。已知山药红蜘蛛天敌有深点食螨瓢虫、塔六点蓟马、横纹蓟马、长毛钝绥螨、拟长刺钝绥螨、食螨瘿蚊、小花蝽、姬猎蝽、中华草蛉、大草蛉、大眼长蝽以及草间小黑蛛、八斑球腹蛛、三突花蛛等，这些天敌综合作用于山药红蜘蛛，能大大减少其发生量，减轻为害。福建明溪山药地调查，凡生态环境保持良好的薯田，捕食性天敌种类多，数量大，通过天敌自然控害作用，一般年份仅需施用选择性杀虫剂 1～2 次，即可有效控制害螨的发生和为害。

（3）与农田环境的关系。山药田附近环境复杂，靠近杂草丛生的沟渠、坟地、蔬菜地以及桑树、槐树多的地方，红蜘蛛寄主多，虫源多，这些薯田红蜘蛛发生早，虫口密度大，为害重。

### 6.3.5 防治方法

#### 6.3.5.1 农业防治

（1）及时清洁田园。山药收获后，及时处理田间的枯枝落叶，将其烧毁或沤肥。

（2）及时对薯田进行耕翻。将越冬红蜘蛛翻入深土层。

　　（3）灌水杀螨。福建明溪调查，冬季灌水比不灌水的田块，红蜘蛛越冬数量减少 30% ~50% 。

　　（4）加强田间管理。及时中耕除草，减少杂草与山药争肥、争水，同时减少红蜘蛛的寄主，不利于红蜘蛛发生。

　　（5）适时适量追施磷钾肥，确保山药植株健壮生长，提高抗虫能力。

### 6.3.5.2　生物防治

　　保护利用天敌，充分发挥天敌对红蜘蛛自然控害效果。保护天敌的措施如下：

　　（1）在山药田插草把、挖坑堆草或种植冬季作物，创造有利于天敌越冬栖息环境，保护天敌安全越冬。

　　（2）应用选择性杀虫剂防治害虫，如生物农药。

　　（3）注意施药方式。推广分区或隔行轮换施药，保护天敌。

　　（4）根据天敌发生情况施药，当益害比 1：30 以下时，可不施药，发挥天敌对红蜘蛛的自然控害效果，当益害比超过 1：50 时，则应及时进行防治。

### 6.3.5.3　化学防治

　　根据防治指标施药，分为挑治和普治两种施药策略。当有 2% ~5% 叶片出现害螨或每片叶有害螨 5 只时，进行挑治，将其消灭在点片发生阶段；当害螨普遍发生时，每片叶有害螨 5~8 只时，进行普治。

　　防治红蜘蛛高效、低毒、低残留的农药有绿颖 99% 矿物油 300 倍液、5% 噻螨酮乳油 2 000 倍液、24% 螺螨酯悬浮剂 4 000 倍液、8% 阿维菌素·哒螨灵乳油 2 000 倍液等。上述药剂任选一种喷雾防治，防治效果高达 84% ~96% 。

## 参考文献

陈富英，吴冬梅 . 2014. 淮山红蜘蛛发生规律及防治对策 ［J］. 福建农业科技（3）：61 -63.

陈富英 . 2014.6 种杀螨剂防治淮山红蜘蛛的田间药效试验 ［J］. 福建农业科技（1）：4 -6.

崔劲松，梅爱中，许海蓉，等 . 2015. 甜菜夜蛾发生规律与控制技术 ［J］. 上海蔬菜（6）：53 -54.

戴淑慧，杨亚萍 . 1993. 甜菜夜蛾的生物学特性及防治 ［J］. 植物保护，19（2）：20 -21.

方文杰，龚进兴，李金景 . 1998. 厦门地区甜菜夜蛾的发生与防治 ［J］. 华东昆虫学报，7（2）：76 -82.

冯殿英，王继藏，任兰花，等 . 1995. 甜菜夜蛾生物学特性及防治研究 ［J］. 山东农业科学（4）：39 -41.

国庆合，张效平 . 1990. 山药叶蜂的综合防治技术 ［J］. 中国蔬菜（6）：11 -12.

黄亚川，张晶，吉晓峰 . 2016. 防治甜菜夜蛾药剂筛选试验 ［J］. 上海蔬菜（6）：43 -44.

江幸福，罗礼智 . 1999. 甜菜夜蛾暴发原因及防治对策 ［J］. 植物保护，25（3）：35 -37.

李惠明，潘月华 . 1995. 上海地区甜菜夜蛾发生规律及测报防治技术 ［J］. 长江蔬菜（5）：17 -18.

李新 . 2018. 甜菜夜蛾的发生规律及绿色防控技术 ［J］. 吉林蔬菜（5）：30.

李月秋，彭宏梅，杨凤刚，等．1998. 甜菜夜蛾生物学特性的研究 [J]. 昆虫知识，35 (3)：150－153.

刘效明，凌万开，熊桂和，等．1995. 甜菜夜蛾生物学特性及防治技术 [J]. 植物保护，21 (6)：29－30.

刘秀玲．2011. 山药叶蜂的发生与防治 [J]. 乡村科技 (4)：23.

罗礼智，曹雅忠，江幸福．2000. 甜菜夜蛾发生危害特点及其趋势分析 [J]. 植物保护，26 (3)：37－39.

苏建亚．1997. 甜菜夜蛾的天敌和生物防治问题 [J]. 昆虫天敌，19 (4)：36－43＋7.

苏建亚．1998. 甜菜夜蛾的迁飞及在我国的发生 [J]. 昆虫知识，35 (1)：55－57.

王兆守，徐金汉，关雄．1999. 甜菜夜蛾生物生态学及综合治理研究 [J]. 武夷科学，14 (2)：124－130.

文范纯，习再安．2014. 蔬菜作物甜菜夜蛾幼虫发生与防治 [J]. 安徽农业科学，42 (11)：3273－3274.

徐金汉，关雄，黄志鹏，等．1999. 不同温度对甜菜夜蛾实验种群的影响 [J]. 植物保护学报，26 (1)：20－24.

徐金汉，关雄，黄志鹏，等．1999. 不同温湿度组合对甜菜夜蛾生长发育及繁殖力的影响 [J]. 应用生态学报，10 (3)：80－82.

徐金汉，黄志鹏，余月萍，等．1998. 甜菜夜蛾生物学特性及药效测定 [J]. 福建农业大学学报，27 (1)：74－78.

徐金汉，王兆守，关雄．2002. 光周期对甜菜夜蛾生长发育状况的影响 [J]. 福建农林大学学报：自然科学版 (2)：177－180.

尹仁国，欧阳本友，刘爱媛．1994. 甜菜夜蛾生物学特性的研究 [J]. 昆虫知识，3 (1)：7－10.

尹仁国．1990. 甜菜夜蛾的发生及其防治 [J]. 昆虫知识，27 (5)：289－290.

张悦丽，高兴祥．2004. 甜菜夜蛾生物防治研究进展 [J]. 农药，43 (5)：209－211.

周传金，徐学芹．1993. 甜菜夜蛾生物学特性及防治研究 [J]. 中国甜菜 (1)：26－29.

祝树德，任璐，钱坤．2003. 温度对甜菜夜蛾实验种群的影响 [J]. 扬州大学学报，24 (1)：75－78.

# 第 7 章　地下虫害

## 7.1　蛴螬

蛴螬是鞘翅目金龟子科幼虫，系大田作物、园艺作物、桑、茶、果树和林木等的重要地下害虫。又称金龟子，俗称土白蚕、地狗子等。成虫取食山药叶片，吃成孔洞或缺刻。以幼虫为害为主，山药生长前期，幼虫咬断根茎，造成缺苗断垄，山药块茎形成后啃食块茎，将块茎蛀食成孔洞，受害块茎收获后刮皮加工时泛红，煮不熟，薯农称为"牛筋"，严重影响山药产量和品质，失去商品价值，造成较大经济损失。

为害山药的金龟子主要有东北大黑金龟子（又称朝鲜黑金龟子）、华北大黑金龟子、黑绒金龟子和暗黑金龟子（*Holotrichia parallela*）、毛黄褐金龟子（*Holotrichia trichophora*）等。

### 7.1.1　形态特征

#### 7.1.1.1　东北大黑金龟子（*Holotrichia dimophalia* Bates）

成虫。体长 16 ~ 21mm，宽 8 ~ 11mm；体长椭圆形，黑色或黑褐色、有光泽；前胸背板宽度不到长度的 2 倍，最宽处在两侧缘中间，胸部腹板密生黄色长毛；鞘翅黑或黑褐色，有光泽，每侧各有 4 条明显的纵隆纹；前足胫节外侧有 3 个齿状突起；雄虫臀板较短，顶端中间凹陷呈股沟形，第 5 腹节（前臀节）腹板中间有明显的三角形凹坑；雌虫臀板较长，中央有股沟但不明显，第 5 腹节腹板中间无三角形凹坑。

卵。椭圆形、乳白色、有光泽。

幼虫。体长 35 ~ 45mm，头部前顶刚毛，每侧各 3 根成一纵列；肛门孔 3 裂；腹毛区刚毛散生，无刺毛列。

蛹。体长 20mm 左右，宽 8mm 左右。化蛹初期黄白色、后变为黄色，羽化前呈黄褐色至红褐色。

#### 7.1.1.2　华北大黑金龟子（*Holotrichia oblita* Falderman）

成虫。体长 16.5 ~ 22.5mm，宽 9.4 ~ 11.2mm，长椭圆形，刚羽化时红棕色，后渐变为黑褐色或黑色，有光泽；前胸背板侧缘和后缘向外突，前缘中部呈弧形凹陷，背板上有很多刻点；两鞘翅会合处呈纵线隆起，隆起向后渐扩大，每鞘翅上各有 3 条隆线；前足胫节外侧具 3 齿，内侧有 1 棘刺与中齿相对，后胫节有 2 个端距；胸部腹面密生黄毛，腹部腹板光亮；雄虫尾节中部凹陷，尾节前有 1 个三角形横沟，雌虫尾节中央隆起。

东北大黑金龟子和华北大黑金龟子成虫形态相似，鉴别特征：东北大黑金龟子臀板隆凸顶端横宽，被一纵沟平分为 2 个矮小圆丘；雄虫外生殖器阳基侧突下突分叉，上支宽阔角突形，下支细长折曲；阳基中叶端片端部扩大呈圆形。华北大黑金龟子：臀板隆凸顶端圆尖；雄虫外生殖器阳基侧突下突分叉，上支齿状、下支短，几不折曲；阳基中叶端片端部扩大，末端斜圆。

卵。椭圆形，长 2.0～2.7mm，宽 1.3～1.7mm，污白色，孵化前卵壳透明。

幼虫。老熟幼虫体长 37～45mm；头部赤褐色有光泽，每侧具前顶毛 3 根，其中 2 根位于冠缝侧，1 根位于额缝侧；胸腹部乳白色，臀节腹面无刺毛列，钩毛呈三角形分布；肛门孔 3 裂。

蛹。体长 20mm 左右，初为黄白色，后呈橙黄色，椭圆形；前 3 对气门明显，气门孔圆形，围气门片深褐色；尾节端部有 1 对角状突起；雄蛹尾节腹面有 3 个毗连的瘤状突起，雌蛹无此瘤状突起。

### 7.1.1.3 黑绒金龟子

黑绒金龟子 [*Maladera orientalis* (Motschulsky)]，异名 *Serica orientalis* Mostschulsky 或 *Serica salelorosa* Brenske，黑绒金龟子又称东方金龟子、天鹅绒金龟子、甜菜根金龟子、棕绒金龟子和姬天鹅绒金龟子、稻黑紫金龟子、黑绒鳃角金龟子等。

成虫。体小，卵圆形，体长 10mm 左右；刚羽化成虫由褐色逐渐变为黑褐色至黑色；体表密被绒毛；触角鳃叶部较大；前胸背板宽大，其上密布刻点，前缘角向前突出呈锐角状，侧缘列生刺毛；鞘翅上有纵列隆起似绒条状的带纹，有 10 列刻点；前足胫节外侧具 2 齿；腹部光亮，臀板三角形；雄虫触角鳃叶部细长，雌虫鳃叶部短粗。

卵。椭圆形，长 1.1mm 左右，宽 0.8mm 左右；初产时乳白色具光泽，其后变为淡黄色，光泽消失。

幼虫。体型小，老熟幼虫体长 16～20mm，头宽 2.6mm 左右；头部前顶毛每侧仅 1 根；触角基部上方各有 1 个棕红色单眼；臀节腹面上刺毛排列成弧形横带状，中间略断，多由 20～23 根锥状刺组成；钩毛区前缘双峰状；肛门孔 3 裂。

蛹。体长 8mm 左右，黄色，头部黑色；末节略呈方形，向后渐扁，两后角各有小肉质突起 1 个，伸向背方。

## 7.1.2 发生规律

### 7.1.2.1 东北大黑金龟子

（1）生活习性。东北大黑金龟子雌虫产卵于土下，以灌溉地及较潮湿的土壤产卵多，干燥地产卵较少，卵散产于 10～15cm 土层中；幼虫在较潮湿的土壤中，活动和取食多在 6～10cm 土层中，10 月温度开始下降，幼虫多在深 12～16cm 土层中活动和取食，12 月进入寒冬，幼虫一般迁移至 22～30cm 土层中过冬。幼虫多在 25～30cm 土层中化蛹。成虫白天多潜于植物根际及松土中，傍晚外出活动，北方多在低矮植物，淮河以南则在高大树木枝叶上活动、取食、交尾，黎明时返回土中或植物根际周围。

（2）年发生代数。黑龙江省东部 2～3 年完成 1 代；吉林、辽宁、山西、山东等地 2 年完成 1 代；河南、山东、安徽、江苏和江西则一年 1 代。

（3）各虫态发生期。东北大黑金龟子各地成虫盛发期由北到南逐渐提早（表 7-1）。

黑龙江东部地区，越冬成虫6月中旬开始出土活动，6月中下旬开始产卵，6月下旬之前产的卵孵化后发育至3龄幼虫，7月中旬以前产的卵孵化后发育至2龄幼虫，9月下旬2、3龄幼虫开始向土壤下层迁移，10月上旬进入越冬状态，而7月下旬以后产的卵孵化后发育至1龄幼虫，不能正常越冬而死亡。越冬3龄幼虫，第2年7月上旬化蛹，7月下旬开始羽化为成虫，以成虫越冬；越冬2龄幼虫于翌年7月上旬发育至3龄幼虫，10月开始越冬，第3年7月上旬开始化蛹，7月中下旬开始羽化为成虫，成虫不产卵，10月上旬开始越冬。

**表7-1 东北大黑金龟子成虫发生期** （月/旬）

| 地点 | 始发 | 盛发 | 终见 | 地点 | 始发 | 盛发 | 终见 |
|---|---|---|---|---|---|---|---|
| 黑龙江 | 5/下 | 6/下 | — | 山东胶东 | 6/中 | 7/上中 | 8/中 |
| 吉林公主岭 | 5/中 | 6/中 | 8/中下 | 河南尉氏 | 4/中下 | 5/中—7/下 | 10/上 |
| 河北沙岭子 | 5/上 | 5/下—6/上 | 8/上 | 江苏徐州 | 4/下 | 5/中—6/中 | 8/下 |
| 北京 | 4/下 | 6/中下 | 9/上 | 南京 | 3/下 | 4/上中 | 7/下 |
| 山西长治 | 4/下 | 5/中下 | 8/下 | 安徽临泉 | 3/下 | 4/下—5/上 | 9/上 |
| 陕西丹凤 | 4/下 | 5/中—6/中 | 7/上 | 江西南昌 | 3/下 | 4/下—5/上 | 7/中 |

辽宁成虫于5月下旬始卵、产卵盛期6月中下旬，6月中旬卵始孵，7月中下旬为孵化盛期，8月中下旬进入为害盛期。

北京成虫产卵始于4月中旬，5月下旬至6月下旬为产卵盛期；4月下旬卵始孵，6月下旬至7月上旬为孵化盛期；5月中下旬始蛹，6—7月化蛹盛期；6月中旬成虫始羽，7—8月羽化盛期，10月羽化的成虫即在土壤中越冬；幼虫于11月下旬进入越冬状态，翌年3月下旬上升至耕作层活动，4—5月为害最烈，其次为9—10月。

安徽临泉产卵盛期出现在4月下旬至5月上旬，5月下旬盛孵，早批孵化的幼虫于10月羽化为成虫，但年内不出土，进入越冬状态。

江苏滨海地区，成虫产卵盛期在5月下旬至6月中旬，6月中旬进入盛孵期，幼虫于7月上中旬进入为害盛期，8月中旬至9月上旬达全年为害高峰期。翌年5月下旬末至9月陆续化蛹，6月下旬至7月下旬为盛蛹期，羽化早的成虫能出土活动，取食后即进入越冬状态；羽化迟的成虫则在土内过冬。

（4）各虫态历期。各地温度不同，各虫态历期有明显差异。黑龙江省卵期平均17天，辽宁卵期15~17天，北京7~12天，山西长治9~15天，河南尉氏19~22天，山东莱阳11天；幼虫期，黑龙江360~500多天，北京340~360天，山西长治420天左右，山东莱阳350~370天；蛹期，黑龙江22~33天，北京平均20天，最短14天，最长30天，河南尉氏20天左右，山东莱阳14天；成虫寿命，北京活动期为50天左右，室内饲养成虫寿命长达1年左右，山西长治活动期120天左右，河南尉氏活动期雌虫95~149天，雄成虫88~106天。

（5）越冬。越冬虫态因地而异，黑龙江以幼虫和成虫在土下60~180cm深的冻土层内越冬；辽宁成虫和幼虫交替越冬，即逢单数年以幼虫越冬为主，逢双数年则以成虫越冬为主；吉林公主岭、山西长治越冬以新羽化的成虫为主，少数以2~3龄幼虫越冬；北京以老熟幼虫越冬为主，亦有一定数量的成虫越冬；江苏滨海成虫和幼虫均能越冬，胶东、南京、南昌等地均以成虫或幼虫越冬。

（6）寄主。东北大黑金龟子食性杂，成虫主要为害苹果、梨、樱桃、核桃、海棠、桑、栎、柳、刺槐等果木以及大豆、花生、甘薯、绿豆、蚕豆、向日葵、甜菜等作物。幼虫除为害山药外，还能取食马铃薯、甜菜、棉花、葱、甘薯以及麦类作物等。

（7）分布。偏北方广跨种类。北起黑龙江、内蒙古，西至陕西、甘肃、宁夏，东达沿海及长江中下游各省（市）。

### 7.1.2.2 华北大黑金龟子

（1）生活习性。华北大黑金龟子成虫白天潜伏土壤中，18 时左右开始出土，20—21 时为出土高峰，后半夜陆续入土潜伏。出土后先在地面爬行，后作短距离飞翔寻觅食物。食量大，特别嗜食豆类作物和榆树、杨树、梨树叶片，取食时间长达 1 ~ 2h。尤其喜在灌木丛、杂草丛生的路边、地旁群集取食和交尾，交尾时雌虫仍能继续取食或爬行。交尾时间平均长达 1 小时左右。交尾期 60 天左右。雌虫有多次交尾和多次产卵的习性，产卵次数最多达 8 次。每次产卵 3 ~ 8 粒，最多一次产卵 10 多粒。交尾后 4 ~ 5 天开始产卵，卵多散产于 5 ~ 12cm 土壤中，特别喜选择潮湿的土壤产卵，干燥土壤产卵少。单雌一生产卵 20 ~ 30 粒，最多 70 多粒。雌虫产卵后 28 天左右即死亡。雌虫有假死性和趋光性，对黑光灯趋性更强。幼虫有相互残杀的习性。幼虫化蛹前在土深 20cm 左右处筑一坚硬椭圆形蛹室，化蛹其中。

（2）年发生代数。晋东南盆地、山东烟台和河北沧州两年完成 1 代，山东菏泽、河南尉氏、安徽临泉等地一年完成 1 代。

（3）各虫态发生期。河北沧州温度回升早的年份越冬成虫于 4 月中旬开始出土活动，温度回升迟的年份延迟至 5 月上旬才开始出土活动，9 月温度下降即入土潜居。成虫活动、取食时间持续长达 5 个月。5 月下旬始卵，产卵期延续至 8 月中旬。6 月中旬幼虫始孵，12 月以 2 龄或 3 龄幼虫越冬。越冬幼虫于翌年 6 月上旬始蛹，6 月下旬化蛹盛期，7 月羽化为成虫潜伏土中越冬。

河南尉氏等地，越冬成虫于 4 月日平均温度达 19.5℃时开始出土，5 月中旬至 7 月下旬为越冬幼虫化蛹羽化盛期，6 月上旬至 7 月下旬为产卵盛期，6 月下旬至 8 月中旬为幼虫盛发期，孵化早的幼虫当年能化蛹、羽化，但不出土活动，进入越冬状态。以幼虫越冬的翌年 5—6 月先后化蛹，羽化为成虫，出土活动。

（4）各虫态历期。河南等地卵期平均 16.4 天，最短 13 天，最长 18 天；黄淮地区卵期一般 10 ~ 15 天，最长 26.5 天；河北沧州各龄幼虫平均历期，1 龄 25.8 天，2 龄 28.1 天，3 龄 307 天，幼虫期平均 360.9 天；预蛹期平均 22.9 天，蛹期平均 19.5 天。

（5）越冬。各地均以成虫或幼虫在土壤中越冬。

（6）寄主。华北大黑金龟子食性杂，除为害山药外，还为害麦类、玉米、高粱、甘蔗、棉花、麻类、花生、大豆、马铃薯、甜菜以及茶、梨、桑、苹果、梅和禾本科牧草等。

（7）分布。华北大黑金龟子从黑龙江至长江流域各省均有发生和为害。

### 7.1.2.3 黑绒金龟子

（1）生活习性。黑绒金龟子幼虫和蛹生活在土中，幼虫入土深度一般为 10 ~ 16cm，化蛹入土深度达 20 ~ 30cm，最深 70cm。成虫出土活动时间南北各地不尽相同。黑龙江哈尔滨成虫活动时间多在 13—17 时；辽宁 4 月温度较低，多在 12 时左右出土，5 月中旬温度回升后，则多在 13—16 时，6 月上旬多在 16 时，6 月中旬多在 16—17 时出土，18—20 时活动最盛；山东温度高时多在 15—18 时出土，20—22 时又回到土中潜居；宁夏、河北、北京等地均在傍晚活动和取食；河南濮阳夜间和上午多潜伏在土中，14—16 时出土活动和取食；江苏、江西多在夜晚出土，白天仅偶见成虫，一般而言，日平均温度在 20℃ 以上时，成虫以傍晚出土为主，20℃ 以下时，多在白天出土活动取食。成虫活动方式各地亦不尽相同，东北大部分地区成虫活动以爬行为主，温度较高时才能飞翔；华北地区成虫活动以飞行为主，成虫有很强的飞行能力，飞行高度达 10m 左右，个别高达 300m 以上。雌虫一般不飞翔，个别雌虫可短距离飞翔。成虫有假死性，遇惊扰即落地不动，时间长达 30min 左右。成虫交尾时，成虫仍能继续取食，交尾时间长达 30min 左右。雌虫主要产卵于植物根部附近 10～20cm 深的土层中。卵堆产，每堆平均有卵 8 粒左右，单雌一生产卵量平均 26.1 粒，最多 100 粒左右。

（2）年发生代数。全国各地均为 1 年发生 1 代。

（3）各虫态发生期。黑绒金龟子成虫始见期、盛发期和终见期，从北向南逐渐提早（表 7-2）。辽宁西北部的章古台，产卵期始于 5 月上旬，盛期 5 月中旬至 6 月中旬，产卵终见期为 7 月中旬。幼虫于 6 月上旬始孵，7 月下旬末始蛹，8 月中旬为化蛹盛期，10 月上旬化蛹结束，成虫于 8 月中旬始羽，8 月下旬为羽化盛期，10 月下旬羽化结束，羽化后多数成虫即在土中越冬。河南濮阳 5 月中下旬交尾产卵，6 月上中旬孵化，7 月下旬至 8 月化蛹，8 月下旬至 9 月羽化为成虫越冬。

表 7-2 黑绒金龟子成虫发生期　　　　　　　　（月/旬）

| 地点 | 始见期 | 盛发期 | 终见期 | 地点 | 始见期 | 盛发期 | 终见期 |
|------|--------|--------|--------|------|--------|--------|--------|
| 黑龙江哈尔滨 | 4/中下 | 6/上中 | 7/中 | 河北沧州 | 4/上中 | 4/下末—6/上 | 6/下末—7/上 |
| 吉林公主岭 | 4/中下 | 5/中—6/中 | 7/中 | 山东济南 | 3/下 | 4/下—5/下 | 6/下 |
| 辽宁章古台 | 4/上中 | 4/下—6/中 | 7/中 | 河南濮阳 | 4/中下 | 5/上中 | 6/下末 |
| 山西 | 4/上 | 4/中下 | 8/上 | 江苏徐州 | 4/上 | 4/中下 | 6/上中 |
| 宁夏固原 | 4/上 | 4/上—5/下 | 8/上 | 江苏扬州 | 5/下 | 6/中—8/上 | — |
| 北京 | 4/上中 | 4/下—5/下 | 7 月 | 江西南昌 | 3/下末 | 4/上中 | 7/上 |

（4）各虫态历期。卵期：辽宁 5 月温度低，平均历期 18.3 天，6 月温度高，平均历期只有 5.3～9.6 天，山东卵期 10～15 天。幼虫期：辽宁 50～60 天，其中 1 龄幼虫平均 19.3 天，2 龄幼虫平均 15 天，3 龄幼虫平均 31.4 天；山东幼虫期 60 天左右。蛹期：辽宁 16 天左右，山东 15～24 天。成虫寿命：辽宁一般 270～300 天，其中成虫活动期 45～75 天，个别雌虫寿命长达 600 天以上。产卵期 7～66 天，多数为 20～40 天。

（5）越冬。越冬虫态因地而异，东北广大农区以成虫在土层深 30cm 左右处越冬；华北各地则以成虫或幼虫在土中越冬；江苏扬州以幼虫越冬为主，少量成虫越冬；江西南昌以成虫和幼虫在土中越冬，成虫数量略少于幼虫。

（6）寄主。黑绒金龟子食性极杂，除为害山药外，尚能为害大豆、向日葵、甘薯、麦类、玉米、棉麻等农作物以及果树、林木等植物。

（7）分布。黑绒金龟子属偏北方种类，淮河以北种群数量逐渐增多，黄河以北，特别是东北地区，为主要害虫。

### 7.1.3 发生与环境的关系

#### 7.1.3.1 与土壤温度的关系

土壤温度对蛴螬在土壤中活动和为害有明显的影响，北京田间调查，华北大黑金龟子的幼虫，当10cm处土温达到5℃时，幼虫从土壤深处开始向上迁移，平均土温13~18℃，最有利于幼虫活动，多在表土层活动和取食，土温超过23℃，幼虫向土壤深层处迁移，土温下降至5℃时，幼虫开始越冬；河南尉氏等地调查，华北大黑金龟子幼虫，春季10cm深处土温达10℃左右，幼虫从土壤深处向上迁移，土温20℃左右时，幼虫主要在10cm以上耕作层活动和取食，秋季土温下降至10℃以下，幼虫向土壤深处迁移，一般在30~40cm土层处越冬；黑龙江调查，东北大黑金龟子于6月上旬10cm处旬平均土温高于17℃左右，越冬幼虫从土层深处开始上升移动；河北沧州调查，3月中旬至4月上旬，10cm土温10℃左右，幼虫从土壤深处向上迁移，4月中旬，土温达15.6℃，幼虫上升至15~20cm处，取食腐殖质和植物根系，4月下旬至5月下旬，土温上升至17.7~23.9℃，为幼虫最适活动和取食温度，为害最为猖獗，形成第一个为害高峰期，6—8月土温达全年最高温度，老熟幼虫进入化蛹期，新孵化的低龄幼虫大多在5cm左右土层处活动和取食，9月至10月中旬土温下降至20℃左右，且幼虫发育至3龄幼虫期，食量大增，形成秋季为害高峰期，10月下旬至11月上旬土温降至10℃左右，幼虫开始向土壤深处迁移，为害逐渐减轻，11月中旬幼虫迁移至30~40cm土层中，并进入越冬状态。

#### 7.1.3.2 与土壤湿度的关系

金龟子产卵于土中，幼虫终生生活于土壤中，土壤湿度高低对卵孵化和幼虫生长发育有明显的影响，土壤湿度过高或过低，均不利于卵的孵化和幼虫生长发育。最有利卵孵化的土壤湿度为18%，孵化率最高，达75.6%。其次为15%和21%，孵化率分别为60.0%和45.6%。土壤干旱，因卵失水而不能完成胚胎发育，死于胚胎中，土壤湿度为6%和9%时，孵化率分别只有2.1%和11.1%，土壤过湿也不利于卵的孵化，土壤湿度达24%时，孵化率下降到14.4%。土壤湿度高低对幼虫生长发育也有明显的影响，最有利于幼虫生长发育的土壤湿度为15%~18%，在此湿度下幼虫死亡率最低，饲养12天，死亡率只有31.0%；高于或低于此湿度，均不利幼虫生长发育，死亡率随之增加。土壤湿度为0时，饲养12天，死亡率高达100%，在一定湿度范围内随土壤湿度增加，死亡率随之下降，土壤湿度15%时，饲养18天，幼虫死亡率下降至42%，但当土壤湿度增加到24%时，饲养18天，幼虫死亡率高达100%。在田间条件下，如遇降雨或灌溉，土壤表层湿度大，幼虫向土壤深处迁移，暂停活动和取食，如长期下雨、土壤含水量处于饱和状态，幼虫在土壤内做穴室，不食不动；如土壤浸渍3天以上，大部分幼虫因窒息而死亡。

#### 7.1.3.3 与土壤质地的关系

土壤质地对金龟子的影响因种类而异，保水能力较强的黏土有利于华北大黑金龟子的生长发育和繁殖，故黏土低洼地种群数量大，为害重；黑绒金龟子则适于保水能力差的沙土、沙壤土中生活，在该种类型土壤中，种群数量大，为害重。

#### 7.1.3.4　与耕作栽培制度的关系

耕作栽培制度的变动对金龟子的发生和为害也有较大的影响，如河南沿黄河广大农区，过去以种麦为主，蛴螬为害重，大面积种植水稻后，实行稻麦轮作，蛴螬为害明显减轻。

前茬作物种类不同，蛴螬发生和为害程度不同，如前茬为大豆、花生等蛴螬嗜食的作物，田间虫口密度大，残留基数大，对后茬作物为害重，反之，前茬作物为玉米、红薯等蛴螬不嗜食的作物，田间虫口密度低，残留基数小，对后茬作物为害轻。

### 7.1.4　防治方法

#### 7.1.4.1　农业防治

（1）山药收获后，冬前及时深翻土地，将越冬成虫或幼虫翻至地表，使其在冬季低温下冻死或被捕食性天敌捕食，降低发生基数；山药种植前，精耕细作，多耕多耙，通过耕耙等农事操作，直接杀死害虫。

（2）轮作换茬。有条件的地方实行水旱轮作，从根本上解决金龟子为害，无条件实行水旱轮作的地方，前茬应种植蛴螬不嗜食的作物如粟、红薯、玉米等，降低田间虫口密度，减轻为害。

（3）适时灌溉。根据山药生长情况，在蛴螬发生和为害高峰期，适时灌水，对控制低龄幼虫为害特别有效，成虫被淹后浮出水面，便于人工捕杀。

（4）避免施用未腐熟的有机肥和农家肥，能减少金龟子在山药田产卵，减少田间落卵量，减少为害。

#### 7.1.4.2　诱杀防治

华北大黑金龟子、铜绿金龟子、黄褐金龟子、毛黄金龟子、大黑鳃金龟子等，对灯光特别是黑光灯等光源有很强的趋性，在成虫盛发期应用黑光灯、频振式杀虫灯诱杀、减少成虫为害和田间落卵量。金龟子有较强的趋化性，在成虫盛发期将 8~10 根杨树枝捆成一捆，置于山药田，诱杀成虫，也有一定的防治效果。

#### 7.1.4.3　化学防治

药剂防治包括药剂处理土壤、药剂灌根和药剂喷雾。

（1）药剂处理土壤。山药种植前，用 40% 辛硫磷乳剂 300~350ml/667m²、白僵菌或乳状芽孢杆菌等生物农药 3~4kg/667m²、5% 甲萘威粉剂 2~3kg/667m²。上述农药任选一种，拌细干土 25~30kg，与药剂充分拌匀后，施于种植沟内，覆土后种植山药，对蛴螬有良好的控制效果。

（2）药剂灌根。山药生长期特别块茎形成和膨大期，用药剂灌根，是控制蛴螬为害块茎，提高块茎商品率最关键的时期。常用的药剂有 90% 晶体敌百虫 1 000 倍液、40% 辛硫磷乳油 800 倍液、80% 敌敌畏乳油 800~1 000 倍液、20% 氰戊菊酯乳油 800~1 000 倍液、2.5% 溴氰菊酯乳油 800~1 000 倍液。上述药剂任选一种，在蛴螬低龄幼虫期灌根，可将蛴螬杀死在为害之前。

（3）药剂防治成虫。成虫盛发期喷施 40% 辛硫磷乳油 800 倍液、2.5% 溴氰菊酯乳油 1 000 倍液、20% 氰戊菊酯乳油 1 000 倍液，防治效果 80% 以上。

## 7.2 沟金针虫

### 7.2.1 分布与为害

沟金针虫 [*Pleonomus canaliculatus* Faldermann]，又称沟叩头虫、沟叩头甲等，属鞘翅目叩甲科。沟金针虫为亚洲大陆特有种，仅分布亚洲各国。我国北纬 32°～44°、东经 106°～123° 的广大农区均有沟金针虫的发生和为害，其中尤以内蒙古、辽宁、河北、北京、天津、山东、山西、河南、陕西、甘肃、青海、浙北北部、江苏北部、安徽北部等地种群数量多，对农作物为害重，是重要的地下害虫。

沟金针虫成虫和幼虫在地下啃食山药种薯、地下块茎和幼根。虫口密度大时可将种薯吃成许多孔洞，导致种薯腐烂不能出苗，造成缺苗断垄；地下块茎被害后，块茎上出现许多孔洞，严重影响块茎商品率，山药块茎贮藏期间易腐烂变质，损失惨重。

沟金针虫属杂食性农林害虫，除为害山药外，农作物中主要寄主有小麦、大麦、玉米、高粱、小米、甘薯、棉花、豆类、麻类、甜菜以及各种蔬菜，林木中主要为害桑树、果树和林木幼苗。

### 7.2.2 形态特征

成虫。雌虫体长 14～17mm，宽 4～5mm，雄虫体长 14～18mm，宽 3.5mm 左右。雌虫体形扁，雄虫体形较细长。全身密被金黄色细毛。初羽化的成虫黄褐色，后变为深栗褐色。头部扁平、头顶有三角形凹陷。雌虫触角 11 节，略呈锯齿状，长为前胸的 2 倍。雄虫触角丝状 12 节，长达鞘翅末端。雌虫前胸发达，前狭后宽，宽大于长，向背面呈半球状隆起，中央有微细纵沟。鞘翅长为前胸的 4 倍。鞘翅表面有纵沟，并密布刻点和细毛。雌虫后翅退化，但雄虫有后翅。足浅褐色。腹部腹面可见 6 节。

卵。长 0.7mm 左右，近椭圆形、乳白色。

幼虫。初孵幼虫体长 1.8～2.2mm，乳白色，头部和尾部淡黄色。老熟幼虫体长 20～30mm，全体呈黄色至金黄色。头扁平，上唇前缘有齿状凸起。从前胸至第 8 节腹节各节宽大于长，背面正中央有 1 条细纵沟。尾节黄褐色，背面略凹入，其上密布很多小刻点。尾节两侧缘隆起，各具齿状突起 3 个。尾端分叉，并向上弯曲，各叉内侧有 1 小齿。

蛹。蛹体呈纺锤形。雌蛹体长 16～22mm，宽 4.5mm 左右，雄蛹略小于雌蛹，体长 15～19mm，宽 3.5mm 左右。刚化的蛹为淡绿色，后渐变为深色。雌蛹触角短，仅达后胸后缘，雄蛹触角长，达第 7 腹节。前胸背板隆起，呈半圆形，前缘角和后缘角突出部分的尖端均有 1 个剑状长刺。足的腿节和胫节并叠，与体的纵轴略呈直角。跗节下垂。尾端分叉并向上弯曲，各叉内侧均有 1 小齿。

### 7.2.3 发生规律

#### 7.2.3.1 生活史与习性

（1）越冬。沟金针虫以成虫和幼虫在土下 20～40cm 深处土层中越冬，吉林通化冬季温度低，最深可达 80cm 土层中越冬。

（2）发生世代、各代发生期、各虫态历期和为害盛期。沟金针虫在全国各地发生代数，因地而异，吉林通化 2~3 年发生 1 代。土温上升至 9.2℃ 左右，幼虫出蛰，逐渐上移至耕作层，为害农作物。老熟幼虫在土下 15~20cm 处化蛹，蛹期 15~20 天。成虫羽化后当年不出土，在土中越冬，翌年 3 月下旬至 4 月上旬出蛰活动、交尾、产卵。卵期 35~42 天，幼虫 10~11 龄，幼虫期 100 多天，成虫寿命 220 多天。为害高峰期分别出现在 5 月和 10 月上旬。

华北地区，沟金针虫 3 年以上完成 1 代，老熟幼虫于 8 月至 9 月在土中 13~20cm 处化蛹，蛹期 16~20 天。9 月上旬初羽化，羽化的成虫即进入越冬。翌年 3—4 月出蛰活动、觅食、交尾和产卵，卵期 35 天左右，6 月上中旬为孵化盛期，幼虫期最长达 150 天。3—4 月为春季为害高峰期，10 月为秋季为害高峰期。夏季温度高潜入深土层越夏。

甘肃定西临洮海拔 1 886m，温度低，沟金针虫 3 年发生 1 代。春季 10cm 处土温上升至 6℃ 左右，越冬成虫和幼虫开始出蛰活动，老熟幼虫 8 月下旬至 9 月上旬在土中 13~20cm 深处化蛹，蛹期 20 天左右，9 月上中旬成虫开始羽化，并越冬。第 3 年 3 月下旬至 4 月中下旬交尾、产卵。卵期 35 天左右，6 月上旬为孵化盛期，幼虫期最长 150 天左右。3 月下旬至 4 月中旬为春季为害高峰期，9 月下旬至 10 月上旬为秋季为害高峰期。夏季高温来临时，潜入深土层不食不动进入越夏状态。

安徽天长地区，沟金针虫 3 年发生 1 代，全年有两个为害高峰期，即春季为害高峰期和秋季高峰期，如夏季温度不高，秋季温度不低，为害期延长，为害加重。夏季高温期间，潜入深土层越夏。

浙江临安，沟金针虫 2~3 年发生 1 代，3 月中旬至 4 月中旬为成虫出蛰、活动、交尾、产卵期，5 月上旬卵开始孵化，8—9 月老熟幼虫在土下 13~20cm 处化蛹，9 月初成虫羽化，羽化的成虫即进入越冬。3 月下旬至 4 月中旬为全年为害高峰期。夏季温度高，潜入深土层越夏。

福建晋江，沟金针虫 2~3 年发生 1 代。越冬成虫 2 月下旬出蛰活动，3—4 月为全年第一个为害高峰期，4 月开始产卵，6 月初孵出幼虫取食为害，7—9 月土温高，成虫和幼虫潜入深土层越夏，9 月下旬至 11 月上旬土温下降，幼虫上升至表土层活动和取食，为第 2 个为害高峰。

（3）土中垂直活动规律。沟金针虫对温度非常敏感，随着外界环境温度的变化而进行有规律的迁移活动。夏季高温和冬季低温则迁移至土层深处越夏或越冬，只有适温的条件才在耕作层活动、取食、交尾和产卵。早春 10cm 深处土温上升至 6℃ 左右时，越冬成虫和幼虫开始出蛰活动，3 月上旬迁移至表土为害返青的冬小麦或田间杂草，3 月下旬至 4 月 10cm 处平均土温升至 10~16℃ 时，适值春播作物种子萌发和幼苗期，系全年为害最严重的时期。夏季 10cm 深处土温达到 21~26℃ 时，不利沟金针虫的活动和取食，从表土层迁移至温度适宜的深土层栖居，温度进一步升高后即进入越夏。秋后土温逐渐下降，9 月下旬至 10 月中旬 10cm 深处土温降低至 16℃ 左右，成虫和幼虫由深土层迁移至表土层活动和取食，为害秋播作物，为全年第 2 个为害高峰期，10 月下旬土温逐渐降低，对其活动不利，又开始迁移至 20~30cm 深土层越冬。

（4）习性。成虫昼伏夜出，白天潜居在表土或田边、沟边石块下、杂草丛和枯枝落叶等阴暗而潮湿的地方，晚上在表土活动、觅食、交尾和产卵。卵散产，多产于土深 3~7cm 处。每雌一生产卵 100~200 粒。雌虫不能飞翔，行动缓慢，有假死的习性。雄虫飞翔能力较强、行动敏捷。雄虫交尾后 3~5 天即死亡。幼虫终生生活于土壤中，有随土温变化而垂直迁移的习性，夏天高温季节有越夏的习性。幼虫老熟后在土中化蛹。

### 7.2.3.2 发生与环境的关系

（1）与温湿度与降雨量的关系。温度高低影响沟金针虫的活动和取食，降水量和土壤含水量对沟金针虫的发生和为害起着重要的作用。河南登封 2005 年 11 月和 2006 年 3 月降水量较之历年同期分别减少 16.3mm 和 20.5mm，土壤含水量较低，有利沟金针虫的发生和为害，与常年相比，明显加重了对小麦的为害；安徽天长、浙江临安春季适量降雨，土壤湿润，有利沟金针虫活动和取食，为害重，如春季降雨少干旱，表土缺水或降雨多，表土过湿，呈饱和状态，也不利于沟金针虫的活动和取食，为害轻。有利于沟金针虫生长发育、繁殖和活动、取食的土壤湿度为 15%~18%，土温 17℃左右。

（2）与耕作制度及栽培技术的关系。农作物间作套种，长年连作、以及复种指数高的农区，为沟金针虫提供了丰富的食物资源与生长发育和繁殖的生态环境，特别是免耕栽培、化学除草，大大减少了耕耙和中耕除草等农事操作对沟金针虫的直接杀伤作用，有利其种群数量的持续增长，虫口密度大，为害重。而精耕细作的农区，水旱轮作的农区，种植制度单一的农区虫口密度小，危害轻。植被和作物茬口的变化也能影响沟金针虫种群数量变动，如多年种植苜蓿的地块改种禾谷类作物，虫口密度大、为害重。新开垦的荒地在种植农作物的最初几年，沟金针虫虫口密度大，为害重。

（3）与其他因素的关系。有机质含量较低，疏松的沙质壤土有利沟金针虫生长发育、繁殖和活动，虫口密度大，为害重；农田四周杂草丛生，灌木林多，为沟金针虫发生提供了良好生态环境，虫口密度大、为害重；农田施用大量未充分腐熟的农家厩肥，有利其发生和为害。

## 7.2.4 防治方法

### 7.2.4.1 农业防治

（1）精耕细作、深耕多耙，及时中耕除草。通过农事操作直接杀死沟金针虫的成虫、幼虫和蛹，同时将处于土层深处的各虫态翻入表土，通过天敌捕食、太阳暴晒，消灭部分害虫，特别是对蛹和初孵幼虫杀伤作用更大。

（2）轮作换茬。沟金针虫发生特别严重的地块，实行水旱轮作，防治效果特别明显，不能实行水旱轮作的地方，山药与沟金针虫非寄主植物轮作，轮作年限 2~3 年，能明显降低虫口密度。

（3）铲除山药田四周杂草，切断沟金针虫的食物链，减轻为害。

### 7.2.4.2 化学防治

（1）药剂处理土壤。每 667m² 用 40% 辛硫磷乳油 120ml 加适当水稀释喷于 20kg 过筛干细土上，拌匀制成毒土，或每 667m² 用 3% 氯唑磷颗粒剂 1~1.5kg，拌 20kg 干细土制成毒土，均匀撒施山药田表土或定植穴（沟）内覆土后播种山药，药效可持续 30 天以上。

（2）药剂灌根。沟金针虫发生特别严重的地块，药剂灌根防治幼虫效果好，常用的药剂有 40% 辛硫磷乳油 300 倍液、25% 喹硫磷乳油 300 倍液，灌根。

（3）毒饵诱杀。90% 晶体敌百虫 0.5kg + 水 15kg 与炒香的麦麸、豆饼、煮熟的谷子等 50kg 拌匀制成毒饵，于傍晚撒施于山药田土表，每 667m² 用毒饵 3kg，能诱杀大量沟金针虫幼虫和成虫。

## 7.3　细胸金针虫

### 7.3.1　分布与为害

细胸金针虫（*Agriotes fuscicollis* Miwa），属鞘翅目叩甲科。国内分布于南达淮河流域，北至东北地区北部和内蒙古，西至陕西、山西、甘肃、青海等省（区）。

细胸金针虫幼虫春季在土中取食刚播种的山药种薯和幼根，将种薯啃食成许多孔洞，咬死幼根，影响根系正常生长发育，大发生时造成缺苗断垄。山药块根形成后，幼虫钻蛀薯块，将其咬成大大小小孔洞，严重影响山药块茎的商品率，造成较大经济损失。

细胸金针虫除为害山药外，还为害马铃薯、小麦、大麦、谷子、玉米、油菜、甜菜、萝卜、白菜、苜蓿、瓜类以及林木幼苗，特别是对小麦、玉米为害尤为严重，此外野生寄主有刺儿菜、荠菜、酸模、夏至草、野燕麦、播娘蒿等。

### 7.3.2　形态特征

成虫。雌虫体长约 9mm，宽约 2.5mm，雄虫略小于雌虫，体长约 8mm，宽约 2mm。圆筒形、黄褐色，密被暗褐色短毛。雌虫触角仅及前胸背板后缘。前胸背板暗褐色，其后缘有明显的隆起线，鞘翅略带黄褐色，长约为头胸部的 2 倍，上有 9 条纵列线；雄虫触角超过前胸背板后缘，略短于后缘角，前胸背板后缘角的隆起线不明显，鞘翅与前胸背板均为暗褐色。成虫虫体被挤压时，头和前胸能做叩头状活动，故俗称叩头虫。

卵。乳白色、圆形、直径 0.5 ~ 1mm。

幼虫。老熟幼虫体长约 23mm，宽约 1.5mm。长圆筒形，淡黄色有光泽，故称金针虫。头扁平，口器深褐色，第 1 胸节较第 2、3 节稍短。1 ~ 8 腹节略等长，尾节圆锥形、不分叉，近基部两侧各有 1 个褐色圆斑和 4 条褐色纵纹，顶端有 1 个圆形突起。

蛹。体长 8 ~ 9mm，刚化蛹呈乳白色，后变为黄色。

### 7.3.3　发生规律

#### 7.3.3.1　生活史与习性

（1）越冬。细胸金针虫主要以不同龄期的幼虫在 20 ~ 50cm 土层中越冬，亦可以少量成虫在土中或枯枝落叶等隐蔽处越冬。陕西武功以幼虫越冬占越冬总数的 87.14% ~ 98.37%。

（2）发生世代、各代发生期、各虫态历期及为害盛期。陕西武功细胸金针虫一般 2 年发生 1 代，但也有 1 年或 3 ~ 4 年发生 1 代的。室内系统饲养，同一种群或同一雌虫的后裔，在相同饲养条件下，1 年 1 代的占种群总数的 2.78% ~ 3.19%，2 年 1 代的占 71.43% ~ 95.83%，3 年 1 代的占 4.17% ~ 24.64%，极个别个体需 4 年完成 1 代。越冬成虫于翌年 3 月上旬出蛰活动，4 月中旬盛发，6 月上旬终见。5 月上旬进入产卵盛期，5 月下旬末至 6 月上旬产卵终见。4 月中下旬卵期 30 ~ 38 天，5 月上中旬卵期 26 ~ 32 天，

5月下旬至6月上旬温度高，胚胎发育快，卵期最短，只有13～25天；幼虫期，2年1代平均为451天，最长486天，最短127天。1年1代或2年以上完成1代的，幼虫期短于或长于上述天数。6月中下旬始蛹，9月中旬末终蛹。预蛹期4～11天，平均7.5天，7月上旬蛹期8～9天，7月下旬蛹期10～12天，8月中下旬蛹期13～15天，9月温度低，蛹期长达21～22天；成虫羽化后即在土中越冬。成虫寿命，雌虫230～353天，平均285天；雄虫寿命207～353天，平均263天，雌虫寿命略长于雄虫寿命。

陕西咸阳细胸金针虫3月中旬旬平均气温达5.3℃，旬平均10cm处土温7.6～11.6℃时，越冬成虫开始出蛰活动，4月中旬旬平均气温上升到13℃以上，下旬平均土温上升到15.6℃以上进入活动盛期。4月下旬开始产卵，产卵期一直持续到5月下旬末。4月下旬卵期因温度较低，卵期最长37天，最短20天，平均31天，5月上旬温度回升，卵期明显缩短，平均为26天，6月上旬孵化结束。幼虫历期最长487天，最短405天，平均454.4天；蛹期最长19天，最短10天，平均13.4天。成虫寿命最长316天，最短199天，平均261.5天。全世代历期平均754.9天。

甘肃武威、民勤细胸金针虫3年完成1代，少数2年或4～5年完成1代。越冬幼虫于2月下旬开始从土层深处向上移动，3月下旬至4月上旬迁至表土活动和取食，5月上旬进入预蛹期，预蛹期平均14天，最短11天，最长19天，5月中旬末始蛹，6月上中旬为化蛹盛期，8月中旬终蛹。蛹期平均15天，最短11天，最长22天，8月中旬化蛹结束。成虫羽化始于6月上中旬，羽化盛期为6月下旬。成虫寿命最短只有30天，最长达68天，多数为40～50天。8月下旬羽化的少数成虫不能产卵即进入越冬状态，越冬成虫寿命270天左右。6月上旬羽化的成虫，7月中旬始卵、下旬为产卵盛期，8月下旬产卵结束。卵期平均14天，最短8天，最长30天。7月中旬末幼虫始孵。幼虫期最短491天，最长1 490天，平均958.5天，多数需经3年左右才能化蛹。

细胸金针虫在陕西从2月至12月上旬均可为害农作物，为害高峰春季出现在3—5月，秋季为9—11月，其中以春季为害最烈，秋季次之。甘肃武威从3月至10月均能为害农作物，为害高峰春季出现在4月下旬至5月上旬，秋季为害高峰为9月中下旬，其中也以春季为害最烈，秋季次之。春季为害农作物严重的原因有两个：一是越冬幼虫经历了漫长的冬季休眠，体内贮藏的营养物质几乎耗尽，亟待补充营养物质，从而导致食量大增，为害加重；二是越冬的幼虫均为高龄幼虫，食量大，秋季为害的幼虫，既有低龄幼虫又有中龄幼虫和老熟幼虫，低中龄幼虫食量较小，所以为害较轻。

（3）幼虫在土壤中垂直活动规律。细胸金针虫幼虫终生生活于土壤中，对土温变动十分敏感，一年中随土温的变化而做有规律的垂直迁移活动。陕西武功细胸金针虫12月至2月中旬在土深20～40cm处蛰伏越冬，2月中旬旬平均气温达3.9℃，10cm处土温达4.8℃时，开始出蛰活动，有13.16%越冬幼虫迁移至10cm深处土层活动和取食，3月中旬10cm深处土温上升至12.8℃时，64.15%幼虫迁移至10cm以上土层活动和取食，3月上旬至5月下旬10cm深处土温高于7.9～22.8℃时，50%以上幼虫集中在10cm以上土层取食为害，为全年为害农作物最严重的时期。6月中旬至8月下旬10cm深处土温上升到24℃以上时，不利于幼虫活动，大部分幼虫迁移至10cm以下湿土层中活动。9月下旬10cm处土温降至20℃左右，有24%～52%幼虫又迁移至10cm以上表土层活动和为害秋播作物，10月上旬至11月中旬10cm处土温降至12～19.5℃时，80%以上幼虫迁移至

20cm 土层中活动和取食，直至 12 月中旬，旬平均气温降至 1.3℃，10cm 处土温降至 3.5℃时，幼虫迁移至 20 ~ 40cm 土层中潜伏越冬。

甘肃武威 10 月下旬随温度的降低，细胸金针虫幼虫逐渐向深土层迁移，10 月下旬末至 11 月上旬 10cm 处土温由 13.5℃ 降至 5.18℃，幼虫迁移至 31 ~ 40cm 深土层中潜居，11 月下旬至翌年 2 月中旬，土温均在 0℃ 以下，最低土温降至 - 6.3℃，幼虫迁移至 50 ~ 70cm 土层中越冬。翌年 3 月上旬 10cm 深处土温上升到 6.6℃时，越冬幼虫出蛰活动，迁移至土深 30cm 处，4 月上旬随温度上升，迁移至土深 10 ~ 20cm 处活动和取食，4 月下旬至 5 月上旬最为活跃，为害最为严重。5 月中下旬至 8 月上旬 10cm 处土温在 15.5℃ ~ 28.9℃之间，对其活动不利，幼虫逐渐向温度较低土层深处移动，潜居其中。8 月中旬后土温逐渐下降，9 月中下旬土温降至 22 ~ 16℃时，幼虫又向上迁移到 10 ~ 20cm 土层中活动和取食，10 月下旬土温开始下降，幼虫又向温度较高的深土层中迁移，准备越冬。

（4）习性。

**成虫**　羽化出土后需进行补充营养，取食葫芦、番瓜等植物的花瓣、花蕊，也咬食小麦、玉米、马铃薯、白菜等作物的叶片。雌雄成虫最嗜食小麦叶片，尤其喜取食折断的麦茎或其他禾本科杂草茎秆中的甜汁，因取食量小，对小麦等作物无明显为害。雌虫取食不同植物叶片，产卵量不尽相同，最喜取食小麦、油菜、荠菜，平均产卵量分别为 68.2、65.6、62.0 粒；其次为齿果酸模、夏至草、刺蓟、苜蓿，平均产卵量分别为 47.4、39.8、36.0、30.6 粒；取食豌豆、毛茛的产卵量最少，平均在 20 粒以下；成虫嗜食植物和产卵量的顺序为小麦 > 油菜 > 荠菜 > 齿果酸模 > 夏至草 > 刺蓟 > 苜蓿 > 草木樨 > 野燕麦 > 播娘蒿 > 豌豆 > 毛茛。当年羽化的成虫一般昼伏夜出，白天大多潜居土块缝隙、禾本科作物根际附近的土缝内或田埂、沟渠边杂草丛中，18—21 时开始外出活动，以温度 13 ~ 27℃、相对湿度 62% ~ 90%、光照强度 27 ~ 120lx 时最为活跃，黎明前 5：30—6：30 又潜回隐蔽处潜居，凡晴天、无风或微风、闷热的天气，成虫活动时间相应提早。但少数越冬代成虫春季 4—5 月，温度上升到 11 ~ 25℃时，于 11—14 时随温度上升相继出土活动。成虫多在地表或枯枝落叶或土块下交尾，交尾历时 6 ~ 13min，平均 10min。雌雄成虫有多次交尾的习性，一夜最多可交尾 6 次。卵多产于背风向阳、靠近沟渠、杂草多、施用有机肥较多的田块土中，以 3 ~ 7cm 土深处产卵最多，10cm 以下土层未见产卵。每雌一生平均产卵 104 粒，最少的只有 16 粒，卵散产，少数几粒卵连在一起。产卵历期平均 10 天，分多次产卵，第一次产的卵占总卵量的 80% 以上。雌雄性比为 1：0.8，雌虫略多于雄虫。成虫有假死性。遇惊扰即从寄主植物上坠落地表，不食不动；成虫对新鲜而略为萎蔫的杂草有很强的趋好性，晚上多群集其上，特别是在晴热、干燥、无风的天气，此习性表现尤为突出。

**幼虫**　初孵幼虫行动敏捷、善于爬行，寻觅土缝钻入其中活动、觅食。幼虫终身潜居土中，有明显的趋湿性。最喜钻蛀山药块茎、根系以及小麦、玉米等禾本科作物茎基地下部分，潜居其中取食。初孵幼虫有很强的自残习性，老熟幼虫此习性明显减少。陕西咸阳观察，大部分幼虫蜕皮 5 ~ 6 次，少数蜕皮 3 次，多的蜕皮 7 次，幼虫龄期以 5 ~ 6 龄为主，少数 4 龄和 8 龄。

**化蛹**　老熟幼虫在 3.0 ~ 10cm 深的土中，筑一个长 1.7 ~ 2.0cm，高 0.6 ~ 0.8cm 的

长形土室匿居其中化蛹。

### 7.3.3.2 发生与环境的关系

（1）与温湿度及降雨量的关系。温度高低主要影响细胸金针虫幼虫的活动和取食，一般 10cm 深处土温在 7～22℃之间均有利活动和取食，尤以 17℃左右土温最为适宜，土温超过 24℃对活动和取食有抑制作用。土壤湿度和降雨量是影响细胸金针虫种群数量变动的最重要的生态因子，适于成虫产卵的土壤含水量为 13%～19%，尤以含水量 15% 最为适宜，土壤含水量 5%～10% 时，雌虫产卵量大大减少，甚至不产卵，低于 5% 含水量雌虫不产卵，很快死亡。土壤湿度影响沟金针虫和细胸金针虫种群演替，陕西关中渭河以北干旱区以及甘肃河西地区均以沟金针虫为优势种群，细胸金针虫数量少。其后随着水利条件的改善，灌溉面积越来越大，农作物由一年一熟变为一年两熟，作物地灌溉次数增多，土壤长期保持湿润状态，有利于细胸金针虫产卵，卵孵化和幼虫生长发育，而不利于喜干燥环境的沟金针虫生长发育和繁殖，导致沟金针虫种群数量逐年下降，细胸金针虫种群数量则逐年上升，成为优势种群。陕西咸阳在其他条件相同条件下，降雨量多寡是影响年度间细胸金针虫发生数量的主要因子，凡 5 月降雨多，持续时间长，田间土壤湿度大，则有利于细胸金针虫的产卵、卵孵化和幼虫生长发育，种群数量大，为害重。反之，则虫口密度低、为害轻。

（2）与土壤质地及施用农家肥的关系。土壤质地疏松、有机质含量丰富的壤土地虫口密度大、为害重，而沙壤土，虫口密度低、为害轻；农田施用农家厩肥特别是未充分腐熟的农家肥，有利于细胸金针虫的发生，虫口密度大、为害重。

（3）与耕作制度及栽培技术的关系。甘肃调查，小麦连作与小麦套种甜菜、胡萝卜、马铃薯等农作物，有利于细胸金针虫发生和为害。播种前深翻土地、精耕细作的农田虫口密度小、危害轻。初开垦的农田、苜蓿地由于土地翻耕少，虫口密度大、为害重。

（4）与天敌的关系。捕食细胸金针虫成虫的天敌有多种步甲，如金星步甲（Calosoma maderae Chinense Kirby）、多种蟾蜍如中华大蟾蜍（Bufo gargarizans Cautor）以及各种鸟类等，这些天敌综合作用于细胸金针虫成虫，对控制其虫口密度有一定的作用。

## 7.3.4 防治方法

### 7.3.4.1 农业防治

（1）有条件地区或者金针虫发生特别严重的地块实行水旱轮作，通过水淹死土壤中的成虫、幼虫和蛹。

（2）精耕细作。及时春耕、秋耕、伏耕、多次耕耙杀死幼虫和蛹。

（3）细胸金针虫产卵盛期进行中耕除草，将卵翻入土表，阳光暴晒 30min，卵全部不能孵化，死于胚胎中。

（4）堆草诱杀成虫。利用细胸金针虫成虫对杂草和枯枝落叶的腐烂发酵气味有明显趋性的习性，将杂草堆成直径 10～15cm、厚度 9～10cm 的草堆，并在草堆下喷施敌敌畏、辛硫磷等杀虫剂的稀释液，可诱杀大量成虫。诱杀时间在成虫羽化盛期进行。

（5）施用农家肥时必须经过高温堆沤，严禁使用未充分腐熟的农家肥如厩肥等。

### 7.3.4.2 化学防治

土壤处理。每 667m² 用 40% 辛硫磷乳油 120ml 加适量水稀释喷施于过筛的 25kg 细干土上，拌匀，于山药种植前撒施地面，深耙 20cm，使毒土均匀分布于耕作层中。也可用 5% 辛硫磷颗粒剂 2 ~ 2.5kg/667m² 拌细土 25kg 均匀撒施于地表或定植穴内、定植沟内，覆土后再种植山药。

药剂灌根。细胸金针虫虫口密度大、为害严重的地块，可用 40% 辛硫磷乳油 800 ~ 1 000 倍液、90% 晶体敌百虫 800 倍液、50% 二嗪农乳油 500 ~ 600 倍液、2.5% 溴氰菊酯乳油 5 000 倍液、20% 氰戊菊酯乳油 4 000 倍液。上述药剂任选一种在幼虫盛发高峰前，用去掉喷头的喷雾器顺着山药定植穴灌根。

毒饵诱杀。用炒香的麦麸、谷壳、油枯饼 5kg/667m² 与 90% 晶体敌百虫 100g 混合均匀制成毒饵，于成虫盛发期傍晚撒施田间进行诱杀。

## 7.4　小地老虎

### 7.4.1　分布与为害

小地老虎［*Agrotis ypsilon*（Rottemberg）］，异名 *Noctua ypsilon*，属鳞翅目夜蛾科。广泛分布于亚洲、非洲、欧洲、北美洲、南美洲各国，是一种世界性大害虫，国内各省（区、市）均有发生和为害，除西北地区在 250mm 等雨线以西即甘肃张掖以西，种群数量极少外，其他各省（区、市）包括内蒙古西部和河套灌区种群数量大、为害重，尤以沿海、沿湖、沿河以及低洼内涝、土壤湿润地带虫口密度最大，为害最为严重。

小地老虎以幼虫为害近地面的山药种薯、根系、幼苗，虫口密度大时，往往造成整株死亡，导致大面积缺苗断垄。为害山药块茎蛀成孔洞，降低商品率，导致巨大经济损失。

小地老虎是一种杂食性地下害虫，除为害山药外，寄主多达 100 多种农作物、林木苗圃以及杂草，农作物中尤以喜食棉花、瓜类、豆类、禾谷类、麻类、烟草、甜菜、芝麻等，杂草中最喜取食灰菜、小旋花、小蓟等，牧草中最喜取食苜蓿。

### 7.4.2　形态特征

成虫。体长 16 ~ 23mm，翅展 42 ~ 54mm。头胸部暗褐色，腹部灰褐色。雌蛾触角丝状，雄蛾双栉齿状。前翅由内横线和外横线将全翅分为 3 段，内横线内方以及外横线外方多为淡茶褐色，两线之间及近缘部分为暗褐色。肾状纹、环状纹及棒状纹周围各围以黑边。肾状纹外侧凹陷处由 1 尖端向外的黑三角形纹，与外缘线上 2 个尖端向内的黑色楔形斑相对，为本种的重要特征。亚基线、内横线、外横线以及亚外线均为双条曲线，尤以内、外横线最为明显。翅的前缘黑褐色，有 6 个灰白色小点。外缘及其缘毛上各有 1 列（约 8 个）黑色小点。后翅灰白色，翅脉及近外缘茶褐色；缘毛白色，有淡茶褐色线 1 条。

卵。卵高 0.38 ~ 0.44mm，卵宽 0.58 ~ 0.61mm，扁圆形，顶端稍隆起，底部较扁平，棕褐色。初产为乳白色，后渐变为黄褐色，孵化前卵顶上有黑点。卵孔不显著。花冠分 3 层，第一层菊化瓣形，第二层玫瑰花瓣形，第三层放射状棱形。由顶端直达底部的长纵棱 13 ~ 15 根，分 2 岔式或 3 岔式。

幼虫。老熟幼虫体长 41 ~ 52mm，头部褐色，具有黑褐色不规则网状纹，额中央有黑褐色纹。身体灰褐色，体表粗糙，布满大小不一，彼此分离的颗粒。背线、亚背线及气门线均为黑褐色，但不甚明显。前胸盾暗褐色，臀板黄褐色，其上有 2 条明显的深褐色纵带。胸足和腹足黄褐色。气门长卵形，黑色，第 8 腹节气门比第 7 腹节气门稍大。腹足俱全，趾钩单序。第 1 对腹足趾钩 15~21 个，其余各对足趾钩各为 15~26 个。

幼虫一般 6 龄，各龄幼虫形态特征如下。

一龄。体长平均 2.1mm，头宽平均 0.24mm。体绿褐色，体表光滑，粒突大小一致。气门淡褐色、近圆形，前胸和第 8 腹节气门比第 1~7 腹节气门大 1/4。第 1~2 对腹足退化、无趾钩。

二龄。体长平均 4.2mm，头宽平均 0.39mm。体绿褐色，体表粒突较大，大小基本一致，但具棱角。气门形状与一龄相同。第 1 对腹足除少数有很小、发育不全的趾钩外，大多数无趾钩，行动似尺蠖。

三龄。体长平均 7.8mm，头宽平均 0.63mm。体绿褐色，体表粒突比二龄略大，形状差异不显著。气门深褐色，椭圆形，前胸及第 8 腹节气门比第 1~7 腹节气门大 1/6 左右。

四龄。体长平均 14.4mm，头宽平均 1.14mm。体色暗褐色，背面有淡色纵带，体表粒突大小不一，相同排列，棱角较明显。气门同三龄。

五龄。体长平均 23.2mm，头宽平均 1.78mm。体色同四龄，体表粒突大小有较明显的差异，棱角逐渐消失。其余同四龄。

六龄。体长平均 47.5mm，头宽平均 2.56mm。体表粒突大小差异很大，无棱角，其余同五龄。

蛹。体长 18~24mm，宽 6~7.5mm。暗褐色至黄褐色，有光泽。下唇须细长、纺锤形。下颚末端达前翅末端的稍前方。中足不与复眼相接，末端超过下颚末端。前翅达第 4 腹节后缘。腹部第 5~7 节腹面前缘有小而分布较稀的刻点。第 4 节背面前缘中央有 3~4 排圆形和长圆形的凹纹。第 5~7 节前缘有 3~4 排圆形凹纹，越近中央凹纹越密越深，越近侧面则为浅而稀的刻点，气门后面无刻点。腹部末端有黑褐色臀刺 1 对，中间分开。

### 7.4.3 发生规律

#### 7.4.3.1 生活史与习性

（1）越冬。全国各地小地老虎的越冬情况十分复杂，根据 1 月不同等温线将全国划分为 4 类越冬区。一类为主要越冬区，此区位于 10℃ 等温线以南的地区，小地老虎在冬季能正常生长发育和繁殖，无明显越冬现象；一类为次要越冬区，此区位于 4~10℃ 等温线之间的地区，1—2 月温度低于幼虫发育起点温度，发育缓慢，有较多的虫口越冬；一类是零星越冬区，此区位于 0~4℃ 等温线之间的地区，冬季 0℃ 以下温度持续时间较长，冬季小地老虎存活虫量较少；一类为非越冬区，此区位于 0℃ 等温线以北的广大地区，冬季温度低，小地老虎不能安全越冬。

（2）发生世代、各代发生期与为害盛期。小地老虎一年发生代数因地而异，由北到南发生代数逐渐增多。黑龙江北安、克山，内蒙古河套，吉林左家，山西忻州 1 年 1~2 代；辽宁朝阳，北京，河北廊坊、坝县，山西太原，四川凉山、雅安、康定，陕西洋县和内蒙古呼和浩特 1 年以 3 代为主；四川成都，陕西武功，湖北武昌，江苏南京、徐州，河北石家庄，山东济宁，河南郑州、新乡 1 年以 4 代为主；贵州福泉，重庆，湖北江陵、宜昌，湖南长沙，江西南昌 1 年以 5 代为主；广西桂林 1 年以 6 代为主。按纬度划分，北纬 25°以南，1 年 6~7 代；北纬 32°以南、25°以北即长江以南、南岭山脉以北，1 年以 5 代为主；北纬 40°以南、36°以北即长城以南、黄河以北 1 年以 4 代为主；北纬 42°以南、40°以北即长城以北，1 年以 2 代为主；山区海拔越高、有效积温越少，1 年发生代数越少，如湖北竹溪大山区，1 年仅发生 2~3 代，而近邻的襄阳、樊城 1 年发生 4~5 代。

小地老虎 1 年中以越冬代成虫发生量最大，其他各代发生量少。各地越冬代成虫发生期如表 7-3 所示。

表 7-3　不同地区小地老虎越冬代成虫发生期

| 地点 | 发生期（月/旬） | 地点 | 发生期（月/旬） |
| --- | --- | --- | --- |
| 吉林公主岭 | 5/下—6/上 | 浙江杭州 | 3/中—4/上中—4/下 |
| 辽宁沈阳 | 4/上中—4/下 5/上—5/下 | 江西南昌 | 3/上—3/下 4/上—4/中下 |
| 北京 | 4/上—4/中—5/上 | 四川成都 | 2/下—3/下 4/中—5/上 |
| 河北廊坊 | 4/上—4/中下—5/中 | 四川康定 | 4/上—5/中 |
| 河北石家庄 | 4/上—4/中下—5/中 | 重庆 | 2/上中—3/中下—4/上 |
| 山西太原 | 3/下 4/上—4/中下—5/上中 | 广西南宁 | 2/上—2/中—2/下 |
| 山西南部 | 3/上—3/下 4/中—5/下 | 广东广州 | 2—3 月 |
| 陕西武功 | 3/上—3/下 4/中—5/下 | 甘肃无水 | 2/上—5/上 |
| 陕西洋县 | 3/上—3/中下 | 甘肃临夏 | 3/下—5/上 |
| 山东济宁 | 3/上中—4/上中—5/上 | 甘肃武威 | 4/上—5/上 |
| 江苏徐州 | 3/上—3/下 4/上中—5/上中 | 湖北孝感 | 5/下—6/上中 |
| 江苏南京 | 3/上—3/下 4/上中—5/中 | | |

全国多数地区小地老虎以春季 1 代幼虫种群数量最多，为害最重，其他几代数量少，为害轻，甚至几乎不造成为害。全国各地 1 代幼虫发生期如表 7-4 所示。

表 7-4　不同地区小地老虎 1 代幼虫发生期

| 地点 | 发生期（月/旬） | 地点 | 发生期（月/旬） |
| --- | --- | --- | --- |
| 黑龙江 | 6/上—7/上 | 山东济宁 | 4/下—5/上中 |
| 吉林公主岭 | 6/上中 | 江苏南京 | 4/下—5/上中 |
| 辽宁沈阳 | 6/上中 | 江苏盐城 | 5/上中 |
| 辽宁朝阳 | 5/下—6/上 | 浙江杭州 | 4/下—5/上中 |
| 北京 | 5/上中 | 江西南昌 | 4/下—5/中 |
| 陕西洋县 | 3/下—4/上 | 湖南长沙 | 4/下—5/中 |
| 山西代县 | 5/上—5/中—6/下 | 重庆 | 3/下—4/下—5/上 |
| 山西忻州 | 4/下—5/上中—5/下 | 四川攀枝花 | 4/上—4/中下—5/上 |
| 山西南部 | 4/上—5/中 | 广西桂林 | 4/中—5/上 |
| 宁夏固原 | 5/上—6/中 | 广西南宁 | 3/下—4/中 |

广东广州、海南和云南昆明小地老虎不但春季世代发生多，为害重，其他世代亦有较大的数量，为害也较重。广东广州幼虫盛发期和为害盛期分别出现在 3 月下旬至 4 月、11—12 月；海南分别出现在 2 月上中旬和 11 月下旬至 12 月中旬；云南昆明则 3—10 月

虫量多、为害重。

（3）各代各虫态历期。小地老虎各代各虫态历期因温度而异，北京春季卵期18天左右，夏季3~5天；四川攀枝花春季5~6天，夏季2~3天；辽宁朝阳春季5~7天；山东济南1代12~16天、2代4~5天；河南郑州1代6.8天，2代3天，3代3天，4代4天；浙江杭州1~4代分别为6、5、3、4天；重庆1~5代分别为5.3、3.8、2.6、4.9、19.1天。幼虫期，山西太原1代43.3天、2代42天、3代61.6天；浙江杭州1~4代分别为30、24、29、62.5天；重庆1~5代分别为31.5、28.6、22、35、101天。蛹期，北京1代13~14天，山东济宁15~17天，浙江杭州12~18天，湖北襄阳7~8天，广西桂林10~12天，苏北1~5代分别为16.7、16、11.4、11.4、27.5天。成虫寿命，山东金乡1~3代分别为11~16天、9~12天和9~17天；重庆雌虫1~5代分别为15.4、12.9、12.6、14.2、30天，雄虫1~5代分别为11.6、12.6、12.2、13.6、35天。产卵前期一般3~4天，产卵持续5~6天。

在15~31℃恒温条件下，各虫态发育历期随温度升高而缩短，31℃恒温下卵期、幼虫期、蛹期、产卵前期和世代历期最短，分别为2.89天、13.16天、7.98天、2.25天和26.28天，其次为28℃，卵期、幼虫期、蛹期、产卵前期和世代历期分别为3.18天、18.13天、12.82天、2.97天和37.70天。高温和低温均不利小地老虎的生长发育，发育历期延长，34℃时，卵期、幼虫期、蛹期、产卵前期和世代历期均长于31℃的历期，16℃低温条件下生长发育受阻，发育历期明显延长，卵、幼虫、蛹、产卵前期和世代历期分别长达8.24天、42.37天、27.15天、10.43天和88.19天，世代发育期较之在31℃恒温下延长3倍多。

光周期对小地老虎各虫态历期也有明显的影响。在24℃恒温和相对湿度70%的条件下，在0L：24D（L代表光照、D代表黑暗，下同）光周期下，卵历期最长，为3.54天，在24L：0D光周期下，卵历期最短，只有2.79天；光周期对1~2龄幼虫历期无明显影响，对3~6龄幼虫历期则有明显的影响，在24L：0D光周期下，幼虫历期最短，只有20.43天，在相反光周期下，幼虫历期最长，为30.84天；在12L：12D光周期下，蛹历期最长，为19.78天；在24L：0D光周期下蛹历期最短为14.15天；在12L：12D光周期下，成虫寿命最长，为15.23天，在24L：0D光周期下，成虫寿命最短为9.86天。

幼虫取食不同寄主植物对各虫态历期也有明显的影响。幼虫取食白菜的成虫所产的卵历期最短，只有4天，取食玉米的最长为5.33天；幼虫取食大豆的历期最短为43.02天，取食玉米的最长为46.46天；幼虫取食大豆的蛹期最短为11.87天，取食玉米的最长14.17天；幼虫取食玉米的，成虫产卵期最短，只有8.92天，取食大豆的，产卵期最长为11.83天。

（4）抗寒性。温带和寒带地区的昆虫抗寒性大致分为两类：一类为耐寒性，昆虫能在不太低的温度下，有效诱导晶核物质，引起细胞外结冰，从而避免致死性的细胞内结冰；另一类为抗寒性，昆虫通过低温诱导，体内产生抗寒物质，从而降低过冷却点，避免虫体结冰，藉此抵御低温的胁迫。过冷却点和结冰点高低是衡量昆虫对低温抵抗寒冷的一个重要指标，过冷却点和结冰点越低，抗寒能力越强，在寒冷的冬季死亡率越低。小地老虎不同虫态的过冷却点和结冰点不完全相同。卵期平均过冷却点为 -9.5℃，最低为 -16.5℃，在胚胎发育过程中过冷却点有很大变化，发育初期过冷却点低至 -14.5℃，

中期为 -10.4℃，后期为 7.0℃；1~6 龄幼虫平均过冷却点分别为 -8.8、-4.1、-3.6、-3.0、-2.3、-1.2℃；蛹平均过冷却点为 -6.6℃；雌成虫平均过冷却点为 -6.2℃，雄成虫为 -4.6℃，结冰点在蛹期远远高于过冷却点，其他虫期结冰点与过冷却点基本相似。小地老虎不同虫态过冷却点不尽相同，表明不同虫态抗寒能力各异，其中卵的抗寒能力最强，其次为蛹和成虫，幼虫特别是老龄幼虫抗寒能力最弱。小地老虎 6 龄幼虫在 0℃ 致死中时间（$LT_{50}$）为 8 天。

（5）迁飞规律。小地老虎成虫以群体方式进行远距离迁飞，具有明显的季节性迁飞特性，随季风南北往返迁飞。春季越冬代成虫主要由南向北迁飞。迁飞有东西两条路线，东线系从主迁区（华南）迁往华北一带，一般由广东曲江迁往华北，迁飞直线距离超过 1 000km，最远达 1 818km；西线由虫源地迁往西北地区，如从云南砚山迁往甘肃天水，直线距离 1 000km 以上。此外受气流影响，也有东西方向迁飞的，如从四川昭觉迁往武隆，直线迁飞距离 490km。秋季北方温度下降，小地老虎成虫则随季风，由北往南迁飞到南方越冬区越冬。小地老虎不但有远距离水平迁飞的习性，而且还有垂直迁飞的习性。四川通过标记回收实验，成虫可以从海拔 450m 的平原迁飞到海拔 2 500m 的峨眉山顶，垂直迁飞距离 2 050m。

（6）习性。

**成虫** ①羽化。成虫羽化多在 15—22 时，其他时间羽化较少。羽化后白天栖息在阴暗处或潜伏在土壤裂缝、枯枝落叶、杂草丛中，晴天无大风的晚上外出活动、交尾和产卵，以 19—22 时最为活跃。雨天不外出活动。②性比。一般雌性多于雄性，雌性占 56%，雄性占 44%。雌雄性比随环境温度升高而下降，16、20、28、31、34℃ 5 种温度下，雌性分别占 60%、51%、47%、43%、41%。③交尾。羽化 1 天后雌虫性成熟，才开始交尾，交尾多在 0—4 时进行，交尾时间 15~45min。交尾能力（交尾次数，交尾率）受雌雄性比影响大，雌雄性比为 1∶1 时，交尾能力最低，当 1 只雄蛾与 2 只以上雌蛾配对或 1 只雌蛾与 2 只以上雄蛾配对时，交尾能力明显提高。④产卵。交尾后第 2 天开始产卵，卵散产或数粒产在一起，卵多产于低矮、密生的叶蓼、刺儿菜、小旋花、灰菜、酸模菜等杂草上，少数卵产在枯枝落叶上、土壤缝隙中。单雌一生产卵 1 000~2 000 粒，少数雌蛾一生产卵只有数十粒。产卵期 5~10 天，以 5~6 天最为普遍。⑤飞翔能力。应用飞翔测试仪测定结果，小地老虎成虫具有较强的远距离飞行能力，其中尤以 7~9 日龄蛾飞行能力最强，静风条件下累计飞行时间 34~65h，累计飞行距离 550~1 003km，全程飞行速度 3.5~4.3m/s。有明显昼夜飞行节律，以 19∶15—22 时和 1—5 时飞行活动最为频繁。适宜飞行的温度为 10~30℃，19℃ 为最适飞行温度。起飞临界低温为 6℃ 左右，温度超过 38℃ 则不飞行。幼虫期营养不良、成虫期无补充营养，飞行能力明显下降。⑥趋光性。小地老虎成虫对黑光灯有很强的趋性，上灯节律明显，主要集中在下半夜，上灯最大峰值在凌晨 3—4 时，上灯百分比高达 35.36%。⑦趋化性。成虫有很强的趋化性，对香、甜等物质特别嗜好，有趋向这些物质取食的习性。

**幼虫** 幼虫孵化以 12 时左右最多，其他时间孵化较少。1~2 龄幼虫栖息在表土或寄主植物叶片背面、心叶上活动和取食，昼夜均可活动，3 龄后白天潜入表土下 1~2cm 处栖居，夜晚出土活动和为害农作物，以 21—24 时和凌晨 5 时左右在地面活动和觅食最盛，阴天白天也可出土活动，3 龄以前幼虫食量小，仅占幼虫期总食量的 9.6% 左右。幼虫行动敏捷,有假死习性,一遇惊扰即缩成环形。虫口密度大时有自相残杀的习性。有迁移习性,特别是食物短缺或寻找越冬场所时更为明显。幼虫耐饥能力强,3龄前耐饥饿3~4天,3龄后耐饥力长达15天。

**化蛹** 幼虫老熟后多在寄主植物根际、杂草根际处潜入表土3~5cm处,筑土室化蛹其中。其中尤以杂草多、未翻耕的冬闲田和土壤潮湿和腐殖质多的田块虫口密度大,而冬耕田、土壤干燥、无杂草或杂草太多的田块虫量少。

### 7.4.3.2 发生与环境的关系

(1)与温湿度与降雨量的关系。小地老虎生长发育与温湿度和降雨量关系密切。①温度对雌雄性比的影响。小地老虎幼虫生长发育期间,温度高低对雌雄性比有明显的影响,幼虫期温度在16、19和22℃条件下生长发育、羽化的成虫,雌性明显多于雄性,雌雄性比分别为0.60、0.57和0.51,随着温度的提高,雌雄性比大大下降,由16℃时的0.60下降到34℃的0.41。雌虫数量减少,不利于后代的繁殖,产卵量相应减少,为害随之减轻。②温度对产卵量的影响。温度过低或过高均不利于雌虫产卵,最有利于雌虫产卵的温度为25℃,单雌一生产卵最少468粒,最多3 147粒,平均1 626.25粒,其次为22℃,单雌一生平均产卵1 561.73粒(421~2 978粒),再次为28℃,单雌一生平均产卵1 084.13粒(433~2 754粒),低温(16℃)和高温(34℃)均不利雌虫产卵,前者单雌平均产卵只有541.56粒(261~895粒),后者平均为210.24粒(146~437粒)。③温度对各虫态存活率的影响。25℃温度下各虫态存活率最高,卵期、幼虫期和蛹期存活率分别为92.52%、96.61%和95.15%,全世代平均存活率78.75%,高温(34℃)存活率最低,卵、幼虫、蛹和世代平均存活率分别只有47.78%、44.68%、34.61%和14.85%,低温(16℃)对存活率的影响不如高温明显,卵、幼虫、蛹和世代存活率分别83.3%、82.96%、78.36%和42.53%。高温条件下存活率大幅度下降,可能是小地老虎夏季种群数量大幅度减少的原因之一。④降雨对发生量的影响。南方地区特别是长江流域各地4—6月降雨频繁,雨量较大,土壤湿度大,有利其发生,虫口数量多、为害重;北方地区常年灌溉区,虫口数量大、为害重;丘陵旱地,土壤含水量低于15%,不利于小地老虎产卵、卵孵化和幼虫生长发育,低龄幼虫死亡率高,为害轻。土壤含水量15%~20%,最适宜于雌虫产卵、孵化和幼虫生长发育,但降雨量过多,土壤含水量超过20%,对小地老虎有明显抑制作用。

(2)与寄主植物的关系。寄主植物营养状况是影响植食性昆虫生长发育和繁殖的主要因素之一。小地老虎幼虫取食不同寄主植物对成虫产卵量、卵、幼虫和蛹的存活率有明显的影响。幼虫取食大豆叶片的单雌一生产卵量最多,平均为936.47粒,卵孵化最高为76.8%,幼虫和蛹存活率最高分别为71.56%和70.55%;其次为幼虫取食白菜叶片的单雌一生平均产卵582.83粒,卵孵化率平均为77.48%,幼虫和蛹存活率分别为63.73%和64.19%;幼虫取食玉米叶片的雌虫产卵量、卵孵化率、幼虫和蛹存活率最低。表明大豆叶片最能满足小地老虎幼虫生长发育的营养需求,故而成虫产卵量高,卵孵化率、幼虫和蛹存活率高,玉米叶片不能满足小地老虎幼虫生长发育的营养需求,从而影响到后代的繁殖潜能。

田间调查发现,成虫产卵对寄主植物有明显的选择性,在苋菜与其他蔬菜并存时,成虫选择在苋菜上产卵,落卵量明显多于其他蔬菜上的卵量;在蔬菜如辣椒、茄子、番茄等与大田作物如小麦、玉米并存时，成虫喜选择在蔬菜上产卵，落卵量明显多于大田作物；在小旋花、灰菜、小蓟、酸模等杂草与农作物并存时，成虫喜选择在上述杂草上产卵，落卵量明显多于农作物上的卵量，幼虫为害也特别严重。

（3）与光周期的关系。光周期对昆虫主要起一种信息作用。昆虫的生活史、滞育特性、世代交替、成虫迁飞等均与光周期息息相关。①光周期对成虫产卵的影响。成虫处于每天 12L∶12D 的光周期条件下，平均单雌产卵量最大，为 1 428.33 粒，其次在 16L∶8D 光周期条件下，平均单雌产卵量为 1 409.00 粒，在 24L∶0D 光周期下平均单雌产卵最少，只有 357.0 粒，其原因是在此光照条件下成虫寿命最短，死亡率最高。②光周期对卵孵化率的影响。光周期在 12L∶12D 条件下卵孵化率最高，为 96.50%，在 24L∶0D 条件下，卵孵化率最低为 84.33%。③光周期对幼虫存活率的影响。光周期在 16L∶8D 条件下，幼虫存活率最高，平均为 74.39%，其次为 12L∶12D 条件下，幼虫平均存活率为 66.71%，在光周期 24L∶0D 条件下幼虫存活率最低，平均只有 33.52%。④光周期对羽化的影响。在光周期 12L∶12D 条件下，成虫羽化率最高为 90.67%，其次为光周期 8L∶16D 条件下，成虫羽化率平均为 86.55%，在光周期 24L∶0D 条件下，成虫羽化率下降至 57.52%。总体而言，光周期 16L∶8D 最适合小地老虎的生长发育和繁殖。

（4）与土壤质地与地势的关系。一般地势高燥、地下水位低、土壤板结的盐碱地、重黏土、沙质土对小地老虎发生有抑制作用，为害轻；地势较低、地下水较高的沙壤土以及阴凉潮湿，田间覆盖度大，杂草丛生，土壤湿度较大，有利于小地老虎的发生和为害；沿河、沿湖两岸的滩地多为沙质土，有利于小地老虎发生和为害。

（5）与天敌的关系。天敌是抑制小地老虎种群数量持续增长的重要生物因子，各种鸟类、捕食性蜘蛛、步行虫以及寄生性天敌如多种寄生蝇、寄生蜂和寄生真菌综合作用于小地老虎，能在一定程度上抑制种群数量的增长，减轻为害。浙江杭州调查，寄生蝇和寄生蜂的寄生率可达 10% 左右。

（6）与其他环境因子的关系。前茬为绿肥或套种绿肥的，虫口数量多，为害重；山药地四周杂草丛生或靠近林地的，虫口数量多，为害重；土壤肥沃比土壤瘠薄的地虫口数量多，为害重；上年末秋耕地、翌年播种早，靠近渠埂、路边的地块发生为害重；上年秋耕、翌年播种前进行化学除草地发生少，为害轻；靠近村庄、城镇和厂矿地块发生多，为害重。

### 7.4.4 防治方法

#### 7.4.4.1 农业防治

（1）精耕细耙。小地老虎以老熟幼虫和蛹越冬的地区，作物秋季收获后，春季播种前进行深翻土壤，多犁多耙精细整地，杀灭部分越冬幼虫和蛹，特别是秋季翻耕土壤，不仅可通过深耕杀灭幼虫和蛹，而且可将部分幼虫和蛹翻入表土，因天敌捕食、冬季低温杀死大部分幼虫和蛹，防治效果较之春耕更为明显。

（2）及时清洁田园，铲除田间及周围杂草。杂草是小地老虎主要的产卵场所和食料来源，也是春季向作物地迁移为害的桥梁，及时消灭杂草是控制小地老虎为害的重要环节。

（3）及时灌水、杀灭初孵幼虫。

（4）种植诱集作物，如利用小地老虎喜在苋菜、芝麻上产卵的习性，在山药地四周种植少量苋菜等，在山药地里套种芝麻等诱集成虫集中产卵，在卵盛孵期喷药杀死初孵幼虫。

#### 7.4.4.2 诱杀防治

（1）诱杀成虫。诱杀成虫常用的方法有频振式杀虫灯、黑光灯诱杀和糖醋液诱杀。在成虫发生期，于田间安装频振式杀虫灯或黑光灯，灯高于作物上方约 30 cm，每 2～3hm$^2$ 装灯一盏，能杀灭大量成虫；糖醋液诱杀，配制方法为糖：酒：醋：水 = 6：1：3：10，再加少量 90% 晶体敌百虫制成糖醋液，在成虫发生期间，放置 3～5 盆/667m$^2$，每隔 7 天左右更换 1 次诱杀液，诱杀效果十分明显。

（2）毒饵毒土诱杀幼虫。幼虫发生期用毒饵诱杀幼虫也可获得良好的防治效果。毒饵配制方法有如下三种：90% 晶体敌百虫 0.5kg + 水 2.5～5kg 喷在炒香的豆饼、菜饼、麦麸上，拌匀制成毒饵于傍晚撒于作物田土表；40% 辛硫磷乳油 500g 加适量水稀释喷射在 50kg 细土上，拌匀制成毒土，撒施于作物田表土毒杀幼虫。

#### 7.4.4.3 化学防治

（1）药剂喷雾防治幼虫。防治幼虫的药剂有 90% 晶体敌百虫 1 000 倍液、40% 辛硫磷乳油 800 倍液、80% 敌敌畏乳油 1 000 倍液、2.5% 溴氰菊酯乳油 2 000 倍液、2.5% 高效氯氟氰菊酯乳油 1 000 倍液、20% 氰戊菊酯乳油 1 500 倍液、20% 二嗪磷乳油 1 000 倍液等。上述药剂任选一种于小地老虎 1～3 龄幼虫期喷雾防治，防治效果在 90% 左右。

（2）药剂灌根。小地老虎严重发生的地块，用药剂灌根防效显著，常用的药剂有 40% 辛硫磷乳油 150～300 倍液、50% 二嗪农乳油 200～400 倍液。上述药剂任选一种灌根，对小地老虎 3～4 龄幼虫有很好的防治效果。

## 7.5 单刺蝼蛄

### 7.5.1 分布与为害

单刺蝼蛄（*Gryllotalpa unispina* Saussure），以往中文文献称为华北蝼蛄，属直翅目蝼蛄科。国外分布于土耳其、乌克兰、高加索地区、俄罗斯西伯利亚以及蒙古等国家和地区。国内主要分布于北纬 32° 以北的江苏、安徽北部以及河南、河北、山东、山西、陕西、辽宁、内蒙古、吉林、黑龙江、新疆、甘肃、宁夏等省（区、市）。安徽淮北肖砀等地，单刺蝼蛄为优势种，占蝼蛄总发生量的 94.61%，其余为东方蝼蛄。

单刺蝼蛄成虫和若虫均在地下栖居和取食为害，蛀食马铃薯块茎，吃成孔洞，降低薯块的商品价值；为害植株幼苗，造成缺苗断垄；根部受害后呈乱麻状；成虫和若虫在地下活动，将表土挖掘成许多纵横交错的隧道，使马铃薯植株根部与土壤分离，导致植株失水而凋萎枯死。

单刺蝼蛄除为害马铃薯外，其他寄主还有粮、棉、油、菜、瓜类、豆类、果树和林木苗圃的幼苗、中药材等数十种农作物和苗木。河南 20 世纪 60 年代蝼蛄年发生面积 333.3 万 hm$^2$，最多有虫 3 774 头/667m$^2$，最少 273 头/667m$^2$，平均 1 234 头/667m$^2$。由于蝼蛄为害造成农作物缺苗断垄 11% ~ 20%，严重的高达 30% ~ 50%，甚至绝苗改种。

### 7.5.2　形态特征

成虫。雄虫体长 39 ~ 45mm，雌虫体长 45 ~ 66mm。体黄褐色，腹部色较浅。头小，圆锥形，复眼小而突出，单眼 3 个。前胸背板盾形、黄褐色或黑褐色，前缘内弯，背中央有 1 个心形暗红色斑。前足特别发达，适宜在土中开掘前行，基节短宽，腿节略弯、片状，胫节短，三角形、具端刺，便于开掘，内侧有一裂缝为听器。前翅短、黄褐色、平叠在背上，长约 15mm，覆盖腹部的 1/2，后翅长 30 ~ 35mm，纵卷成筒状。雄虫能发音，发音镜不完善。雌虫产卵器退化，中央具 1 个凹陷不明显的暗红色心脏形斑。后足胫节背侧内缘有刺 1 个或缺如，据此特征可与东方蝼蛄相区别。

卵。长 1.8 ~ 2.0mm，椭圆形。初产乳白色，后呈灰色，孵化前深灰色。卵在胚胎发育过程中因吸水膨胀，孵化前卵长 2.4 ~ 2.8mm。

若虫。初孵幼虫体长 3.5 ~ 4.0mm，老熟若虫体长 35 ~ 40mm。初孵若虫头胸细小，腹部肥大，全体呈乳白色，复眼浅红色，后变为淡黑色至土黄色。每蜕皮一次体色逐渐加深，5 ~ 6 龄若虫体色与成虫同色。

雌雄鉴别主要根据前翅翅脉特征。雄虫前翅翅脉 $Cu_2$ 脉明显呈角状弯曲，并与 A 脉愈合成粗大坚硬的音锉，雌虫则不呈角状弯折，亦不愈合成音锉。

### 7.5.3　发生规律

#### 7.5.3.1　生活史与习性

（1）越冬。单刺蝼蛄以成虫和高龄（7 ~ 8 龄）若虫在深土中越冬，入土深度因冬季温度高低而异，黑龙江一般在土深 150cm 左右处越冬，新疆在土深 60 ~ 70cm 处越冬，山西在土深 60 ~ 120cm 处越冬。

（2）发生世代、发生期与为害盛期。单刺蝼蛄生活史长，黑龙江、山西等地 3 年完成 1 代，新疆阿勒泰地区 2 ~ 3 年完成 1 代，河南郑州完成 1 代需 1 131 天。

安徽北部成虫羽化始期 5 月中下旬、6 月下旬至 7 月中旬为羽化盛期，11 月初羽化结束，羽化期长达 180 天左右。雌雄交配盛期为 6 月，7 月末交配结束；产卵始见期 5 月上旬，产卵盛期 6 月下旬至 8 月中旬。始孵期 5 月下旬末，盛孵期 6 月上旬至 8 月下旬。山西 5—7 月交尾产卵，6 月上旬至 8 月为产卵盛期，产卵期持续 30 ~ 120 天。黑龙江始卵期 6 月上旬，产卵末期 6 月下旬至 7 月中旬。

单刺蝼蛄一年有两个为害高峰，春季为害高峰出现在 4 月上中旬至 6 月中下旬，秋季为害高峰出现在 9 月下旬至 10 月中旬。

（3）各虫态历期。黑龙江省卵期 20 ~ 50 天；若虫历期，1 ~ 2 龄 1 ~ 3 天，3 龄 5 ~ 10 天，4 龄 8 ~ 14 天，5 ~ 6 龄 10 ~ 15 天，7 龄 15 ~ 20 天，8 龄 20 ~ 30 天，9 龄部分进入越冬，部分继续生长发育，龄期 20 ~ 30 天，羽化前最后 1 个龄期 50 ~ 70 天。河南郑州卵期最长 23 天，最短 11 天，平均 17.1 天。6 月上中旬和 8 月上旬所产卵历期最短，分别为 14.8 天和 11.3 天；若虫期最长 817 天，最短 692 天，平均 735 天；雌成虫寿命最长 451 天，最短 355 天，平均 382 天；雄虫寿命最长 405 天，最短 278 天，平均 357 天。安徽合肥卵期最长 29 天，最短 17 天，平均 21.6 天；若虫期最长 789 天，最短 456 天，平均 658.5 天，成虫寿命雌虫最长 503 天，最短 386 天，平均 448.5 天，雄虫寿命最长 421 天，最短 148 天，平均 283.7 天。完成 1 世代历期长达 963.8 ~ 1 128.6 天。

（4）种群动态。单刺蝼蛄全年活动规律大致可分为越冬休眠期、复苏活动期、春季为害盛期、夏季越夏产卵期、秋季为害盛期。一般 11 月中下旬温度下降后进入深土层越冬，翌年春季土温回升至 8℃ 以上时，从越冬状态进入复苏期，上升至表土活动，在地表常留有 10cm 左右的隧道，4—5 月进入为害盛期，为害返青的冬季作物和春播作物，6 月中下旬后夏季高温炎热，迁入深土层产卵越夏，8 月—9 月中下旬进入冬前暴食期，贮蓄能量准备越冬。

影响单刺蝼蛄在土壤中垂直活动的因素主要有温度和降水量。皖北 1—3 月温度在 0℃ 以下，地表结冰，耕作层土温过低，越冬蝼蛄入土深度一般达 50 ~ 85cm，最深达 173cm，其后温度回升至 8 ~ 9℃，20 ~ 30cm 土温 10℃ 左右，蝼蛄上升至 40cm 左右土层活动，4 月上旬以后气温和土温进一步提高，蝼蛄上升至 10 ~ 30cm 耕作层活动，为害农作物，直到 10 月下旬、11 月上旬温度下降后，蝼蛄逐渐从耕作层迁移至温度更高的土层越冬。蝼蛄越冬后上升耕作层活动、取食为害，其活动范围因土壤含水量而异，降水多、土壤含水量较高，蝼蛄一般在 20cm 左右深的耕作层栖居和活动，降水少、土壤含水量低，特别是耕作层干旱，不利于蝼蛄生活，则迁移至 30 ~ 37cm 深的土层中栖居和活动。

（5）习性。

**成虫** 成虫白天潜居土中，晚上外出活动、交尾、产卵。1 天中以 22—24 时交尾最盛，交尾历时 2 ~ 3min，最长 5min。雌虫一生交尾多次，一般 2 ~ 5 次，最多 10 次。交尾结束后雄虫迅速逃离雌虫，雌虫在后紧追雄虫，将雄虫咬死后啃食一尽，仅留皮壳。雌虫产卵前用特化的前足在土中挖掘产卵室，产卵室一般位于表土下 15 ~ 27cm 处，若雨后土壤潮湿，产卵室较浅，一般在表土下 5 ~ 8cm 处。产卵室较挖掘的隧道宽阔，形似侧倒的烧瓶状，产卵室长 5 ~ 8cm，宽 5.5cm 左右，高 4cm 左右，进出口口径 2.7cm 左右，卵室内壁光滑。单雌产卵量各地不尽相同。安徽每次产卵 3 ~ 9 粒，单雌一生产卵最少 50 粒，最多 1 072 粒，平均 367.9 粒。黑龙江单雌一生产卵最少 50 粒，最多 500 粒，一般 120 ~ 160 粒。山西单雌一生一般产卵 120 ~ 300 粒，最多 500 粒，产卵持续 30 ~ 120 天。雌虫有护卵、哺幼习性，产卵后一直守护在卵室内，直至若虫孵化发育至 3 龄营独立生活后，雌虫才离开卵室。雌虫有很强的趋光性、趋化性。温度 20℃ 左右，风速小于 1.5m/s，雨前闷热的夜晚，对黑光灯有很强的趋性，可诱集大量蝼蛄雌虫。成虫对香味、甜味、未充分腐熟的厩肥也有很强的趋性。

**若虫** 初孵幼虫只能爬行，不甚活跃，1 ~ 2 龄若虫群居，3 龄后开始分散觅食。若虫脱皮前不甚活动，临近脱皮时不食不动，脱皮后 2 ~ 3 天呈静止状态，有将脱下的皮吃掉的习性。若虫白天栖息于土中，不到地表活动，18—19 时从土中爬出地面觅食，20—22 时活动最为频繁，黎明前 2—3 时又潜入地下隧道静伏。若虫喜食煮至半熟的谷子、炒香的豆饼、麦麸。

### 7.5.3.2 发生与环境的关系

（1）与温度与土壤含水量的关系。单刺蝼蛄终身生活在土壤中，对土壤温度的变化十分敏感，旬平均温度降低至 6.6℃ 左右，由表土层潜入温度较高的深土层越冬，土温

16～20℃时最有利于单刺蝼蛄的生长发育、活动和取食，为害猖獗；久旱不雨，土壤含水量低，干燥的土壤不利于蝼蛄的生长发育和取食为害。土壤潮湿，含水量22%～27%最有利蝼蛄生活和取食，为害重。

（2）与土壤与地形的关系。单刺蝼蛄喜选择轻度盐碱地、沙壤地、壤土、腐殖质多的薯田产卵和活动，此类薯田虫口密度大，为害重；黏土薯田产卵少、不利活动，虫口密度低，为害轻；水浇地薯田产卵多，为害重；村庄附近薯田虫口密度大，为害重，远离村庄的薯田，虫口少，为害轻；干旱地区或干旱季节蝼蛄喜选择水沟边、过水道两旁、雨后积水处产卵和活动；平原地区选择沿海、沿河、湖边、池塘边产卵和活动。根据蝼蛄产卵和活动规律，加强上述场所蝼蛄的防治，将其消灭在薯田之外，减轻蝼蛄对马铃薯等农作物的为害。

### 7.5.4 防治方法

#### 7.5.4.1 农业防治

（1）薯田避免施用未充分腐熟的厩肥，以免引诱蝼蛄成虫集中为害。

（2）薯田深耕细耙，直接杀死蝼蛄，破坏蝼蛄栖居洞穴，杀灭卵和低龄若虫。

#### 7.5.4.2 物理防治

灯光诱杀。单刺蝼蛄对黑光灯有较强的趋光性，于雌虫盛发期在晴朗、无风、闷热的晚上开灯诱杀雌虫。为了提高诱杀效果，诱虫灯下放置炒香的麦麸、豆饼毒饵，杀虫效果更佳。

#### 7.5.4.3 生物防治

毒饵诱杀。单刺蝼蛄成虫和若虫有强的趋化性。在成虫和若虫盛发期用毒饵诱杀效果明显，能有效降低田间虫口密度，减轻为害。毒饵的饵料有炒香的豆饼、麦麸、谷糠等，将50kg饵料＋90%晶体敌百虫0.5kg＋5kg温水制成毒饵，于傍晚撒于薯田，每667m² 薯田撒施毒饵4～5kg，可诱杀大量蝼蛄。薯田保持湿润状态诱杀效果更好。

#### 7.5.4.4 化学防治

毒土毒杀。单刺蝼蛄为害严重的薯区，马铃薯播种时每667m² 用5%辛硫磷颗粒剂2～2.5kg拌细干土30～40kg，撒施于播种沟内后覆土；亦可每667m² 用40%辛硫磷乳油250～300ml拌干细土30～40kg，充分拌匀，于马铃薯播种时撒施播种沟内，然后覆土，能有效控制单刺蝼蛄的为害，且可兼治金针虫、蛴螬等多种地下害虫。

## 7.6 东方蝼蛄

### 7.6.1 分布与为害

东方蝼蛄（*Gryllotalpa orientalis* Burmeister），以往有些中文文献称为非洲蝼蛄，学名误定为 *G. africana* Palisot et Beauvois，属于直翅目蝼蛄科。主要分布于亚洲各国，国内全国各省（区、市）均有发生和为害，属广跨种类，长江以北与单刺蝼蛄混杂发生，长江以南广大农区则全为东方蝼蛄，其中尤以南方农区、海河流域、淮河流域和甘肃、宁夏等地种群数量大，为害重。

东方蝼蛄属典型的地下害虫，成虫和若虫均生活在地下，为害农作物、果树苗木、树苗。若虫和成虫啃食幼苗、幼根、幼茎和刚播下的种子。取食马铃薯块茎时将其啃食成洞，严重影响薯块质量，降低商品率，并诱发软腐病，使其腐烂变质。取食根部时，用前足撕裂根茎成乱麻状，造成缺苗断垄，同时成虫和幼虫在表土活动时，造成大量纵横交错的隧道，使农作物幼苗根部与土壤分离，导致幼苗失水而枯萎死亡。

东方蝼蛄除为害马铃薯外，主要为害小麦、玉米、高粱、粟、花生，还能为害棉花、黄麻、甘薯、洋葱、芝麻、豌豆、白菜、萝卜、芥菜、甜菜、菠菜、南瓜、西瓜、黄瓜、甜瓜、冬瓜、苋菜、韭菜以及苹果、梨、桃、葡萄、柑橘、杉树、落叶松、红松、樟子松等果树林木刚播下的种子和幼苗，特别是育苗期的幼苗为害更为严重。在水稻种植区，缺水的稻田中东方蝼蛄成虫和若虫将靠近田边的水稻嫩茎咬断，断口呈丝状，导致水稻植株枯死。野生寄主有狗尾草、马唐、雀稗、画眉草、君达菜、地肤、灰灰菜等。

### 7.6.2 形态特征

成虫。体长 30～35mm；灰褐色，腹部色较浅，全身密被细毛；头部圆锥形，触角丝状；前胸背板卵圆形，中间有 1 个暗红色长心脏形凹斑；前翅较短，灰褐色，后翅扇形较长，超过腹部末端；前足特化为开掘足，后足胫节背面内缘有刺 3～4 个。

卵。椭圆形，初产呈乳白色，3 天后变为乳浊色，孵化前 2 天为土黄色，卵的一端出现红色眼点。初产卵长 2.8mm，在胚胎发育过程中吸水膨大，孵化前卵长 4mm 左右。

若虫。初孵幼虫乳白色，孵化后 4～15min，体色由灰白-灰褐-黄褐色。1～2 龄若虫无翅，体长 0.6～0.8mm，3 龄若虫翅芽外露，体长 1mm 左右，4～5 龄若虫翅芽明显外露，长达第 1 和第 2 腹节处，体长 1.25～1.5mm，6～9 龄若虫翅芽长达第 3～4 腹节，体长 1.82～1.87mm.

雌雄鉴别同单刺蝼蛄。

### 7.6.3 发生规律

#### 7.6.3.1 生活史与习性

（1）越冬。东方蝼蛄全国各地均以成虫和若虫在土洞中越冬，江苏北部丰县以若虫越冬为主，占 70%～80%，江西南昌成虫和若虫越冬的各占一半，我国台湾、广东大部分以若虫越冬。

（2）发生世代、各代发生期与为害盛期。我国南方农区东方蝼蛄一年发生 1 代，北方农区如河南新乡、山东聊城少数一年发生 1 代，绝大多数二年 1 代，广东广州、重庆一年 2 代。

越冬成虫产卵期。北京 5 月中下旬至 7 月下旬，河北沧州 6 月上旬，四川成都 4—5 月，湖北武昌 5 月，江西南昌产卵盛期 4 月下旬至 5 月下旬，江苏徐州和河南新乡产卵期 5 月末至 9 月初，盛期在 6—7 月，河南新乡 6—7 月产卵最多，产卵量占全年产卵量的 84%。

越冬若虫羽化期。黑龙江齐齐哈尔越冬若虫 7 月下旬末至 8 月初开始羽化，一直持续到 9 月中旬，北京羽化盛期 5 月上中旬，江西南昌盛期 5 月下旬至 6 月中旬，上海、成都 5—6 月羽化，安徽合肥始羽出现在 3 月上旬，4—5 月羽化较多，一直持续到 6—7

月，河南新乡当年羽化为成虫的羽化期出现在 9—10 月，隔年羽化为成虫的羽化始期为 4 月，盛期在 8—9 月，占全年羽化总数的 69.56%，羽化末期 10 月。

灯下成虫盛发期。吉林公主岭为 5 月中下旬，河北沧州 5 月中旬至 8 月底，山东菏泽 5 月至 6 月和 8 月至 9 月，江苏淮阴 6 月上旬至 7 月中旬以及 9 月上旬至 10 月上旬。江苏徐州夏季盛发期最早 4 月下旬至 5 月中旬，最迟 6 月中旬至 7 月中旬；秋季盛发期最早 8 月下旬至 10 月上旬，最迟为 9 月上旬至 10 月上旬。江西南昌 6 月上旬至 7 月上旬，广东广州 4 月下旬至 5 月下旬，以及 8 月中旬至 9 月上旬。

黑龙江东方蝼蛄全年以 5 月下旬至 6 月中旬为害农作物和苗木最为严重，一年中只有一个为害高峰，长城以南全年有两个为害高峰，分别出现在春季和秋季。河北衡水、沧州，山东聊城等地，春季 4 月上旬为害小麦，5 月上旬为害春播作物，以 5 月为害最为严重；秋季 9 月上中旬为害早播冬小麦，9 月下旬至 10 月上旬为害最为严重。江苏北部的淮阴，春季 3 月中下旬开始为害，4 月上中旬为害最烈。湖北武昌和上海，春季为害最严重的时期为 3—4 月，秋季则为 10—11 月。

（3）各虫态历期。东方蝼蛄卵期长短因温度高低而异，河南郑州 5 月平均室温 24.8℃，卵期最长 45 天，最短 15 天，平均 26 天；6、7、8 月平均室温分别为 27.0、27.9、27.1℃，平均历期分别为 16.6、17.7、16.8 天，最长 25 天，最短 12 天；9 月平均室温下降至 23℃，平均卵期 43 天，最长 59 天，最短 16 天。

若虫龄期最少 6 龄，最多 10 龄，7 龄若虫占 49.01%，8 龄幼虫占 43.71%，两者共占 92.72%，6 龄和 9 龄若虫分布占 1.99% 和 4.64%，10 龄若虫占 0.66%。当年孵化的若虫并于当年羽化为成虫的占 31.8%，若虫历期 95～176 天，平均 129.8 天；当年孵化并于翌年羽化为成虫的占 68.2%，若虫历期最长 427 天，最短 229 天，平均 334.6 天。各龄若虫历期 1 龄 11～29 天，平均 17.6 天；2 龄 6～12 天，平均 8.8 天；3 龄 6～19 天，平均 9.2 天；4 龄 7～26 天，平均 10.5 天；5 龄 9～34 天，平均 12.9 天；6～10 龄平均历期分别为 17.2、32.2、47.8、59、12 天。5～9 龄越冬若虫历期分别为 198、255.8、243.1、228.7、218 天。

成虫寿命当年羽化的寿命雄虫 184～345 天，平均 251.2 天，雌虫 212～356 天，平均 250.7 天，雌雄成虫平均寿命 251 天；翌年羽化的成虫寿命雄虫 5～275 天，平均 118.6 天，雌虫 9～328 天，平均 110.3 天，雌雄平均寿命 114.5 天。

河南郑州东方蝼蛄完成一个世代需 387～417 天。河南新乡少数一年 1 代，跨两个年度完成一个世代需 390 天左右，多数两年 1 代，跨三个年度完成一世代需 740 天左右。

四川成都卵期 21～30 天；江西南昌卵期 20 天左右，非越冬若虫历期 180 天左右，越冬若虫历期 300 天以上，共 8～10 龄；我国台湾雌成虫寿命 57～158 天，雄成虫 35～1 160 天。

（4）土中垂直活动规律。东方蝼蛄雌虫和若虫生活在土壤中，卵亦产在土壤卵室中，气温和土壤温度变化是左右其在土中垂直活动的主要生态因子。河南郑州，11 月上旬当平均气温和 20cm 处土壤温度分别下降到 11.94℃ 和 11.25℃，成虫、若虫停止活动和取食，进入越冬状态，直至翌年 2 月下旬。越冬洞穴最浅 20cm，最深 82cm，一般越冬洞穴深度为 40～60cm；翌年 2 月上中旬气温和土温逐渐回升至 5℃ 以上，越冬成虫和若虫开始复苏，由较深洞穴上升到 36cm 深处筑洞栖居，直至 3 月上旬，进一步上升至 31cm 处筑洞栖居和活动，白天中午温度超过 10℃ 以上，出土活动和取食，为害小麦等作物幼苗；4 月上旬至 5 月初，气温和土温分别回升至 12.8 ~ 25.1℃ 和 14.9 ~ 26.5℃，成虫和若虫上升至 15cm 土层筑洞栖居，活动于地表，啃食小麦和春播作物，系全年为害最严重的时期；6—8 月是全年温度最高的时期，一般气温高达 23 ~ 33.5℃，洞穴和卵室最浅，洞穴深度 15cm 左右，卵室深度 11cm 左右，成虫和若虫经常出没土表，啃食夏播作物幼苗，也是产卵最多的时期，占全年产卵量的 82% 左右。此时由于温度高，成虫和若虫多在晚上活动和取食，是防治最佳时期；8 月中旬开始，温度逐渐下降，新羽化的成虫和 6 月繁殖的若虫已发育至 3 龄以上，进入暴食期，积累能量，准备迁入深土层筑洞越冬。

（5）习性。

**成虫**　河南新乡若虫当年羽化为成虫，羽化期为 9—10 月，若虫隔年羽化为成虫的羽化期在 4 月，羽化盛期 8—9 月，占全年羽化总数的 69.56%，羽化末期为 10 月。江苏徐州和河南新乡，东方蝼蛄产卵始期为 5 月，末期为 9 月上旬，产卵盛期在 6—7 月。河南新乡 5—9 月，雌虫产卵百分率分别为 8.1%、39.8%、44.2%、7.8% 和 0.1%，以 6—7 月产卵最多，占全年总产卵量的 84.8%。雌虫产卵前，在土中挖一个椭圆形卵室，卵室长 2.5 ~ 3.0cm，高 1.0 ~ 1.3cm，卵室距地表最浅 3cm，最深 30cm，平均 11.9cm。在土层中卵室分布，3 ~ 5cm 土层中卵室最少，占 3.23%，5 ~ 10cm 处占 47.2%，11 ~ 15cm 处占 28.6%，16 ~ 20cm 处占 13.9%，21 ~ 25cm 处占 4.5%，26 ~ 30cm 处占 1.22%。雌虫产卵于卵室后，用虚土将卵室通向隧道的口封闭，雌虫守护在距卵室 3 ~ 5cm 的一侧。雌虫一生产卵 2 ~ 7 次，一次产卵 5 ~ 61 粒，平均 30 粒。单雌一生总产卵量平均 100 粒左右。雌虫有趋光性、趋香性和趋向未腐熟厩肥的习性。

**若虫**　若虫共 6 ~ 10 龄。孵化后 9min 开始分散活动，在卵室附近疏松的土壤中开挖洞穴，营独立生活，2 ~ 3 龄挖洞深度一般为 5 ~ 15cm，越冬若虫洞穴深度 20 ~ 50cm。

东方蝼蛄虽然食性很杂，但对不同寄主植物的嗜食性不尽相同，在供食的禾本科、旋花科、胡麻科、豆科、十字花科、大戟科、苋科、藜科、葫芦科 9 科 30 种农作物和野生杂草中，最嗜食小麦、大麦、粟、狗尾草、马唐、画眉草，其次为玉米、高粱、甘薯、芝麻、雀稗、君达菜、灰灰菜、地肤，其他作物如水稻、花生、豌豆、南瓜、甜菜、白菜、苋菜、西瓜、黄瓜、冬瓜以及绿苋等杂草仅偶尔取食为害。

### 7.6.3.2　发生与环境条件的关系

（1）与温湿度的关系。东方蝼蛄对温湿度有一定要求，平均地温 14 ~ 20℃、土壤湿度 22% ~ 27% 条件下有利于生长发育和繁殖，土温低于 5 ~ 7℃ 即停止活动，性喜潮湿温暖的气候条件。河南郑州实行麦稻两熟制之前，麦田每平方米有蝼蛄 0.8 头，以单刺蝼蛄为主，占 92.2%，实行麦稻两熟制以后，每平方米平均有蝼蛄 22.7 头，东方蝼蛄种群数量大幅度上升，占总数的 99.8%，单刺蝼蛄仅占 0.2%。

（2）与土壤质地的关系。东方蝼蛄喜选择腐殖质多的壤土、沙壤土栖居、产卵，这种类型的土壤虫口密度大，为害重。腐殖质少的黏土、黄红壤土，保水能力差，易干燥、板结，不利于蝼蛄栖居、活动，虫口密度低，为害轻。

### 7.6.4　防治方法

参见单刺蝼蛄防治方法。

## 参考文献

阿扎提别克·多肯.2015.华北蝼蛄在阿勒泰地区苗圃基地发生情况及防控措施 [J]. 现代园艺 (9)：68.

蔡邦华，黄复生.1963.黑绒金龟子初步研究 [J]. 昆虫学报，12 (4)：490-505.

蔡及镇.2010.沟金针虫发生与防治 [J]. 福建农业 (2)：20-21.

程瑾.2014.华北蝼蛄对苗圃地的危害及其防治方法 [J]. 农民致富之友 (7)：84.

褚艳娜，王琼，李静雯，等.2014.光周期对小地老虎生长发育及繁殖的影响 [J]. 应用昆虫学报，51 (5)：1268-1273.

党志红，高占林，李耀发，等.2009.17种杀虫剂对细胸金针虫的毒力评价 [J]. 农药，48 (3)：213-214，232.

邓志刚，薛俊华，宋威.2012.沟金针虫的生活习性及防治 [J]. 国土绿化 (1)：43.

郭士英，陈光华，侯建雄，等.1985.武功地区细胸金针虫 (*Agriotes fusicollis* Miwa) 生活规律与防治的研究 [J]. 西北农林科技大学学报：自然科学版 (4)：1-14.

郭士英，陈光华，侯建雄，等.1985.武功地区细胸金针虫生活规律与防治的研究 [J]. 陕西农业科学，(3)：7-8，14.

郭素敏，张哲.2010.忻定盆地小地老虎发生为害特点初探 [J]. 中国农技推广，26 (12)：40-42.

何振贤，郭更博，刘子卓.2006.沟金针虫成灾因素分析及综合治理对策 [J]. 河南农业科学 (11)：63-64.

黄国洋，王荫长，尤子平.1992.五种地老虎幼虫抗寒性的比较研究 [J]. 南京农业大学学报，15 (1)：33-38.

贾佩华，曹雅忠.1992.小地老虎成虫的飞翔活动 [J]. 昆虫学报，35 (1)：59-65.

姜丰秋，姜达石.2009.华北蝼蛄的生物学特性及防治技术 [J]. 林业勘探设计 (2)：86-88.

康乐.1993.我国的"非洲蝼蛄"应为"东方蝼蛄"[J]. 昆虫知识，30 (2)：124-127.

李卫东.2013.长沙市和临湘县小地老虎的发生规律与防治方法 [J]. 湖南农业科学 (9)：74-76.

刘长富，张新虎，冯玉波，等.1989.甘肃河西地区细胸金针虫为害及发生规律的研究 [J]. 植物保护学报，16 (01)：13-19.

刘朝晖.2011.朝阳地区小地老虎越冬虫态观察 [C] //辽宁省农林业无害化生产技术研讨会论文集. 辽宁省昆虫学会.

牛赡光，罗益镇，邢佑博，等.1992.沟金针虫对春播马铃薯田危害特性及防治研究 [J]. 中国马铃薯，6 (3)：160-162.

潘涛，马惠萍.2006.细胸金针虫的发生规律及防治技术研究 [J]. 甘肃农业科技 (8)：29-30.

史高川，董晋明，张卫民，等．2017．山西晋南小地老虎越冬代成虫发生量与环境因子的关系［J］．植物保护，43（2）：183-187，207．

王长政．1990．小地老虎越冬、迁飞与预测预报的研究［J］．病虫测报（4）：10-16．

王荫长，陈长琨，尤子平．1987．小地老虎抗寒能力的研究［J］．植物保护学报，14（1）：9-14．

向玉勇，刘同先，张世泽．2018．温湿度、光照周期和寄主植物对小地老虎求偶及交配行为的影响［J］．植物保护学报，45（2）：235-242．

向玉勇，杨康林，廖启荣，等．2009．温度对小地老虎发育和繁殖的影响［J］．安徽农业大学学报，36（3）：365-368．

向玉勇，杨茂发，李子忠．2010．交配对小地老虎成虫寿命和繁殖的影响［J］．四川动物，29（1）：85-86+104．

向玉勇，杨茂发．2008．小地老虎的交配行为和能力［J］．昆虫知识，45（1）：50-53．

徐培桢，何荣蓉，张新盛，等．1988．四川峨眉山小地老虎垂直迁飞与气候的关系［J］．四川农业学报，3（1）：7-13．

徐张芹．1998．沟金针虫的发生与防治［J］．安徽农业（8）：20．

许春远，冯淑婴．1982．华北蝼蛄生活史的研究简报［J］．植物保护学报（1）：48．

许春远，刘绍清，周存仁．1982．华北蝼蛄生物学特性和药剂拌种防治的研究［J］．安徽农业科学（3）：82-85．

薛淑珍，张范强，纪勇，等．1985．细胸金针虫的初步研究［J］．陕西农业科学（3）：9-11．

于桂华，闻宝莲，刘钊，等．2000．东北大黑鳃金龟生物学习性及防治技术［J］．林业科技，25（3）：25-26．

张范强，薛淑珍，纪勇，等．1987．华北大黑金龟子生活习性观察［J］．陕西农业科学（3）：28-29．

张红英，侯福荣，刘瑞玲．2011．几种金龟子的发生规律及综合防治［J］．植物医生，24（5）：27-28．

张林林，李艳红，仵均祥．2013．不同寄主植物对小地老虎生长发育和保护酶活性的影响［J］．应用昆虫学报，50（4）：1049-1054．

张行国，贾艺凡，温洋，等．2017．粘虫、小地老虎和棉铃虫三种鳞翅目害虫上灯行为节律研究［J］．应用昆虫学报，54（2）：190-197．

张治体，章丽君，赵长斌，等．1981．华北蝼蛄生活史观察［J］．植物保护（4）：10-11．

章有为．1964．中国齿爪金龟子的分类研究 I［J］．动物分类学报，2（1）：139-152．

钟启谦，齐瑞霖，魏鸿钧．1960．地下害虫防治研究 V：朝鲜黑金龟（虫甲）*Holotrichia diomphalia* Bates 及其他几种金龟（虫甲）的生态和习性研究［J］．昆虫学报，10（2）：201-213．

周洪旭，谭秀梅，李长友，等．2009．营养和湿度对华北大黑鳃金龟生长发育和生殖的影响［J］．华北农学报，24（4）：201-204．

# 附　录

## 马铃薯病害名录

**1. 马铃薯早疫病**（夏疫病、轮纹病、干枯病）

病原　*Alternaria solani*（Fll. Et Mart.）Jones et Grout

分布：全国多数省（区、市）

**2. 马铃薯炭疽病**

病原　*Colletotrichum coccdes*（Wallr.）Hughes，异名 *C. atramentarium*（Berk. et Br.）Taub.

分布：浙江、山东、河北、甘肃、新疆、吉林、黑龙江、贵州

**3. 马铃薯枯萎病**（马铃薯镰刀菌萎蔫病）

病原　*Fusarium oxysporum*　分布：广东、贵州、河北、山西、甘肃、宁夏、新疆、内蒙古

　　　*F. solani*　分布：广东、黑龙江、宁夏、甘肃、山西、内蒙古、河北、新疆

　　　*F. moniliforme*　分布：贵州、河北、新疆、内蒙古

　　　*F. tricinctum*　分布：广东、山西、甘肃、内蒙古、宁夏

　　　*F. sambucinum*　分布：贵州、内蒙古

　　　*F. avenaceum*　分布：甘肃、新疆

　　　*F. acumiatum*　分布：山西

**4. 马铃薯干腐病**

病原　*Fusarium solani*　分布：浙江、黑龙江、甘肃、山西、内蒙古、宁夏

　　　*F. solani* var. *coeruleum*　分布：浙江、黑龙江

　　　*F. moniliforme*　分布：浙江、河北、甘肃

　　　*F. moniliforme* var. *intermedium*　分布：浙江

　　　*F. moniliforme* var. *zhejiangense*　分布：浙江

　　　*F. sambucium*（有性阶段），*F. sulphureum*（无性阶段）　分布：山西、甘肃、黑龙江

　　　*F. trichothecioides*　分布：浙江、黑龙江

　　　*F. oxysporum*　分布：浙江、甘肃

　　　*F. oxysporum* var. *redoles*　分布：浙江

　　　*F. equiseti*　分布：甘肃、山西、河北、海南、贵州、山东、辽宁、吉林、浙江、湖南、云南、四川、河南

　　　*F. tricintum*　分布：甘肃

　　　*F. cauminatum*（无性阶段），*Gibberella cauminatum*（有性阶段）　分布：甘肃、新疆

*F. culmorum*　分布：新疆

*F. avenaceum*　分布：黑龙江

*F. sporotrioides*　分布：黑龙江

*F. semitectum*　分布：广东、海南、云南、甘肃、四川、福建、陕西、新疆

*F. ploliferatum*　分布：内蒙古、黑龙江、新疆、河南、青海、河北、江苏、安徽、浙江、湖南、广西

*F. scirpi*　分布：云南

**5. 马铃薯晚疫病**

病原　*Phytophthora infestans*（Mont）de Bary

分布：全国各省（区、市）

**6. 马铃薯黑痣病**（丝菌核病、茎基腐病、立枯丝菌核病、黑痂病）

病原　*Rhizoctnia solani* Kuehn（无性阶段），*Tanatephorus cucameris*（Fyank）Donk（有性阶段）

分布：东北、华北、西北、华东、华南

**7. 马铃薯疮痂病**

病原　*Streptomyces diastatochromogenes*　分布：山东、甘肃、陕西

*S. turgidicabies*　分布：陕西、甘肃、黑龙江

*S. scabies*　分布：山东、陕西、河北、山西、甘肃、四川、内蒙古、黑龙江

*S. enissocaesilis*　分布：陕西、甘肃

*S. bobili*　分布：河北、山西、黑龙江、内蒙古、四川

*S. galilaeus*　分布：河北、山西、内蒙古

*S. setonii*　分布：山东

*S. acidiscabies*　分布：河北、黑龙江

*S. europaescabies*　分布：黑龙江

**8. 马铃薯粉痂病**

病原　*Spongospora subterranean*（Wallk）Lagerh

分布：江西、福建、广东、广西、浙江、江苏、湖北、贵州、云南、吉林、内蒙古、河北、黑龙江

**9. 马铃薯黄萎病**

病原　*Verticilliumalbo-atrum* Reink et Berthold　分布：四川、河北、新疆

*V. dahlia* Kleb　分布：贵州、山东、河北、陕西、甘肃、内蒙古、新疆

*V. nonalfalfae*　分布：甘肃、宁夏、陕西、内蒙古

*V. nubilum*　分布：北京、黑龙江、河北、江苏

*V. tricorpus*　分布：青海

*V. nigrescens*（Pethybr.）　分布：河北、北京、黑龙江

**10. 马铃薯灰霉病**

病原　*Botrytis cinerea* Person

分布：吉林

**11. 马铃薯白霉病**

病原　*Sclerotinias derotiorum*

分布：全国各省（区、市）

**12. 马铃薯坏疽病**

病原　*Phoma exigua* Desm var. Foveata（Foister）Boerema，*Phoma exigua* Desm var. exigua

分布：甘肃

**13. 马铃薯癌种病**

病原　*Synchytium endobioticum*（Schulbersky）Percival

分布：云南、贵州、四川

**14. 马铃薯白绢病**

病原　*Sclerotium rolfsii* Sacc.（无性阶段），*Corticium rolfsii* Sacc.（有性阶段）

分布：南方各省（区、市）

**15. 马铃薯卷叶病毒病**（马铃薯黄疸病）

病原　马铃薯卷叶病毒（PLRV）

分布：全国各省（区、市）

**16. 马铃薯 A 病毒病**（马铃薯轻花叶病）

病原　马铃薯 A 病毒（PVA）

分布：全国各省（区、市）

**17. 马铃薯 M 病毒病**

病原　马铃薯 M 病毒（PVM）

分布：全国多数省（区、市）

**18. 马铃薯 S 病毒病**（马铃薯潜隐性花叶病毒病）

病原　马铃薯 S 病毒（PVS）

分布：全国多数省（区、市）

**19. 马铃薯 X 病毒病**（马铃薯花叶病毒病）

病原　马铃薯 X 病毒（PVX）

分布：全国多数省（区、市）

**20. 马铃薯 Y 病毒病**（马铃薯重花叶病毒病、马铃薯条斑花叶病毒病）

病原　马铃薯 Y 病毒（PVY）

分布：全国各省（区、市）

**21. 苜蓿花叶病毒病**

病原　*Alfafa mosaic* virus

分布：河南、甘肃、新疆、浙江、宁夏

**22. 烟草坏死病毒病**

病原　*Tobacco necrotic* virus

分布：四川、云南、广东、辽宁、山东、新疆

**23. 马铃薯腐烂线虫病**（腐烂茎线虫病）

病原　*Ditylenchus destructor* Thorne

分布：甘肃、江苏、河北

**24. 马铃薯根结线虫病**

病原　*Meloidogyne sinensis*　分布：山东

*Meloidogyne halpa* Chitwood  分布：北方多数省（区、市）

*Meloidogyne fanzhiensis*  分布：山西

*Meloidogyne incognita* Chitwood  分布：全国多数省（区、市）

**25. 马铃薯瘟病**

病原 *Pseudomonas batatae* Cheng et Faan

分布：广西、湖南、江西、浙江、福建

**26. 马铃薯茎腐病**（细菌性茎根腐烂病）

病原 *Dickey dadantii* Samson et al.

分布：福建、广东、浙江、江西、广西、海南、河南、重庆、江苏、河北

**27. 马铃薯紫纹羽病**

病原 *Helicobasidium mompa* Tanaka

分布：江苏、浙江、福建、河北、山东、河南、湖北、台湾

# 甘薯病害名录

**1. 甘薯黑斑病**（黑疤病）

病原 *Ceratocystis fimbriata* Ell. et Halst.

分布：全国各甘薯主要产区

**2. 甘薯根腐病**

病原 *Fusarium solani*（Mart.）Sacc. f. sp. *Batatas* Mcclure（无性态）

　　　*Nectria haematococca* Berk.（有性态）

分布：河南、河北、北京、江苏、安徽、湖北、湖南、广东、江西、陕西

**3. 甘薯瘟病（细菌性萎蔫病）**

病原 *Pseudomonas batatae* Cheng et al.

　　　*Xanthomonas batatae* Hwang et al.

　　　*Bacillus kwangsinensis* Hwang et al.

分布：广东、广西、湖南、江西、浙江、福建

**4. 甘薯茎腐病**（细菌性根茎腐烂病、黑腐病）

病原 *Dickeya dadantii* Samson et al.（异名 *Erwinia chrysathemi*）

分布：福建、广东、浙江、河北、江西、海南、河南、江苏、重庆

**5. 甘薯蔓割病**（薯枯病、枯萎病、萎蔫病）

病原 *Fusarium bulbigenum* var. *batatas*（Wr.）Snyder et Hansen

分布：山东、浙江、福建、广东、广西、海南、湖北、台湾

**6. 甘薯疮痂病**

病原 *Sphaceloma batatas* Sawada （无性态）

　　　*Elsnoe batatas*（Sawada）Vieg et Senk （有性态）

分布：广东、广西、海南、福建、浙江

**7. 甘薯紫纹羽病**

病原 *Helicobasidium mompa* Tanaka

分布：江苏、浙江、福建、山东、河北、河南、湖北、台湾

**8. 甘薯干腐病**

病原　尖镰孢　*Fusarium oxysporum* Schlecht.

　　　串珠镰孢　*F. moniliforme* Scheld.

　　　腐皮镰孢　*F. solani*（Mart.）App. et Wollenw

分布：江西、湖北、浙江、山东

**9. 甘薯软腐病**

病原　*Rhizepus nigricans* Ehrb.

分布：全国各地

**10. 甘薯灰霉病**

病原　*Botrytis cinerea* Pers.

分布：全国各地

**11. 甘薯青霉病**

病原　*Penicillium* spp.

分布：全国各地

**12. 甘薯炭腐病**

病原　*Macrophomina phaseoli*（Maubl.）Ashby

分布：全国部分省（区、市）

**13. 甘薯黑痣病**

病原　*Monilochaetes infuscans* Ell. et Halst.

分布：浙江、江苏、山东、山西

**14. 拟黑痣病**

病原　*Thielavis basicola* Zopt

分布：山东、山西、湖南

**15. 甘薯干腐病**

病原　*Diaporthe batatatis* Harter et Field（有性态）

　　　*Phomopsis batatas*（Ell. et Halst.）Trotter（无性态）

分布：浙江、四川

**16. 甘薯菌核病**

病原　*Sclerocinia sclerotiorum* de Bary

分布：江苏、浙江、台湾

**17. 甘薯黑星病**

病原　*Altermaria bataticola* Ikata

分布：浙江杭州

**18. 甘薯白绢病**

病原　*Pellicularia rolfsii* West.

分布：浙江杭州

**19. 甘薯白锈病**

病原　*Albugo ipomoeae-panduranae*（Schw.）Swingle

分布：浙江、江苏、河南

**20. 甘薯斑点病**

病原　*Phyllosticta batatas*（Thüm）Cooke

分布：四川、江苏、浙江、辽宁

**21. 甘薯叶斑病**

病原　*Cercospora timorensis* Cooke

分布：华北、西南、华中、华南、华东各省（区、市）

**22. 甘薯羽状斑驳病毒病**（SPFMV）

病原　SPFMV（马铃薯 Y 病毒属）

分布：海南、云南、广西、湖南、湖北、福建、安徽、江苏、河南、山西、陕西、宁夏、河北、四川、重庆、北京

**23. 甘薯潜隐病毒病**（SPLV）

病原　SPLV（马铃薯 Y 病毒病）

分布：北京、江苏、山东、河南、福建、四川、安徽、山西、湖北、台湾、广西

**24. 甘薯 G 病毒病**（SPVG）

病原　SPVG（马铃薯 Y 病毒属）

分布：广东、广西、四川、湖南、湖北、江苏、山东、山西、陕西、宁夏、重庆、云南

**25. 甘薯褪绿矮化病毒病**（SPCSV）

病原　SPCSV（毛型病毒属）

分布：广东、广西、福建、江苏、山东、湖北、四川、云南

**26. 甘薯轻型花叶病毒病**（SPMSV）

病原　SPMSV（马铃薯 Y 病毒属）

分布：广东、广西、湖北、河南、四川、江苏、山西、陕西、宁夏、山东

**27. 甘薯褪绿斑点病毒病（甘薯褪绿病毒病）**（SPCFV）

病原　SPCFV 麝香石竹潜隐病毒属

分布：广西、重庆、河南、四川、福建、安徽、广西、云南、江苏、山西、湖南

**28. 甘薯轻斑驳病毒病**（SPMMV）

病原　SPMMV（甘薯病毒属）

分布：云南、广西、重庆、北京、江苏、四川、山东、河南、安徽

**29. 甘薯卷叶病毒病**（SPLCV）

病原　SPLCV（菜豆金色黄花叶病毒属）

分布：广西、云南、台湾

**30. 黄瓜花叶病毒病**（CMV）

病原　CMV（黄瓜花叶病毒属）

分布：重庆、湖北、山东、江苏、四川、安徽、宁夏、陕西、山西、河南、广东、广西

**31. 甘薯 C-6 病毒病**（SPC-6）

病原　SPC-6

分布：重庆、河南、安徽、山东、山西、宁夏、湖北、四川、广西、广东、海南

**32. 甘薯花叶椰菜花叶病毒病**（SPCaLV）

病原　SPCaLV

分布：江苏、四川、山东、山西、宁夏、甘薯、河南、安徽、河北、湖南、湖北、广西、广东、海南

### 33. 甘薯脉花叶病毒病（SPVMV）

病原　SPVMV（马铃薯 Y 病毒属）

分布：广西、江苏、河南、四川、福建

### 34. 甘薯病毒病复合体（SPVD）

病原　甘薯羽状斑驳病毒（SPFMV）、甘薯褪绿矮化病毒（SPCSV）

分布：广东、江苏、四川、安徽、福建、湖北

### 35. 甘薯根结线虫病

病原　*Meloidogyne acrita*（Chitwood）Esser. Perry et Taylor

分布：山东、辽宁、浙江、福建、四川

### 36. 甘薯茎线虫病

病原　*Ditylenchus destructor* Thome

分布：河北、山东、河南、江苏、安徽、北京、天津、山西、吉林

# 山药病害名录

### 1. 山药白锈病

病原　*Albugo ipomoeaepanduraoe*

分布：河南、陕西

### 2. 山药黑斑病

病原　*Altermaria tenuis*

分布：河南

### 3. 山药炭疽病

病原　*Cloeosprium gloeosporioides* Penz

　　　*Colletotrichum capsici*

　　　*Gloeosporium pestis* Massee

分布：江西、福建、四川、湖北、河南、云南、陕西、江苏、河北、山东、广东和黄淮地区

### 4. 山药褐斑病（白涩病、斑纹病、斑点病、叶枯病）

病原　*Cylindrosporium dioscoreae* Miyabe et Ito

　　　*Phyllosticta dioscoreae* Cooke

　　　*Alternaria dioscoreae* Iellis et Martin

分布：江西、河南、河北、山东、陕西、云南、湖北、福建

### 5. 山药枯萎病

病原　*Fusarium oxysporum* f. sp. *cucmrium*

　　　*Fusarium oxysporum* f. sp. *dioscoreae*

分布：江西、江苏、河南、河北、云南、福建

### 6. 山药根腐病（山药镰孢褐腐病、褐色腐败病）

病原　*Fusarium chlamydosporum*

　　　*Fusarium solani*

分布：河南、山东、河北、陕西、云南

**7. 山药黑痣病**（黑皮病）

病原 *Monilochaetes infascans*

分布：河北

**8. 山药漆腐叶斑病**

病原 *Myrothecium roridum*

分布：河南

**9. 山药灰斑病**（叶斑病）

病原 *Phaeoramulana dioscoreae*，异名 *Cercospora dioscoreae*

分布：河南、河北、山西、广东、福建

**10. 薯蓣干腐病**

病原 *Penicillium sclerotigenum* Yamanoto

分布：广西

**11. 山药疮痂病**

病原 *Streptonyces* sp.

分布：云南

**12. 山药斑枯病**

病原 *Septoria dioscoreae*

分布：河南、山东、河北、陕西

**13. 山药黑粉病**

病原 *Urocystis dioscoreae*

分布：河南

**14. 山药茎腐病**（立枯病）

病原 *Rhizoctonia solani*

分布：河南、河北、山东、湖北

**15. 山药细菌性叶斑病**

病原 *Curtonacterium flaccumfaciens* pv. *dioscoreae*

分布：河南

**16. 山药斑点病**

病原 *Phyllosticta diocoreae*

分布：河南

**17. 盾叶薯蓣白绢病**

病原 *Sclerotium nolfsii* Sace

分布：湖北宜昌

**18. 薯蓣色链隔孢病**

病原 *Phaeoramulata dioscorea*（Ellis et Martin）Deighton

分布：广西、云南

**19. 山药病毒病**

病原 马铃薯 A 病毒（PVA） 分布：福建

马铃薯 M 病毒（PVM）　分布：福建

马铃薯 S 病毒（PVS）　分布：福建

马铃薯 X 病毒（PVX）　分布：福建

马铃薯 Y 病毒（PVY）　分布：福建、河南

马铃薯卷叶病毒（PLRV）　分布：福建、河南

Badnavirus 病毒　分布：广西

YMMV 病毒　分布：广西

褪绿坏死花叶病毒（CYNMV）　分布：云南

温和花叶病毒（YMMV）　分布：广西

日本山药花叶病毒病（JYMV）　分布：江西

**20. 山药根结线虫病**

病原　南方根结线虫 *Meloidogyne incognita* Chitwood　分布：山东、江苏、广西、河南

花生根结线虫 *M. arenaria* Chitwood　分布：山东、福建、广西、江苏、河南

爪哇根结线虫 *M. javanica* Chitwood　分布：江苏、河南、山东

北方根结线虫 *M. hapla* Chitwood　分布：河北

**21. 山药根腐线虫病**（红斑病）

病原　*Pratylenchus penetrans*（Coob）Filipjev　分布：山东、河南

*P. coffeae*（Zimmerman）（Coob）Filipjev　分布：江苏、山东、安徽、河南

*P. dioscoreae* Yang et Zhao　分布：河北、河南、山东、山西、陕西、江苏

# 马铃薯害虫名录

## 昆虫纲 INSECT
## 等翅目 TSOPTERA
### 白蚁科 Termitidae

**1. 黑翅土白蚁**（台湾大白蚁）*Odontotermes formosanus*（Shiraki）

分布：偏南方种类。湖北、江西、江苏、浙江、福建、广东、广西、湖南，最北分布：于河南洛阳、安徽六安

## 直翅目 ORTHOPTERA
### 蝗科 Acrididae

**2. 星翅蝗** *Calliptamus abbreviatus* Ikonnikov

分布：广跨种类。北起黑龙江满洲里、内蒙古，西至宁夏、新疆（北疆）、青海，南迄海南、广东、广西，东达沿海各省和长江流域各省（区、市）

**3. 绿腿腹露蝗** *Fruhstorferiola viridifemorata*（Caudell）

分布：偏南方种类。江西、浙江、湖南、湖北，最北分布：于河南信阳、江苏南京

**4. 东亚飞蝗** *Locusta migratoria manilensis*（Meyer）

分布：北纬42°以南至海南、云南，西达甘肃南部和四川，东至沿海各省（市）和台湾

**5. 中华稻蝗** *Oxya chinensis* Thunberg

分布：广布种。北起黑龙江、内蒙古，西至宁夏、甘肃东部、四川、云南，南迄海

南、广东、广西，东达沿海各省（市）和台湾

**6. 黄胫小车蝗** *Oedaleus infernalis* Saussure

分布：广布种。北起黑龙江、内蒙古，南至海南、广东、广西，西至云南、四川，东达沿海各省（市）和台湾

**7. 比氏蹦蝗** *Sinopodisma pieli*（Chang）

分布：江西山区各县（市）

### 蝼蛄科 Gryllotalpidae

**8. 单刺蝼蛄** *Gryllotalpa unispina* Saussure

分布：偏北种类。辽宁、吉林、黑龙江、内蒙古、河北、山西、陕西、山东、河南以及江苏北部

**9. 东方蝼蛄** *Gryllotalpa orientalis* Bumeister

分布：广布种。北起黑龙江，西至宁夏、甘肃、青海东部，南迄海南、广东、广西，东达沿海各省和台湾

**10. 台湾蝼蛄** *Gryllotalpa formosana*

分布：广东、广西、台湾

### 蟋蟀科 Grylidae

**11. 油葫芦** *Gryllus testaceas* Walker，异名 *Gryllulus testaceas* Walker

分布：广布种。北起黑龙江、内蒙古，西抵青海、宁夏、银川、四川西昌、云南，南迄海南、广东、广西，东达沿海各省市和台湾

**12. 大蟋蟀** *Brachytrupes portentosus* Lichtenstein

分布：南方种。广东、广西、海南、湖南、江西、福建、台湾，最北分布：于江西上饶，江苏南京

## 同翅目 HOMOPTERA
### 叶蝉科 Cicadellidae

**13. 棉叶蝉** *Amrasca biguttuta*（Ishida）

分布：偏南方种类。北限为辽宁辽西，西至山西、甘肃南部，南达南方各省（区、市）

**14. 小绿叶蝉** *Empoasca flavescens* Fabricius

分布：广跨种。国内除西藏、新疆、青海、宁夏未见报道外，其他各地均有分布。

**15. 大青叶蝉** *Cicadella viridis*（Linnaeus）

分布：广跨种。除西藏外，其他各地均有发生和为害

**16. 条沙叶蝉** *Psammotettix striatus* Linnaeus

分布：东北、华北、西北、长江流域

**17. 黑尾叶蝉** *Nephotettix cincticeps* Uhler

分布：广跨偏南方种。南方各省（区、市）均有分布；最北分布于淮河、黄河流域各地

**18. 白翅叶蝉** *Erythroneura subrufa* Motschulsky，异名 *Empoasca subrufa* Motschulsky

分布：偏南方种类。最北分布于黄河流域以南，南起海南、广东、广西，西至陕西、四川西昌，东达沿海各省（市）和台湾

### 粉蚧科 Pseudococcidae

**19. 康氏粉蚧** *Pseudococcus comstocki* （Kuwana）

分布：云南（马铃薯贮藏期害虫）

### 粉虱科 Aleyrodidae

**20. 温室白粉虱** *Trialeurodes raporariorum* Westwoode

分布：云南

**21. 棉叶粉虱** *Bemisia tabaci* Gennadius

分布：江西多数县（市）

### 蚜科 Aphididae

**22. 桃蚜** *Myzus persicae* （Sulzer）

分布：全国各省（区、市）

**23. 棉蚜** *Aphis gossypii* Gmelin

分布：除西藏外，全国各省（区、市）

**24. 豆蚜** *Aphis craccivola* Koch

分布：江西各县（区、市）、宁夏

**25. 马铃薯长管蚜** （大戟长管蚜） *Macrosiphum euphorbiae* （Thoma）

分布：黑龙江、宁夏、内蒙古、甘肃

**26. 红腹缢管蚜** *Rhopalosiphum rufiadomiualis*

分布：江西、宁夏

**27. 超尾蚜** *Surecaudaphis supericauda*

分布：宁夏

**28. 茄无网蚜** *Aulacorthum solani*

分布：宁夏、黑龙江

**29. 禾谷缢管蚜** *Rhopalosiphum nymphaeae*

分布：宁夏

**30. 麦二叉蚜** （麦二岔蚜） *Schizaphis gyaminum*

分布：宁夏

**31. 苜蓿斑蚜** *Theriophis trifolii*

分布：宁夏

**32. 高粱蚜** *Longiunguis sacchari*

分布：宁夏

**33. 麦长管蚜** *Macrosiphum granarium* Kirby

分布：宁夏、江西

**34. 甘蓝蚜** （菜蚜） *Brevicoryne brassicae* （Linnaeus）

分布：宁夏、甘肃

**35. 菜缢管蚜** （萝卜蚜） *Lipaphis erysimin pseudobrassicae* （Dvis）

分布：宁夏

**36. 豆蚜** （花生蚜、苜宿蚜） *Aphis craccivora* Koch

分布：全国各省（区、市）

**37. 玉米蚜** *Rhopalosiphum maidis*（Fitch）

分布：江西、宁夏

**38. 梨二叉蚜** *Schizaphis piricola* Matsumura

分布：江西、甘肃、宁夏

**39. 柳二尾蚜** *Cavariella salicila*（Matsumura）

分布：江西、宁夏

**40. 藜蚜** *Hayhurstia atriplicis*

分布：内蒙古

**41. 指网管蚜** *Vroleucou* sp.

分布：内蒙古

**42. 茄无网长管蚜**（茄沟无网蚜）*Aulacorthum solani*（Kaltenbach）

分布：甘肃、黑龙江

**43. 鼠李蚜**（鼠李马铃薯蚜）*Aphis nasturtii*

分布：甘肃

## 缨翅目 THYSANOTERA
### 蓟马科 Thripidae

**44. 烟蓟马**（棉蓟马）*Thrips tabaci* Lindeman

分布：广跨种。除西藏外，全国各省（区、市）均有分布

## 半翅目 HEMIPTERA
### 蝽科 Pentatomidae

**45. 稻绿蝽** *Niphe viridula*（Linnaeus）异名 *Nezara viridula*（Linnaeus）

分布：云南、贵州、广东、广西、河北、山西、山东、安徽、江苏、浙江、江西、四川、福建、台湾

**46. 紫绿曼蝽** *Menida violacea* Motschulaky

分布：江西

**47. 云南菜蝽** *Eurgdema pulchra* Westwood

分布：云南

### 缘蝽科 Coreidae

**48. 瘤缘蝽** *Acanthocoris scaber*（Linnaeus）

分布：江西各地

**49. 短肩刺缘蝽** *Cletus pugnator* Fabricius

分布：江西南昌

### 盲蝽科 Miridae

**50. 苜蓿盲蝽** *Adelphocoris lineolatus*（Goeze）

分布：偏北方种。北起黑龙江、内蒙古、河北，西至新疆、甘肃、四川，东达山东、江苏，南至浙江北部、江西北部、湖南北部

**51. 小绿盲蝽** *Lygus iucorum* Meyer-Diir

分布：广跨种。北起黑龙江，南迄海南、广东、广西至甘肃东部、青海西宁、四川、云南，东达沿海各省（市）

**52. 牧草盲蝽** *Lygus pratensis*

分布：内蒙古

## 鞘翅目 COLEOPTERA
### 瓢虫科 Coccinellidae

**53. 马铃薯瓢虫**（大二十八星瓢虫）*Henosepilachna vigintioctomaculata*（Motschulsky），异名 *Epilachna niponica*、*E. niponicacolescens*

分布：黑龙江、吉林、辽宁、内蒙古、北京、天津、河北、山西、陕西、甘肃、山东、河南、四川、云南、广西、西藏、福建、浙江

**54. 茄二十八星瓢虫**（小二十八星瓢虫、酸浆瓢虫、瓢浆二十八星瓢虫）*Henosepilachna vigintioctopunctataa*（Fabricius），异名 *Epilachna sparsa orientalis* Dieke

分布：广布种。北起吉林、内蒙古，南迄海南、广东、广西，西至四川、云南，东达沿海各省（市）

**55. 十斑食植瓢虫** *Epilachna macularis* Mulsant

分布：江西铜鼓

### 叩甲科 Elateridae

**56. 沟金针虫** *Pleonomus canaliculatus* Faldermann

分布：北纬 32°～44°、东经 106°～123°广大农区为主要分布区，分布于辽宁、内蒙古、河北、山西、山东、河南、陕西、甘肃、青海、湖北襄樊、重庆、江苏北部、安徽北部

**57. 细胸金针虫** *Agriotes fuscicollis* Miwa

分布：黑龙江、吉林、辽宁、内蒙古、宁夏、甘肃、新疆、河北、北京、山西、陕西、河南、山东、安徽、福建、湖南、湖北、贵州、广西、云南

**58. 褐纹金针虫** *Melanotus caudex* Lewis

分布：河北、河南、陕西、山西、甘肃、辽宁、河北等华北、华中、东北和西北等地区，安徽、台湾、广西等南方省份也有发生

### 芫菁科 Meloidae

**59. 毛胫豆芫菁**（红头芫菁）*Epicauta tibialis* Waterhouse

分布：偏南方种类。南达海南、广东、广西，西至四川、云南，东起沿海各省（市）和长江流域各地，最北分布：至江苏昆山

**60. 豆芫菁** *Epicauta gorhami* Marseul

分布：广跨种类。北起辽宁朝阳、内蒙古通辽，西至新疆伊宁、青海西宁、四川，南迄海南、广东、广西，东达沿海各省（市）和台湾

**61. 西伯利亚芫菁** *Epicauta sibiria* Fallas

分布：江西永新

### 叶甲科 Chrysomelidae

**62. 豆长刺萤叶甲** *Arachya menetriesi* Faldermann

分布：青海

**63. 双斑长跗叶甲**（双斑萤叶甲）*Monolepta hieroglyphica*（Motschulsky）

分布：江西（余江、资溪、弋阳、彭泽、铜鼓、德兴）、内蒙古

**64. 马铃薯跳甲** *Psyliodes affinis*

分布：内蒙古

**65. 茄蚤跳甲** *Psyliodes angusticollis* Baly

分布：江西庐山

### 象甲科 Curculionidae

**66. 甘薯小象甲**（甘薯象鼻虫、甘薯象甲、甘薯小象虫、甘薯拟象鼻虫）*Cylas formicarius* Fabricius

分布：偏南方种类。江西、浙江、福建、湖南、广东、广西、海南、贵州、四川、云南，最北分布：至浙江温岭、江西万安

**67. 甘薯大象甲** *Alcidodes waltoni*（Boheman）

分布：偏南方种类。江西、广东、广西、福建、云南、四川、浙江、台湾

**68. 蓝绿象** *Hypomeces squamosus* Herbst

分布：偏南方种类。南方各省（区、市）均有分布：，最北分布：湖北襄阳、安徽宿县

### 金龟子科 Scarabaeidae

**69. 东北大黑金龟**（朝鲜黑金龟）*Holotrichia dimophalia* Bates

分布：偏北方广跨种类。北起黑龙江、内蒙古，西至甘肃、宁夏、陕西，东抵沿海各省（市），分布：南界大致为南岭附近

**70. 华北大黑金龟** *Holotrichia oblita*（Fald.）

分布：广布种类。北起黑龙江、吉林、内蒙古，南至长江以南的江苏、浙江

**71. 江南大黑金龟** *Holotrichia gebleri*（Fald）

分布：北起黑龙江、吉林，南至长江以南的江苏、浙江

**72. 暗黑金龟** *Holotrichia parallela* Motschulsky，异名 *H. morosa* waterhouse

分布：北起黑龙江，南达长江流域阴暗的江苏、浙江等省

**73. 铜绿金龟**（浅铜绿金龟、铜色金龟）*Anomala corphulenta* Motschulsky

分布：北起吉林，南达广东北部、广西柳州，西至甘肃东部、青海东部、四川，东达沿海各省（市）

**74. 黑绒金龟**（天鹅绒金龟、东方金龟、姬天鹅绒金龟、棕绒金龟、甜菜根金龟）*Maladera orientalis*（Motschulsky）

分布：淮河以北各省（区、市）均有分布

### 鳃金龟子科 Melolonthidae

**75. 小云斑鳃金龟** *Polyphylla laticolla laticollis* Lewis

分布：云南

**76. 码绢金龟** *Maladera* sp.

分布：云南

### 鳞翅目 LEPIDOPTERA

### 麦蛾科 Gelechidae

**77. 马铃薯块茎蛾**（马铃薯麦蛾、烟草潜叶蛾）*Phthorimaea operculella*（Zeller），异名 *Gnorimochema operculella*（Zeller）

分布：偏南方种类。贵州、云南、广东、广西、四川、重庆、江西、湖南、湖北、甘肃、山西、陕西、西藏、台湾

## 螟蛾科 Pyralidae

**78. 茄白翅野螟** *Leucinodes olbonalis* Guenee

分布：江西、四川、湖南

**79. 草地螟**（黄绿条螟、甜菜网螟、网锥额蚜螟）*Loxostege sticticalis* Linne.

分布：偏北方种类。吉林、内蒙古、黑龙江、甘肃、宁夏、河北、山西、陕西、北京

## 毒蛾科 Lymantriidae

**80. 梯带黄毒蛾** *Euproctis montis*（Leech）

分布：江西

**81. 盗毒蛾**（金毛虫、桑毛虫）*Porthesia similis*（Fuessly），异名 *Aretornis chrysorrhoea* L.

分布：广跨种类。北起黑龙江、内蒙古，西至陕西、四川、贵州，南迄海南、广东、广西，东达沿海各省（市）和台湾

## 灯蛾科 Arctiidae

**82. 红缘灯蛾**（红袖灯蛾）*Amsacta lactinea*（Cramer）

分布：广跨偏南种类。北起吉林、内蒙古，西至云南、四川，东达沿海各省（市）和台湾

## 夜蛾科 Noctuidae

**83. 斜纹夜蛾**（斜纹夜盗蛾、莲纹夜蛾）*Sopodoptera litura*（Fabricius），异名 *Prodenia litura*（Fabricius）

分布：广跨种类。北起吉林，南至海南、广东、广西，西达新疆墨玉、西藏、青海，东迄长江流域和东部沿海各省（市）和台湾

**84. 甜菜夜蛾** *Laphygma exigua*（Hubner）

分布：广跨种类。北起黑龙江、内蒙古，南达海南、广东、广西，西至陕西、四川、云南，东抵沿海各省（市）

**85. 角剑夜蛾** *Aydroecia fortis*（Butler）

分布：黑龙江

**86. 甘蓝夜蛾** *Mamestra brassicae* Linnaeus

分布：全国各地都有分布：，以北方发生较重

**87. 小地老虎** *Agrotis ypsilon*（Rottemberg）

分布：全国各省（区、市）

**88. 大地老虎** *Agrotis kokionis* Butter

分布：广跨种类。北起黑龙江、内蒙古，南达海南、广东、广西，西至甘肃东部、陕西、四川、云南，东抵沿海各省（市），但福建未见分布

**89. 黄地老虎** *Agrotis segetum*（Schiffermuller）

分布：江西及北方各省（区、市）

**90. 八字地老虎** *Amathes c-nigrum*（Linnaeus）

分布：江西及北方各省（区、市）

## 双翅目 Diptera
### 潜蝇科 Agromyzidae

**91. 豌豆彩潜蝇**（豌豆潜叶蝇、油菜潜叶蝇）*Chromatomyia horticola*（Goureau），异名 *Phytomyza horticola* Goureau、*P. atricornis* Meigen、*P. nigriconis* Maguart

分布：除西藏外，全国各省（区、市）

**92. 南美斑潜蝇** *Liriomyza huidobrensis* Blanchard

分布：南北多数薯区均有分布

**93. 美洲斑潜蝇** *Liriomyza staivae* Blanchard，异名 *L. pullata* Frich、*L. canomarginis* Frich、*L. minutiseta* Frich、*L. munda* Frich、*L. gnytoma* Freemn

分布：全国各省（区、市）

### 花蝇科 Anthomyiidae

**94. 种蝇** *Delia platura*（Meigen）

分布：江西各地

## 蛛形纲 ARACHNIDA
### 蜱螨目 Acarina
### 跗线螨科 Tarsonemidae

**95. 茶黄螨**（侧多食跗线螨、茶半跗线螨、白蜘蛛、嫩叶螨）*Polyphagotarsonemus latus*（Banks）

分布：全国各省（区、市）

### 粉螨科 Acaridae

**96. 食酪螨** *Tryophagus* sp.

分布：云南（马铃薯贮藏期害螨）

# 甘薯害虫名录

## 昆虫纲 INSECT
### 蜚蠊目 BLATTOPTERA
### 姬蠊科 Phyllodromidae

**1. 德国蜚蠊** *Phyllodromia germanica* L. 异名 *Bratella germanica*（L.）　蜚蠊一般为中性昆虫

分布：江西、广东、广西

**2. 拟德国小蠊** *Blattella lituricollis*（Walker）

分布：福建

### 直翅目 ORTHOPTERA
### 蝗科 Acrididae

**3. 中华蚱蜢**（大尖头蚱蜢）*Acrida cinerea*（Thunberg），异名 *Acrida chinensis*（Westwood）

分布：广跨种类。北起黑龙江，西至四川、云南，南达海南、广东、广西，东迄沿海各省（市）和台湾

**4. 短额负蝗**（小尖头蚱蜢）*Atractomorpha sinensis* Bolivar

分布：广跨种类。北起黑龙江，西至甘肃、宁夏、四川、云南，南迄海南、广东、

广西，东达沿海各省（市）和台湾

**5. 拟短额负蝗** *Atractomorpha ambigua* Bol.

分布：广东、广西

**6. 花胫绿纹蝗**（花尖翅蝗）*Aiolopus tamulus* Fabricius

分布：偏南广跨种类。北起辽宁，西至宁夏、四川、贵州，南达海南、广东、广西，东迄沿海各省（市）和台湾

**7. 短星翅蝗** *Calliptamus abbreviatus* Ikonnikov

分布：全国各省（区、市）

**8. 红褐斑翅蝗** *Catantops pinguis*（Stål）

分布：江西

**9. 棉蝗**（大青蝗）*Chondracris rosea* De Geer

分布：偏南种类。北起辽宁南部、内蒙古、河北，西至四川，南达海南、广东、广西，东迄沿海各省（市）和台湾

**10. 短脚斑腿蝗** *Catantops brachycerus* Willemse

分布：北起北京、河北，南达海南、广东、广西，西至甘肃东部、陕西、四川，东迄沿海各省（市）

**11. 线斑腿蝗** *Catantops splendens*（Thunberg）

分布：广东、广西、福建、四川、河南、江苏及以南各省（区、市）

**12. 红褐斑腿蝗** *Catautops pinguis*（Stål）

分布：福建、广东、广西、江西

**13. 黄脊竹蝗** *Ceracris kiangsu* Tsai

分布：南方山区特有种类。江西、湖南、浙江、福建、广东、广西、海南、四川，最北分布：江苏江浦、安徽六安、湖北英山。

**14. 云斑车蝗** *Gastrimargus marmoratus*（Thunberg）

分布：江西、福建、广东、广西

**15. 斑角蔗蝗** *Hieroglyphus annulicornis*（Shiraki）

分布：偏南种类。最北分布辽宁旅大，西至陕西、四川、云南，南达海南、广东、广西，东迄沿海各省（市）和台湾

**16. 东亚飞蝗** *Locusia migratoria manilensis*（Meyen）

分布：除新疆、西藏、青海、宁夏外，其他各省（区、市）均有此亚种分布

**17. 中华稻蝗** *Oxya chinensis*（Thunberg）

分布：全国除西藏、新疆外，其他各省（区、市）均有分布

**18. 小稻蝗** *Oxya intricate*（Stål）

分布：偏南种类。西至陕西、四川，南达海南、广东、广西，东抵沿海各省（市）和台湾，最北分布：陕西榆林、河南汤阳

**19. 长翅稻蝗** *Oxya velox*（Fabricius）

分布：江西、广东、广西

**20. 日本黄脊蝗** *Patanga japonica*（Bolivar）

分布：偏南种类。最北分布山西、河北、陕西，西至四川、云南，南达海南、广东、

广西，东迄沿海各省（市）和台湾

**21. 印度黄脊蝗** *Patanga succincta*（Johan）

分布：最北分布湖南岳阳、南县、江西玉山、宜春和浙江，西至四川、云南，南达海南、福建、台湾

**22. 僧帽佛蝗** *Phlaeoba infumata* Br. -w.

分布：江西

**23. 长翅素木蝗** *Shirakiacris shirakii*（I. Bolivar）

分布：江西

**24. 长角线斑腿蝗** *Stenocatantops splendens*（Thunberg）

分布：江西

**25. 短角异斑腿蝗** *Xenocatantops brachycerus*（Wiliemse）

分布：江西

**26. 蒙古疣蝗** *Trilophidia annulata mongolica* Saussure

分布：福建

**27. 疣蝗**（砂蝗）*Trilophidia annulata*（Thunbery）

分布：广跨种类。北起黑龙江、内蒙古，西至甘肃东部、宁夏、四川、云南，南达海南、广东、广西，东抵沿海各省（市）和台湾

### 肩蝗科（菱蝗科）TETRIGIDAE

**28. 小菱蝗** *Acrydium japonicum* Bolivar

分布：江西、福建

**29. 长尾肩蝗** *Paratettix* sp.

分布：福建

### 蟋蟀科 GRYLLIDAE

**30. 红头大蟋蟀** *Acanttoplistus* sp.

分布：福建

**31. 大蟋蟀** *Brachytrupes portentosus*（Lichtenntein）

分布：福建、广东、广西

**32. 油葫芦** *Gryllus testaceus* Walker，异名 *Gryllulus testaceas*

分布：广跨偏南种类。北起黑龙江哈尔滨、内蒙古，西抵青海、宁夏、四川、云南，南达海南、广东、广西，东至沿海各省（市）和台湾

**33. 黑蟋蟀** *Gryllus* sp.

分布：广东、广西

**34. 花头蟋蟀** *Gryllus* sp.

分布：福建

**35. 三角蟀**（棺头蟀）*Loxoblemmus doenitzi* Stein

分布：江西

**36. 双斑蟋蟀**（大黑蟋）*Liogryllus bimaculatus* De Greer　异名 *Acheta bimaculatus*

分布：偏南方种类。最北分布湖北郧西、江西万载，南方各省（市）均有分布

**37. 台湾树蟋** *Oecanthus indicus* Saussure

分布：福建、台湾

## 蝼蛄科 GRYLLOTALPIDAE

**38. 东方蝼蛄** *Gryllotalpa orietalis* Burmeister

分布：广跨种类。北起黑龙江哈尔滨、伊兰，西至宁夏银川、甘肃东部，南达海南、广东、广西，东抵沿海各省（市）和台湾

## 蚤蝼科 TRIDACTYLIDAE

**39. 蚤蝼** *Tridactylus japonicus* （DE Hann）

分布：江西、福建北部

## 螽斯科 TETTIGONIDAE

**40. 钩草螽** *Conocephalus divergentus* （Mats. Et Shir.）

分布：福建

**41. 日本社树螽** *Ducetia japonica* （Thunberg）

分布：福建、江西

**42. 日本绿螽** *Holochlora japonica* Br. -W.

分布：南方种类。北起山东，西至四川，南达海南、广东、广西，东迄江苏、浙江

**43. 薄翅树螽** *Lentana melanotis* B. Bienko

分布：福建

## 蛣蛉科 TRIGONIIDAE

**44. 小黑蛣蛉** *Trigonidium cicindeloide* Ramlour

分布：福建

## 同翅目 HOMOPTERA
## 叶蝉科 CICADELLIDAE

**45. 闵凹大叶蝉** *Bothrogonia minana* Li.

分布：福建

**46. 华凹大叶蝉** *Bothrogonia sinica* Yang et Li

分布：江西

**47. 棉叶蝉** *Empoasca biguttula* （Shiraki）

分布：除新疆外，全国各省（区、市）均有分布

**48. 大青叶蝉** *Cicadella viridis* （Linnaeus），异名 *Tettigoniella viridis* （Linnaeus）

分布：除西藏外，其他省（区、市）均有分布

**49. 大白叶蝉** *Cicadella viridis* （Linnaeus）

分布：广东、广西、海南

**50. 小绿叶蝉** *Empoasca flavecens* Fabricius

分布：除西藏、新疆、青海、宁夏未见分布外，其他各省（区、市）均有分布

**51. 白翅叶蝉** *Erythoroneura subrufa* （Motschlsky），异名 *Empoasca fubrufa*

分布：黄河以南各省（区、市）

**52. 双纹斑叶蝉** *Erythroneura limbata* （Matschlsky）

分布：福建

**53. 琉球网室叶蝉** *Nesophrosyne ryukyuensis* Ishihara

分布：福建

**54.** 褐脊匙头叶蝉 *Parabolocratus prasinus* Matsumura

分布：福建

### 长头腊蝉科 Dictyopharidae

**55.** 中华长头蜡蝉 *Dictyophora sinica* Walker

分布：江西

**56.** 象蜡蝉 *Dictyophara patruelis* Stål

分布：福建

### 长翅蜡蝉科 Derloidae

**57.** 长翅蜡蝉 *Diostrombus politis* Uhler

分布：江西（宜春、瑞金）

### 蚜虫科 Aphididae

**58.** 桃蚜 *Myzus persicae*（Sulzer）

分布：全国各省（区、市）

**59.** 菜缢管蚜（萝卜蚜、菜蚜）*Rhopalo siphum pseudobrassicae*（Davis）

分布：除西藏、青海未见报道外，各省（区、市）均有分布

### 粉蚧科 Pseudococcidae

**60.** 粉蚧 *Pseudococcus* sp.

分布：广西、广东

**61.** 桔臀纹粉蚧 *Planococcus citri*（Risso）

分布：福建、江西

**62.** 桔小粉蚧 *Pseudococcus citriculus* Green

分布：福建

### 蚧科 Coccidae

**63.** 角腊蚧 *Cerophastes ceriferus* Anderson

分布：偏南方种类。最北分布北京，西至四川、云南，南达海南、广东、广西，东至沿海各省（市）和台湾

### 盾蚧科 Diaspididae

**64.** 红圆蚧 *Aonidiella aurantii* Maskell

分布：最北分布辽宁、北京，西至四川、云南，南达海南、广东、广西，东迄沿海各省（市）和台湾

### 珠蚧科（硕蚧科）Margarodidae

**65.** 吹绵蚧 *Icerya purchasi* Maskell

分布：淮河以南各省（区、市）均有分布

### 粉虱科 Aleyrodidae

**66.** 烟粉虱 *Bemisia tabaci* Gennadis

分布：福建、江西

### 飞虱科 Delhpacidae

**67.** 灰飞虱 *Laodelphax striatella*（Fallen）

分布：全国各省（区、市）

**68. 橙褐白背飞虱** *Sogatella chenhea* Kuoh

分布：福建

**69. 稗飞虱** *Sogatella panicicola* （Ishihara）

分布：福建

**70. 黑边黄脊飞虱** *Toya propingua* （Fieber）

分布：福建、江西

### 沫蝉科 Cercopidae

**71. 沫蝉**（学名待定）

分布：福建

### 半翅目 HEMIPTERA
### 蝽科 Pentatomidae

**72. 二星蝽** *Eysarcoris guttiger* （Thunberg）

分布：最北分布以长城为界，西至四川、西藏，南达海南、广东、广西，东至沿海各省（市）和台湾

**73. 广二星蝽** *Eysarcoris ventralis* （Westwood），异名 *Stollia ventralis* Westwood

分布：江西、福建

**74. 稻绿蝽**（青蝽）*Nezara viridula* Linnaeus

分布：北至黑龙江，西抵甘肃东部、青海东部、四川、云南，南达海南、广东、广西，东至沿海各省（市）和台湾

**75. 拟二星蝽** *Stollia annamita* （Breddin）

分布：福建

### 缘蝽科 Coreidae

**76. 瘤缘蝽** *Acanthocoris scaber* （Linnaeus）

分布：江西、福建

**77. 稻棘缘蝽**（针缘蝽）*Cletus punctiger* （Dallas）

分布：长城为其分布北界，西至四川、云南，南达海南、广东、广西，东抵沿海各省（市）和台湾

**78. 小点同缘蝽** *Homoeocerus marginellus* Herrich et Schaeffer

分布：江西

**79. 黄伊缘蝽** *Rhopalus maculatus* （Fieber）

分布：江西

**80. 条蜂缘蝽** *Riptortus linearis* Fabricius

分布：福建

**81. 点蜂缘蝽** *Riptortus pedestris* Fabricius

分布：福建、江西

### 红蝽科 Pyrrhocoridae

**82. 棉二点红蝽** *Dysdercus cingulatus* （Fabricius）

分布：福建

## 盲蝽科 Miridae

**83. 甘薯跳盲蝽**（小黑跳盲蝽）*Halticus minutus* Reuter

分布：江西、福建

**84. 豆盲蝽** *Ectmetopterus micantulus*（Horvath），异名 *Halticus micantulus* Horvath

分布：福建、浙江

## 缨翅目 THYSANOPTERA

### 蓟马科 Thripidae

**85. 旋花蓟马** *Dendrothrips ipomeae* Bagnal

分布：福建

**86. 黄胸蓟马** *Thrips hawaiiensis*（Morgan）

分布：江西、福建

**87. 端带蓟马**（豆蓟马、红花草蓟马）*Taeniothrips distalis* Karhy

分布：河南、湖北、江西、福建、浙江、台湾等

**88. 黄蓟马** *Thrips flavidus*（Bagnall）

分布：江西、福建

**89. 带蓟马** *Taeniothrips* sp.

分布：福建

## 鞘翅目 COLEOPTERA

### 叩甲科 Elateridae

**90. 黄叩头虫** *Aeoloderma brachmana* Candeze

分布：福建、江西

**91. 甘薯黑叩头虫** *Lacon musculus* Candeze

分布：福建

### 露尾甲科 Nitidulidae

**92. 露尾甲** *Haptonchus* sp.

分布：福建

### 拟步行虫科 Tencbrionidae

**93. 二纹土潜** *Gonocephalum bilineatum* Walker

分布：福建

### 金龟子科 Scarabaedae

**94. 红脚绿金龟** *Anomala eupripes* Hope

分布：广东、广西

**95. 茶色金龟**（斑点喙丽金龟）*Adoretus tenuimaculatus* Waterhouse

分布：黄河以南各省（区、市）

**96. 中华褐金龟** *Holotrichia sinensis* Hope

分布：广东、广西

### 鳃角金龟子科 MELOLONTHIDAE

**97. 大褐鳃金龟** *Exolontha serrulata* Gyllenlal

分布：福建、江西

**98. 浅棕鳃金龟** *Holotrichia ovata* Chang

分布：福建

**99. 华南大黑鳃金龟** *Holotrichia sauteri* Moser

分布：福建

**100. 豆形绒金龟** *Maladera ovatula* Fairmaire

分布：福建

**101. 锈褐鳃金龟** *Melolontha rubiginosa* Fairmaire

分布：福建、江西

### 丽金龟子科 Rutelidae

**102. 华喙丽金龟** *Adoyatus sinicus* Burmeister

分布：福建

**103. 黑色丽金龟** *Anomala antigua* Gryllenha

分布：福建

**104. 大绿丽金龟（大绿金龟）** *Anomala cupripes* Hope

分布：偏南方种类，以长江为界，最北分布于江苏南京、湖北应山，西迄四川盐边，南达海南、广东、广西，东至沿海各省（市）

**105. 铜色丽金龟** *Anomala* sp.

分布：福建

**106. 豆蓝丽金龟（粉蓝金龟）** *Popillia mutans* Newman

分布：北起辽宁、河北，西至陕西、四川、贵州、云南，南达广东、广西，东至沿海各省（市）

**107. 蓝小孤丽金龟** *Popillia* sp.

分布：福建

### 叶甲科 Chrysomelidae

**108. 黄足黄守瓜** *Aulacophora femoralis* Motschulsky，异名 *Rhaphidopala femoralis* Motschulsky

分布：北起吉林，西至四川西昌，南达海南、广东、广西，东迄沿海各省（市）

**109. 黄足黑守瓜** *Aulacophora cattigarensis* Weise

分布：黄河以南各省（区、市），西至四川西昌、云南

**110. 甘薯金龟甲** *Aspidomorpha furcate*（Thunb.）

分布：海南、广东、广西、江西

**111. 柚木圆龟甲** *Aspidomorpha sanctaecrucis*（Fabricius）

分布：江西

**112. 甘薯青绿龟甲** *Cassida circumdata* Herbst

分布：海南、广东、广西

**113. 甘薯猿叶甲** *Calasposoma dauricum auripenne* Motsh

分布：海南、广东、广西

**114. 中华萝摩叶甲** *Chrysochus chinensis* Baly

分布：福建、江西

**115. 旋花跳甲** *Chaetocnema* sp.

分布：福建

**116. 蓝跳甲** *Haltica cyanea* Weber

分布：海南、广东、广西

**117. 黄颈跳甲** *Lupermorpha fumesta collaris* Boly

分布：海南、广东、广西

**118. 四星叶甲** *Luperodes quadriguttatus* Motsch

分布：海南、广东、广西

**119. 甘薯蜡龟甲** *Laccoptera quadrimaculata bohemani* Weise

分布：海南、广东、广西

**120. 黄胸寡毛跳甲** *Luperomorpha xanthodera*（Fairmaire）

分布：江西

**121. 黑条叶甲** *Paraluperodes sutauralis nigrobilineatus*（Motschlsky）

分布：福建

**122. 二黑条叶甲** *Paraluperodes nigrobilineatus* Motschlsky

分布：江西

**123. 甘薯台龟甲** *Taiwania circumdata*（Herbst）

分布：偏南方种类。江西、海南、广东、广西、湖南、湖北、四川、重庆、云南、贵州、福建、浙江、江苏、台湾，最北分布于江苏苏州、湖北英山

## 象甲科 Curculionidae

**124. 甘薯大象甲**（甘薯长足象）*Alcidodes waltoni* Boheman

分布：偏南方种类。广东、广西、福建、江西、云南、四川、浙江和台湾

**125. 甘薯小象甲**（甘薯蚁象）*Cylas formicaris* Fabricius

分布：偏南方种类。海南、广东、广西、云南、贵州、四川、重庆、福建、江西、浙江、湖南、江苏

**126. 粉绿象甲**（蓝绿象、绿鳞象虫、绒绿象甲）*Hyporneces squamosus* Herbst

分布：偏南方种类。广东、广西、海南、福建、江西、贵州、四川，最北分布于湖北襄阳、安徽宿松

**127. 短吻灰象甲** *Sympiezomias* sp.

分布：海南、广东、广西

## 梨象科 Apionidae

**128. 小黑象甲** *Piezotrachelus tschungesni* Vollenhoven

分布：江西（南昌、德兴、泰和、奉新、萍乡、丰城）

## 长角象科 Anthribidae

**129. 咖啡豆象** *Araecerus fasciculatus* De Greer

分布：江西（南昌、九江、萍乡、丰城、赣州），为害薯干

## 芫菁科 Meloidae

**130. 白条芫菁** *Epicauta gorhami* Marseul

分布：海南、广东、广西、江西

**131. 中华大芫菁** *Epicauta chinensis* Lap.

分布：海南、广东、广西

**132. 眼斑芫菁**（灰毛斑蝥）*Mylabris cichorii* Linnaeus

分布：江西、福建

**133. 大斑芫菁** *Mylabris phalerata* Pallas

分布：北起河北抚宁、山西，西至四川西昌、云南，南达海南、广东，东抵沿海各省（市）和台湾

**134. 蝶角短翅地胆** *Meloe patellicomis* Faimaire

分布：江西（铜鼓、井冈山、于都）

### 鳞翅目 LEPIDOPTERA
#### 麦蛾科 Gelechiidae

**135. 甘薯麦蛾**（甘薯卷叶蛾、甘薯小蛾、甘薯卷叶虫、甘薯褐纹卷叶虫）*Brachmia macroscopa* Myrick

分布：除新疆、宁夏、青海和西藏未见报道外，其他各省（区、市）均有分布

**136. 甘薯黑纹卷叶虫** *Brachmia triannulella* H. S.

分布：海南、广东、广西

#### 羽蛾科 Pterophoridae

**137. 甘薯白羽蛾** *Alucita nivecodactyla* Pagen

分布：海南、广东、广西、福建

**138. 甘薯羽蛾** *Aciptilia candidalis*（Walker）

分布：福建

**139. 甘薯完羽蛾** *Ochyrotica concursa*（Walsinghan）

分布：福建

#### 天蛾科 Sphingidae

**140. 人面天蛾** *Acherontia styx interrupta* Closs

分布：海南、广东、广西

**141. 旋花天蛾**（白天蛾、甘薯叶天蛾）*Herse convolvuli* Linnaeus

分布：除西藏未见报道外，全国各省（区、市）均有分布

**142. 芋天蛾** *Theretra* sp.

分布：海南、广东、广西

#### 尺蛾科 Geometridae

**143. 甘薯褐条小尺蠖** *Acidalia lactea* Butler

分布：福建

**144. 仿锈腰青尺蠖** *Chorissa* sp.

分布：福建

**145. 双蜂绿尺蠖** *Hemithea* sp.

分布：福建

**146. 甘薯小尺蠖** *Scopula caricaria* Reutti

分布：福建

**147. 紫带小尺蠖**（日本岩尺蛾）*Scopula emissarialacteal*（Butler）

分布：福建、江西

## 卷蛾科 Tortricidae

**148. 棉褐带卷蛾** *Adoxophyes orana* Fischer et Roslerstamm

分布：福建

## 螟蛾科 Pyralidae

**149. 甘薯蛀野螟** *Dichocrocis diminutive*（Warren）

分布：福建、江西

**150. 豆蚀叶野螟** *Lamprosema indicata* Fabricius

分布：福建

**151. 麦牧野螟** *Nomophila noctuella* Schiffemoller et Denis

分布：福建、江西

**152. 甘薯蠹野螟**（甘薯茎螟）*Omphisa anastomosalis* Guenee，异名 *O. illisallis* Walker

分布：海南、广东、广西、福建

**153. 甘薯叶螟** *Perinephela lancealis* Schiffermoller et Denis

分布：福建

## 毒蛾科 Lymantriidae

**154. 暗褐毒蛾** *Dasychia mendosa* Hubner

分布：海南、广东、广西

**155. 乌桕黄毒蛾** *Fuproctis bipunctapex*（Hampson）

分布：江西、福建

**156. 台湾黄毒蛾** *Porthesia taiwana* Ishraki

分布：海南、广东、广西、台湾

**157. 戟盗毒蛾** *Porthesia kurosawai* Inoue

分布：福建、江西

**158. 双线盗毒蛾** *Porthesia scintillans*（Walker）

分布：福建、江西

## 灯蛾科 Arctiidae

**159. 红缘灯蛾**（红袖灯蛾）*Amsacta lactinea*（Gramer）

分布：江西、广东、广西、海南、福建

**160. 灰白灯蛾**（八点灰灯蛾）*Creatonotus transiens*（Walker）

分布：海南、广东、广西、福建

**161. 尘白灯蛾**（尘污灯蛾）*Spilarctia obliqua*（Walker）

分布：福建、江西

## 潜蛾科 Lyonetiidae

**162. 甘薯潜叶蛾**（旋花潜蛾、甘薯飞丝虫）*Bedellia somnulentella*（Zeller）

分布：广东、福建、浙江、山东

## 细蛾科 Gracilarilidae

**163. 细蛾** *Acrocercops* sp.

分布：福建

## 夜蛾科 Noctuidae

**164. 小地老虎** *Agrotis ypsilon* Rottemberg

分布：全国各省（区、市）

**165. 黄地老虎** *Agrotis segetum* Schiffermuller

分布：江西、福建

**166. 甘薯黑褐夜蛾** *Anophia leucomelas* Linnaeas

分布：海南、广东、广西、江西

**167. 小造桥虫** *Anomis flava* Fabricius

分布：广布种类。北起辽宁，西至宁夏、四川，南达海南、广东、广西、云南，东迄沿海各省（市）和台湾

**168. 银纹夜蛾** *Argyrogramma agnata*（Staudinger）

分布：福建、江西

**169. 烦夜蛾** *Anophia leucomelas* Linnaeus

分布：江西、福建

**170. 朽木夜蛾** *Axylia putris* Linnaeus

分布：江西、福建

**171. 白斑夜蛾** *Aedia leucomelas*（Linnaeus）

分布：湖南、福建、广东、广西、云南、贵州、台湾

**172. 短带三角夜蛾** *Chalciope stolida*（Fabricius）

分布：福建

**173. 卷绮夜蛾** *Cretonia vegata* Swinhoe

分布：福建、广西、云南

**174. 白薯绮夜蛾** *Erastria trabealis*（Scopoli）

分布：江苏、河北、黑龙江、新疆

**175. 棉铃虫** *Heliothis armigera* Hübner

分布：除西藏、青海未见报道外，各省（区、市）均有分布

**176. 弓须夜蛾** *Hydrillodes morosae* Butler

分布：福建

**177. 黏虫**（东方黏虫）*Leucania separata* Walker

分布：广跨种类。除新疆、西藏和兰州以西未见报道外，各省（区、市）均有分布

**178. 甜菜夜蛾** *Laphygma exigua* Hubner

分布：广跨种类。北起黑龙江、内蒙古，南达海南、广东、广西，西至陕西、四川、云南，东迄沿海各省（市）

**179. 迷弱夜蛾** *Ozarba incondita* Bulter

分布：福建、江西

**180. 满纹夜蛾** *Plusia mandarina*（Freyer）

分布：福建

**181. 白肾灰夜蛾** *Polia persicariae* Linnaeus

分布：福建、江西

**182. 斜纹夜蛾**（斜纹夜盗虫、莲纹夜蛾）*Spodoptera litura*（Fabicius），异名 *Prodenia litura* Fabricius

分布：全国各省（区、市）

**183. 灰翅夜蛾** *Spodoptera mauritia*（Boisduval）

分布：江西

**184. 白带困夜蛾** *Tarache luctuosa* Esper

分布：新疆

### 蛱蝶科 Nymphalidae

**185. 蓝路蛱蝶** *Precis orithya* Linnaeus

分布：江西、福建

### 蛛形纲

### 蜱螨目 ACARINA

### 四爪螨科 Tetranychidae

**186. 棉红蜘蛛** *Tetranychus bimaculatus* Hervey

分布：广跨种类。全国各省（区、市）

**187. 甘薯叶螨** *Tetranychus truncatus* Ehara

分布：福建

### 瘿螨科 Eriophyidae

**188. 甘薯瘿螨**（学名待定）

分布：福建

# 山药害虫名录

### 昆虫纲 INSECTA

### 直翅目 ORTHOPTERA

### 蝼蛄科 Gryliotalpidae

**1. 东方蝼蛄** *Gryllotalpa orientalis* Burmeister，异名 *G. africana* Palicana et Beauvois

分布：广布种。北起黑龙江，西至宁夏、甘肃、青海东部，南至海南、广东、广西，东达沿海各省（市）和台湾

**2. 单刺蝼蛄** *Gryllotalpa unispina* Saussure

分布：北纬32°以北的江苏、安徽北部以及河南、河北、山东、山西、陕西、辽宁、吉林、黑龙江、内蒙古、甘肃、宁夏、新疆

### 同翅目 HOMOPTERA

### 蚜科 Aphididae

**3. 桃蚜** *Myzus persicae* Sulzer，异名 *Myzodes persicae*（Sulzer）

分布：全国各省（区、市）

### 半翅目 HEMIPTERA

### 负泥虫科 Criocerdae

**4. 兰翅负泥虫** *Lema honorata* Baly

分布：江西庐山、鄱阳、奉新、铜鼓、袁州区、新建区

**5. 红胸负泥虫** *Lema fortunei* Baly

分布：江西庐山

**6. 薯蓣负泥虫** *Lema infranigra* Pic

分布：江西

**7. 纤负泥虫** *Lema egena*（weise）

分布：江西南昌、宜丰

**8. 凹胸负泥虫** *Lilioceris maai* Gressitt et Kimoto

分布：广西、广东

## 鞘翅目 COLEOPTERA
### 叩头虫科 Elateridae

**9. 细胸金针虫** *Agriotes fuscicollis* Miwa

分布：南达淮河流域，北至东北地区北部和内蒙古，西抵陕西、山西、甘肃、青海

**10. 沟金针虫** *Pleonomus canalicutus* Faldermann

分布：北纬32°~44°、东经106°~123°广大农区，如湖北襄樊、江苏北部、安徽北部、河南、河北、山东，北至辽宁、内蒙古、西抵陕西、甘肃、青海。

### 鳃金龟科 Melolonthidae

**11. 华北大黑鳃金龟**（大黑鳃金龟）*Holotrichia oblita*（Falderman）

分布：除西藏未见报道外，全国各省（区、市）均有分布

**12. 华南大黑鳃金龟** *Holotrichia Sauteri* Moser

分布：除西藏未见报道外，全国各省（区、市）均有分布

**13. 江南大黑鳃金龟** *Holotrichia gebleri*（Faldemann）

分布：除西藏未见报道外，全国各省（区、市）均有分布

**14. 东北大黑鳃金龟** *Holotrichia dimophalia* Bates

分布：黑龙江、吉林、辽宁、内蒙古、河北、陕西、山西、甘肃

**15. 暗黑鳃金龟** *Holotrichia parallela* Motschulsky，异名 *H. morosa* Waterhouse

分布：除西藏未见报道外，全国各省（区、市）均有分布

**16. 黄褐鳃金龟**（毛黄褐金龟）*Holotrichia trichophora*

分布：东北南部，黄河流域和长江中、下游地区

**17. 黑绒金龟** *Maladera orientalis*

分布：淮河以北各省（区、市）均有分布

### 丽金龟科 Rutelidae

**18. 铜绿丽金龟**（浅铜绿金龟、铜色金龟）*Anomala corpulenta* Motschulsky

分布：全国各省（区、市）

## 鳞翅目 LEPIDOPTERA
### 夜蛾科 Noctuidae

**19. 小地老虎** *Agrotis ypsilon*（Rottemberg）

分布：全国各省（区、市）

**20. 斜纹夜蛾**（斜纹夜盗蛾、莲纹夜蛾）*Spotoptera litura*（Fabricius）

分布：全国各省（区、市）

**21. 甜菜夜蛾**（贪夜蛾、玉米夜蛾、白菜褐夜蛾）*Spodotera exigua* Hubner，异名 *Laphygma exigua* Hubner

分布：北起黑龙江、南达海南、广东、广西，西至陕西、四川、云南，东迄沿海各省（市）和台湾

天蛾科 Sphingidae

**22. 青背斜纹天蛾** *Theretra nessus*（Drury）

分布：江西南昌、井冈山、赣州、大余、龙南、定南、上饶

膜翅目 HYMENOPTERA
叶蜂科 Tenthrelinidae

**23. 山药叶蜂** *Senocli deadecorus* Konow

分布：山东、河南

蛛形纲 ARACHNIDA
蜱螨目 ACARINA
叶螨科 Tetranychidae

**24. 山药红蜘蛛**（棉叶螨、棉红蜘蛛、朱砂叶螨）*Tetramychus cinnarimus*（Bois）

分布：全国各省（区、市）